第四届全国高等学校
航空航天类专业教育教学研讨会
论文集

教育部高等学校航空航天类专业教学指导委员会　编

北京航空航天大学出版社

内 容 简 介

第四届全国高等学校航空航天类专业教育教学研讨会由教育部高等学校航空航天类专业教学指导委员会主办。本论文集收录了本次研讨会所设的航空航天类专业的课程思政,一流专业建设核心课程体系、课程内容和教材,创新教学模式、教学手段和教学资源,创新实验实践教学,青年教师教学能力提升与金师培育,产学研用协同育人机制的建设与研究,以及航空航天类专业发展历史与人才培养历程的梳理与研究等议题的71篇论文。

本书可作为各高等院校航空航天类专业教育教学工作者的参考用书。

图书在版编目(CIP)数据

第四届全国高等学校航空航天类专业教育教学研讨会
论文集 / 教育部高等学校航空航天类专业教学指导委员
会编. -- 北京 : 北京航空航天大学出版社,2023.3
　　ISBN 978 - 7 - 5124 - 4034 - 0

　　Ⅰ.①第… Ⅱ.①教… Ⅲ.①航空工程-教学研究-
高等学校-文集②航天工程-教学研究-高等学校-文集
Ⅳ.①V-53

中国国家版本馆 CIP 数据核字(2023)第 020457 号

第四届全国高等学校航空航天类专业教育教学研讨会论文集
教育部高等学校航空航天类专业教学指导委员会　编
策划编辑　蔡　喆　　责任编辑　周世婷
*
北京航空航天大学出版社出版发行

北京市海淀区学院路 37 号(邮编 100191)　http://www.buaapress.com.cn
发行部电话:(010)82317024　传真:(010)82328026
读者信箱:goodtextbook@126.com　邮购电话:(010)82316936
北京建宏印刷有限公司印装　各地书店经销
*
开本:787×1 092　1/16　印张:26.25　字数:672 千字
2023 年 6 月第 1 版　2023 年 6 月第 1 次印刷
ISBN 978 - 7 - 5124 - 4034 - 0　定价:599.00 元

前　　言

  实现中华民族伟大复兴的中国梦必须建设科技强国,空天强国是科技强国的重要组成,航空航天专业人才培养是实现空天强国的基石。教育部高等学校航空航天类专业教学指导委员会于2019年10月在北京、2020年11月在南京、2021年12月和2022年11月在成都分别主办了四届全国高等学校航空航天类专业教育教学研讨会,得到了各高校和广大教师的积极响应,增进了教师之间的交流,促进了高水平航空航天类专业的建设。

  为了持续推进我国航空航天类专业建设,提升教育教学质量,培养优秀航空航天专业人才,教育部高等学校航空航天类专业教学指导委员会主办、四川大学和电子科技大学联合承办了第四届全国高等学校航空航天类专业教育教学研讨会。本论文集收录了会议论文71篇。

  与会代表就航空航天类专业的课程思政,一流专业建设核心课程体系、课程内容和教材,创新教学模式、教学手段和教学资源,创新实验实践教学,青年教师教学能力提升与金师培育,产学研用协同育人机制的建设与研究,以及航空航天类专业发展历史与人才培养历程的梳理与研究等议题进行了充分交流和广泛研讨,助力我国航空航天专业人才培养的高水平发展。

教育部高等学校航空航天类专业教学指导委员会

2023年6月

目　录

议题 1　航空航天类专业课程思政的建设与研究

议题 2　航空航天类一流专业核心课程体系、课程内容和教材的建设与研究

议题 3　航空航天类专业创新教学模式、教学手段和教学资源的建设与研究

议题 4　航空航天类专业创新实验实践教学的建设与研究

议题 5　航空航天类专业青年教师教学能力提升
与金师培育体系的建设与研究

议题 6　航空航天类专业产学研用协同
育人机制的建设与研究

议题 7　航空航天类专业发展历史和人才培养历程的梳理与研究

议题 8　其他相关主题

议题 1

航空航天类专业
课程思政的建设与研究

融合前沿技术和时事热点的"模式识别"课程思政教学案例设计

张浩鹏　谢凤英　崔林艳　曹晓光

（北京航空航天大学 宇航学院，北京　102206）

摘　要：在专业课程教学中开展思想政治教育是新形势下高校专业课教师面临的新任务。本文以面向航空航天和人工智能交叉融合人才培养的特色专业核心课程"模式识别"为例，介绍该课程的目标和定位，设计融合前沿技术和时事热点的课程思政教学案例，分析和总结教学经验，以期为专业课思政教学提供一定的借鉴和参考。

关键词：模式识别；课程思政；前沿技术；时事热点；教学案例

2016 年，习近平总书记在全国高校思想政治工作会议上指出"要坚持把立德树人作为中心环节，把思想政治工作贯穿教育教学全过程，实现全程育人、全方位育人，努力开创我国高等教育事业发展新局面""所有课堂都有育人功能，要用好课堂教学这个主渠道""要把立德树人融入思想道德教育、文化知识教育、社会实践教育各环节"*，为开展课程思政教育指明了意义和方向[1-3]。课堂教学作为人才培养的主渠道，是课程思政育人的核心环节，课程思政建设已成为新时代高校人才培养体系和一流课程建设中不可或缺的必要内容。近年来，国内高校教师在基础课程[4-5]、专业理论课程[2-3]、实验实践课程[6-7]等各类专业课程中广泛开展课程思政教学，探索与思政课程协同育人的新模式。但由于课程思政实践探索刚刚展开，还存在教师缺乏教学经验、教学缺乏教材、思政教学缺乏理论指导等有待完善和解决的问题[8]。

北京航空航天大学宇航学院为航空航天领域偏重信息方向的"飞行器控制与信息工程"专业本科生开设"模式识别"课程，作为面向航空航天和人工智能交叉融合人才培养的特色专业核心课程，为航空航天类专业学生掌握模式识别基础理论以及解决实际工程应用问题发挥着重要的作用。下面从课程的目标和定位、融合前沿技术和时事热点的课程思政教学案例设计等方面分析和总结模式识别课程思政的教学经验，供其他面向航空航天和信息交叉领域人才培养的专业课思政教学借鉴和参考。

1　课程定位和思政建设原则

北京航空航天大学是新中国创办的第一所航空航天高等学府，以培养航空航天领域领军领导人才为目标，其中"飞行器控制与信息工程"本科专业以飞行器的智能控制和信息处理为主，为我国航天和国防事业培养面向智能化发展、具备专业素养、掌握前沿信息技术、具有交叉

---

* 习近平在全国高校思想政治工作会议上强调：把思想政治工作贯穿教育教学全过程 开创我国高等教育事业发展新局面，2016 年 12 月 9 日。http://dangjian.people.com.cn/GB/n1/2016/1209/c117092-28936962.html? ivk_sa=1024609w

知识结构的高层次复合型航天人才。"模式识别"课程是该专业的核心必修课程之一,通过该课程的学习,使学生达到如下知识和能力水平:

1) 在知识技能方面,掌握模式识别的基础理论、先进技术以及前沿发展动态。

2) 在实践能力方面,能够综合运用模式识别理论解决空天工程应用中的问题。

3) 在品格塑造方面,厚植空天报国情怀。

为突出"理论教学、实践能力、情怀情感教育三线一体"的课程特色,在课程思政建设上,遵循如下总体原则:

1) 充分发掘课程思政元素。充分利用当前人工智能技术飞速发展和广泛应用的优势,从航空航天、军事国防、前沿技术、时事热点、名人哲理等方面寻找应用案例,为开展课程思政准备充足的养分和基础。

2) 全程融入课程思政内容。将思政元素融入课程教学的全过程,结合应用案例讲授课程知识,用马克思主义哲学原理指导知识传授方法,在教学实践中体现辩证思维、在模式识别方法原理分析中验证辩证思维。

3) 迭代优化课程思政教学方法。在整个授课过程中,不断研讨、设计、讲授课程思政案例,凝练、总结、交流教学经验,形成适合"模式识别"课程的思政教学方法,在教师团队中推广实践。

2 课程思政教学案例设计

与思政课程不同,在专业课程中开展课程思政教学重点和关键在于结合课程知识和专业特点设计教学案例。下面介绍在"模式识别"课程教学中,结合"模式识别系统基本框架和构成"知识点相应的内容,融合人工智能前沿技术和新冠疫情防控时事热点而设计的"模式识别在新冠肺炎 CT 影像辅助诊断中的作用"主题案例。

2.1 案例意义

2020 年初爆发的新冠肺炎疫情深刻改变了人们的日常生活,学生们也经历了 2020 年春季学期的在线上课,对在家、返校途中和在校期间疫情防控有着亲身体会。在抗击疫情的过程中,以模式识别为代表的人工智能技术在科学抗疫中发挥了重要作用,其中一项典型的技术应用就是采用模式识别的方法辅助医生诊断病人的肺部 CT 影像,从而判断病人是否患有新冠肺炎。本案例从学生切身体会的时事热点作为课程思政融入点,一方面通过宣传党和政府领导全国人民抗击新冠疫情的伟大成就,对比部分西方国家的反面教训,可以增强学生对党的领导和我国社会主义制度优越性的认识,另一方面可以让学生真实感受到课程所授知识的实际应用价值,激发学生学习课程知识的热情,引导学生树立科技报国的责任感和使命感。

2.2 案例描述

新冠肺炎疫情牵动着每一位国人的心。根据国家卫健委公布的诊疗方案,CT 影像临床诊断结果是新冠肺炎病例判断的重要标准之一。但在临床诊断过程中,医生人眼辨别 CT 影像效率较低,一位新冠肺炎病人的 CT 影像为 300 张左右,每诊断一个病例,影像医生的耗时大约为 5~15 分钟。为充分利用人工智能前沿技术帮助医院应对疫情,工信部专门组织了"新冠病毒肺炎 CT 影像人工智能辅助诊断"专题攻关任务,安排天坛医院人工智能研究中心联合工信部"新一代人工智能产业创新重点任务"揭榜单位北京安德医智科技有限公司启动科研攻关,推出 BioMind"新冠"肺炎 CT 影像 AI 定性辅助诊断系统,由 30 余家定点救治医院联合参与研发,并陆续投入使用。作为业内真正意义上的、专门实现新冠肺炎的 AI 定性诊断系统,该系统能实现新冠肺炎与其他肺炎(病毒性肺炎、细菌性肺炎等)的进一步鉴别诊断,全程仅需十几秒,且针对新冠肺炎的诊断结果与核酸检测阳性结果符合率超过 95.5％。

此外,阿里巴巴达摩院 AI 基于 5 000 多个病例的 CT 影像样本数据研发了全新的 AI 算法模型,商汤科技将自主研发的 SenseCare－Lung 肺部 AI 智能分析产品进行了新冠肺炎功能升级,上海市公共卫生临床中心指导依图医疗开发了"新冠肺炎智能影像评价系统",华为云与华中科技大学、蓝网科技等协作研发并推出了新型冠状病毒肺炎 AI 辅助医学影像量化分析服务。这些都是以模式识别为核心内容的人工智能前沿技术在辅助疫情防控方面的典型应用。

2.3　教学方法与教学设计

(1) 教学方法

本案例内容采用问题导向教学和开放式研讨相结合的方式,介绍 AI 辅助诊断新冠肺炎的相关情况,展示新闻报道截图和相关视频,进而引出其中涉及"分类"这一模式识别基本问题。结合这一实例,组织学生研讨如何用模式识别技术进行新冠肺炎辅助诊断,最后由教师总结并讲解模式识别系统基本框架和构成。

(2) 教学设计

第一步:概念建立。

先介绍模式识别的基本概念,让学生了解什么是模式、什么是模式识别。该部分属于课程知识的讲授,先让学生建立模式识别理论上的基本概念,为下一步切入"新冠病毒肺炎 CT 影像人工智能辅助诊断"案例并分析模式识别在新冠肺炎 CT 影像辅助诊断中的作用做准备。

第二步:案例介绍和问题提出。

利用新闻报道文字资料、图片和相关视频等,展示为利用人工智能技术帮助医院应对疫情,工信部专门组织"新冠病毒肺炎 CT 影像人工智能辅助诊断"专题攻关情况,以及国内相关医院、科研机构和科技企业做出的成果和应用情况,提出"模式识别如何在新冠肺炎 CT 影像辅助诊断中发挥作用"的问题。

第三步:引导研讨。

看完案例展示后,要求学生分成 3～5 个小组,分析和研讨新冠病毒肺炎 CT 影像人工智能辅助诊断的过程,并逐步形成包含几个主要步骤的流程图。

第四步:教师总结。

各小组完成流程图后,不同小组进行交流展示,教师进行点评,归纳出一个共性的流程步骤,让学生们取得共识。

第五步:知识讲解和强化。

前述共性流程步骤本质上就是课程中要教授给学生的"模式识别系统基本框架和构成",这些知识由学生经过案例讨论总结得出,把各个新冠病毒肺炎 CT 影像人工智能辅助诊断系统作为模式识别系统对 CT 影像新冠肺炎分类问题的应用实例,由教师提炼引导至课本知识,讲解模式识别系统的基本框架和构成,进一步强化了学生对这部分知识的理解。

2.4 案例反思

绪论部分属于一门课程的开始,教学难点就在于如何让学生快速理解课程的基本概念和应用价值。学生了解了课程的重要意义,学起来才有动力。抗击新冠疫情过程中,作为非医学专业的工科大学生,参与其中的方式往往仅限于志愿服务出人出力气,难以像医学生那样运用所学专业知识贡献自己的力量。AI科技迅速响应抗疫需求、帮助医生辅助诊断新冠肺炎的实例刚好是模式识别知识在实践中的应用,彰显模式识别的重要意义。再结合实例分析研讨,由此引入"模式识别系统的基本框架和构成"知识的讲解,更能使学生切实体会模式识别系统实际应用时的流程和步骤,激发学生进一步学习其中方法和原理的兴趣。

3 结束语

"模式识别"课程讲授人工智能方向的核心关键技术,在航空航天和信息交叉融通的新工科人才培养中具有重要地位。通过设计融合人工智能前沿技术和新冠疫情防控时事热点的"模式识别在新冠肺炎CT影像辅助诊断中的作用"主题案例,学生能够快速理解课程的基本概念和应用价值,提升学习兴趣和动力。此外,从思政教育角度,国内抗击新冠疫情的伟大成就可以增强学生的制度自信,从科技强国层面同当前的课程学习紧密联系,在研讨和学习中自然而然地树立起科技报国的责任感和使命感。同时也要看到,在教学实践中,如何潜移默化、恰如其分地将思政教育融入知识传授和能力培养,是一个需要不断研究和探索的长期问题。下一步还需要继续深入挖掘"模式识别"课程中的思政元素,从航空航天成就、前沿技术发展、时事热点分析、科学思维和哲理等方面提炼和设计更多优秀教学案例,在课程思政教学实践中总结经验和方法,为培养新时代中国特色社会主义事业的合格建设者和接班人继续奋斗。

参 考 文 献

[1] 陈华栋,苏镠镠. 课程思政教育内容设计要在六个方面下功夫[J]. 中国高等教育,2019(23):18-20.

[2] 张玉宏,蒋玉英,侯惠芳. 可持续发展的思政工科课程探索与实践——以机器学习课程为例[J]. 计算机教育,2021(11):93-96,105.

[3] 张虹. 遥感数字图像处理课程的思政教学探讨[J]. 科教文汇(下旬刊),2021(10):95-97.

[4] 李祁,刘瑜,王凤芹,等. 军校计算机课程培塑"科学精神"的思政教学探索[J]. 计算机教育,2021(11):97-100.

[5] 胡强,王富强,梁宏涛,等. 融合热点话题的计算思维课程翻转式课程思政教学方法[J]. 计算机教育,2021(11):111-114.

[6] 王多,金花,许晶. 新冠肺炎疫情下仪器分析实验课程思政的实践与反思[J]. 化工高等教育,2021,38(05):122-127.

[7] 孟偲,白相志,李露,等. 在航天信息类专业实践教学中引入课程思政的探索[J]. 南京航空航天大学学报(社会科学版),2020,22(S1):125-128.

[8] 高宁,张梦. 对"课程思政"建设若干理论问题的"课程论"分析[J]. 中国大学教学,2018(10):59-63.

"燃烧理论"课程思政教学实践与研究

孙素蓉　王海兴　孔文俊　李敬轩

（北京航空航天大学 宇航学院，北京　102206）

摘　要："燃烧理论"课程是面向航空宇航推进理论与工程专业研究生一年级的基础理论课，课程特点是理论性和实践性较强，课程内容与航空航天领域的燃烧问题密切相关，具有明显的航空航天特色，这决定了其特有的课程思政教学方法。通过对"燃烧理论"课程思政教学方法开展研究，发展了"燃烧理论"课程思政元素融入的方法，并在此基础上提出提高"燃烧理论"课程思政建设效果的途径，提高课程思政教学的效果，使学生在学习知识的同时实现价值塑造，培养新时代优秀人才。

关键词：燃烧理论；航空航天；思政教学；价值塑造；优秀人才

习近平总书记2016年12月在全国思想政治工作会议上强调"要把思想政治工作贯穿到教育教学的全过程，实现全程育人、全方位育人"。* "燃烧理论"课程教师积极响应思政建设，不断探索和研究，挖掘课程中知识点所蕴含的思政元素，尽最大努力让课程思政润物无声、如盐在水般融入教学中，推进知识传授与价值引领相结合的课程思政建设。本文针对"燃烧理论"课程的特点，发展了将思政元素融入到课堂教学中的方法，并提出了下一步更好推进课程思政建设的途径，可为理工类专业课程的思政建设提供参考。以立德树人为根本任务，为党育人，为国育才，努力培养德智体美劳全面发展的社会主义建设者和接班人[1,2]。

1　"燃烧理论"课程特点

"燃烧理论"课程是面向航空宇航推进理论与工程专业研究生一年级的基础理论课。燃烧是实现火箭发动机能量转化的核心过程，在液体和固体火箭及各种航天和航空动力推进过程中发挥着至关重要的作用。因此，该课程以航天发动机涉及的燃烧过程为主要背景，主要讲述燃烧学的发展史、燃烧热力学、化学动力学、燃烧中的输运过程、着火现象、预混燃烧、扩散燃烧及航天领域内燃烧的关键与前沿科学问题等，具有显著的航空航天特色。

"燃烧理论"课程的特点决定了其将成为思政教学良好的平台。教师对课程的每一个知识点充分挖掘思政元素，如航天人物事迹、优秀传统文化等，在课堂教学过程中将思政元素融入知识点讲解中，不仅使同学们充分掌握燃烧学的基本知识，对燃烧的基本规律和过程有系统的了解，也能引导同学们树立正确的人生观、价值观、世界观，为祖国航天事业培养政治坚定、业务扎实、具有较强的分析和解决问题能力、具有创新意识和思维及国际视野的高水平人才。

---

* 习近平在全国高校思想政治工作会议上强调：把思想政治工作贯穿教育教学全过程 开创我国高等教育事业发展新局面，2016年12月9日。http://dangjian.people.com.cn/GB/n1/2016/1209/c117092-28936962.html? ivk_sa=1024609w

2 "燃烧理论"课程思政元素融入的方法

本课程从以下几个方面开展了课程思政教学。

2.1 结合航空航天人物事迹,厚植空天报国情怀

燃烧作为能量转化利用方式是航空航天活动的基础。在燃烧学的发展历程中涌现出一大批先进的航空航天人物,将这些人物事迹作为思政元素融入课堂教学中,能激发学生的学习兴趣,感受到榜样的力量,培养空天报国情怀。例如,针对火焰稳定燃烧这个知识点,可以把北航高歌发明的沙丘驻涡火焰稳定器作为思政点,钱学森称之为"一项为中国人争气、很有价值的重要发明,是一个很大的技术突破、是在航空发动机领域的重大建树",培养学生敢于创新、航空报国的精神。

2.2 结合航空航天新技术发展成果,增强社会责任感与使命感

在课堂知识点教学中融入航空航天领域最新的技术发展成果,不仅可以使学生们了解学术前沿动态,也能突出燃烧过程在航空航天事业发展中的基础性和贡献,增强学生从事航空航天事业的决心和信心。对于燃烧机理这个知识点,可以结合航天科技集团六院 60 吨级液氧甲烷发动机,更好地讲解液氧甲烷发动机燃烧机理,同时也使学生认识到学好燃烧机理的重要性。在讲解燃烧极限时,可拓展到空间站微重力条件下燃烧极限的研究,激发学生对知识的兴趣,树立远大理想和文化自信,培养学生民族自豪感,增强爱国情怀,明确使命与担当。

2.3 翻转课堂,培养学生的综合能力

针对课堂的知识点,老师在教学过程中启发学生思考相关的思政元素,并让学生课后独立调研相关的人物、事迹,或者阅读最新学术期刊经典、综述性文献等。为了有更好的效果,安排一次实践课程,让同学们在课堂上讲解、讨论,分享调研的成果,老师和其他同学可以进行提问。这个交流讨论环节,不仅使学生们更好地理解燃烧的知识点,了解燃烧领域的最新进展,还能使学生的道德观念和科学素养得到加强,培养学生正确的价值观、自主学习能力和深度思考能力,提高学生的综合水平[3]。

2.4 案例教学,培养学生的工程思维

将每一章节的重要知识点结合火箭发动机燃烧过程的重要实例、问题进行深入分析,使同学们对该知识点认识深刻,培养应用所学知识解决实际问题的能力。在讲解点火与熄火知识点时,以航天发动机高空再点火、超燃发动机点火为例,讲解燃烧点火的应用。另外,也可以采用一些反面案例,讲解爆炸时引入实验室镁粉的爆炸,引起学生反思,培养安全意识和辩证思维。通过典型的案例教学方式,培育具有专业扎实和工程应用能力的复合型人才。

3 提高"燃烧理论"课程思政建设效果的途径

虽然目前的"燃烧理论"课程教学过程融入了思政元素,但距实现习近平总书记有关"各类

课程与思想政治理论课同向同行,形成协同效应"*的要求还有一定差距,课程思政教学还需要不断探索和实践,在知识传播中实现价值塑造,培养具有扎实专业知识和优良思想品德的学生。进一步提高"燃烧理论"课程思政建设效果主要有以下途径。

3.1 加强"燃烧理论"课程教师团队的建设

教师的积极性、主动性是课程思政建设的重点。教师课前要认真备课,并定期组织集体备课,挖掘每个知识点中的思政元素,建设思政案例库,并发展与完善思政案例库,实现课程思政与燃烧理论知识内涵与外延的全耦合。教师也可以将自身的科研成果作为思政元素融入教学中,帮助学生更好地理解燃烧知识及其应用,培养学生科研的兴趣和自信心。继续加强教师团队建设,从思政牵引、能力提高、知识更新、意识转变等多方面进行交流与学习,积极参加课程思政教学会议,不断提高教学水平,要把课程思政作为提升教师自身执教能力的重要方面,持之以恒,久久为功。

3.2 完善评价反馈机制,改进教学方法

建立多样化的考核方法,不再将专业知识的考试成绩作为检验学生的唯一标准,发展专业知识和思政实践相结合的评价方式。思政实践的考核可以采用给学生布置课后作业的形式,查找学习与燃烧知识点相关的思政内容,通过学生自评、互评的方式对学生课后思政学习效果进行检验。另外,思政教学效果不是短期就可以体现出来的,是一个长期的过程,因此可以建立长期的评价反馈机制,例如对毕业生的思想品德、工作能力等进行跟踪调查,结合课程的航天特色和培养目标,改进教学方法,不断提高教学质量,加强学生综合能力的培养,推动学生实现从"找答案"到"找问题—分析问题—解决问题"的转变。

4 总 结

"燃烧理论"课程思政建设是十分必要的,对于提高人才培养质量非常重要。本文介绍了目前在"燃烧理论"课程融入思政元素的方法及下一步提高课程思政的途径。教师要持续挖掘燃烧课程所蕴含的思政元素,创新教学方法,多维度多渠道融入教学过程中,提升课程思政的效果,实现各类课程与思政课程同向同行,形成协同效应的目标。

参 考 文 献

[1] 杨荟楠."燃烧学(全英)"课程思政教学中的改革与实践[J].课程教学,2020(19):156-158.
[2] 何清,王文豪,陶实,等."燃烧学"课程思政融入的探索与研究[J].广东化工,2021,48(17):250.
[3] 陈慧,耿丽萍,辛绍杰,等.一流研究生课程"高等燃烧学"思政教学改革探索[J].科技与创新,2021(11):53-54.

---

* 习近平在全国高校思想政治工作会议上强调:把思想政治工作贯穿教育教学全过程 开创我国高等教育事业发展新局面,2016 年 12 月 9 日。http://dangjian.people.com.cn/GB/n1/2016/1209/c117092-28936962.html?ivk_sa=1024609w

航空航天类云教材建设及思政内容的融入与表达

赵延永

（北京航空航天大学出版社，北京　100191）

摘　要： 以航空航天类云教材建设为中心，探讨分析我国教材形态的变迁，介绍云教材的基本概念和主要特点，并给出云教材中思政元素的主要来源和表述方式，提出云教材中思政内容表述的特殊性和应注意的问题，从而为航空航天类云教材建设和其思政内容的编撰和出版提供初步的建议。

关键词： 航空航天；新形态教材；云教材；课程思政

2021 年 10 月 19 日教育部高教司吴岩司长"高质量建设新农科服务乡村全面振兴"[1]发言中指出，要建好"十四五"规划教材，拓展新形态和新兴领域教材建设。新形态教材从教材建设的配角逐步向主角转化，并已成为当下各高校都在探索的建材建设方式。云教材是一种有代表性的新形态教材，能够体现新形态教材的主要特点和功能。本文将介绍教材形式变迁和发展，探讨航空航天类云教材建设中思政元素的融入及其表达的特殊性。

1　教材形态的变迁

教材是学科知识体系的高度汇总，是具有一定范围和深度的知识和技能体系，一般以教科书的形式来反映，是人类知识传承的重要形式。教材的核心是其所表述的内容，教材的不同形式体现了内容的需要，是服从于内容表达的。但是，教材的编撰和出版都会受到编辑、印刷、装订以及承载内容的媒介、传播方式等技术因素的影响，也会受到教学要求和人才培养模式的影响，教材形式的发展和变迁既是教学理念的体现，也是科学技术进步的融合运用。在我国教育发展过程中，教材形式经历了纸质教材、电化教材、立体化教材和数字化教材四种形式[4]。立体化教材和数字化教材都是在现代信息技术的推动下发展起来的，也被称为新形态教材。

纸质教材是最常见的教材形态，曾经是唯一的教材形式，也是当前最重要的教材形式。自从纸张发明后，纸质图书便迅速代替了曾经的竹简、莎草，经过千年的发展，纸质图书的出版过程稳定清晰，质量可靠。而纸质教材是纸质图书的一种，纸质教材同样是历史悠久，纸质教材的筹划、撰写、出版和推广使用，以及从国家到学校的管理和计划都比较成熟，出版了许多经典教材，并在我国人才培养和教育发展中起到了重要的作用。当然，纸质教材编写比较困难，编辑、排版、印装都耗时较多，一旦出版便被固化，修订勘误比较繁琐，内容呈现形式单一。

电化教材是人们把幻灯片、投影、电视、广播、录像等影视技术引入到教学中，并把其作为教材的组成部分，从而制作的一种整合多种课程资源的教材形式。电化教材在一定程度上弥补了纸质教材表现形式单一的缺点，因而从 20 世纪五六十年代起，发展制作了不少电化教材。电化教材可以用影视方式呈现教学内容，形象生动，直观明了，受到了广大教师和学生的喜爱。

但是,电化教材建设过程中,需要修建电化教育馆、电化教室,投资额巨大,建设周期长,产出品种少,只能在大城市中教学条件比较好的学校使用。

立体化教材是指运用计算机和网络技术,在纸质教材的基础上,配以适当的数字化资源和网络资源,形成印刷品、计算机、手机等多种终端呈现教学内容的新形态教材。这种教材是随着计算机和网络技术的发展而产生的。早期的立体化教材以书配盘的形式出版,即在纸质教材中附上光盘,光盘中存储的是与教材有关的数字化资源。这种方式全面继承了纸质教材的优点,并集成了数字化资源,大大拓展了教材的表现形式,具有直观生动和一定的互动性的特点。随后,在网络和手机逐渐普及的情况下,形成了"纸质＋二维码"的新形式,读者通过扫描二维码就可以利用网络上海量的数字化资源。

数字化教材是以数字化的形式呈现主要内容的教材,并以手机、平板、电脑终端等设备来呈现教材的主要内容。这种教材彻底脱离了纸张,具有与纸质教材完全不同的表达形式。现在数字化教材还处于发展初期,制作方式和平台多种多样,各具特色。云教材是北京智启蓝墨公司推出的一种数字化教材,是目前新形态教材中比较成熟的一种。本文将以云教材为例,探讨航空航天类云教材建设及其思政内容的表述特点。

2　云教材的特点和优势

云教材是一种新形态的智能立体化数字教材,以满足专业人才培养目标需求为前提,以符合课程标准的文字及富媒体内容为基础,按国家数字教材标准,利用云计算、大数据、人工智能技术打包、封装而成的教材[5]。云教材本身就可以完整呈现教材的所有内容,不需要有对应的纸质教材,完全不受纸质教材的约束,是全新意义上的新形态教材。因此,云教材具有适应新时代教学环境的五个特征。

2.1　移动跨平台

云教材可以在个人电脑终端、平板、手机等多种平台和终端上呈现出完全一样的效果,并可嵌入到云教学平台和云班课交流中,可以很好地满足课堂教学中的各种需求。云教材的发布平台功能强大,可以大小屏自动适配,一次发布,跨平台使用。

2.2　融媒体学习

云教材不仅可以完美表现文字、公式、图表等传统的教材内容,还可以无缝集成视频、音频、3D场景、网上资源等,把这些资源变成了教材的基本元素。阅读和学习时,用手指或者鼠标点击相应的按钮图标,就可以呈现对应的多媒体资源,可以完全沉浸于各种媒体共同构建的混合环境中,大大提高教材的立体性、现场性和交互性。云教材可以根据计算机等技术的发展状况随时更新平台,利用最新技术呈现教材内容。目前,云教材已经初步将元宇宙技术应用于教材建设中,并取得了一定的进展。

2.3　交互学习

云教材把教学、随堂练习、课后作业、考试测试集成到一个环境中,教材正文中就可以穿插选择题、填空题、连线题等互动性习题,并在课堂学习时进行随堂练习,还可以用语音、文字、照片、标记、笔记等形式把知识点记下来,可随时查阅关键知识点的网上扩展资源,与互联网直接连接,大大扩展了教材的数字化资源和网络资源。

2.4　共享化学习

云教材是运行在其平台上的,借助平台强大的功能,可以在使用的同时进行讨论和笔记分享,不但可以与上课老师、云班的同班同学讨论,还可以与所有使用这本教材的读者交流研讨,分享各自的学习经验和教训,提高学习效率。

2.5　学习行为跟踪大数据特征

云教材平台可以精确完整地记录学生学习点触行为,包括每个章节的学习时间、视频音频的学习时间、全书的学习时间、测试的时间和正确率、课后练习的正确率和完成时间,以及在全国所有读者中使用时长排行榜等,并在云端形成学习行为轨迹,通过大数据智能分析形成智能学习报告。

总之,云教材是一种移动泛在、融媒体、立体交互、具有全内容大数据特征、学习行为可精准跟踪、学习过程可追溯的智能化教学资源体,可以满足学生移动、泛在、自主和沉浸式学习需求。目前云教材已经发展为基于知识图谱自适应学习的新一代数字化教材,可以将学校原来分散的微课、慕课、课件、动画、在线精品课、国家资源库等数字化教学资源升级利用,通过重新编排设计变为适应移动智能终端设备学习,具有学习跟踪和全过程大数据特征的智能化教学资源。

3　航空航天类云教材思政内容的选取

课程思政是现在教材建设必须考虑的内容,云教材是一种新形态教材,同样必须考虑融入思政内容。云教材中的思政内容的选取,应遵循政治性、思想性、适应性、准确性、亲和性、行业性和先进性的基本原则,以保证云教材的主体功能不变,保障其专业性和技术性,并将思政内容有机地融入,达到"撒盐入水、润物无声"的育人效果,将显性的专业教育和隐性的思政教育无缝融合。

3.1　政治性

政治性原则就是指云教材中的思政内容要体现马克思主义的指导性原则,把习近平新时代中国特色社会主义思想贯穿于教材编写的全过程,把教材变为全员育人、全过程育人和全方位育人的重要组成部分,是将马克思主义的价值理念内化于心、外化于行的教育行为,是专业教材与思想政治理论课教材同向同行的具体化和专门化。思政内容必须"以爱党、爱国、爱社会主义、爱人民、爱集体为主线,围绕政治认同、家国情怀、文化素养、宪法法治意识、道德修养等重点"[2],必须系统进行中国特色社会主义和中国梦教育、社会主义核心价值观教育、法治教育、劳动教育、心理健康教育、中华优秀传统文化教育。

3.2　思想性

航空航天专业云教材思政内容的思想性原则是指"教材要体现学生全面发展所需要的精

神品质、信念、品德、航空航天情怀、道德、修养等内容"[3]，要从航空航天专业知识体系中发掘其所蕴含的思想价值和精神内涵。

3.3   适应性

航空航天云教材中，思政内容要适应教学和育人要求，适应航空航天专业性内容，内容数量要适当，不能喧宾夺主。

3.4   准确性

航空航天云教材中的思政内容必须保证政治上正确、科学上精确、史料上准确。思政内容与纯粹的自然科学内容有所不同，其本身科学性和准确性往往与时代和人物有关，引用时务必做到既符合历史事实，又符合当下的科学原理和科学精神。

3.5   亲和性

思政并不是空洞的理论宣教，而是应该与实际生活和学习紧密相关，应选取来自于生活实践、科研实践中的现实案例，并能从活生生的现实案例中引申出做人的道德规范和奉献精神，从而增加学生的学习兴趣和代入感。

3.6   行业性

航空航天专业覆盖面宽，涉及行业多，其云教材必须体现航空航天高精尖的特征，把人类挑战天空、战胜自然的科学实践中蕴含的探险精神、创新精神、拼搏精神展现出来，达到潜移默化的育人效果，并传承航空航天的行业精神。

3.7   先进性

航空航天集成应用了绝大部分的高新技术，能够体现我国的科学技术水平。思政内容必须体现航空航天技术的先进性，并由先进技术激发勇于创新、探索未来的科学精神和坚忍不拔的顽强意志，以培养出更多优秀具有正确思想的高级专业人才。

4   航空航天云教材思政元素的发掘

航空航天是一个新兴的应用性学科，是追求飞天梦想的结果，并将助力人类冲出地球，开拓更为广阔的世界。从现实的角度看，航空航天是一个国家科技水平的代表之一，与国家重大战略和家国情怀紧密相关，产生过许多可歌可泣的动人事件，是思政资源颇为丰富的学科领域。

首先，可以从航空航天的发展历程中发掘不同时期科学发现中蕴含的科学精神，讲述科学思维方式对科学发展的重要作用。培养科学的思维方式，是我国人才培养的重要任务之一，而航空航天历史上影响人类进程的重大发明比比皆是，追寻其发明的曲折历程就可发现科学思维方式在其中所起的关键性作用，这些都是培养科学思维的鲜活教案，不仅有助于树立正确科学的思维方式，还可以提高学生的科学素养，把航空航天历史教育与科学素养教育有机结合。

其次，可以从航空航天历史名人的科研实践入手，介绍其敢于挑战自我、挑战蓝天的勇气与智慧,展现航空航天先辈不屈的奋斗精神和科学的冒险精神,锤炼其坚韧顽强的探索精神和为科学而勇于奉献的高尚情操。早期的试飞英雄李林塔尔、飞机的发明者莱特兄弟、航天奠基人齐奥尔科夫斯基、著名飞机设计师约翰逊、第一个环绕地球飞行的加加林、我国歼八二总设计师顾诵芬等,每一个人身上都闪耀着勇敢与智慧的光芒,展现着百折不挠和无私奉献的崇高品格。

再次,我国的航空航天事业发轫于内忧外患的旧中国,"航空救国"是中国航空之父冯如发出的震耳欲聋的呐喊。航空工业从诞生之日就肩负着航空强国、振兴中华的殷切期望。而中国的航天事业起步于中华人民共和国成立不久的 1956 年,肩负着保家卫国、赶超世界先进水平的伟大使命。航空航天人身上的家国情怀不仅出现在老一代科学家身上,而且代代相传,早已沉积到每个航空航天人的身上,是把航空航天与国家富强和民族振兴相结合的天然元素,是专业教材思政内容的重要来源。

最后,航空航天文化,特别是我国的航天文化是传统文化和时代文化的融合,是培养学生热爱国家、热爱中华民族的天然素材。航天文化是时代精神、民族精神的集中体现。航天文化和两弹文化形成的航天精神、"两弹一星"精神和载人航天精神是伟大的民族精神与科学实践相结合的产物。载人航天、中国空间站、北斗导航、探测月球、探测火星,都是中国航天近二十年来的傲人成就,是取之不尽、用之不竭的思政资源。

5　云教材思政内容表述的特殊性

云教材是完全的数字教材,内容表现形式丰富多样,适合于以音频、视频、动漫等富媒体形式表达比较抽象的内容。同时,云教材是在网络平台上运行的数字内容,具有传播速度快,传播面广的特点。云教材中的思政内容应符合云教材的特殊要求,并利用其网络化和数字化的优势来更好地展现其生动而深刻的内涵。云教材的思政内容的特殊性主要有以下几个方面。

5.1　富媒体性

云教材本身的数字化特性决定了其思政内容更易于以富媒体的形式出现。云教材运行于网络平台上,可以方便轻松地采用各种多媒体形式的内容。对于思政内容,可以更方便地用音频、视频等方式直接展示典型事件和主要人物形象,具有直观生动的特点。这个特点也使云教材制作中的素材范围大大扩展,可以从各种历史影像资料中发掘更多的思政素材。比方说,可以从早期的航空影响资料中发掘试飞的资料,还原当时的飞行场景,展现航空先辈不畏艰难、勇于探索的精神。

5.2　网络性

云教材本身的网络特性自然可以延伸到思政素材的选取上,使思政内容的选取简便,易于获得。但是,网络上的资料良莠不齐,真假难辨,特别是思政内容本身具有相当的敏感性,容易出现偏差,因而云教材思政内容的网络性是双刃剑,在选取和使用时务必确保其正确性和来源的权威性。在选取与我国航空航天有关的思政素材时,一定要从权威的网站查找,而不能随意搜索即用,特别是对于自媒体上的发布的内容,一般不宜直接引用。

5.3　深度融合性

与普通教材不同的是,云教材的所有内容都在同一个平台上运行,具有相似的表现方式,因而其思政内容的表现与其他内容没有形式上的差别。云教材中,科学原理和思政内容的表述都可以用动漫、视频、音频,表现形式上没有差别,甚至可以在科技原理的展示中融入思政的内容,可以做到真正的撒盐入水,润物无声。

5.4　版权的模糊性

云教材必然大量地引用网上资源,而不少网上资源本身的版权就不太清晰,在思政内容上更是如此。但是,云教材作为正式出版物,必须充分重视版权问题,所有内容都不能侵权。即使必须引用的内容,也要注意把握合理引用的尺度。

5.5　内容合规性

云教材是正式的出版物,对其内容的审核与普通纸质教材是同等的。也就是说,对于时政、民族、宗教、军事以及地图等的使用必须符合国家政策的要求,属于"重大选题备案"的内容不能随便出现,必须履行必要的审核手续。思政内容与纯粹的自然科学内容有所区别,容易踩到这些红线,在云教材思政内容的选取时,一定要万分注意。此外,这些内容从文字变为更加网络化和形象化的表述形式时,不能为增加趣味性而进行夸张式表达,表述形式务必严肃、正式。

此外,航空航天与国家重大战略紧密结合,在加入思政内容时,要有足够的保密意识,所有内容都不能涉及机密。这是航空航天的特殊性所致。

总之,云教材是一种新形态教材,完全摆脱了以往教材编撰形式。航空航天类云教材建设及其思政内容的表述都尚不成熟,目前还在探索和完善中。毋庸置疑的是,航空航天云教材一定具有与以往教材不同的卓越品质和广阔的前景。本文仅根据已有的云教材制作经验,提出一点粗浅的看法,与广大老师和出版同行交流,以期为航空航天云教材的建设寻找更好的发展路径。

参 考 文 献

[1] 吴岩.高质量建设新农科服务乡村全面振兴[R].北京:中华人民共和国教育部,2021.

[2] 蔡喆,赵延永.航空航天专业教材思政元素挖掘及表达方式[J].南京航空航天大学学报.

[3] 蔡喆,赵延永.新形态教材的策划与出版探析——以云教材为例[J].今传媒,2023,31(4):63-66.

[4] 尹芳.教科书与教材概念的误读及归因[J].聊城大学学报,2011(2):24-275.

[5] 靳新.推动教学内容和课程体系改革,构建人才培养智能一体化服务体系[R].北京:北京智启蓝墨有限公司,2022.

"火箭发动机设计"课程的思政设计及实践

田辉 谭广

（北京航空航天大学 宇航学院，北京 102206）

摘 要：专业理论课程需要在立德树人中发挥应有作用，做到不仅提升学生基础理论和专业技能，也能在专业课中融入价值引领，达到专业人才培养与思想价值引领的内在统一。专业理论课的思政元素植入需要得到重视，与实际适应，才能做好专业学习与思政元素的良性互动。立德树人不单单是讲授专业知识，也与"培养什么人、怎样培养人、为谁培养人"的教育出发点紧密相连。本文以"火箭发动机设计"课程为例，对航天推进人才培养和价值引领进行了积极探索。通过固体火箭发动机设计绪论课思政案例的设计和应用，从教学思路、教学设计和教学实施等方面阐述了思政元素如何融入课堂，利用"航天人物和航天任务"中发生的故事，培养学生的爱国情怀、航天精神、工程素养、科学精神。

关键词：思政设计；火箭发动机设计；人才培养；价值引领；思政案例；立德树人

引 言

火箭发动机是航天器的心脏，是航天事业的基石，是国防现代化建设的核心。对于建设航天强国和军事强国，火箭发动机技术是关键的决定因素，是先进导弹武器、大型运载火箭、深空探测器的研制基础。航天推进专业的人才培养是我国航天保持领先水准，稳固大国地位的重要一环。

教育兴则国兴，教育强则国强。教育不仅是传播知识、塑造价值观的过程，更承载着中华民族伟大复兴之使命。"培养什么人、怎样培养人、为谁培养人"的教育根本问题在航天推进专业显得尤为重要。在航天这块制高地上，教育更应该发挥立德树人的作用，培养德智体美劳全面发展的社会主义建设者和接班人。思政教育不仅是思政课的工作，各类课程也要与思想政治理论课同向同行，形成协同效应，坚持以立德树人为中心，将思政教育贯穿于教育教学过程。课程思政是一个长期建设的过程，目前仍处于探索阶段。新时期高校专业课程思政改革仍面临种种困境，如缺乏足够教育资源支持、思政教学改革流于形式、实践存在滞后性等问题[1]。专业教育与德育教育的有机融合不是一蹴而就的，需要坚持把课程的专业建设放在首位，逐步融入思政元素的原则[2]。课程思政体现了"大思政"的教育理念[3]，对待思政教育要有全局观、总体观、系统观，需要充分利用受众所接触事物塑造其人生观、世界观和价值观。航空航天专业课程中思政元素来源丰富，需要在专业课程教学中发现并发掘思政元素[4]。同时，专业课教学过程中思政教育的尺度和限度需要衡量，做到相得益彰而不偏废[5]。本文遵循北航"厚植情怀、强化基础、突出实践、科教融通"的人才培养方针。根据当前课程思政存在的问题，以"火箭发动机设计"课程的绪论课为例探讨了专业课中融入思政元素的特点和方法。

1　课程简介

2007 年,在北航教改重点项目《航天推进专业人才培养研究与实践》的支持下,考虑到两种发动机之间的共性以及培养复合型人才的需求,优化了专业课程体系,将固体火箭发动机设计和液体火箭发动机系统设计、推力室设计和涡轮泵设计等整合成"火箭发动机设计"课程。本课程涵盖了固体和液体 2 个主要航天动力方向,同时紧跟前沿的行业发展动态及最新的科研成果。学生可以掌握更加全面的专业知识,更能胜任大型复杂的系统性工作。课程采用的分组协作、小组答辩、主题演讲等方式让学生全面参与教学,学生根据设计任务自主组建设计团队,以小组团队协作的模式开展工作,促使学生深度分析、大胆质疑和勇于创新。本课程既包含对火箭发动机典型部组件的典型设计方法和基本设计原理的学习和考核,又包含利用国内外典型火箭发动机设置的综合设计大作业,更具有挑战性。"火箭发动机设计"是北航飞行器动力工程(航天)专业的核心专业课程,也是最具航空航天专业特色的主干课程,是培养"空天报国,敢为人先"北航精神的最直接的载体。

2　课程思政教学总体思路

"火箭发动机设计"课程在专业人才培养过程中发挥着承上启下的作用,将课程思政建设融入课程本身,利用"航天人物和航天任务"中发生的故事,将培养学生的爱国情怀、航天精神、工程素养和科学精神等与具体教学环节有机融合。面向航天强国的国家战略需求,坚持立德树人为根本,在我校本科人才培养方针及新工科建设理念的指导下,针对高效能火箭发动机技术对航天动力专业人才的知识需求与能力需求,培养具有空天报国精神、掌握国际学术前沿和先进设计方法的世界一流火箭发动机设计人才,提升学生基础理论和专业技能并培养爱国情怀和卓越追求。

3　课程案例展示

3.1　案例教学设计

案例教学设计包含总体理念、教学思路及方法、教学目的、教学重点和难点等内容。

第一,总体理念。利用我国航天事业发展历史中主要的里程碑事件和最新的重大新闻热点话题,增强同学们的民族自豪感,激发同学们的爱国热情,利用这些事件中的北航元素,提升同学们的专业自信心。同时利用北航在建校以来开展的航天大事件,从建校之初的"北京 2号"到现在的"北航"系列探空火箭的研制历史和最新发展,培养同学们的空天报国精神,提高同学们的学习积极性。

第二,教学思路及方法。该案例应用于固体火箭发动机设计的绪论课,是同学们建立起课程兴趣,培养空天报国思想的关键一课。利用我国及北航的航天发展大事件作为载体,讲述这些大事件中的火箭发动机的重要性,使同学们对这门课重视起来。同时利用北航系列探空火箭的独特性,形象生动地讲述固体火箭发动机任务步骤和要求,提升同学们的学习积极性。同时该案例可以扩展应用于航空航天类其他课程中。

本课综合运用讲授式、启发式、协作学习等方法,利用多媒体教学课件、视频资料、固体火箭发动机 3D 模型作为教学辅助工具,激发学生学习兴趣,引导学生自主思考和探索。提高学生在教学环节的参与度,培养学生的思维能力。在讲授专业知识的同时,利用情景介入的方法,融入航天大事件中的北航,以及北航的航天大事件的分享,潜移默化中培养了同学们的航天精神和空天报国情怀。

第三,教学目的。从知识层次、能力层次、思维层次、精神层次等四个方面阐释教学目的。知识层次的目的是通过本节内容的教学,使学生掌握固体火箭发动机设计的任务、一般步骤、研制阶段和基本要求。能力层次的目的是通过对固体和液体发动机的对比分析,得出固体火箭发动机设计的特点。思维层次的目的是针对固体火箭发动机设计的任务,通过对其的分析和理解,培养学生逻辑思维、举一反三的能力。精神层次的目的是通过了解固体火箭发动机对我国航天发展的重要性以及北航所做的贡献,培养学生的空天报国情怀。

第四,教学重点和难点。固体火箭发动机设计的一般步骤是本节的重点和难点,但它建立在了解和掌握固体火箭发动机设计的任务的基础上,因此固体火箭发动机设计任务也是重点,要求学生必须完整准确地理解和掌握。另外,通过这一部分内容的学习可以有效地加强学生分析问题的能力,培养学生科学的思维方式。

3.2　课程案例教学实施

学生已完成火箭发动机原理的学习,而火箭发动机设计作为其后续课程,同时又是学生进入工作岗位之前的与工程实践结合更为紧密的、工程特色十分明显的课程。与其有联系,但也有不同。为此需要突出重点,并结合工程实际,让同学们具有清楚的学习目标。课程的教学流程包括课前准备,课中的导入、展开、互动和总结,以及课后的参观实践活动,在各个阶段融入思政的内容。具体教学过程分为 6 个环节,分别是:课前准备环节、课中导入环节、课中展开环节之一、课中展开环节之二、课中展开环节之三和课中互动与总结。

(1)课前准备环节

教学意图是试图在课程的开始启发帮助学生了解课程内容,对"火箭发动机设计"课程的重要性有更深的认识。因此开展如下两项教学活动:第一,检索课程开始时最新最近的航天大事件,如我国的嫦娥、天问、空间站等最新发射事件,找到北航在其中所做的工作和贡献;第二,在教室布置固体火箭发动机的 3D 打印模型,包含北航 1 号探空火箭的缩比模型、北航 4 号发动机的缩比模型等。

(2)课中导入环节

教学意图是通过简要介绍固体火箭发动机的发展,让同学提起对"火箭发动机设计"课程的浓厚兴趣,加深对祖国航天事业的向往。因此开展如下五项教学活动。第一,介绍固体火箭发动机的基本原理,特点和应用发展历史和趋势。第二,利用模型简要回顾固体火箭发动机的结构和工作原理。第三,PPT 简要回顾固体火箭发动机的发展历史,如起源于中国宋代,提升同学们的民族自豪感。第四,图文并茂介绍固体火箭发动机的应用,特别是影响我国航天及国防事业发展的功勋发动机,了解其背后伟大的先辈们在十分艰苦的条件下如何克服困难,如何体现了航天精神。推荐同学课后观看和阅读相关历史影视和书籍。同时介绍现在我国有了世界推力最大的固体火箭发动机,进一步提升同学们的学习热情。第五,介绍北航固体推进技术的发展。利用北航1号固体探空火箭,引导鼓励同学积极参与北航系列项目的兴趣,让空天报国的精神有了落脚点。

(3) 课中展开环节之一

在讲授固体火箭发动机设计的任务和一般步骤内容时,开展如下两项教学活动。第一,详细解释固体火箭发动机设计任务是根据使用部门的要求及导弹总体设计对发动机提出的限制性条件,设计出合用的发动机,并应力求满足最佳化指标。在讲解过程中充分利用北航1号探空火箭缩比模型,让同学们看得见,摸得着。第二,介绍固体火箭发动机设计的一般步骤包括预设计和详细设计。结合北航系列飞行器等进行解释,拉近发动机与同学们的距离。该展开环节的教学意图是让同学们对固体火箭发动机设计应该干些什么有了初步的印象,为后续内容推进奠定基础。

(4) 课中展开环节之二

在讲解固体火箭发动机的研制阶段时,开展如下两项教学活动。第一,介绍固体火箭发动机的研制阶段包括方案阶段、初样阶段、试样阶段、定型阶段。充分利用北航系列探空火箭及发动机的研制过程讲解该部分内容。第二,详细介绍不同设计阶段的具体内容。利用两弹一星功勋科学家在设计研制阶段所做的事迹和工作,让同学们体会他们对每个研制阶段的认真负责和严谨务实的科学态度。该环节的教学意图是让同学们了解固体火箭发动机(也不仅限于固体火箭发动机)研制阶段。

(5) 课中展开环节之三

在讲解固体火箭发动机的基本要求的内容时,开展如下两项教学活动。第一,介绍固体火箭发动机的基本要求包括技术要求和生产经济要求。过程中充分利用北航系列探空火箭及发动机的要求来进行讲解。第二,详细介绍技术要求和生产经济要求。过程中利用北航系列探空火箭发动机研制中如何满足技术要求并保证立足国内。该环节的教学意图是让同学们了解固体火箭发动机的基本要求。

(6) 课中展开环节之四

课程末尾进行固体火箭发动机设计总结,通过对课程内容进行总结,让同学们互相讨论并指出需要重点掌握的内容。再次引导学生掌握重点,全面理解固体火箭发动机设计需要开展的工作。总结过程中加深学生对空天报国精神的理解,为认真完成好这门课的学习做好准备。

4 课程案例教学效果

通过课程思政建设,本课程的教学效果与课程建设质量都得到了显著的提升。对学生而言,通过将思政建设内容融入课堂,同学们普遍树立起了空天报国的情怀,毕业后大部分在我国航天和国防事业的第一线工作,参加了以长征五号为代表的新一代运载火箭、新一代载人飞船、载人月球探测和国家新型武器等的论证、设计、研制、试验及发射任务,多人获得"优秀个人""阶段成果奖"等荣誉。对教师而言,教师团队在吸收消化提炼思政素材的同时,也完成了自身思政水平的跨越,并通过集体备课、教学研讨等多种互动形式实现了教学团队水平的整体提高。

5　结　论

本文以"火箭发动机设计"课程的绪论课为例,从课程思政教学总体思路,课程案例展示和课程案例教学效果三个方面阐述了人才培养和价值引领的初步探索。

1) 课程思政需要体现"大思政"的教育理念,充分挖掘课程内容中的思政元素。如利用我国及北航的航天发展大事件作为载体,详细讲解专业知识的前提下,有机融入社会主义核心价值观。

2) 合理利用教学方法,善用教学资源,激发学生兴趣,提高学生参与度,再利用情景介入法,潜移默化中培养学生们的航天精神和空天报国情怀。如综合运用讲授式、启发式、协作学习等方法,利用多媒体教学课件、视频资料、固体火箭发动机 3D 模型作为教学辅助工具,引导学生自主探索并介入分享事件中,主动感受航天大事件的魅力。

3) 明确教学目的,多层次、多方位培养人才。坚持教学内容为主,思政教育为辅,二者相辅相成。如从知识层次,能力层次,思维层次,精神层次四个方面明确教学目的。从传授知识,培养能力,锻炼思维和传承精神四个方面开展课程教学。

参 考 文 献

[1] 侯静.高校专业课程思政教学改革与反思分析[J].湖北开放职业学院学报,2022,35(18):67-69.

[2] 张二亮,周洋,刘兰荣,等."液压与气压传动"课程思政设计与实现路径[J].教育教学论坛,2022(31):49-52.

[3] 蔡伟伟,黄涣,朱彦伟,等.课程思政融入航空航天专业课程建设的思考——以"航天任务规划与评估"课程为例[J].科教导刊,2021(10):55-57.

[4] 谢丹,代洪华."课程思政"背景下航空航天专业课程的改革与实践[J].教育教学论坛,2021(09):59-62.

[5] 田鸿芬,付洪.课程思政:高校专业课教学融入思想政治教育的实践路径[J].未来与发展,2018,42(04):99-103.

"有限元基础与应用"课程思政的探索与实践

余春锦　张进　彭云

（南昌航空大学 飞行器工程学院，南昌　330063）

摘　要：新时期党的教育方针要求以发展为主题，以人才培养为中心，教师不仅要承担起向学生传授知识、更要肩负起帮助学生树立正确人生观、价值观和培养高尚情操的重任。本文作者结合 15 年来从事有限元基础与应用课程教学的经历和体会，对课程专业教学中的思政意识培育进行了探讨分析和实践。不同课程有不同的思政特点，本文以飞行器设计与工程专业的"有限元基础与应用"课程为例，对教学过程中的思政元素进行了挖掘与加工。为实现知识传授与价值观引领相结合，培养专业技术知识过硬、思想政治水平高的复合型人才，本文提出了专业与思政教育的交叉融合、专业授课教师的师德师风是提升学生航空报国情怀的关键，期望能为相关课程的思政教学组织与实施提供有益帮助。

关键词：有限元；课程思政；教学；改革；专业教育

引　言

教育部于 2020 年 5 月 28 日印发的《高等学校课程思政建设指导纲要》[1]中指出："培养什么人、怎样培养人、为谁培养人是教育的根本问题，立德树人成效是检验高校一切工作的根本标准。落实立德树人根本任务，必须将价值塑造、知识传授和能力培养三者融为一体、不可割裂。全面推进课程思政建设，就是要寓价值观引导于知识传授和能力培养之中，帮助学生塑造正确的世界观、人生观、价值观，这是人才培养的应有之义，更是必备内容。"同时，指导纲要明确要求："要深入梳理专业课教学内容，结合不同课程特点、思维方法和价值理念，深入挖掘课程思政元素，有机融入课程教学，达到润物无声的育人效果。"

对于目前已习惯于"传道、授业、解惑"的高校专业教师来说，需要教师从已成型的教学体系中凝练挖掘、梳理筛选出相关思政元素[2,3]，将对"德育"的培养融入其中，构建相互支撑的"德""智"双向发展课程思政体系。

高等学校的思政教育教学工作，强调要把课程思政建设摆在突出的位置，发挥好每一门专业课程的育人作用，确保立德树人任务的落实。立德树人就是要"把思想价值引领贯穿教育教学全过程，实现全程育人、全方位育人"[4]。在传统的教学过程中，"有限元基础与应用"课程通常分为两个模块[5,6]，即理论基础模块和工程应用模块，在学时分配上通常也分为理论学习学时和上机实践学时。在有限元基础与应用课程中，需要在思政教育中紧密结合教学内容，深入挖掘思政元素围绕立德树人的教育任务，实现"德育"和"智育"两手抓，两手都要硬，在培养学生扎实的有限元理论及分析功底的基础上，对其世界观、人生观和价值观予以正确引导，发展全过程和全方位的育人模式。

1　着眼思想政治建设不可替代的重要作用，牢牢把握建设方向

2016 年 12 月召开的全国高校思想政治会议上，习近平总书记指出："我国高等教育发展方向要同我国发展的现实目标和未来方向紧密联系在一起，要坚持把立德树人作为中心环节，要用好课堂教学这个主渠道，各类课程都要与思想政治理论课同向同行，把思想政治工作贯穿于教育教学的全过程，实现全程育人、全方位育人，努力开创我国高等教育事业发展新局面"。*

航空领域是世界大国竞争激烈的领域，发展航空事业是国家战略。特殊的领域决定了航空类专业的教育目标必须是要培养具有国家意识、人文情怀、科学精神、专业素养和国际视野的，能担当民族复兴大任、傲立于科技发展前沿的航空人才。育人是百年大计，要培养又红又专的人才离不开教育工作者长期润物无声式地引导，需要有一支队伍并找到一些方法，能切实将思想政治教育元素自然融入专业课程教学中，助力航空强国和中国梦的实现。高尚的道德素养是航空专业学生成长为栋梁之才的立身之本。心中有信仰，脚下就有力量。高尚的道德素养是一个国家、一个民族行稳致远的有力支撑。大学生的道德素养不仅关乎自身未来发展，也关系到国家和民族的兴衰成败。

2　突出专业思政的重要作用，从背景出发进行爱国主义教育

不同课程有不同的特点，这就需要教师合理探究各类课程的思政元素，并实际应用到课程的教学与实践中，实现知识传授和价值传递的统一[7]。有限元法是在分析飞机结构时诞生的，目前已是一种具有坚实理论基础和应用广泛的数值计算方法。通过该课程的学习，可以使学生掌握有限元方法的基本原理、核心思想及解题步骤，使学生熟悉目前国际上通用的大型有限元软件 ANSYS，为学生未来从事飞行器研究打下良好的基础。在有限元的教学中如何加强思政教育、培养和提升学生的爱国主义主导下的历史使命感和社会责任心，是教师的一项重要责任。

在讲授"有限元基础与应用"各章节时适当引入思政内容，可以提升学生航空报国的情怀。表 1 是我们的一些做法。

表 1　有限元基础与应用思政切入点

课程内容	思政切入点	思政效果
有限元法诞生于飞行器结构分析中，而飞行器的性能好坏直接影响国防安全	1996 年台海危机。当我军向台湾海峡发射 3 枚导弹的时候，美军突然中断了 GPS 卫星信号，导致后 2 枚导弹发射失败。建国 70 周年阅兵首次展示的东风 - 17 高超声速导弹，拥有十分复杂、不可预测的飞行轨迹，使得空中拦截变得极为困难，大大提高了打击成功率，对美国的航母具有极大的威胁	有必要研制不依靠 GPS 导航的飞行器，国防工业必须自立自强
	1999 南联盟使馆被炸事件。以美国为首的北约部队，用 B - 2 隐形轰炸机投下 5 枚炸弹，悍然轰炸了中华人民共和国驻南斯拉夫联盟共和国大使馆	跟强盗讲逻辑是没有用的，必须努力学好专业，设计出领先世界的飞行器
	萨德事件。2017 年 4 月 26 日，萨德反导系统的 2 辆发射车、X 波段雷达开始在韩国投入运行。如果中美开战，美国可以近距离拦截中方导弹，对中方造成很大的威胁	该事件引发的爱国热潮，激发了学生的爱国心和对飞行器专业的热爱

---

*　习近平在全国高校思想政治工作会议上强调:把思想政治工作贯穿教育教学全过程 开创我国高等教育事业发展新局面,2016 年 12 月 9 日。http://dangjian.people.com.cn/GB/n1/2016/1209/c117092-28936962.html? ivk_sa=1024609w

续表 1

课程内容	思政切入点	思政效果
介绍三大有限元软件（ANSYS 美国、Nastran 美国、Abacus 法国）	2020 年美国对中国的软件制裁。MathWorks 公司，遵守美国政府的制裁令，中止了哈工大和哈工程两所学校的 Matlab 软件使用权限	引导学生中国必须发展自己的有限元软件，否则一旦遭遇制裁就会遭受重大损失
有限元发展史	胡海昌于 1954 年提出了广义变分原理；钱伟长最先研究了拉格朗日乘子法与广义变分原理之间的关系。1965 年，冯康发表了《基于变分原理的差分格式》，研究了有限元分析的精度和收敛性问题，几乎和西方科学家同时建立了有限单元法的理论基础。1971 年，徐芝纶科研组系统地开展了有限单元法的研究和应用，并于 1972 年完成了风滩空腹重力拱坝的温度场与温度应力的有限元计算分析工作，是我国最早的有限元应用成果	中华民族的聪明才智不输外国人，即使在文化大革命中国受封锁的情况下仍能对世界有所贡献
ANSYS 建模：模型的建立是应用好有限元的基础	伟大画家达·芬奇听从老师的教诲天天画鸡蛋，是因为他知道这是基础，所以不停地练习	即使是达·芬奇这样的天才，也要通过不断地努力才能成功
弹性力学理论	钱伟长（1912—2010），世界著名科学家、教育家、杰出的社会活动家。1942 年获多伦多大学应用数学系博士学位，主攻弹性力学。钱伟长是冯·卡门的弟子，1942—1946 任美国加州理工学院喷射推进研究所总工程师，研究火箭弹道、火箭的空气动力学设计、气象火箭、人造卫星轨道、火箭飞行的稳定性。1946 年回国后，应聘为清华大学机械系教授，兼北京大学、燕京大学教授，与钱学森一起创办中国科学院力学研究所，从事飞机颤振、潜艇龙骨设计等工作	引导学生学习钱伟长的精忠报国精神。老一辈科学家能不为国外优质的生活条件所诱惑，毅然回到新中国的怀抱，兢兢业业主持或参与国防重大项目，并几十年如一日刻苦攻关，这是什么样的情怀？
有限元基础理论	有限元法的基本原理就是：将连续的求解域离散为一组单元的组合体，用在每个单元内假设的近似函数来分片地表示求解域上待求的未知场函数，近似函数通常由未知函数及其导数在单元各节点的数值插值函数来表达	告诫学生只有紧密团结在一起，团队的凝聚力才能得到充分发挥
结构静力学问题	工程结构中有很多杆件，通过对其结构线性静力分析发现：当所受载荷超过某一限度时，杆件将丧失正常工作能力，常常造成灾难性后果	培养学生做遵纪守法的公民，一旦违法犯罪了可能会终身悔恨
动力学分析	在动力学问题中，结构不一定马上就破坏，但持续不断的疲劳载荷可能会让结构失效	引导学生明白只要有恒心，以顽强意志战胜学习和生活中遇到的各种困难，才能成为一个优秀的人才
非线性问题有限元	通过对塑性圆盘的数值仿真结果提问：圆盘为什么不发生线性变形而发生非线性变形？	有些东西变形了就不能再回去，引导学生珍惜当下，好好学习，青春不会回头

3 加强教师的师德师风教育

推进航空类专业学生的课程思政建设,教师起到关键作用。教师当如山一样胸怀宽大,追求包容,厚德载物。教师个人具备的家国情怀、思想品质、文化素养对学生的成才起到极为重要的引领作用。教师除了要有扎实的航空专业知识外,还要具有较强的文化传播力和实践力,在课堂教学过程中,改变传统的"填鸭式""满堂灌"的教学模式,引入多种教学方法,如翻转课堂、互动式教学、参与式教学、讨论式教学等,鼓励学生自我表达,激发学生学习热情,最终将学生由被动接受状态转化为主动探索,从而改善课程思政教学效果。比如可以采用启发式教学方式,让学生列举一些航空领域碰到的相关例子,并鼓励学生尝试用所学知识自己进行分析,可以培养学生发现问题、提出问题,并能科学地解决问题的能力。

4 结 论

专业课程是课程思政建设的基本载体。要深入梳理专业课教学内容,结合不同课程特点、思维方法和价值理念,深入挖掘课程思政元素,有机融入课程教学,达到润物无声的育人效果。本文以飞行器设计与工程专业的"有限元基础与应用"课程为例,探讨了专业课教学中思政元素的融入问题,提出了专业与思政教育的交叉融合、专业授课教师的师德师风是提升学生航空报国情怀的关键。

参 考 文 献

[1] 教育部关于印发《高等学校课程思政建设指导纲要》的通知[EB/OL]. (2015-10-24). http://www. moe. gov. cn/srcsite/A08/s7056/202006/t20200603_462437. html.

[2] 李鸿娟,谭峰亮,汪力. 工科材料类专业课的课程思政与金课建设探索[J]. 机电教育创新 ,2020(10):142-143.

[3] 陈鹤松,陈典. 高校思政课程"一课三融"教学模式构建的探索[J]. 高教论坛,2020(10),34-36.

[4] 马亮,顾晓英,李伟. 协同育人视角下专业教师开展课程思政建设的实践与思考[J]. 黑龙江高教研究,2019(297):125-128.

[5] 王磊,王晓军. 航空航天结构中有限元方法教学与实践研究[J]. 课程教学,2018,33(11):109-110.

[6] 邱志平,王晓军,祁武超. 航空航天结构有限单元法教学探析[J]. 力学与实践,2009,31(2):87-89.

[7] 陆道坤. 论课程思政的教学设计与实施[J]. 思想理论教育,2020(10):16-22.

增强课程思政教育的针对性和有效性
——以"卫星导航定位"课程为例

吕婧　宋伟　刘赟　彭云

（南昌航空大学 飞行器工程学院，南昌　330063）

摘　要：国际竞争全面覆盖，意识形态领域斗争激烈的当下，青年学子的成长关乎国家未来建设的力量和继承的质量，如何有针对性地、有效地帮助树立青年大学生的世界观、人生观和价值观显得十分重要。本文从"卫星导航定位"课程思政的必要性出发，着力从课程思政的育人目标、元素挖掘、理念转变及优化设计方面探讨如何增强课程思政教育的针对性、切实提高其有效性，潜移默化地引导学生坚定"四个自信"，厚重家国情怀，真正成为中华民族伟大复兴的有用人才。

关键词：卫星导航；课程思政；育人目标；理念转变；"四个自信"

引　言

当前，世界百年未有之大变局加速演进，世界之变、时代之变、历史之变带来的挑战更加清晰。新的征程上，我们面临的风险考验只会越来越复杂，甚至会遇到难以想象的惊涛骇浪。我们面临的各种斗争不是短期的而是长期的，将伴随今后复兴的全过程。百年大计，教育为本。立德树人，培根铸魂。青年学子作为中华民族复兴的中坚力量，担负着民族伟大复兴的重任，更需树立正确的世界观、人生观、价值观，使之在未来成为国家之栋梁、民族之脊梁！

2019年，习近平总书记在学校思想政治理论课教师座谈会上的重要讲话，中共中央、国务院《关于新时代加强和改进思想政治工作的意见》，中共中央办公厅、国务院办公厅印发的《关于深化新时代学校思想政治理论课改革创新的若干意见》，中共中央办公厅《关于加强新时代马克思主义学院建设的意见》精神，以及教育部等十部门于2022年7月印发的《全面推进"大思政课"建设的工作方案》，都无疑代表"大思政课"建设的全面推进，要坚持以习近平新时代中国特色社会主义思想为指导，聚焦立德树人根本任务，推动用党的创新理论铸魂育人，不断增强思政课的针对性、提高有效性，实现真正的入脑入心[1]。

本文将以"卫星导航定位"课程为例，探索高校课程思政教育的目标、路径和方式，为教育引导青年学子树立正确的世界观、人生观和价值观，坚定"四个自信"，成长为堪当民族复兴重任的时代新人打下坚实基础。

1　"卫星导航定位"课程思政的必要性

全球卫星导航定位系统能够为全球用户提供全天候、全天时、高精度的定位、导航和授时服务,在军用领域是实现联合作战的基础,是提高战场指挥能力的保障,是武器弹药精确打击的前提,是提升作战化信息能力的保障,是制敌的关键,在民用领域与人工智能、大数据、物联网、云计算等新兴技术深度结合,满足交通运输、自然资源、应急管理、智慧城市等领域需求。故建立独立的卫星导航系统,是避免再突发战争中受制于人,保证国家安全并推动国民经济发展的命脉。我国的北斗卫星导航系统是继美国 GPS 系统、俄罗斯的格洛纳斯系统以及欧洲的伽利略系统后独立自主建立的,是中国着眼于国家安全和经济社会发展需要,自主建设运行的全球卫星导航系统,是国家的重要时空基础设施,是我国重要的战略新兴产业。北斗规模应用现已进入市场化、产业化、国际化发展的关键阶段,创新场景应用持续涌现,导航人才需求迫切。行业的特殊性和重要性使得"卫星导航定位"这门课程的思政教育变得尤为重要和必要。

2　明确课程思政育人目标

课程思政育人目标的确立是每门课程思政教学的灵魂,亦是专业课程思政得以实施的基石[2]。基于卫星导航的军事意义和民用价值,本门思政课程的目标是培养一批有道德有能力且心怀国家和民族的行业人才,其中以政治认同、家国情怀为首要,以科技自信、创新思维为核心,以道德品行、职业素养为重要。

2.1　传递政治认同,厚植家国情怀

随着世界各国的竞争日益激烈,国与国之间的竞争不论是经济还是军事实力的竞争,其在背后更深刻的都是政治形态的斗争。"卫星导航定位"课程思政的首要育人目标是引导青年学子以习近平新时代中国特色社会主义思想为舵,坚定"四个自信",做社会主义的建设者和接班人。通过"一度领先于北斗,曾于 2003 年吸纳中国作为参与方,却又于 2006 年出于对欧美关系以及对安全与技术独立的考量,逼迫中方退出欧洲伽利略导航系统"的事件[3]引导激发青年学生的爱国主义热情,让爱国主义精神在学生心中牢牢扎根,强化学生对国家和民族的担当意识。与复杂的分权模式、组织架构及向心力不足的典型欧洲式困局带来的资金短缺使伽利略系统滞后 12 年做对比,我国从 2006 年 12 月决定建设独立的导航系统到 2020 年 6 月北斗导航系统的全球组网成功,体现了正是在强大的制度优势的保障下,国家各方面积极性被充分调动起来,集中力量办大事,真正实现了从无到有、从 0 到 1 的自主可控的北斗系统 100% 国产化,再也不用担心西方"卡脖子"。制度优势在这场竞争中得到有力彰显,从而潜移默化地引导学生确信发展中国特色社会主义是国家富强、民族振兴、人民幸福的根本保障。

2.2　增强科技自信,培养创新思维

"自信"是个人、国家和民族兴旺昌盛,发展壮大的重要因素。增强科技自信,从而凝聚力量,才能发展科技创新。通过回顾我国如何顶着国外长期技术封锁及打压的情况下,独立自主完成三代北斗系统的战略发展历程,从首创三种不同轨道构成的混合星座、独具特色的短报文通信和星间链路到高精度时空基准建立等,一条条前人从未走过的路被北斗工程建设者靠着科技自信与自主创新踏平坎坷,让我国北斗科研团队实现了由"跟跑者"向"并行者"直至"领跑者"转变[4]。这桩桩件件都将引导学生敢于科技自信,坚定创新自信,激发创新思维,最终踏上建成世界科技创新强国之大道。

2.3　规范道德品行,增强职业素养

在课程教学中通过跟踪了解卫星导航与各个领域深度结合的最新行业动态,发现基于卫星导航所设计的导航系统在各行各业如航空、航海、地面交通、自动驾驶、精密测量、农业耕作、个人导航、仓储物流、监控等都得到了广泛的应用,而在这些从业者所设计的导航系统对社会有正、反两方面影响,例如滴滴事件的过度收集精准位置信息,分析出行意图信息、常驻城市信息、异地商务/旅游信息等违法违规行为[5],不仅需要法律法规的保护,更需要重视并规范设计者个人的道德品行和提升其自身的职业素养,以防过度泄露个人信息乃至国家重要数据,需引导学生以习近平总书记提出的"心中有党,心中有民,心中有责,心中有戒"* 行为标尺来增强自身的道德品行与职业修养,做到防微杜渐。

3　深入挖掘课程思政元素

课程思政不能脱离专业课程内容,思政元素要以有效教学内容作为载体,合理选择切入点并有机融入课程教学,以提升课程思政的有效性。卫星导航定位课程以美国 GPS 和中国北斗系统为例,通过课程的学习帮助学生了解卫星导航技术和系统的发展历程、最新行业动态,系统地掌握卫星导航定位原理、系统构成、信号结构,掌握卫星导航接收机的工作原理和误差分析,了解并熟悉其应用方法以及与其他导航传感器组合的组合导航技术。尤其值得一提的是,独立自主、克服重重困难,实现百分百自主可控的北斗导航系统天然具有思政优势,为思政融合提供了丰富素材。"卫星导航定位"课程内容及其思政元素融合的部分示例见表 1。

表 1　"卫星导航定位"课程部分思政元素融合示例

课程知识点	切入点	思政要素
导航概念定义	导航是解决"我在哪儿""我将到何处去"和"该如何去"的问题	思考人生道路之导航,明确自己现在的定位、将来的目标及达成目标的方法
卫星导航的重要意义和发展历程	在 20 世纪美国成功建成 GPS 并提供全球定位授时服务后,为了使中国不受制于人,我国集中力量办大事,发展北斗"三步走"战略,走出了一条自主创新、团结协作、攻坚克难、追求卓越的独特道路,彰显了强大的制度优势	政治认同,家国情怀,坚定"四个自信"
导航系统星座设计	创新采用了 GEO/IGSO/MEO 三种轨道混合星座,以最少的卫星数量实现区域服务,支持边建边用、以用促建,实现区域增强。此外,在亚太地区,通过使用三种轨道卫星,用户能同时享用到中、高轨道导航卫星服务,卫星仰角高,抗遮挡能力强,在多层立交城市峡谷、树木遮蔽的环境,用户仍可获得连续的导航服务	系统总体架构思想,中国智慧

---

　　* 习近平:做焦裕禄式的县委书记 心中有党 心中有民 心中有责 心中有戒,2015 年 1 月 12 日。http://www.xinhua-net.com/politics/2015-01/12/c_1113967219.htm

课程知识点	切入点	思政要素
载波频率	我国于 2000 年 4 月 17 日向国际电联申请了载波频段,要求在 2007 年 4 月 17 人日前将导航卫星发射升空并使用该频率发射导航信号,才能合法地使用该频率资源,但在 2007 年 4 月初卫星应答机出现异常,信号不稳定,在时间紧、压力大、问题难的困难下,我国科研人员经过多种不懈努力,最终在距离期限还有 4 个小时的情况下,成功发射信号,正式合法拥有了所申报的空间位置和频率资源	不到最后一刻绝不放弃的民族精神
星载原子钟	北斗研制初期,星载原子钟主要靠国外进口。在国外公司不再向我国提供后差点致北斗二号项目夭折,我国组织了三支队伍仅仅用了 3 年就实现了铷原子钟的从无到有,从有到精	自力更生,自主可控才是根本所在
组合导航技术	单一方式导航技术存在系统脆弱性,组合多种导航技术实现导航系统稳定性	系统集成化整合优势
卫星导航的进一步发展	到 2035 年之前,北斗人要设计并构建一个以北斗系统为核心的国家综合授时导航定位体系。从定位的精度上,要解决现在大家都在期望的自动驾驶等厘米级的导航需求	从需求出发,不断开拓创新的科研精神

4　转变课程思政教学理念

习近平总书记指出"提升思想政治教育亲和力和针对性,满足学生成长发展需求和期待"。* 当代大学生处在信息大爆炸的新时代,其思维呈现多元化和个性化的特点,表现为逻辑活跃,体现个性,追求独立,教师须及时转变课程思政的教学理念,放弃传统"灌输式"和"讲授式"的权威姿态,走下讲台,服务学生的内在需求和现实需求,推进思政教育真正地入脑入心。

4.1　服务学生内在需求,推进思政教育往心里走

当代大学生对自我关注度更高,注重"回应"和"表现"自我,对空洞的说教主导式课堂提不起兴趣。思政教育要聚焦新时代青年学生思想行为的特点和规律,了解他们的所思所想、所喜所惑、所学所用,要针对学生的内心需求,从传统的教条式、学术化说教模式向更侧重"情感体验"和"心灵共鸣"上转变,增强感染力和亲和力。加强师生互动,引发学生思考,善于发现并抓住时机,及时清楚的发现学生在课堂中的需求、问题并及时的予以解决,以行导人,以诚化人,以情入心。

---

* 习近平在全国高校思想政治工作会议上强调:把思想政治工作贯穿教育教学全过程 开创我国高等教育事业发展新局面,2016 年 12 月 9 日。http://dangjian.people.com.cn/GB/n1/2016/1209/c117092-28936962.html? ivk_sa=1024609w

4.2 服务学生现实需求,引导学生将个人成长、职业规划、祖国前途命运紧密相连

每位大学生都会面临继续深造或择业选择的重大现实需求,教师在讲授课程时需"见缝插针、适时"地以导航类专业学子未来职业特征和行业应用及发展的最新动态,引导青年学子将个人成长、职业规划和国家的发展紧密相连,顺势而为,把远大的抱负落实到现实的脚踏实地中,用中国梦引领青年梦,引导学生更好地把握自己人生的航标,对成才和择业之路做出正确的选择,在未来的学习和工作中成为有用人才,使个人发展与国家未来同向同行。

5 优化课程思政教学设计

"卫星导航定位"是一门快速更新的前沿课程,课程教学需要不断更新优化,紧跟行业和时代发展的需要,课程思政亦需要关注时代、关注社会,充分利用专业知识的有效教学载体,设计接地气的话语表达以有机融入最新的相关事实、案例、素材,真正发挥专业课程的课程思政功能。

同时,构筑融合互动式渠道,创设生动多样的教学情境,以网络空间拓展现实场域,积极设计案例式教学、辩论式教学、专题式教学,多采用启发式、体验式、互动式的方法,来优化教学手段方法,以更好地满足学生的期待。

6 结　语

本文从本门课程思政的必要性、明确课程思政的育人目标、挖掘思政元素、转变教学理念和优化教学设计方面着力,在潜移默化中有效实现学生的政治素养、科学文化素质及思想道德品行的统一。

引导学生真正以党的旗帜掌舵,以"四个自信"信念作帆,以奋斗不息的民族精神划桨,在浩荡的新时代乐风中,快马扬鞭,向着下一个光辉的百年启航,是本门课程思政的主要目的。

参 考 文 献

[1] 教育部等十部门.关于印发《全面推进"大思政课"建设的工作方案》的通知:教社科〔2022〕3 号[EB/OL]. (2022-08-10).http://m.moe.gov.cn/srcsite/A13/moe_772/202208/t20220818_653672.html.
[2] 孙源.卫星导航原理及应用课程思政教学探索[J].中国教育技术装备,2021(20):90-92.
[3] 吴继忠,李明峰.课程思政融入"卫星导航定位技术与应用"教学的实践[J].现代测绘,2021,44(6):61-64.
[4] 杨玲,李博峰,李浩军,楼立志."卫星导航定位原理与应用"课程中的"四史"教育[J].导航定位学报,2021,9(2):122-126.
[5] 中国网信网.国家互联网信息办公室有关负责人就对滴滴全球股份有限公司依法作出网络安全审查相关行政处罚的决定答记者问[EB/OL].(2022-07-21).http://www.cac.gov.cn/2022-07/21/c_1660021534364976.htm.

"湍流理论与模拟"课程思政元素融入的教学设计探索

谢文佳　田正雨

（国防科技大学 空天科学学院,长沙　410073）

摘　要: 理工科课程的思政教育是实现高校全面思政建设的关键,是实现全程育人、全方位育人的重要环节。本文以航空航天类专业普遍开设的"湍流理论与模拟"课程为例,分析了课程思政的内容建设。在此基础上,探讨了在"湍流理论与模拟"课程中如何开展课程思政的教学设计,为航空航天类专业课程思政元素的有效融入,提供了一种可行的参考。

关键词: 课程思政;教学设计;思政元素;理工科;立德树人

2016 年 12 月,习近平总书记在全国高校思想政治工作会议上发表重要讲话,强调要坚持把立德树人作为中心环节,把思想政治工作贯穿教育教学全过程,实现全程育人、全方位育人,努力开创我国高等教育事业发展新局面。* 2020 年 5 月,教育部关于印发《高等学校课程思政建设指导纲要》明确指出,专业课程是课程思政建设的基本载体。要深入梳理专业课教学内容,结合不同课程特点、思维方法和价值理念,深入挖掘课程思政元素,有机融入课程教学,达到润物无声的育人效果[1]。课程思政的含义是依托或借助思想政治理论课、专业课、通识课等课程而开展的思想政治教育实践活动。其目的是解决高等院校思想政治教育的"孤岛"困境,尤其是解决思想政治理论课与其他课程之间实际存在的"两张皮"现象,其方式是开发利用相关课程的思想政治教育资源,以充分发挥所有课程蕴含的思想政治教育功能[2]。专业课程在高校课程中的比重很大,是高校教育的重要一环。因此,专业课程的建设不仅要做好知识的传授与能力的培养,更要积极地将思政元素有效融入专业课程中,发挥专业课程的隐性思政教育功能。

"湍流理论与模拟"课程是航空航天类专业普遍开设的专业课程。但长期以来,在教学内容和教学设计上,通常将教学实施过程的重点放在专业知识的讲解和学生能力的培养等方面,忽视了理工科专业课程的思政教育作用。在传统的专业课程教学实践中,往往也存在弘扬爱国精神、攻坚克难的科学精神等思政元素,但是从课程建设的全局看,这样的专业课程思政教育缺乏系统性的设计,无法有效发挥专业课程隐性思政教育的重要作用。本文以国防科技大学空天科学学院开设的面向航空航天类专业的"湍流理论与模拟"课程为例,浅析流体力学类课程思政教学的建设思路,探索思政元素融入的教学设计,构建面向思政的教学方法体系。这对于实现流体力学类专业课程知识和能力培养与思政教育同向同行,落实立德树人根本任务,确保育人工作贯穿教育教学全过程具有重要意义。

---

* 习近平在全国高校思想政治工作会议上强调:把思想政治工作贯穿教育教学全过程 开创我国高等教育事业发展新局面,2016 年 12 月 9 日。http://dangjian.people.com.cn/GB/n1/2016/1209/c117092-28936962.html? ivk_sa=1024609w

1　课程思政元素建设

全方位、全过程思政育人的目标要求课程思政元素与知识目标高度互融,这对思政内容建设提出了更高的要求。专业课程的思政元素建设是实现课程思政全方位育人目标的关键。在思政元素的建设上,应该有顶层设计,思政内容应结合专业课程特点自成体系,避免思政内容单一化、思政元素离散化、思政案例陈旧化。

1.1　培养学生敢于挑战权威的创新精神

湍流是流体力学的一个分支,既包含自然科学的基础理论,又涉及工程技术科学方面的应用。其研究历史悠久,大师云集,丰富的理论成果和广阔的学术思想为学生锻炼学术修养,培养学生的创新能力提供了坚实的基础。然而,工程领域的进步和需求的不断增大对湍流理论与相关的数值模拟技术的发展提出了更高的要求。为适应时代的发展和工程领域的新要求,湍流不仅在理论上需要不断地创新发展,在技术上也需要不断涌现出创新成果。这些进展的产生对湍流以及流体力学从业者提出了更高的要求。因此,结合湍流的理论基础和创新科学思维,将敢于挑战权威的创新精神融入课堂教学中是思政内容建设的重要一环,也为学科发展和航空航天的进步提供源源不断的发展动力。

1.2　培养学生爱岗敬业、责任担当的家国情怀

做学问与为人是教育的永恒主题。培养学生爱岗敬业、责任担当的家国情怀,这一重要角色以往通常是由思政课程担当,而专业课程则很少涉及。因此,德育的效果跟不上时代发展对人才培养提出的新要求,在重要的行业里,人才流失现象非常普遍。爱国教育的良好达成,需要思政课程与专业课程的协同作用,以高度自觉的国家认同、文化认同为必须条件,促进二者的有机融合。为此,需要在专业课程的教学过程中,挖掘爱岗敬业、责任担当的家国情怀等思政元素,使爱岗爱家爱国的思想以润物无声的形式深植于学生内心,达成课程思政与思政课程德育的协同效应。

1.3　培养学生作风严谨、学风端正的学术道德

专业课程是学术道德教育的重要阵地。当前,我国高等教育的改革发展进入了一个新的阶段,高等学校学术气氛空前活跃,学术研究成果丰硕,众多的学术领域迎来了繁荣的良好局面。这离不开广大教育工作者的辛勤付出和无私奉献。然而,当前的学术研究工作中存在着不容忽视的学术风气不正、学术道德缺失的问题。作风严谨、学风端正的学术道德建设需要从学生抓起,他们是未来科研工作的主力军。专业课程因为其天然的学科特性,应该成为学术道德教育的主战场。教师在课程教学过程中,可以积极融入坚持实事求是的科学精神和严谨的治学态度等课程元素,引导和鼓励学术批评和学术反思,积极营造良好的学术氛围,促进和保障学术事业的健康发展。

2 课程思政元素融入的教学设计

2.1 案例教学中的思政元素融入

案例教学是以教师为主导,以学员为主体,就某个特定事件进行研讨、分析,达到特定教学目的一种现代教育方法。通过一个个具体案例的研讨、交流,学生的创造潜能能够得到充分地激发。在案例教学中融入适当的思政元素,是实现隐性思政的良好途径。以"湍流理论与模拟"课程中常见的雷诺实验为例,可以设计相应的教学案例,在其中融入力学大家勇于突破的科学探索精神、阐明在科学的道路上没有平坦的大道,只有不畏艰险的攀登者才能顺利到达光辉的顶点。这样的思政元素融入是具体的、有根基的和有温度的,能够更好地激发学员的浓厚兴趣,使得思政要素内化于心,达到润物无声的思政育人效果。

2.2 过程考核中的思政设计

课程过程性考核相比于结果性考核的优点在于,过程性考核以课程目标为导向,考核学生对知识的掌握和运用更具全面性。常用的考核方式有案例研讨、课程设计、研究报告等。在各个环节中可以引入适当的思政设计。比如,研讨主题的设定可以在一定程度上设置开放性的题目,没有标准答案,鼓励学员敢于批判,敢于提出创新性的想法。从研讨的组织形式上可以采用分组研讨的方式,鼓励组员之间相互合作,不同组之间相互评价,这对于培养学员相互合作精神、提升科学评价能力具有重要作用。

2.3 学习评价中的思政要求

在学习评价中应该体现思政的要求。对于考核过程中学员提交的报告、分组讨论的效果、团队协作分工的实施效果等评价中,可以设定若干评价维度。比如,报告的创新性、团队协作的科学性、学生完成任务的主动性与责任心、学术报告的严谨性等。在评价中体现思政的要求,是课程思政过程的完整一环,使得思政教学的效果可以量化显现。

3 结 论

本文分析了理工科课程思政的重要性,随后以"湍流理论与模拟"课程为例浅析了专业课程思政元素的内容建设,结合课程特点探讨了在专业课程中融入思政元素的教学设计方法。在教学实践中,结合课程的特色内容构建相应的思政元素和教学设计方法,将学科知识与思政教学有机融合,发挥思政教学的隐性教育功能。实现专业课知识与思政教育的同向同行,达到全方位育人的良好效果。

参 考 文 献

[1] 中华人民共和国教育部. 教育部关于印发《高等学校课程思政建设指导纲要》的通知[R/OL]. (2020-06-01). http://www.moe.gov.cn/srcsite/A08/s7056/202006/t20200603_462437.html.

[2] 赵继伟. "课程思政":涵义、理念、问题与对策[J]. 教育学研究. 2019,17(2):114-119.

课程思政教学实践路径设计"七步法"

郭世海 张彩霞 孙守福 刘磊

（海军航空大学,烟台 264001）

摘 要：依托大学"思想课程"及"课程思政"专项教学研究与实践成果,对课程思政教学实践路径的设计问题进行了研究梳理,设计了基于过程的课程思政教学实践路径设计的"七步法",分别对思政目标设定、思政团队创建、思政元素挖掘、思政资源构建、课堂目标设计、课堂实践探索、思政质效评控七个环节进行了解析,解决了是什么、有什么、注意什么、怎么做等关键性问题,剔除了理解误区,健全了路径设计思路,为课程思政教学实践提供了理论指导和路径遵循。

关键词：课程思政;路径;目标;思政元素;质效;评控

无论是私塾之内"人之初、性本善"的琅琅之声,还是"三全"育人战略新格局的目标导向,课程思政源起久矣,跨越千年,常议常新。

在获大学首届"思想课程"及"课程思政"专项教学研究与实践优秀成果一等奖后,项目组探索凝练出课程思政教学实践路径设计的"七步法"。

1 第一步:思政目标设定——强化课程思政目标引领,突出课程思政大目标的设定

目标是努力的方向,方向不对,越努力越窘迫。课程思政教学实践的首要任务就是要科学合理地构设课程的思政教学目标,也是课程思政教学实践路径设计的第一步。

一是要学深悟透思政课程与课程思政的相关文件规定。深刻理解"守好一段渠"的深刻涵义,确保课程的思政目标设定的方向正确性,确保与思政课程、课程思政宏观大思政体系的同步同向,转化文件精神实质、要义为课程可以实践的思政目标。二是确保课程的思政目标与思政课程及其他领域课程的思政教学实践活动同频、同向、同步、同行。既要分清主次,又要衔接有序,协同有法,融入有则,避免交集过大、重叠过多、方向太杂。三是瞄准课程思政的建设需要,依托人才培养方案、教学大纲,设计符合专业特点、课程特点、学生特点,服务于课程教学计划、教学设计的课程思政目标。四是在思政目标设定中植入思政考评理念,合理规划评价点,确保思政质效。

2 第二步:思政团队创建——扭住师资思政素养,创建课程思政团队

"火车跑得快,全靠车头带"。课程的思政效果好不好关键看课程的思政团队思政能力强不强。

　　课程思政，顾名思义，是非思想政治教育课程在教学实践中履行"思想育人"的责任。教学行为的主体并非是从事专业思想政治教育理论研究与教学实践的教师，而是像数学、语文、英语、化学等领域的专业教师，教学行为主体思想政治教育理论素养、思想政治教育实践的行为、方法、手段较专业思政教师差距极大。因此，在课程思政教学准备阶段必须做好"师资"工作，即：着眼课程思政需要，创建课程思政团队。

　　一是借外力，择优入取，构建多元化师资队伍。在保证非思政类课程教学实践高质量、高标准运行以及教学队伍相对稳定的前提下，可以采取"择优入取"的方法，以思政素养为标尺，遴选老师进入课程思政团队。即在条件允许的情况下，合理调配思想政治理论功底扎实、思想政治教育水平较高、思想政治素养较为全面的各类思政教师、先导和后续课程教师、专家教授优先进入教学团队，构建结构完备、层次分明的多元化领域交叉的课程思政团队。

　　二是补短板，提升课程思政能力水平。课程思政团队组建完毕以后，要以设计的课程思政目标为导向，着眼思政能力、思政元素挖掘、思政融入方式、思政教学设计等方面的能力短板，采取专业思政课程教师普及思想政治教育理论、专业课程教师论述课程教学实际、专家教授指导帮建等形式，提升团队思想政治理论素养、专业理论水平，增进协作了解，弥合领域间隙，开拓教学思路，共谋"三全"育人一盘棋。

3　第三步：思政元素挖掘——梳理知识点，解析思政元素，构建关联模型

　　课程的思政元素是课程思政的"星星之火"，必须要深入挖掘，以成"燎原之势"。

　　一是发挥教学团队专业优势，梳理课程知识体系。课程教学团队应着眼人才培养方案、教学大纲，瞄准专业前沿，扭住知识点教学传授根本，梳理出课程体系中遍布的基础知识点、核心知识点、进阶知识点、关联知识点，形成课程教学实践活动的知识点体系，为与课程的思政元素构成关联模型创造条件。

　　二是依托教学团队思政素养，构建思政元素体系。在充分认清思政元素是什么，有什么的基础上，教学团队中的思政力量，即：指整合进入教学团队当中的思政教师、先导和后续课程教师以及专家教授等，应与专业课程教师充分酝酿，挖掘与知识点紧密联系的思政元素，丰富思政元素种子资源，构建思政元素体系，为后续课程思政教学实践丰富物质基础。

　　三是设计知识点与思政元素的关联模型。课程教学团队应围绕课程知识点体系、思政元素体系等资源，运用思维导图等工具描述、构建教学内容、授课要点、知识点、思政元素之间的逻辑关系，形成关联模型，促进教学内容与课程思政同步融合，形成统一整体。

4　第四步：思政资源构建——创建课程思政资源库，丰富课程思政教学环境

　　"巧妇难为无米之炊"。课程思政资源与丰富的课程思政教学环境是思政元素生根发芽、硕果累累的沃土，是保证课程思政效果得以有效实现的重要因素。

　　一是要盘活内部资源，深入挖潜。内部资源是指教育院所、科研机构等内部既有的资源，其具有资源指向化、获取快速化、应用专业化等优势，可以通过"现地"挖潜的方式快速形成课

程思政的初始保障环境条件,为后续资源构建创造接续基础。

二是要激活外部资源,升级完善。外部资源是指由外部进入到教育院所、科研机构的体系外思政资源。体系外思政资源具有极强的丰富性、快速的响应性、资讯的新鲜性等特点,是课程思政教学资源和实践环境的有益补充,也是快速响应学生关键、回应学生热点的保障条件。课程思政人员必须对激活外部资源给予高度重视,不断引入新资、注入新智,创新完善思政资源。同时要注意守好资源入口关,确保思政资源的绝对纯洁,防止泥沙俱入,冲淡课程思政质效。

三是要用好思政资源。建用合一,这是思政资源构建原则之一。课程思政教学团队要以共下一盘棋的思维用好思政资源,应区分专业思政、课程思政、课堂思政三个维度统筹思政资源,分别构建与之匹配的,衔接有序、关联紧密、相互支撑的"思政资源池""思政资源库""思政资源集",充分发挥思政资源效用,达到润物细无声的效果。

5 第五步:课堂目标设计——解构课程思政教学大目标,设计课堂思政实践小目标

"不积跬步,无以至千里"。设计每一次课需要实践的课堂思政小目标是课程思政教学准备阶段的关键,是达成思政效果的"跬步"。

课程教学团队应遵从教学法规指引,在课程思政大目标的背景下,结合每一次课堂教学需求,围绕教学内容、授课要点、知识点等设计生成课堂思政实践的小目标。首先,课堂思政小目标必须与课程思政大目标一脉相承,互为支撑,同步同向,切忌不可简单地抽取、罗列,置逻辑关系于不顾;其次,课堂思政小目标设定必须要兼顾"课堂知识"与"思政元素"两大体系,在复杂的关联结构中找到纲举目张的思政节点,围绕思政节点设计课堂思政小目标;再次,需要对课堂思政小目标进行细化、量化,形成思政效果评价点,为思政效果评价积累数据;最后,需要在既有人才培养目标、能力标准中融入课堂思政教学目标,进一步健全人才培养目标体系和能力标准。

6 第六步:课堂实践探索——构建课堂教学实践链路,组合教学方法手段

课程教学团队应充分重视信息技术在教育教学领域中的应用,着眼科技前沿,充分利用既有实验室、智慧教室、教育基地,借助已经建成的课程思政资源与环境、氛围,构建合适的教学实践链路。

一是选取合适的教学模式,引入或是设计顶用的教学方法和手段。探索实践了线上线下混合式教学,实现了"课前导读预习、课上引导学习、课后指导拓展"的新型教学链路。

二是引入网络教学平台,创新教学方法手段。利用已建专业网站平台、多媒体教学平台增强交互性,调动学生学习的主动性、积极性、参与感和获得感;在案例研讨、问题牵引、小组研学、展示汇报、经验分享等环节,精心预置课堂思政脉络,给予学生润物细无声般的思政环境浸润、思政元素启迪,提升课堂思政亲和度。

三是着眼细微之处采集课堂思政评价点,形成量化指标,为课程思政效益评价积累数据。

7 第七步:思政质效评控——落实思政评控理念,确保课程思政教学质效

"编筐编篓,重在收口"。课程思政质效评控不仅是检验课程思政活动组织实施是否有效的关键环节,更是扎实推进"三全"育人、立德树人的根本保障。课程教学团队必须坚决落实课程思政质效评价与控制理念,将思政质效评控作为路径设计的关键环节。

一是要统一思想认知,高度重视课程思政评价与控制环节。评价是为了更好地"守好一段渠",控制是确保"同向同行"。

二是要以各个思政评价点为抓手,在随堂互动、课后作业、平台自学、日常表现中的挖掘思政痕迹,如道德观念、价值取向、职业素养等,将其梳理量化后融入评控体系,根据权重计入考核成绩,以期破解重理论识记,轻思政素养的窘境,实现理论、技能、思政素养同步协调提升。

三是课程教学团队应注意采集课堂教学思政过程中的数据信息,明辨思政手段是否先进、思政途径是否顺畅、思政融入是否无痕、思政资源是否齐备、考核设计是否得当,重点攫取课程思政教学实践路径中各个环节的不利因素,形成课程思政评控报告,并呈阅课程思政团队、专家教授及督导组评审,形成反馈闭环,为后续整改提升创造条件。

课程思政教学实践路径设计的"七步法"环环相扣,相辅相成,内外相融,实际证明行之有效,值得借鉴。

课程思政路漫漫,探索实践永不止步!

飞行原理类课程思政案例库建设研究

胡家林 柳文林 丁祥 王平

(海军航空大学 航空基础学院,烟台 264001)

摘 要:对于飞行员培养而言,从本科学历教育阶段直至机型改装阶段,飞行原理类课程教学贯穿始终,是课程思政的"主战场"之一。在建设飞行原理类课程思政案例库时,如何充分发挥各门飞行原理课程教学内容循序渐进、学科知识彼此融合的体系优势,实现思政资源在教学实践中的效能最大化,具有重要意义。基于共建共享理念,对共享型思政案例库建设的必要性和可行性进行了探讨,提出以安全意识培养为目标、以扩容和挖潜相结合为方法、突出融合特色的飞行原理类课程思政案例库建设策略。

关键词:课程思政;案例库;飞行原理类课程;共建共享;飞行学员

飞行原理类课程主要包括"飞机空气动力学""舰载飞行力学与控制""机型飞行原理"等,构成了教学内容循序渐进、学科知识彼此融合的专业课程体系。对于海军飞行员培养而言,从本科学历教育阶段直至机型改装阶段,飞行原理类课程教学贯穿始终,是课程思政的"主战场"之一。本文基于共建共享理念,从思政案例库建设的必要性和可行性、思政案例库的建设策略两个方面对飞行原理类课程思政案例库的建设进行了探讨。

1 共建共享思政案例库的必要性及可行性

1.1 必要性分析

目前,飞行原理各门课程以《关于深化新时代学校思想政治理论课改革创新的若干意见》《高等学校课程思政建设指导纲要》等文件为指导,结合自身特色,在课程思政教学中进行了一系列的探索和实践,在思政资源建设方面取得了一定成效。但总的来说,思政资源建设存在"散"而"浅"的问题,主要体现在以下两个方面:一是思政案例库共建共享不够,思政资源建设重复性多、利用率低,没能发挥飞行原理类课程之间的体系优势;二是案例选取与"价值塑造、知识传授和能力培养三者融为一体"的思政要求不适应,存在"表面化""硬融入"的情况。

课程思政案例库是思政体系建设中的重要内容,如果能够以课程思政案例库的共建共享为牵引,在不同课程组之间形成思政资源建设合力,则可有效解决上述问题。

1.2 可行性分析

飞行原理类课程除了教学对象相同(飞行学员)、教学目标相通(指导飞行学员未来飞行实践)外,在教学内容上也密切相关:第五学期开课的飞机空气动力学主要研究飞机飞行时升力、阻力、侧力的产生及变化规律;在飞机空气动力学课程基础上,学员在第六学期的舰载飞行力学与控制课程中继续学习力和力矩作用下的飞机运动特点；在未来的机型改装阶段,则是针对具体机型的空气动力特性和飞行力学特性开展研究。

　　教学对象相同、教学目标相通、教学内容相关,使得不同飞行原理课程共享同一个思政案例库具有可行性。此外,我校飞行原理类课程教学工作均由飞行原理教研室承担,也为思政案例库的共建共享提供了便捷。

2　建设共享思政案例库的策略

2.1　以安全意识培养为目标

　　飞行原理类课程的教学对象是飞行学员,未来的任职岗位具有以下特点：

　　一是能力要求高。飞行员感知的是瞬息万变的空中态势,面对的是复杂的座舱仪表开关,进行的是两杆一舵的操纵,因此在专业能力上必须过硬,才能够在最短的时间内完成"及时感知—准确理解—精准操纵"全流程,确保飞行安全和任务完成。

　　二是岗位压力大、工作容错率低。飞行事故的诱发原因可能仅仅是一个电门没有打开、一个拉杆动作偏粗,小小的操纵失误就可能引发不可挽回的严重后果,而飞行员往往只能一个人在狭小封闭的座舱内面对如此巨大的压力。

　　三是规章制度严。从地面准备、飞行技术检查,到飞行后讲评、训练质量监控,相关规章制度贯穿了从飞行前到飞行结束的整个流程,每一项制度的诞生都源自于对飞行实践甚至是飞行事故的总结,一旦违反就会给飞行安全带来隐患。

　　综上所述,确保飞行安全是飞行员的必备能力,牢记飞行安全是飞行员的必备意识。正因为如此,不同飞行原理类课程都将培养飞行学员的安全意识作为最重要的课程思政目标之一,并根据飞行员的职业特点将安全意识进一步细化为强烈的责任意识、牢固的章法意识、准确的决断意识、果断的复飞意识、认真的准备意识、和谐的团队意识。可见,聚焦安全意识培养就是聚焦飞行原理类课程课程思政目标之间的"最大公约数",以安全意识培养作为思政案例库建设的目标进行思政案例的筛选和开发,将确保建成后的思政案例库能够在不同飞行原理类课程之间共享使用。

2.2　以扩容和挖潜相结合为方法

(1) 对现有思政资源扩容

　　一是对照安全意识培养目标,确定思政资源扩容的"出发点"。现有思政资源以教材内容为基础,由于保密原因和篇幅限制,存在讲理论多、举实例少的问题。例如,在"舰载飞行力学与控制"课程"小速度离地"一节中,教材中仅从理论上介绍了飞机小速度离地的原因、现象、处置方法,对于小速度离地造成的严重危害并没有充分展开。若仅以教材内容作为思政资源,则对安全意识培养目标支撑力度不够。因此,在授课过程中可以补充某型飞机小速度离地造成的事故案例,能够给学员更深的触动,使他们深刻认识到小速度离地带来的危害绝不仅仅是"飞机摇晃"这么简单,认识到飞机起飞过程中监控好离地迎角的重要性。

　　二是对照各专业知识和能力目标,确定思政资源扩容的"落脚点"。以"飞机空气动力学"课程"螺旋桨副作用"一节为例,思政资源中有英雄试飞员李中华的采访视频和某型运输机的飞行原理资料可供选择。其中,李中华的采访视频中明确提到了"滑流"副作用,而理解"滑流"副作用的产生原因是该节最主要的知识目标之一。与之形成对比的是某型运输机飞行原理资料中"关键发动机"相关内容,这一部分内容虽然也与螺旋桨副作用有关,但是涉及的调整片使用等知识点超出了飞机空气动力学课程的知识目标和能力目标。从思政资源与课程知识和能力目标之间融合度的角度考量,最终思政案例库选择了李中华采访视频,舍弃了某型运输机"关键发动机"内容。

(2) 对现有思政元素挖潜

一是对照安全意识培养目标,确定"挖掘"哪里。以"飞机空气动力学"课程中"高速一维定常流动"一节中"马赫数"和"空气动力加热"知识点为例,前者体现了勇于探索的科学精神,后者体现了精益求精的工匠精神,这两种精神都是《高等学校课程思政建设指导纲要》中明确提到的专业课程的思政元素。但是科学精神和工匠精神与安全意识培养关系不大,不满足本文思政案例选择的前提,因此在案例库建设时没有对这两个知识点进行思政元素的"挖掘"。

二是对照知识和能力目标,确定"挖掘"多深。以飞机空气动力学课程中"螺旋桨负拉力"一节为例。螺旋桨产生负拉力的根本原因是出现了负的桨叶迎角,飞行中一旦因为操纵失误出现负的桨叶迎角,将严重危及飞行安全。因此,在该知识点中挖掘的思政元素为:安全意识中的章法意识、决断意识。实际上,在应对螺旋桨负拉力产生时还涉及机组资源管理的问题,涉及到安全意识中的团队意识,但是考虑到机组资源管理与该知识点的能力目标(在飞行中能够通过正确顺桨消除负拉力)贴合不够紧密,因此没有在该知识点中继续深挖团队意识这一思政元素。

2.3 突出融合特色,确保案例共享属性

(1) 开发多知识点融合案例,便于不同课程使用

要想被不同课程共享,案例必须融合有多门课程的知识点。以案例库中的某型螺旋桨飞机飞行事故为例。该起飞行事故是发动机故障后飞机状态不可控导致,事故过程分别涉及了螺旋桨滑流副作用、飞机操纵性、特殊条件下飞行、机组沟通交流等知识点,分别对应"飞机空气动力学""舰载飞行力学与控制""某型飞机飞行原理""机组资源管理"四门课程,因此可以在四门课程中共享使用。像这样融合了多知识点的案例在不同课程中反复出现,既实现了教学时一例多用的便捷性,又体现了前课渗透后课、后课照应前课的教学理念,有助于学员建立起贯通飞行原理类课程的知识体系。

需要注意的是,某一门课程使用共享案例时既要注意将案例的前因后果介绍清楚,又要充分考虑到学员的知识储备以及本门课程的知识和能力目标,这一点对于具有前序性质的课程尤为重要。如前述螺旋桨飞机飞行事故案例,在飞机空气动力学课程中,讲解完螺旋桨滑流副作用后引入该起飞行事故,说明螺旋桨工作异常对于飞行安全的严重危害。此时学员尚未学习飞机操稳特性和该机型的飞行原理,因此对于事故只需要介绍到"滑流对于气流的加速作用可以增加飞机升力,螺旋桨故障后,滑流作用消失,该侧机翼升力明显小于另一侧机翼,导致飞机状态异常"即可,对于涉及后续课程的飞行原理知识不要再做过多渗透。

(2) 收集多维度素材,强化对共享案例的支撑力度

共享案例在不同课程教学中重复使用的过程,实际上也是案例所蕴含的知识点由浅入深、由点及面逐步呈现的一个过程。为了实现共享案例与课程知识点的同频共振,在不同课程中

同一共享案例的呈现形式也应有一个循序渐进、逐渐展开的过程。仍以前述螺旋桨飞机飞行事故案例进行说明。在第五学期的"飞机空气动力学"课程中引入该案例时，由于升力增加只是滑流几项副作用之一，且并非课程主要知识点，因此教学时仅对案例进行一般性讲授即可。在第六学期的"舰载飞行力学与控制"课程中引入该案例时，滑流副作用引起的升力增加对于飞机姿态的影响已经是该课程主要知识点之一，因此需要对案例展开详述，并配以事故通报、飞参视频等素材，便于学员对于飞行事故发生时飞机姿态的变化过程有更深入和直观的了解；在高教阶段的"机组资源管理"课程中引入该案例时，则应将驾驶舱通话记录补充进课件，在课堂教学时通过真实的音频复现让学员了解机组成员是否进行了有效的沟通交流。

3　结束语

共建思政案例库，使得思政案例建设时的格局从某一门课程扩展到某一类课程，有助于不同课程组在思政资源建设上相向而行，有助于集中力量打造出精品思政案例；在思政案例库共建的基础上实现案例共享，则有助于思政资源效能最大化，有助于教学效率的提升。此外，在案例库的建设过程中势必需要对飞行原理类课程的教学内容进行总体梳理和再认识，这个过程对于提升教员的教学能力也会有很好的促进作用。

如何通过优化教学策略，让建成后的案例库在课程思政中发挥出最佳作用，如何根据案例库使用中得到的反馈不断优化和更新思政案例，是需要继续深入研究的两个问题。

参 考 文 献

[1] 郑益.大思政理念下大中小学思政课一体化教学案例库的构建及应用[J].渤海大学学报，2021(4)：113-116.

[2] 刘艳艳，代爱英，李琳.课程思政教学案例库建设探索[J].山东教育，2020(5)：28-30.

[3] 陆道坤.论课程思政的教学设计与实施[J].思想理论教育，2020(10)：16-22.

[4] 郭卫刚，柳文林，康小伟.飞行原理基础课程形成性考核模式研究[J].教育教学论坛，2019(16)：180-181.

[5] 朱琪.高等院校中飞行员培养的思政教育[J].当代教育实践与教学研究，2017，5(8)：265.

[6] 史金鑫.行业特色院校"课程思政"教学模式建构的实践研究——以创新民航特色"课程思政"改革为例[J].教育现代化，2019，6(58)：73-75.

[7] 何小微，刘莎，唐庆如.民航院校课程思政建设经验研究——以中国民用航空飞行学院为例[J].民航学报，2020，4(4)：110-113.

[8] 朱莎.课程思政在高职航空类课程中的应用研究[J].科教导刊，2020(19)：119-120.

积极心理学视角下"飞行人为因素与机组资源管理"课程思政案例挖掘探索

任景瑞 李姝

(中国民航大学 飞行分校,天津 300300)

摘 要:飞行学员培养中,培育积极主动的飞行人为因素与机组资源管理飞行理念,对提升飞行运行安全尤其重要。鉴于以单一形式的飞行事故案例为主的教学方式不能很好地培养飞行人才的政治认同、家国情怀、民航文化、职业道德、个人修养的现状,本文基于积极心理学的理念和教学实践,结合课程思政建设目标,从飞行员技能全生命周期管理体系、飞行训练和职业发展、三个敬畏意识、当代民航精神、整体安全观信念等多角度挖掘可创造积极愉悦学习环境、可表演互动、符合学生成长历程的民航安全文化经典案例、促进民航发展案例、民航行业励志案例、课程实践案例等课程思政案例,实现知识传授、能力培养,价值塑造的课程目标,拟进一步提升专业课课程思政效果,从而提高飞行人才培养质量。

关键词:积极心理学;课程思政;案例挖掘;飞行技术;人为因素;机组资源管理

根据 2020 年 5 月教育部印发的《高等学校课程思政建设指导纲要》,课程思政教学体系的设计要"坚持学生中心、产出导向、持续改进,不断提升学生的课程学习体验、学习效果"[1]。专业课程要根据各专业的特色和优势,研究育人目标,找准思政角度,挖掘思政元素[2]。"飞行人为因素与机组资源管理"是飞行技术专业本科教学计划中的一门专业基础课,在春季学期开设,选课对象是飞行技术专业本科二年级学生。本课程的主要任务并不是教飞行学员如何去驾驶一架飞机,而是传授给飞行学员一种积极主动的飞行理念和非技术技能[3],使其理解人为因素对飞行安全的影响,在此基础上,掌握有效利用所有可用资源来识别和应对威胁、预防和纠正差错、并发现和处置非预期的航空器状态的方法,从而使飞行学员形成有利于机组飞行的态度和行为模式,更好地减少人为差错,为今后的安全飞行训练打下必要的理论基础,在复杂飞行环境中可以将安全余度最大化。

1 目前课程思政案例局限性

飞行人为因素于 1997 年发生的目前全世界最大的空难——特内里费空难后逐渐得到学界的重视,所以在进行课程思政案例建设时,常见做法为挖掘与授课内容相关的飞行事故案例。飞行事故案例能够很好地体现课程内容的重要性,但从课程思政育人角度,单一的飞行事故案例存在以下 3 点不足。

1.1 关注焦点有偏误

教学实践中,发现多数学生被飞行事故结果中飞机损失、人员伤亡等具有冲击的视频、图片、文字吸引,并未引发对事故产生原因、如何预防事故产生的主动思考。其原因是因为理论学习阶段的飞行学员没有飞行实践经验,对真实的飞行操作缺乏了解,并未建立有关飞机系统、飞行操作的庞大知识体系。因此,在面对伴随着飞机故障、危险天气、人员伤亡等复杂过程的飞行事故时,自然无法主动关注事故原因。

1.2　积极营造有欠缺

飞行严重差错、事故征候发生后,往往也伴随着对事故中飞行员的消极心理特质、行为和价值观念的批评、惩罚,无形中会给飞行学员留下深远而长久的不良印象,使学生形成飞行事故就意味着死亡、惩罚的锚定效应,逐渐地会使学生养成如何避免处罚的思考方式。未注重学生积极情绪体验的培育,未有意识地引导积极飞行环境的营造,不能充分发挥此课程对于学生积极人格特质的建立功能。

1.3　事故反演未闭环

在进行威胁与差错管理(TEM)案例实验时,学生会进行所选事故案例过程及如何预防的表演汇报,但也仅仅是理论上的反演,没有办法按照其反演的方式验证是否可以避免事故的发生。所以,此时缺乏了正向激励,不能建立起未来飞行中通过自身的努力就可以避免飞行事故发生的信心与决心。学习未形成闭环,会造成学习效果不能达到课程教学目标,飞行学员未充分形成有利于机组飞行的态度和行为模式。

2　"飞行人为因素与机组资源管理"课程思政的积极心理学分析

积极心理学研究什么是幸福、如何提升幸福感的相关内容,重点关注人积极的一面,主要研究三大核心问题,即积极的主观体验,积极的个人特质、积极的机构,关注个人创造幸福人生的能力,提出幸福五要素,即积极情绪、投入、人际关系、意义、成就[4,5]。这与本课程传授给飞行学员一种积极主动的飞行理念和非技术技能的教学目标相契合。结合本课程思政体系化设计思路,从飞行员技能全生命周期管理体系、飞行训练和职业发展、三个敬畏意识、当代民航精神、整体安全观信念等多角度挖掘课程思政案例,实现知识传授、能力培养与价值塑造的有机统一。

2.1　积极教育和课程思政案例的关系

积极教育不仅关注学生的学业成绩,还重视他们人格品质、价值观念等方面的养成,并与德育工作传统科目的教学实践相结合,贯穿于课堂内外的师生交流过程。一方面,积极教育的目标是促进学生的全面发展,培养学生创造有价值、有意义的幸福人生的能力,课程思政注重学生优秀品质、理想信念的培养,二者有着共同的育人目标。另一方面,飞行人为因素与机组资源管理的学习,不仅仅是理论阶段,更是未来职业生涯中长期的、渐进的习得过程,需要学生具备良好的意志品质、职业道德与社会美德、情绪管理、适应能力等良好的个人品质。积极心理学的相关研究成果对"飞行人为因素与机组资源管理"课程思政的开展具有重要的作用。因此,以学生为中心、注重优势培养的积极心理学教育理念为"飞行人为因素与机组资源管理"课程思政案例挖掘提供了良好的理论模型,从而挖掘以正向的、成功的、优秀的为导向的课程思政案例,充分调动学生的积极性,引导学生形成积极心理品质。

2.2　提升"飞行人为因素与机组资源管理"课程思政育人效果的积极因素

以正向的、成功的、优秀的为导向的课程思政案例,更加关注普通人所拥有的积极的潜能、动机和能力等开发个体的积极品质[6],会使学生迅速产生共鸣,深刻理解"伟大出自平凡,平凡造就伟大。只要有坚定的理想信念、不懈的奋斗精神,脚踏实地把每件平凡的事做好,一切平凡的人都可以获得不平凡的人生,一切平凡的工作都可以创造不平凡的成就"。通过我国航空业中成功处置危机等积极案例,充分调动学生自己获得相关知识以形成有效互动、融合和升华的积极性,积极调动学生参与个体优秀人格和心理潜能的开发,从而形成积极的学生特质、积极的学习体验、积极的学习产出。

2.3　全面提升学生的使命感、成就感、荣誉感

飞行员的职业使命感对航空安全有显著的影响,对飞行事业保有强烈的责任感与职业使命感可持续提升飞行安全绩效。通过成功化解危机、正向的民航安全文化经典案例、促进民航发展案例、民航行业励志案例、课程实践案例,建立学生的飞行职业使命感,并且通过强调未来学生通过训练也可以成功化解可能会面临的各种意外危机,塑造学生的成就感和荣誉感,促进学生拼搏、努力的决心,形成长期学习的动力。

3　积极心理学视角下的课程思政案例挖掘策略

本课程将内容进行细分,共分为5个模块,30个课程内容,分别挖掘取课程思政内容。从飞行员技能全生命周期管理体系、飞行训练和职业发展、三个敬畏意识、当代民航精神、整体安全观信念等角度,深入挖掘民航安全文化的经典案例、促进民航发展的经典案例、民航行业励志、课程实践案例。每个课程内容至少包含导入、课中、课后3个思政元素及相应案例。课程思政案例挖掘策略如下。

3.1　挖掘创造积极愉悦学习环境的案例

教师需要为学生创造一个积极愉悦的学习环境[7]。可以挖掘相关的危急关头成功化解的案例、航空先驱英雄故事、当代民航模范人物事迹、行业热点等无伤亡的案例,从而尽可能利用积极情绪的力量来创造学生的积极态度,提高积极情绪带来的快乐、兴趣、满足、自豪和爱,促使学生更加专注于学习,增强他们安全意识的输入和输出,从而更好地理解、吸收、消化本课程所学内容,同时也增加课堂教学中的信任感、同情心和归属感。

3.2　挖掘可表演互动的课程思政案例

以往的课程思政案例教学方式均是以讲述时间、地点、人物、事迹的方式开展,但学生在此种方式中仍然是被动接收,没有很好的主观思考,所以针对"飞行人为因素与机组资源管理"课程进行创新,挖掘课开展互动式的课程思政案例。采用"你是否可以拯救乘客与飞机"为主题的互动式活动。学生并不是简单的文字推演,而是利用模拟飞行等软硬件,通过生动形象的表演开展课程思政案例互动式教学。通过成功化解危机、成功拯救乘客与飞机,帮助学生形成最直接、最强烈的积极情感体验,形成主动思考、主动复盘的积极行为。

3.3 挖掘符合学生成长历程的课程思政案例

飞行技术专业相比其他专业,有其固有的特色。飞行学员在大学阶段会经历大学理论学习与航校实践学习两阶段,并且实践学习阶段在飞行学员、副驾驶、机长、飞行教员等的成长历程中比较重要,所以需要挖掘飞行学员阶段的课程思政案例,深度关联航校实践阶段。通过学习自己未来一两年内航校实践学习相关的课程思政案例,会使学生有认同感,产生共鸣,并且逐步建立对未来航校实践学习的信心和决心。

4 "飞行人为因素与机组资源管理"课程思政案例挖掘示例 ——航空决策

航空决策是飞行员如何对制定的外部环境作出最佳行动步骤的一系列的思维方式,即飞行员用来在特定条件下选择并决定最好方案的一种心理活动。所以学生的学习中,不仅仅要学生航空决策是什么,还要充分学习如何培养航空决策。以导入、课中、课后进行课程思政案例挖掘,挖掘情况如下。

4.1 导入:虹桥事件成功处置案例,启发学生敢于责任担当,恪尽职守

以 2016 年 10 月 11 日的上海虹桥事件中,A320 机长何超成功处置跑道入侵、拯救 443 名乘客与机组人员时的动态演示作为课程的导入,提出问题——"如果我们坐在当时何超机长的位置上,我们是否会做出与何超机长一样的判断呢,我们是否会在这么极短的一瞬间做出正确的判断呢?"进而导入飞行员判断的类型。

机长何超在短短两秒内,敢于责任担当、恪尽职守,凭借自己扎实的飞行技术和多年经验,在飞机速度已达 240 km/h 的情况下,判断出:与中断起飞相比,拉起继续飞行是更安全的一种方式。为飞行学员起到正面积极的引导,并且同时引起同学思考:机长何超为什么能够做出这样的判断?

4.2 课中:判断类型变化不是一蹴而就,启发学生尊重客观规律,发挥主观能动性

认知性判断在一定的经验下,可以逐渐变为知觉性判断的知识点,提醒飞行学员,未来飞行时,在这这个过程种,切不可操之过急,一定要尊重判断随着经验而变化的客观规律,不可能立马就能改变到预想的判断状态,一定是需要大量的训练及经验总结的。但在这过程中,我们需要充分发挥飞行学员能吃苦、重总结、善复盘的好习惯,积极主动总结经验,不断提升自己,那么之后随着你的飞行经验、飞行经历的丰富,这时候你就不用再过多地去进行逻辑思维,看到一个情况就知道另外一个情况,也就是你飞到这个地方就知道飞高还是飞低了。那么这样的话,学生就开始产生了知觉性判断。

4.3 课后:习近平总书记接见"英雄机组"讲话,启发学生心怀三个敬畏,精益求精,确保飞行安全

习近平总书记在人民大会堂接见"英雄机组"时,强调:"'5·14'事件成功处置绝非偶然。处置险情时,你们所做的每一个判断、每一个决定、每一个动作都是正确的,都是严格按照程序

操作的。危急关头表现出来的沉着冷静和勇敢精神,来自你们平时养成的强烈责任意识、严谨工作作风、精湛专业技能。"*

所以,我们要想将自己的判断类型逐步从认知性判断转变为知觉性判断,再到最后的直觉性判断,像"英雄机长"那样能够迅速作出一系列的正确判断,需要我们心怀三个敬畏,在飞行训练、飞行航班中,恪尽职守,苦练飞行本领,一个环节、一个环节地抓,锤炼顽强作风,坚定、踏实、精益求精,确保飞行安全。

5 结 论

1) 通过探讨发现"飞行人为因素与机组资源管理"课程中存在部分学生被飞行事故结果所吸引,并未引起思考、未能有意识地引导积极飞行环境的营造、事故反演不能形成闭环三个不足。

2) 进而分析积极教育和课程思政案例的关系、提升"飞行人为因素与机组资源管理"课程思政育人效果的积极因素、全面提升学生的使命感、成就感、荣誉感,从而提出挖掘创造积极愉悦学习环境的案例、挖掘可表演互动的课程思政案例、挖掘符合学生成长历程的课程思政案例三个积极心理学视角下的课程思政案例挖掘策略。

3) 经过积极课程思政案例挖掘实践,证明此挖掘策略可以较好地进行积极心理学视角下的"飞行人为因素与机组资源管理"课程思政案例挖掘,实现了充分发挥专业特色,课程思政案例可以实现贯彻党的教育方针和习近平总书记新时代中国特色社会主义思想,坚持以社会主义核心价值观为引领,厚植学生爱党爱国的家国情怀,培养学生三个敬畏意识,增强学生弘扬和践行当代民航精神的决心,提升学生坚持整体安全观信念,为民航业培养具有高度安全意识、严谨科学精神和高尚职业道德的高素质飞行人才的课程目标,为党和国家培养德智体美劳全面发展的高质量社会主义建设者和接班人。

参 考 文 献

[1] 高宁,王喜忠.全面把握《高等学校课程思政建设指导纲要》的理论性、整体性和系统性[J].中国大学教学,2020(9):17-22.
[2] 于桂花."课程思政"教学实践路径探析[J].教育理论与实践,2020(15):27-29.
[3] 李姝,汪磊.飞行人为因素与机组资源管理[M].北京:中国民航出版社,2020.
[4] 徐锦芬.外语教育研究新趋势:积极心理学视角[J].英语研究,2020(2):155-164.
[5] 顾滢,周昭安.高校纪检队伍压力管理探究——基于积极心理学PERMA模型的视角[J].江苏经贸职业技术学院学报,2022(05):40,42,47.
[6] 段笑那,王苏妍.论以积极心理教育破解大学生自我同一性培养的困境[J].锦州医科大学学报,(社会科学版),2021(1):70-72.
[7] 郎剑锋,葛星,石明旺.课程思政引领大学生积极心理品质——以植物检疫课程导论课程为例[J].河南农业,2021(06):51-52.

"空间摩擦学基础"课程思政教学改革探索与实践

周青华　李霞　闵强强　蒲伟　周广武

（四川大学 空天科学与工程学院，成都　610065）

摘　要：课程思政作为当前高校思政工作的新理念、新模式，是各方高度关注的理论和实践问题。"空间摩擦学基础"作为航空航天工程专业的专业特色课程，加强课程思政建设，挖掘空间摩擦学基础课程中蕴含的思政元素并融入课堂教学，是"新工科"课程教育教学改革发展的必然趋势。针对"空间摩擦学基础"课程多学科交叉、理论性强、知识点分散、课程与思政融合难度大等特点，通过发掘科学前沿、挖掘历史案例、融入先进事迹，在保障课程内容科学性、前沿性、应用性的基础上，将思政元素渗进教学过程中，实现课堂知识传授、能力培养、思政育人的有效结合。

关键词：空间摩擦学；课程思政；教学改革；科学前沿；案例教学

2020 年教育部印发的《高等学校课程思政建设指导纲要》指出，课程思政建设要在所有高校、所有学科专业全面推进，围绕全面提高人才培养能力这一核心点，围绕政治认同、家国情怀、文化素养、宪法法治意识、道德修养等重点优化课程思政内容供给，提升教师开展课程思政建设的意识和能力，系统进行中国特色社会主义和中国梦教育、社会主义核心价值观教育、法治教育、劳动教育、心理健康教育、中华优秀传统文化教育，坚定学生理想信念，切实提升立德树人的成效[1,2]。因此，课程思政是当前高校课程教学改革的重点，也是今后教育教学改革发展的必然趋势[3-5]。

空间摩擦学是摩擦学的重要分支，以各类空天运动部件（如空间自润滑谐波减速器、滑环、轴承和齿轮等）为研究对象[6]。与地面应用相比较，这些材料的摩擦磨损过程在高真空、高辐照以及高低温交变的空间环境中具有其特殊性，需要开展针对性的研究[7]。在苛刻的服役环境下，由摩擦学问题引起的航天事故通常是毁灭性的，空间摩擦学在空间活动部件中的应用是活动部件实现长寿命、高可靠、高精度的关键，对我国建设航天强国而言至关重要[8]。开设"空间摩擦学基础"课程对航空航天专业学生的发展起到重要作用，"空间摩擦学基础"课程是以培养学生从事航空航天等相关领域科学研究、技术研发与工程实际应用为目标，学生需要树立和强化空间摩擦学学科观念，学习并掌握材料力学基础、接触力学基础、摩擦表面与分析、固体摩擦原理、磨损理论与计算、润滑理论基础、空间摩擦元件选择与设计、空间摩擦元件材料与表面工程、空间摩擦的环境效应、空间摩擦部件实验分析等知识。应用摩擦学原理、磨损及润滑等相关理论分析空间环境对空间运动部件材料摩擦磨损机理的影响，对于保障航天工程可靠性具有重要意义。

综上，由于"空间摩擦学基础"课程涉及多学科交叉，涉及的知识点面广、难度大，并且该课程侧重于基础知识的解读和相关理论的实践应用，学生在理解复杂公式定理的同时很难回溯学习知识点背后所蕴含的价值和意义,将课程与思政相结合还存在较大难度。笔者针对上述问题,结合课程教学内容和现有考核方式,通过发掘科学前沿、挖掘历史案例、融入先进事迹,在保障课程内容科学性、前沿性、应用性的基础上,将思政元素渗进教学过程中,塑造学生的科学品质、激发学生的学习兴趣、厚植学生的空天情怀,实现课堂知识传授、能力培养、思政育人的有效结合。

1 "空间摩擦学基础"课程简介

1.1 课程内容

空间摩擦学是研究空间环境下相对运动作用表面的摩擦、磨损、润滑行为的理论与实践的一门科学技术,是空间科学与摩擦学交叉领域独立的重要分支学科[6,9]。与普通的摩擦状态相比,空间活动部件的服役环境往往伴随着高真空、温变、极端温度、微重力、强辐射等特殊工况,致使空间摩擦学及材料的理论研究和性能保障面临重大挑战,需要利用多学科交叉理论来解决相应的摩擦学问题。针对以上特点,将"空间摩擦学基础"课程内容设置为 10 章,系统讲述摩擦学发展背景及历程、摩擦学基础知识、摩擦表面与分析技术、固体接触分析方法、固体摩擦原理、磨损理论与计算、润滑理论、空间摩擦元件选择与技术、空间摩擦元件材料与表面工程、空间摩擦环境效应、空间摩擦部件实验技术等内容,培养学生的专业素质,掌握摩擦学基础知识、了解空间摩擦元件材料的特点及其重要性。结合学院实验室条件,在课程内容中添加实验环节,培养学生通过动手实验掌握不同空间用润滑材料的性能指标及测试方法、磨损试验方法、部件/机构试验方法等,让学生在学习理论基础的同时,掌握与摩擦学相关的基本实验技能以及相关实验对应的摩擦学基础知识、了解摩擦学试验在空间飞行器机构设计过程中的重要性、锻炼学生分析问题和解决问题的能力,同时通过划定学习小组的方式,也加强了学生的团队合作意识。

"空间摩擦学基础"课程详细介绍了空间摩擦学涉及的基础知识、摩擦原理、磨损/润滑理论基础,列举了不同类型的空间摩擦学元件及材料的相关特点、选择要求、设计原则等,总结了空间摩擦学领域的发展趋势,布置了相关摩擦磨损实验任务,本课程的内容详实、知识量大,实践性强,为学生从事空间摩擦材料研发工作打下坚实的理论基础。

1.2 考核方式

"空间摩擦学基础"课程考核方式分为平时考核和期末考核。总成绩=平时成绩(60%)+期末成绩(40%)。平时成绩=课堂考勤及表现(10%)+大作业(两次,30%)+随堂测试(20%)。其中,随堂测试使相关知识点的学习更加具有针对性,加深学生对相关知识的理解与记忆。同时,布置摩擦磨损实验可以培养学生的动手能力、协作能力等,作业以课程报告的形式提交。提高平时成绩在总成绩中的占比,可以避免学生为应付期末考试而进行"临时抱佛脚"的行为,对知识点理解不透彻,思考能力和动手能力等得不到提升。

2 "空间摩擦学基础"课程思政教学改革措施

"空间摩擦学基础"课程涉及的学科较多,一些理论公式复杂,知识点分散,选课的学生大部分没有相关摩擦学基础,理解起来难度很大。此外,课程的教学内容侧重于摩擦基础知识理论的讲解和相关知识的应用,而课程思政侧重于对学生价值的引领以及精神品质的塑造。学生在理解复杂公式、定理的同时,很难回溯学习相关知识背后所蕴含的价值与意义。因此,将思政元素与课程专业知识相融合具有一定难度,这也是课程思政所面临的首要问题。笔者通过总结教学工作中学生的课堂表现以及提出的建议,总结了"空间摩擦学基础"课程思政教学改革措施和系列保障措施如下。

2.1 发掘科学前沿,塑造学生科学品质

目前,空间摩擦学基础课程学习过程中,仍然是以教学大纲的内容为重,侧重一些基本概念、理论基础、研究方法、解决问题的一般思路等。虽然前人大量的理论成果,让学生接触并欣赏到关于摩擦学"历史的美",但将科学前沿适当融入课程当中能让学生领略到摩擦学未来发展的机遇和挑战。具体说来,发掘科学前沿,将其融入课堂教学具有以下优点。

1) 有利于塑造学生科学品质。摩擦学本身具有基础性、前沿性和多学科交叉的特点,并且随着现代工业技术的不断发展,其涉及的基础理论和科学前沿也在不断发展。通过在教学内容中设计一些摩擦学领域的前沿内容,比如纳米摩擦学、绿色摩擦学、生物摩擦学、智能摩擦学等,让学生在学习摩擦学基础知识之外,还可以适当了解现代摩擦学领域的一些主要研究动向,塑造学生开拓创新的科学品质。

2) 有利于促进教学相长。科学前沿不是已有的,它还存在未知性和一些不确定性。课堂教学过程中,科学前沿需要教师不断地去挖掘、总结,再以科学、及时、恰当的方式向学生讲述。通过这种方式,一方面引导学生正确思考、积极互动、及时反馈,另一方面实现教师个人教学能力和科研水平的提升,促进教学相长。

3) 有利于国家人才培养。科学前沿往往是在学科发展和国家战略发展需求的牵引下催生出来的。"空间摩擦学基础"作为一门航空航天类本科生课程,在其教学过程中适当讲述相关科学前沿,可以拓宽学生的学术视野,让学生体会到摩擦学对促进国家航空航天事业发展的重要性,挖掘学生成长为航空航天领域栋梁之才的潜力。

此外,发掘学科前沿,将其融入课堂教学的同时,需要明确的是讲述学科前沿的目标不是在于让每个学生对摩擦学领域的前沿问题有全面的了解,也不是忽略摩擦学基础知识的学习,而是在于帮助大学生拓宽视野,从学科前沿中找到个人感兴趣的方向,鼓励学生不仅要踏实学理论,"回头"看摩擦学发展的历史,还要勇于探索创新,"向前"看摩擦学发展的未来。

2.2 挖掘历史案例,激发学生学习兴趣

在课堂教学过程中,部分学生会因为复杂的理论公式而失去学习的热情,从而无法有效参与课堂。虽然课堂考勤在一定程度上保证了学生的出勤率,但如何让学生在课堂上"抬起头"甚至是"点起头"则是课程的关键所在。让学生"抬起头"意味着课程要有内容,授课方式要有特色;让学生"点起头"意味着教师的话语与学生的思考之间存在着共鸣。在大学生课程教育中,案例式教育一直是有效的教学方法之一[10-12]。针对"空间摩擦学基础"课程,笔者通过科学地设计案例,以更生动、易懂的方式向学生介绍摩擦学基础理论知识是如何在工程实践中起指导作用的,同时也能激发学生学习兴趣,让学生主动分析案例,思考解决问题的策略,甚至达到举一反三的效果。笔者根据"空间摩擦学基础"课程教学大纲,对部分案例要点进行梳理,如

表 1 所列。

案例式教育在课程教学中发挥了巨大的作用,还可以充分增强学生自主探索的学习能力。但在教学过程中,还应当根据实际情况及时调整案例,让案例内容随着现代技术的发展而更新,这对促进授课教师能力水平、学生培养具有积极作用。此外,还可以将案例式教学与其他教学方法进行融合,不断探索适应新时代发展的教学方法,从而培养适应新时代发展需求的高素质人才。

表 1　"空间摩擦学基础"课程案例部分要点集

序　号	案例目的	案例内容
1	让学生理解什么是摩擦学以及与界面摩擦学行为有关的失效现象	利用实物图片,展示机械工程中一些接触部件典型界面失效现象,如点蚀、磨损、胶合、断齿等
2	让学生了解摩擦学的发展历程	结合时间轴、图片、名人定律,介绍摩擦学从朴素应用、摩擦定律、润滑理论、磨损理论到表面工程的发展历程
3	阐明空间摩擦学与中国航天科技的关系,以及空间摩擦学在我国航天事业中的重要性	介绍我国航天事业发展史,结合图表,列举空间装备主要运动机构和摩擦学部件的功能、运动模式和性能要求;列举严苛的空间环境中,空间运动机构可能产生的严重界面失效问题,体现空间摩擦学在我国航天发展中的重要性
4	帮助学生理解接触力学中经典赫兹接触理论研究中接触问题求解的两种求解方法	结合数据曲线和应力云图等,展示了赫兹接触解析求解方法、数值求解方法,以及二者的对比验证
5	对摩擦材料的内部结构组成进行必要的研究,帮助学生理解摩擦现象的机理和本质	结合金相图、电镜图、接触模型图、应力云图等,列举多晶、异质、涂层、梯度材料的接触问题
6	帮助学生理解摩擦磨损实验中各种参数的测量方法	结合实物图、金相图、电镜图、摩擦磨损形貌图、磨损曲线、测试设备等,展示了磨损厚度、磨损体积、磨损形貌、磨损表层结构变化的一般测量方式
7	帮助学生理解弹性流体动力润滑中点接触/三维线接触中的光滑/粗糙表面解问题	结合表面形貌、数据曲线、云图等,展示点接触/三维线接触中的光滑/粗糙表面的油膜厚度分布和压力分布规律
8	帮助学生理解空间摩擦元件,如齿轮材料的一些典型热处理工艺和表面处理工艺	以实物、金相、电镜图片等形式展现齿轮一些具有代表性的热处理工艺(渗碳、氮化等)和表面处理工艺(镀锌、镀镍、喷丸处理等)

2.3　融入正面典型,厚植学生空天情怀

作为航空航天类课程,"空间摩擦学基础"是一块天然的课程思政领地。笔者发掘并梳理了一些我国航空航天发展历史上的正面典型案例(见表 2),循序渐进将之融入课堂教学过程中,让课程更加鲜活,知识点更为生动,同时润物细无声地培养学生的爱国意识,以及崇尚科学,开拓进取的精神和空天报国的情怀。

表 2 "空间摩擦学基础"课程典型案例部分要点集

序 号	内容要点	知识点介绍	思政元素
1	通过讲述空间摩擦学发展历程,展现中国航天发展和进步	了解摩擦学的产生和发展历程,特别是我国在空间摩擦学领域的探索及取得的进展,同步展现我国航天事业奋斗和进步过程,形成"空间摩擦学历史＋航天精神"课程思政教学案例	展现我国在航天科技上的巨大成就和正面典型,增强学生自信并将之融入自身的思想和行动,激发学生空天报国的家国情怀和使命担当
2	讲述"摩擦表面特征"知识点,引出卢柯院士先进事迹	对摩擦表面特点进行介绍,特别是在表面各层分类中,在表面机加工影响下产生的贝氏层、变形层。卢柯院士由此启发开展了"结构材料表面纳米化"研究,在这个"冷门领域"做到了全球领先,并增选为中国最年轻的中科院院士	通过对"空间摩擦学表面特征"知识点的介绍,引出卢柯院士先进事迹,鼓励学生积极树立科研探索精神,不盲目从众,勇于开拓创新
3	讲述表面工程技术发展历史,引出徐滨士院士先进事迹	了解表面工程基本概念、分类、发展历程以及最新进展,并通过案例讲述表面工程在现代工业和国防等领域的实际应用。利用徐滨士院士的事迹,展现我国科研人员在国家重大工程需求领域的无畏进取精神	让学生了解表面工程领域发展现状和未来发展趋势,通过展示表面工程在我国从无到有,从落后到并跑甚至领跑的过程,鼓励学生在科学探索过程中敢为人先,锐意进取
4	通过讲述界面力学理论发展历程,展示我校在该领域的世界领先研究	界面力学是摩擦学领域的最新发展,而四川大学在该领域实际上走在世界前列。通过对该领域知识点的讲授,让学生了解界面力学的内涵和发展现状,特别是四川大学在该领域的贡献,拉进学生和前沿科研的距离,培养学生敢为人先的探索精神	通过展示四川大学在界面力学领域的贡献和引领地位,引导学生敢于开拓,勇于创新,培养对科学研究的兴趣和热情

综上所述,"空间摩擦学基础"课程中讲述先进事迹,是将德育、智育完美融合的有效方式,学生能从先进事迹中领悟学习空间摩擦学的价值与意义,以开拓创新、锐意进取的学习态度积极投身于新时代中国特色社会主义事业建设浪潮。

2.4 保障措施

为了积极推进课程思政建设,深化课程思政教学改革,需要以下两方面的保障。

一是需要组织制度上的保障:学院定期举办"空天论坛",邀请院士专家开设专题讲座,设立"学生天地"专栏,开展系列素质教育活动,实现知识传授、能力培养、价值塑造的有效融合;学院充分利用校园伟人精神文化环境,发挥红色资源育人作用,组织学生参加各种社会实践活动,从红色文化中汲取红色力量;学院邀请院士专家指导开展"江姐班"建设,培养"又红又专"、德智体美劳全面发展、堪当民族复兴大任的时代新人;此外,还建立课程多人协同授课机制,在教学和实践上均有专业教师带领,同时授课老师之间还可以共同挖掘相关课程思政元素,不断探索合适的思政教学模式和教学方法,保障课程思政育人目标顺利完成。

二是需要教学条件上的保障:学院为"空间摩擦学基础"课程实践的开展提供了完备的场

地、设备设施和软件支持,可以将案例分析与实验环节进行有效结合,让学生做到知行合一,对知识点理解更牢靠、更深刻。

3　结　论

本文针对"空间摩擦学基础"课程提出了一些思政教学改革措施:

① 通过讲述摩擦学科学前沿,让学生了解我国摩擦学在哪些方面已达到世界先进水平,在哪些方面已经开展研究新动向,让学生深刻体会到摩擦学对国家发展的重要性。

② 通过设计案例和讨论等方式,使学生掌握空间摩擦学基本理论,能够熟练运用摩擦学性能分析方法,为学生从事航空航天机构摩擦学设计分析研究打下坚实理论基础,为国家发展培养专业人才。

③ 将我国航空航天发展史上典型的先进事迹与课程教学相结合,为学生讲述科学研究精神,引导学生树立正确的人生观和价值观。

今后的教学实践中,仍须继续探索教学新模式,提高教学质量,培养综合素质全面发展的新时代大学生。

致　谢

感谢四川大学研究生教改项目"摩擦学原理课程思政建设"的支持。

参 考 文 献

[1] 刘晓玲,王优强,万勇,等.摩擦学原理案例库建设[J].中国冶金教育,2020(01):19-21.

[2] 孙杰,张兵.课程思政与思政课程同向同行的机制探析[J].河北青年管理干部学院学报,2022,34(05):58-62.

[3] 王操,贺图升,刘洋,等.高校专业课课程思政的教学模式探析[J].科教文汇,2022(18):100-103.

[4] 黄宁花,禹旭才.系统思维视域下高校课程思政建设的价值意蕴、实践反思与优化路径[J].高校教育管理,2022,16(05):106-115.

[5] 蒋占峰,刘宁.高校课程思政建设的多维审视[J].现代教育管理,2022(09):111-118.

[6] 翁立军,刘维民,孙嘉奕,等.空间摩擦学的机遇和挑战[J].摩擦学学报,2005(01):92-95.

[7] 雍青松,马国政,王海斗,等.空间装备摩擦学部件服役工况分析[J].润滑与密封,2016,41(12):125-128,121.

[8] 卿涛,周宁宁,周刚,等.空间摩擦学在卫星活动部件轴系的应用研究现状及发展[J].润滑与密封,2015,40(02):100-108,115.

[9] 钟爱文,姚萍屏,肖叶龙,等.空间摩擦学及其材料的研究进展[J].航空材料学报,2017,37(02):88-99.

[10] 康少波,赵晶.基于增强创新能力的专业学位研究生案例教学探索[J].教育教学论坛,2022(32):114-117.

[11] 吴晓阳,陈海龙,张明宇.船舶动力装置课程案例教学研究与实践[J].船舶职业教育,2022,10(04):20-22.

[12] 董春颖,孙光兰,李永辉.以案例教学为特色的大学物理授课和翻转课堂的教学模式探析[J].北华航天工业学院学报,2022,32(03):41-43,47.

"卫星导航原理应用"课程思政建设探索与实践

钟苏川　李雪婷

（四川大学 空天科学与工程学院，成都　610207）

摘　要：围绕立德树人根本任务，坚持把新中国航空航天人铸就的伟大精神和先进事迹有机融入文化育人实践之中，将社会主义核心价值观和空天报国精神引领贯穿人才培养各环节，本文就"卫星导航原理应用"课程思政教育展开探索，从现状开始分析，结合作者多年的教学实践，依托四川大学飞行器控制与信息工程专业获批国家一流专业建设点的契机，提出"卫星导航原理应用"课程思政建设的一些思考，总结已有的探索实践经验，建立了围绕专业特点、依托科研优势的思政案例库。实践表明，上述规范化的课程思政建设激发了学生的学习兴趣，提高了学生的政治觉悟，促进了学生的全面发展。最后需要提出的是，本文虽然是基于"卫星导航原理应用"课程思政建设的探索，对其他理工科课程的思政建设也有较高的参考价值。

关键词：飞行器控制与信息工程专业；卫星导航原理应用；课程思政；航空航天；思政教育

引　言

在 2022 年 10 月 16 日召开的中国共产党第二十次全国代表大会上，习近平总书记在大会报告中强调"必须坚持科技是第一生产力、人才是第一资源、创新是第一动力，深入实施科教兴国战略、人才强国战略、创新驱动发展战略，开辟发展新领域新赛道，不断塑造发展新动能新优势。""要坚持教育优先发展、科技自立自强、人才引领驱动，加快建设教育强国、科技强国、人才强国，坚持为党育人、为国育才，全面提高人才自主培养质量，着力造就拔尖创新人才，聚天下英才而用之"。* 报告为建设中国特色世界一流大学指明了方向、提供了遵循。在 2016 年 12 月召开的全国高校思想政治工作会议上，习近平总书记提出要把思想政治工作贯穿教育教学全过程，并强调"要用好课堂教学这个主渠道""使各类课程与思想政治理论课同向同行"。** 这一重要论述为新时期高校思想政治工作指明了方向，进一步促使高校教育教学工作回归于立德树人这一根本任务[1,2]。

四川大学是我国较早开始从事"航空宇航科学与技术"学科人才培养和科学研究的高等院校之一，1945 年即创办了航空系，在 20 世纪 50 年代的院系调整中，与清华大学航空系等院系共同组建成北京航空航天大学。根据国家及国防科技工业中长期科技发展规划，针对未来航空航天工程领域发展和建设创新型国家的重大需求，结合国际航空宇航科学与技术学科及相

---

* 习近平：高举中国特色社会主义伟大旗帜 为全面建设社会主义现代化国家而团结奋斗——在中国共产党第二十次全国代表大会上的报告，2022 年 10 月 25 日。http://www.news.cn/politics/2022-10/25/c_1129079429.htm

** 习近平在全国高校思想政治工作会议上强调：把思想政治工作贯穿教育教学全过程 开创我国高等教育事业发展新局面，2016 年 12 月 9 日。http://dangjian.people.com.cn/GB/n1/2016/1209/c117092-28936962.html? ivk_sa=1024609w

关科技发展前沿,为了加快推进世界一流水平的研究型综合大学建设目标,学校于 2011 年 11 月正式复建了空天科学与工程学院。空天科学与工程学院本科设有飞行器控制与信息工程及航空航天工程两个专业,其中飞行器控制与信息工程专业是 2016 年教育部新设专业,目前全国仅有四所高校被批准设立该专业。2021 年,我校飞行器控制与信息工程专业获批为国家级一流专业建设点。"卫星导航原理应用"课程作为专业必修课,其理论和技术是高新理论和技术的有力支撑,教学目标是使学生了解卫星导航系统的发展概况,掌握 GPS 定位的原理、GPS 定位的方式方法及 GPS 测量数据的处理与分析等重点内容,对 GPS 在航空航天等方面的应用情况有所了解,为今后在工作应用这一先进的定位技术奠定基础。

"卫星导航原理应用"课程的理论性和专业性都比较强,如何结合空天科学与工程学院的学科背景优势和飞行器控制与信息工程国家一流专业建设点的丰富经验,做好该课程的思政建设,尤其是思政案例库的建设,通过历史、人物事迹等为学生传授科学研究精神,树立正确的人生观和价值观,让学生接受科学精神和科学文化的熏陶,增强探索精神和创新意识,注重独立获取知识的能力、科学思维能力、解决问题的能力,实现创新能力和价值引领同向同行,以德树人,是值得深入探索的课题。

本文将切合飞行器控制与信息工程国家一流专业建设的学生培养目标,把握学生成长成才发展需要和期待,围绕"卫星导航原理应用"课程教学内容,落实立德树人根本任务,将该课程的知识点与育人点有机融合,形成"智育与德育"相统一的课程思政教学,培养航空航天专业复合人才。

1　当前课程思政建设的现状

1.1　授课对象的特殊性

高校在贯彻落实课程思政教学改革的过程中,应牢牢抓住课程的"思政"属性,即课程思政育人的目标是在大学生群体中,树立正确的政治理想和政治道德,培养对党和国家、社会主义事业忠诚可靠的建设者和接班人。课程思政的核心目标是教育引导广大学生热爱和拥护中国共产党,立志听党话、跟党走,立志扎根人民、奉献国家。课程思政应着重培养大学生对党的认同、对我国政治道路的认同。

对于高等教育人才培养而言,引导大学生立的"德"、树的"人"的目标导向必定具备鲜明的时代特征,并与社会和国家的发展进步紧密关联。大学生政治道德培养、理想信念教育,若仅通过思想政治理论课、大学生思想政治教育传统途径去实施,就难以体现协同一致和全方位覆盖,会导致主阵地抓不牢,形成教育盲区。课程思政理念的提出正是着力解决这一现实问题的关键举措,任务是凸显"显性思想政治教育",即思想政治理论课先行地位,在建设好思想政治理论课的前提下,在思想政治理论课教师的指导及参与下,将思政元素寓于、融入专业课、通识课,使专业课程在内的所有课程确保与思想政治理论课目标一致、同向同行,真正形成育人合力。

1.2　授课教师缺乏系统化的课程思政教学的建设思路

"卫星导航原理应用"课程的专业技术性很强,课时紧张,课程难度大,传统授课过程很容易忽略在备课过程中有计划地设置的一些课程思政内容。还有一些常见的情况是,即便任课老师在课程中设置一些课程思政的案例,但容易采用传统的说教方式进行思政教育,用简单的语言对学生进行思想道德教育,课程思政教学只停留于表面,课程思政的教学形式缺乏创新,这对新时代的学生是不适用的,无法达到预期的效果。这需要任课老师在课程中做思政教育的时候要提高思想站位,要探索好的课程思政的教学形式,不断挖掘新型思政创意点来引导学生正确的人生观、价值观。

2　"卫星导航原理应用"课程思政建设的教学探索

2.1　课程内容,知识点的梳理

"卫星导航原理应用"作为空天科学与工程学院飞行器控制与信息工程专业必修课之一,教学方式包括理论知识讲解、分组讨论、报告、应用实践等多种形式。在"卫星导航原理应用"的教学中,通过具体案例让学生了解卫星导航在军用方面、民用方面的重要性,以卫星导航的军事应用背景(如海湾战争)引出,通过具体案例讲解卫星导航的作用,阐述美国的 GPS 用户政策,以及美国对待盟友和非盟友国家的区别,将专业知识和思政教育融合,自然而然地引入我国的北斗卫星导航系统的建立构想、作用、技术攻关、历史意义等,激发学生的爱国热情。此外,在"卫星导航原理应用"的教学中,除了讲授卫星导航定位的基本原理等知识外,考虑到我们专业的多学科交叉优势,要突出卫星导航的航空应用需求的关键技术介绍,进而培养服务于民航、军航、通用航空的卫星导航专业技术人才。

在课程内容的选取上,也要注重导航的航空应用需求,与航空行业进行紧密结合,优化教学内容。尤其是与卫星导航在其他领域应用不同的是,在民航、军航和通用航空中对卫星导航提出了精度、完好性、连续性、有效性等方面的要求。经过多层次、多角度的卫星导航课程教学改革实施,学生达到了对卫星导航基础理论知识掌握扎实、熟练,以及对接收机信号捕获和跟踪处理、同步、定位解算等关键技术的深入理解,对当前卫星导航领域的前沿技术也有一定了解,构建了在卫星导航技术方面较为全面的知识体系结构。培养过程中注重行业与专业并重、能力与素质齐驱,为学生未来从事卫星导航以及我国北斗导航定位等相关专业技术的工作奠定了较好的基础[3-8]。

2.2　教学方法和考核评价的革新

"卫星导航原理应用"课程涉及的相关知识较多,课程内容比较抽象,这都给课程的教学和考核评价提出了较高的要求。卫星导航技术培养目标要和行业需求紧密结合,对空天科学与工程学院飞行器控制与信息工程专业的学生,在培养目标上要做到行业与专业并重、能力与素质齐驱,为学生未来从事卫星导航以及我国北斗导航定位等相关专业技术的工作奠定了较好的基础。因此,本课程在专业结合培养目标和课程内容的基础上,提出"理论学习、实验实践、课程汇报"相结合的考核评价机制,在学习卫星导航理论知识的同时,强化提高学生的工程应用能力、科研创新能力和总结汇报能力。

老师在理论知识讲授阶段起主导作用。此外,该课程的教学内容多,教学时数少,实践环节不足,仅通过课堂学习无法直观地对导航定位有深入的理解,学生在和实践老师充分沟通后,可双向选择加入课程实践老师的科研团队,在课后实践过程中掌握导航的原理、了解导航定位的实现。此外,可增加课程分组汇报环节,学生们组队,选择感兴趣的和导航应用相关的内容进行汇报,从自主选题到课堂汇报,充分锻炼个人基本能力和团队协作能力。

2.3　思政"触点"的搜集

理工科课程大都是展示客观的自然科学知识、揭示事物的客观规律,几乎与思想政治不沾边。因此,在教学过程中就面临着如何找到融入点,并自然而然地将思政元素融入课程教学过程中,达到两者有机融合的问题,因此"卫星导航原理应用"课程思政建设实践中的难点在于如何选择好的切入点。教师应结合专业特色、行业需求、职业选择等,在课程学习中贯穿思政元素,通过互动讨论的方式组织教学,激发教师和学生两方面的内在动力,充分挖掘特色,凝练具有航空航天专业特色的课程思政文化资源。目前许多高校都开设了"卫星导航原理应用"相关专业课,四川大学空天科学与工程学院结合学院优势展开课程思政建设的情况是值得思考的,具体包括:

1) 课内的思政教育:梳理、筛选"卫星导航原理应用"课程中的思政元素,把思政元素融合、潜入、渗透到课程教学中去,给学生们带来贴近实际又接地气的思政教育。

2) 课后的思政教育:结合我院丰富的多交叉学科融合的优势,通过学生与实践教学老师沟通,双向自愿组队,进入实践教学老师项目组从事相关科学研究,加深对导航技术的理解和应用,同时锻炼科研能力。在这个过程中,思政教育从课堂延伸到了课后,通过老师和学长们的潜移默化的影响,使同学们树立职业精神和责任意识,认真学习专业知识,做祖国和人民需要的建设人才。

3) 加强课程总结,出版专门教材:总结课程经验,撰写、出版适应新时代有思政元素的高等工程教育的专业教材。

3　建设成效

3.1　丰富的课程思政案例库

"卫星导航原理应用"课程的专业内容和学科特点决定了本课程有许多思政元素的切入点,整个课程思政案例的设计首先让学生了解卫星导航在军用、民用方面的重要性,以卫星导航的军用应用背景,重点阐述美国的 GPS 系统及用户政策,以及 GPS 的选择可用性和防电子欺骗手段,美国对待盟友和非盟友国家的区别,将专业知识与思政教育自然地结合,激发学生的爱国热情。

同时,还可以以我国的北斗卫星导航卫星导航系统为蓝本详细讲解卫星导航系统原理,带领同学们回顾我国北斗系统建设的艰难历程、取得的成就,当时面临的国际形势、北斗系统与GPS 的比较等内容,使学生感受到国家强大的重要性,以及核心技术的掌握对大国重器的关键作用,使学生的专业学习更有使命感和荣誉感。经过多年的教学积累,我们逐渐建立起了一个丰富的"卫星导航原理应用"课程的"课程思政对照表"(见表 1),内容包括"知识点、思政触点、和预期教学成效"。

表 1　"卫星导航原理应用"课程思政对照表

知识点	思政"触点"	预期教学成效
卫星导航系统定义、作用、全球四大卫星导航系统介绍	以海湾战争的实例讲解卫星导航的作用，然后阐明美国的 GPS 用户政策，以及相应的选择可用性和防电子欺骗手段，以及美国对待盟友和非盟友国家的区别，激发学生的爱国热情	现场讨论，分组陈述对卫星导航系统的了解、对我国的北斗卫星导航系统的了解，以及对美国的 SA 的了解。通过小组讨论，激发学生的爱国热情
北斗卫星导航系统介绍	带领同学们回顾我国北斗系统建设的艰难历程与取得的成就，以及当时面临的国际形势，使学生感受到国家强大的重要性，以及核心技术的掌握对大国重器的关键作用。从"两弹一星"精神和家国情怀，介绍北斗性能全面超越，改革开放辉煌成就，坚持四个自信，树立正确的人生观和价值观	让学生汇报自己所了解的北斗卫星当行系统及其应用，深挖北斗卫星导航系统在民用、军事、航空航天各领域的应用，相互打分，作为平时成绩。树立正确的人生观和价值观，投身祖国的航空航天事业，使学生的专业学习更有使命感和荣誉感
卫星定位基本原理、差分定位原理	通过多媒体课件讲解、视频、图片展示的形式，学生直观地感受到了战争的残酷和震撼，以及卫星导航在战争中所起的决定性作用。美国利用当时先进的 GPS 技术轰炸南斯拉夫，导致中国驻南斯拉夫大使馆被炸，引起了无数国人心中愤怒，将专业知识与思政教育自然地结合，激发学生的爱国热情	师生交流，思想碰撞。学生认识到了卫星导航关乎国家安全的重要性，激发了学生的爱国热情。同时，让学生梳理职业远景，为提高北斗卫星导航系统的定位精度做贡献，为我国的国防事业做贡献，为保护国家做贡献
GNSS 和惯导的组合导航系统介绍	结合航空航天专业优势，引入一些创新课题，如"无人机视觉运动模糊去除方法"。目前科技生活等很多领域需要清晰的图像，因此需要将运动模糊图像进行复原处理	理解课程内容和研究的联系。该研究内容不仅有助于提高我国无人机视觉导航的可用性、智能化水平，而且对我国军事、医学、天文、气象、工业制造、公共安全等领域的发展都有重大的推动作用，增加学习兴趣

3.2　课程思政的成效

通过课程思政教育和空天学院特色化"院士讲思政""院士进课堂""航天员进校园"等系列思政活动，提升了学院的专业吸引力，每年有大量其他专业的同学申请转入航空航天专业。

空天学院构建的以"空天大讲堂"为核心的空天报国文化育人体系，不断推进党史学习教育和红色基因传承工作，在培养又红又专、能够担当民族复兴大任的时代新人方面取得了突出成效，被光明网、中国新闻网、四川卫视等 20 余家媒体广泛报道，在社会上产生了重要的影响力。

此外，四川大学于 2018 年设立首个"江姐班"，并持续在全校范围内选拔理想信念坚定、道德品质优良、学业成绩优异、素质能力全面、班级红色文化建设特色突出的班级，授予四川大学"江姐班"荣誉称号，开展培育建设，通过"点带线、线带面"层层递进的方式带动培育又红又专的学生班集体,实现红色基因在学生基层班团组织中的传承。空天学院已连续两年各有一个班级获批为四川大学"江姐班"荣誉称号(每年仅六个班级可获评为"江姐班")。

4　结　论

习近平总书记在全国教育大会上指出"我国是中国共产党领导的社会主义国家,这就决定了我们的教育必须把培养社会主义建设者和接班人作为根本任务,培养一代又一代拥护中国共产党领导和我国社会主义制度、立志为中国特色社会主义奋斗终生的有用人才。这是教育工作的根本任务,也是教育现代化的方向目标。"*

高等教育的所有工作都围绕培养合格社会主义建设者和接班人而开展,合格接班人的基本政治要求就是树立共产主义理想信念,担负起民族复兴伟大使命,体现在政治理想是否坚定,以及对国家政治目标、政治道路、政党体制的认同等。航空航天类课程是天然的课程思政领地,本文针对飞行器控制与信息工程专业"卫星导航原理应用"课程的课程思政建设,从存在的问题、教学内容改革、面向对象的特殊性给出了作者长期教学实践的一些思考,包括思政案例库的建设原则、建设思路、案例库分析和预期效果,对提高课程教学质量以及培养学生的爱国意识,崇尚科学、开拓进取的精神和空天报国的情怀有积极的促进作用,该课程的教学效果得到了学校督学专家与听课学生的认可与赞同。

致　谢

感谢"四川大学研究生培养教育创新改革项目"的资助。

参 考 文 献

[1] 高德毅,宗爱东.从思政课程到课程思政:从战略高度构建高校思想政治教育课程体系[J].中国高等教育,2017(1):43-46.

[2] 何红娟."思政课程"到"课程思政"发展的内在逻辑及建构策略[J].思想政治教育研究,2017,33(5):60-64.

[3] 徐荣,戴卫恒,赵陆文,等."卫星导航原理"课程教学改革探索[J].全球定位系统,2017,42(5):89-92.

[4] 连达军,陈国栋,袁铭,等."卫星导航定位原理"课程研究性教学法探讨[J].测绘通报,2018(1):161-164.

[5] 孙源.卫星导航原理及应用课程思政教学探索[J].中国教育技术装备,2021(20):90-92.

[6] 李博峰,杨玲,葛海波,等.卫星导航定位原理与应用课程的"三全育人"实践探索[J].高等学刊,2021(29):185-188.

[7] 陈凯,严恭敏,任建新.课程思政融入捷联惯导与组合导航的课程设计研究[J].大学(思政教研),2021(502):94-96.

---

* 习近平出席全国教育大会并发表重要讲话,2018 年 9 月 10 日。http://www.gov.cn/xinwen/2018-09/10/content_5681848.htm

新国际形势下实验教学创新与思政探索
——以"锥束 CT 技术及其应用"课程为例[*]

杨富强 黄魁东 单晨伟 张钊

（西北工业大学 航空发动机高性能制造工信部重点实验室，

航空发动机先进制造技术教育部工程研究中心，西安 710072 ）

摘 要：全球经济高速发展，科技创新能力成为国与国之间实力较量的重点。新国际形势下的工科教育，不仅要求掌握扎实基础理论知识、了解学科交叉前沿，还需确立正确的人生观和价值观。根据《高等学校课程思政建设指导纲要》以及实验教学课程要求，以"锥束 CT 技术及其应用"课程为例，将"国家–战略–安全"融入高校工业 CT 专业选修课程。结合当前复杂国际形势，挖掘工业 CT 课程内容所蕴含的思政元素，并将其融入课程讲授过程中，在完成教学目标的同时，合理地开展思政教育有机融入高校课程，为理工科专业课程思政提供借鉴，对新时代党和国家实现"三全育人"的有益探索及创新实践具有重要的现实意义。

关键词：实验教学；工业 CT；课程思政；装备国产化；国家–战略–安全

面向国际新形势，高校课程的育人功能和使命被摆在更加重要的位置。党的十八大围绕"高校培养什么样的人、如何培养人以及为谁培养人"这个根本问题，作出了一系列重要论述，强调"要坚持把立德树人作为中心环节，把思想政治工作贯穿教育教学全过程，构建"三全育人"大格局[1,2]。2020 年 05 月 28 日，教育部印发《高等学校课程思政建设指导纲要》[3]明确指出了目标、基本要求、分类指导、政策规范等一系列要求[4]。将思政教育贯穿到高校教育教学的各个环节，已经成为当前各高校开展教学实践的重大课题。理工科专业课程内容侧重于基础理论科学和实际工程技术应用等自然科学规律[5]，需要根据不同学科专业的特色及优势，深度挖掘与提炼专业知识体系中所蕴含的思想价值和精神内涵[6,7]。尤其是在国际新形势下，科技创新能力成为国与国之间实力较量的突破点。实验教学过程中，要注重强化学生工程伦理教育，培养学生精益求精的大国工匠精神，引导学生了解学科前沿的同时塑造正确价值观[4-7]。

"锥束 CT 技术及其应用"是工业检测领域核心专业课程，面向材料工程和生物医学工程等相关专业研究生或高年级本科生开设。锥束 CT（Cone Beam Computed Tomography，CBCT）利用锥形束射线源和面阵探测器采集被测物体不同角度投影图像，根据相应的重建算法重建出连续切片的成像技术，具有扫描速度快、射线利用率高、精度高等特点，是当今国际 CT 研究领域最活跃的前沿课题之一。通过学习这门课程，要求学生掌握 CT 设备的发展、组成、图像重建、伪影校正，以及基于锥束 CT 的数字化检测中的轮廓提取、模型配准、尺寸测量、

---

* 资助项目：国家自然科学基金青年基金(52005415)；西北工业大学"课程思政"示范课程项目；西北工业大学本科专业建设项目

材质与缺陷分析等技术内容。在授课过程中,恰当地融入思政元素,充分发挥"锥束 CT 技术及其应用"课程在航空、航天、国防领域复杂构件检测方面特有的优势,做到思政教育与专业课教育的有机结合。

1   工业 CT 课程思政目标及内容

X 射线广泛应用于航天、航空、军工、国防等产业领域,为火箭、核燃料元件、弹药、飞机发动机等的无损检测提供了重要的技术手段。随着科技的发展,制造领域的加工精度越来越高,这就对相应的无损检测设备和工艺水平提出了更高的要求,一个零件几微米的误差就可能会导致严重的事故。工业 CBCT 装备属于大国重器,是"中国制造"的重要组成部分。"课程思政"是将高校思想政治教育融入课程教学和改革的各环节、各方面,实现立德树人润物无声。专业课的课程思政重在知识传授中强调价值观的同频共振,须重点开展职业素养和科学精神教育[8]。

借助"锥束 CT 技术及其应用"课程的实验教学革新,将工业 CT 设备国产化与国际新形势及思政元素有机结合,鼓励学生在学习和科研中严谨治学、一丝不苟,培养精益求精的大国工匠精神。整个教学过程中贯穿"爱国、敬业、诚信、友善"的社会主义核心价值观,实现"传道授业解惑,诠释大学之道"德智相融的目标。围绕和遵循教育部印发的《高等学校课程思政建设指导纲要》,工业 CT 课程思政内容应该从哲学思维、价值引领、职业操守、发展前沿、国际新形势、国家安全观等多方面切入,挖掘专业课程的思政育人资源、切入点及其蕴含的思政育人功能关系[5],如图 1 所示。

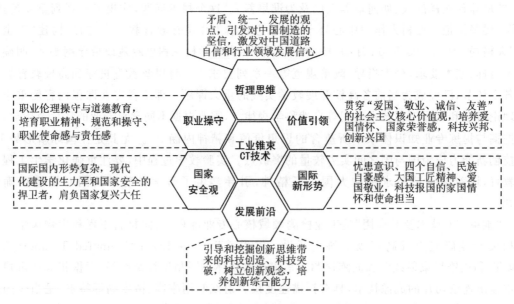

图 1   工业 CT 课程创新思政元素挖掘

2 工业 CT 课程特色与创新

工业 CT 具有突出的密度分辨能力,高质量的 CT 图像可达 0.1% 甚至更小,比常规射线技术高一个数量级。工件内部缺陷及结构的检测是工业 CT 的优势,我们可以通过工业 CT 在无损坏工件的情况下,很清楚地观察工件内部缺陷及结构。如图 2 所示,工业 CT 不仅可以测量工件内部还可以测量工件外部尺寸,主要包括缺陷孔隙计算、壁厚分析、尺寸测量、缺陷检测等。

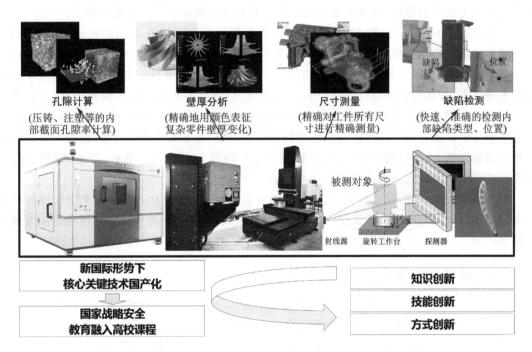

图 2 工业 CT 课程特色优势

在"锥束 CT 技术及其应用"的教学中,应明确科学技术是第一生产力,以工业 CT 装备核心技术,通过以下三种途径,进一步结合国家时事政治和学校政策热点,及时更新和完善课程思政内容,为学生成长提供"养分"。

① 知识点创新:挖掘理论课程内容中蕴含的思政元素,将思政内容融入理论教学。

② 技能点创新:挖掘实验技能中的科学态度、团队协作等精神,给予示范引导。

③ 方式创新:发挥线上平台、线下课堂混合式课程的优势,建设课程思政案例库,训练学生哲学辩证思维方式。

3 新形势下工业 CT 课程思政建设

习近平同志强调:"关键核心技术是要不来、买不来、讨不来的。只有把关键核心技术掌握在自己手中,才能从根本上保障国家经济安全、国防安全和其他安全。"*新形势下,推动高质量发展,维护国家安全[9,10],必须下苦功夫掌握关键核心技术。

3.1　核心科技价值观

CT 装备是一种高精密仪器,上万枚零件涉及十几万项专利,且学科交叉度高。以前,我国的 CT 全部依赖进口,尤其是高端 CT,基本被外国品牌垄断。随着中国核军事、核工业的飞速发展[11],瞬息万变的国际形势,尤其是最近的"俄乌冲突",给我们敲醒了警钟,世界列强的霸权主义仍然存在。神舟十三号飞船圆满完成载人航天飞行任务,标志着我国太空技术的发展摆脱对西方技术的依赖,体现了祖国的科技力量在强国战略中发挥着重要作用。

《中国制造 2025》提出:到 2025 年,影像设备等高性能诊疗设备 70% 的核心基础零部件、关键基础材料实现自主保障。其中,数字化 X 射线平板探测器正属于《中国制造 2025》重点发展的高科技、高性能医疗和工业的核心部件。联影经过多年研究在 CT 高端设备领域掌握了多种先进技术,包括自研最薄层厚 0.5 mm 探测器、双极性 CT 球管技术和高压发生器、基于人工智能的全模型迭代重建算法等,填补了国内、国际空白,部分产品技术已经引领世界前沿。西北工业大学介万奇教授团队已开发出高性能探测器级 CZT 晶体及高效率、低成本单晶制备技术和关键设备,一举打破国外封锁,并将综合成本降低 50% 以上。此外,万东、深图、安健、帧观德芯等整机企业也基本实现平板探测器的自产自用。

根据当前国际形势,结合我国国情,我们很有必要对工业 CT 核心关键技术进行课程思政探索,提高责任感和使命感,认识到开发拥有自主产权科技产品的重要性。成像技术的发展必须根据国情,补短板、堵漏洞,切实维护科技安全。

3.2　国家使命责任感

习近平总书记在中国航空发动机集团成立之际作出重要指示:"加快实现我国航空发动机及燃气轮机自主研发和制造生产,为把我国建设成航空强国而不懈奋斗。"**西北工业大学工信部航空发动机先进制造技术国防科技创新团队长期以航空发动机关键零部件高性能制造为研究目标,开展共性应用基础、重大关键技术、前瞻技术的创新性研究,在复杂结构精确成形与制坯、复杂薄壁结构高效精密加工、关键构件抗疲劳制造、制造过程智能控制等研究取得重要成果,科研成果入选中国高校十大科技进展,为国家重大科技攻关发挥了重要作用。

为加快我国发动机涡轮叶片自主研制进程,张定华教授团队坚持攻关,面向工业 CT 先进成像技术与装备研发,在锥束 CT 扫描优化、伪影校正、快速重建、高精度分割、逆向重构、缺陷检测等方面取得了重要突破。图 3 为自主研发锥束 CT 样机助力航空发动机涡轮叶片无损检测,团队形成了具有自主知识产权的 450 kV 工业锥束 CT 样机 2 套,助力航空发动机涡轮叶片无损检测,在高端产业取得新突破,推动 C919、C929 大飞机在深空领域积极抢占科技制高点。当下的复杂国际形势下,特别是瞄准"卡脖子"核心关键技术,使学生了解国家使命感,通过 CBCT 技术及其应用课程内容的讲授,启发学生对工业 CT 装备国产化,打破国际垄断,鼓

　　*　"关键核心技术是要不来、买不来、讨不来的"——习近平推动科技创新的故事,2021 年 7 月 8 日。http://www.gov.cn/xinwen/2021-07/08/content_5623644.htm

　　**　习近平:加快实现航空发动机及燃气轮机自主研发和制造生产 为把我国建设成为航空强国而不懈奋斗,2016 年 8 月 29 日。http://cpc.people.com.cn/n1/2016/0829/c64094-28671751.html

励学生立志根据自身专业知识,为国分忧,解决"卡脖子"问题,应对国际科技合作以及环境恶化等多重挑战,以实现增强学生使命感和责任感的目标。

　　航空发动机涡轮叶片关键件　　　自主研发2套锥束CT样机　　　双源-双探CT装备

图 3　自主研发 CT 样机

3.3　工业 CT 安全观

　　切尔诺贝利核电站的泄漏(见图 4),福岛核电站的泄漏,使公众意识到核能安全利用非常重要。日本执意排核废水的新闻也引发公众对核安全的关注。工业 CT 是电离辐射的 X 射线对检测物体扫描一周后根据射线衰减规律完成重建的过程,工作中如果防护措施不当或者违反操作规程,会使人体受到辐射照射的危害。因此,在执行工业 CT 无损检测中,务必注意核安全。

图 4　切尔诺贝利核泄露与安全

　　将工业 CT 辐射安全知识与学科知识有机融合,通过列举多组国内外辐射电离辐射事故,激发学生对于核安全的思索[11]。案例教学实践性强,可以提升学生对安全管理学的学习兴趣,促进学生将所学理论与案例背景信息结合起来解决问题。通过讲事故引入天津滨海新区爆炸、清华大学实验室爆炸等典型案例,引导学生运用所学理论分析事故原因,将"核安全观"作为新的课程思政元素融入课堂。综上,表 1 给出了"锥束 CT 技术及其应用"课程思政实施方案。

表 1　"锥束 CT 技术及其应用"课程思政实施方案

教学内容	知识点	思政元素	融合方法	实施方法
工业 CT 概述	CT 的发展与应用	国家情怀 职业素养	先进事迹报道	以具体机型为示例,介绍国产 CT 生产厂家的振新和崛起,向学生灌输家国情怀,爱国为先,坚守梦想
	世界首台CT设备诞生	兴趣牵引	观看纪录片	扩充教学内容,鼓励学生在全面掌握基础知识的前提下,发现自己感兴趣的领域

续表 1

教学内容	知识点	思政元素	融合方法	实施方法
锥束 CT 系统及设备	射线源＋探测器	使命牵引	直接导入	航空发动机"中国芯"即中国航空发动机集团公司成立,习近平总书记的指示和李克强总理的批示
锥束 CT 图像快速重建	工业 CT 投影	爱岗敬业立德树人	观看纪录片	通过列举多组国内外辐射电离辐射事故,激发学生对于核安全的思索
	重建算法设计	人文关怀	学习、分享前沿文献	在算法的教学过程中,要求学生面对困难,不要回避,而应该分析问题,静下心解决问题
锥束 CT 图像质量优化	噪声、散射、硬化等复杂伪影	职业素养	直接导入	工业 CT 能量更高,图像质量影响因素复杂,大剂量也会带来诸多危害,让学生有效平衡剂量和质量的关系
学生汇报翻转课堂	知识产权	尊重他人	案例分析	学生自发组成兴趣小组,培养团队合作精神。提醒学生注意文献引入,尊重他人劳动成果

4　课程革新拟解决的关键问题

4.1　高素质教学团队

"锥束 CT 技术及其应用"课程教学中的思政内容引入,教学团队的知识素质和职业素养是关键。授课老师在知识传授的同时挖掘思政元素,让知识贯穿到 CBCT 课程的教学中去,做到专业知识和思政要素有机融合。教学团队可以采用"传-帮-带"的多元方式,借助教师的人格魅力与学识,培养朝气蓬勃的年轻教师推进思政作风,言传身教、潜移默化地去影响学生。

4.2　思政教学突破点

如何充分挖掘工业 CT 装备及技术中所蕴含的思政元素,做到科技进步与思政教育同频共振是培养新一代工科人才的可行出路。在 CBCT 技术及其应用的教学过程中,教导学生面对外部压力与困难时应该保持镇定态度,冷静分析。突破自然科学课程的局限性,跳出固有思维,积极发挥课程思政的效力作用。

4.3　安全评价体系

电压低于 450 kV 的工业 CT 防护相对简单,通常采用铅钢结构的自屏蔽防护室或者混凝土防护室设计,其场所选址、布局和建筑应当符合相关辐射安全防护法规和标准要求,保障工作场所和周围环境安全。工业 CT 操作人员和专职管理人员应经过辐射防护安全培训以及专业技术培训,并经考核合格。但是高校授课面向的学生群体流动性较大,尤其在 X 射线工业 CT 安全操作及知识素养能力上存在不足,辐射安全与处理机制是亟需解决的关键问题。结合课程思政内容考核的体现,可以通过辐射安全生产学习积分平台与实践评价,量化对学生的思政水平及安全评价。

5　结　论

本文围绕"锥束 CT 技术及其应用"工科专业选修课,从"课程思政"建设的目标及内容出发,结合工业 CT 课程的特色,就当前复杂国际形势下,锥束 CT 实验教学课程思政建设进行分析:

① "锥束 CT 技术及其应用"课程思政改革仍处于初级阶段,在教学方法、载体和评价等革新途径方面仍然存在不足。

② 以核心价值观、国家使命感、CT 安全观为切入点挖掘理工科专业选修课程知识点蕴含的思政元素,面向工科专业课程实验教学革新提出需要解决的关键问题,将思政教育贯穿到高校教育、教学、实践、应用等各个环节,是解决当前各高校课程思政与实践融合的有效手段。

参 考 文 献

[1] 张正光."思政课程"与"课程思政"同向同行的逻辑理路[J].思想政治课研究,2018(4):16-19.

[2] 李清富,闫亚倩,刘晨辉.新工科背景下课程思政的探究[J].教育现代化,2020,7(30):107-109.

[3] 中华人民共和国教育部.高等学校课程思政建设指导纲要(教高[2020]3 号)[EB/OL],2022-06-08.http://www.moe.gov.cn/srcsite/A08/s7056/202006/t20200603_462437.html.

[4] 王小力.王小力在全国大学物理课程思政专题研讨会上的讲话[J].物理与工程,2021,31(4):121-122.

[5] 莫远科,凌敏,罗勋,等.理工科专业课程思政元素的挖掘与融合实践——以"材料力学性能"为例[J].广东化工,2022,49(8):226-228.

[6] 俞国燕,马敬东,刘强,等."机械工程学科前沿"课程思政元素的挖掘与融合[J].创新教育研究,2022,10(6):1250-1254.

[7] 赵倩,袁静,蒋会明,等.工科高校机械类课程思政教育实践路径探析——以"机械动力学"课程为例[J].科教导刊(上旬刊),2020(34):108-109.

[8] 高德毅,宗爱东.从思政课程到课程思政:从战略高度构建高校思想政治教育课程体系[J].中国高等教育,2017,578(1):43-46.

[9] 李盱衡,张东宁.增强大学生国家安全意识的三个维度[J].学校党建与思想教育,2020,633(18):8-10.

[10] 刘兴德,田斌,于成文,等.坚持总体国家安全观做好新时代大学生国家安全教育[J].北京教育(高教版),2019(4):20-22.

[11] 向湘.探讨"放射医学防护"课程在高校医学专业开展的价值[J].教育科学发展,2021,3(6):59-60.

航空航天类专业教师课程思政能力提升路径研究与探索[*]

常绪成[1,2]　孔冰[3]　刘元朋[1]　王正鹤[1]　耿直[1]　张昕喆[1]

(1. 郑州航空工业管理学院 航空宇航学院，郑州　450046

2. 航空经济发展河南省协同创新中心，郑州　450046

3. 郑州职业技术学院 新能源汽车学院，郑州　450010)

摘　要：课程思政建设是构建全员全程全方位育人大格局的重要措施，而专业课教师作为课程思政的具体实施主体，是实现课程思政建设的"主力军"。本文首先阐明了专业课教师课程思政能力的重要性，接着分析总结了专业课教师在课程思政能力方面存在的不足。结合专业课教师在课程思政育人方面存在的教学意识不强、理论知识不足、教学水平不高等问题，从育德意识及政治方向把握能力、挖掘思政教育元素能力、理论运用及教学设计能力、课程思政细节及时机把握能力四个方面，提出了专业课教师课程思政能力的构成要素。基于构成要素，针对航空航天类的专业教师，从育德意识的培育与转化、课程思政内容供给和教学方法与手段创新、课堂教学过程的组织和管理、与思政教师队伍的交叉和融合四个维度，阐述了专业课教师课程思政能力的提升路径，为全面推进课程思政建设任务所需的教师课程思政能力提升提供路径参考。

关键词：课程思政；航空航天；专业教师；构成要素；提升路径

　　课程思政属于隐形教育，是专业课教师在教育教学的各个环节中融入对学生的思想政治教育，实现对学生的价值引领，从而实现知识传递与价值观引导。习近平总书记在 2016 年全国高校思想政治工作会议、2018 年全国教育大会上均强调了思想政治教育的重要性，并在 2019 年全国思想政治理论课教师座谈会（以下简称"座谈会"）上发表的重要讲话中指出"要坚持显性教育和隐性教育相统一""要挖掘其他课程和教学方式中蕴含的思想政治教育资源，实现全员全程全方位育人"。[**]

---

* 基金项目：河南省高等教育教学改革研究与实践项目(2019SJGLX374/2021SJGLX472)；河南省高等教育学会高等教育研究项目(2021SXHLX076)；郑州航空工业管理学院教育教学改革研究与实践项目(zhjy2275\zhjy2272\zhjy2277\郑州航院产业学院建设探索与实践)；郑州航空工业管理学院研究生教育改革与发展研究项目(2022YJSJG28/2022YJSJG08/2022YJSJG09/2021YJSJG09)；郑州航空工业管理学院在线开放课程(校教字[2021]1号-4)；河南省精品在线开放课程(教高[2021]474号-200)；河南省科技攻关(社发领域212102310093)

** 习近平：思政课是落实立德树人根本任务的关键课程，2019 年 3 月 18 日。http://www.qstheory.cn/dukan/qs/2020-08/31/c_1126430247.htm

1　航空航天类专业课教师课程思政能力的提出

习近平总书记在"座谈会"上强调"办好思想政治理论课关键在教师"。* 李国娟认为建设一支具有自觉"育德意识"和较强"育德能力"的教师队伍，是确保所有课程"同向同行、协同育人"的人才资源保障[1]。同样，在全面推进课程思政建设的过程中，也要充分要充分发挥好教师队伍的作用。国内学者对专业课教师的在课程思政建设中的作用也展开了论述，王振雷指出对大学生思想、言行和成长影响最大的第一因素是专业课教师，也是课程思政改革的关键要素，需要在专业发展中增强思想政治工作能力，实现教书、育人相统一[2]。吴晨映指出专业课教师依托专业课程和专业技术能力进行思政教育，在理想与信念方面的示范与引导更加系统和循序渐进、在思想政治教育的内容生动性方面而有说服力，拓展和丰富了思政教育的外延和内涵，增强了思政教育的实效性[3]。岳宏杰指出专业课教师是教育教学的最基础、最根本力量，也是课程思政的主要贯彻者、实施者[4]。由此可见，专业课教师是全面推进课程思政建设的关键"主力军"。

现阶段，对高校学生进行社会主义核心价值观教育是我国高校思政教育的重大任务，而航空航天类专业培养面向航天科技、航空工业等领域的技术人才，尤其显得重要。而课程思政的要旨，正是提升学生的思想政治素质以实现对其价值观、人生观、世界观的引领。高国希指出课程思政需要提高教师对课程思政的认识，意识到课程具有思想政治教育的功能，明确教师要提升实践课程思政的能力，深入挖掘课程的育人价值，从而更好地促进学生的发展成长[5]。刘承功指出全面提升教师课程思政建设的意识和能力是贯彻落实立德树人根本任务的需要，是推进教育教学改革创新的需要，是进一步加强教师队伍建设的需要[6]。何润指出专业课程是课程思政建设的基本载体，专业课教师是课程思政建设的主体，提升专业课教师课程思政建设的意识和能力是开展课程思政的关键[7]。2020 年 5 月，教育部印发的《高等学校课程思政建设指导纲要》（以下简称《纲要》）也提出了"提升教师课程思政建设的意识和能力"的要求[8]。因此，培养学生过硬的思想政治素养与加强高校专业课教师的课程思政能力是分不开的。可以说，某种程度上专业课教师的能力水平构成了课程思政建设的核心变量。

2　专业课教师在课程思政能力方面存在的问题

高校的专业课程与思政课程在授课方式、内容甚至价值观导向方面，皆存在或多或少的差异，作为隐性思想政治教育的课程思政，却往往因为专业课教师出于专业背景的制约导致思想政治教育理论储备不足，或者太过侧重专业知识与技能培训而忽略对学生进行价值观的引领与塑造。数据表明，高达 86.8％的高校专业课教师认为，在日常专业教学过程中对学生进行隐性思想政治教育工作不属于自身职责范围[9]。国内学者对专业课教师课程思政能力存在的问题开展了相关研究，就教师层面而言，陆道坤认为，与思政课老师相比，专业课教师开展课程思政教学的意识和能力都还存在一定差距，且因学科不同还有所差异[10]。齐砚奎认为，专业

＊ 习近平：思政课是落实立德树人根本任务的关键课程，2019 年 3 月 18 日。http://www.qstheory.cn/dukan/qs/2020-08/31/c_1126430247.htm

教师课程思政教改动力不足表现在两个方面：一是主观意愿不强，因为课程思政改革涉及教学目标、教学内容、教学评价等各个方面，必然会对原有教学模式产生影响；二是教改能力不够，学生身上出现的很多价值迷茫现象，教师尤其是年轻教师身上也都有体现[11]。张宏认为，专业课教师课程思政教学存在的问题包括以下三个方面：一是专业教师对课程思政重要性的认识不均衡；二是专业教师思想政治理论知识明显不足；三是专业教师教育科学理论水平尚待提高[12]。何旭娟指出，高校专业课教师在课程思政建设层面存在的主要问题包括课程思政意识比较淡薄、课程思政教学方法比较传统、课程思政情境创设比较单一、课程思政协同能力有待提高四个方面[13]。因此，目前专业课教师课程思政能力不足的表现主要包括课程思政育人意识不强、课程思政理论知识不足、课程思政教学水平不高等。

针对上述问题，曾梦玲以湖北经济学院法商学院为例，探索了专业课教师课程思政的不足，并针对性地提出对策建议[14]。何源以医学专业为例，提出了专业课教师课程思政能力主要表现，给出了专业课教师课程思政能力的培育路径，体现为高校专业课教师在课程思政创新过程中的学习能力[15]。庞建茹针对医学专业教师育德能力的要求，从加强顶层设计、建立思想政治教学能力培养机制、健全评价制度以及自觉提高自身能力等方面阐述了医学专业教师育德能力提升路径[16]。

综上可见，从适应时代发展、响应国家号召、抓住形势机遇、满足社会人才需求多个角度考虑，有效提升专业课教师课程思政的能力，建设一支具有高素质、高水平课程思政能力的专业课教师队伍，既是落实高校立德树人根本任务的重要基础，也是实现"课程思政"建设的重要推动力。

3   航空航天类专业课教师课程思政能力的构成要素

航空航天类专业所属的学科、人才培养目标定位具有一定的特殊性，专业课教师的课程思政能力需要结合所属学科、所处学段、所教对象进行综合性系统设计与规划。因此，本文从育德意识及政治方向把握能力、挖掘思政教育元素能力、理论运用及教学设计能力、课程思政细节及时机把握能力等几个方面对航空航天类专业课教师课程思政能力的构成要素进行分析。

3.1   育德意识及政治方向把握能力

立德树人是中国特色社会主义教育的灵魂，也是我国高等教育的根本任务，习近平总书记在"座谈会"上进一步强调"我们党立志于中华民族千秋伟业，必须培养一代又一代拥护中国共产党领导和我国社会主义制度、立志为中国特色社会主义事业奋斗终身的有用人才。"*然而，高校是意识形态的前沿阵地，面临着更趋复杂严峻的国内和国际环境，是多种思潮的汇集地，高校学生受到社会上各类非主流意识形态和多元价值观的冲击和影响，需要进行正确的培育和引导。航空航天类专业学生的就业面向包括军工行业内一些特殊的岗位，需要真心热爱航空航天事业，并且具有报国情怀、奉献精神，所以对于学生的思想政治素养的培养尤其重要。在高等教育中，教师是立德树人的最终执行者，因此高校教师的育德意识以及政治方向把握能

---

* 习近平：思政课是落实立德树人根本任务的关键课程，2019 年 3 月 18 日。http://www.qstheory.cn/dukan/qs/2020 - 08/31/c_1126430247.htm

力至关重要,直接关系到学生正确价值观的树立,对于实现中国高等教育根本任务和培养德智体美劳全面发展的社会主义事业合格建设者和可靠接班人具有重要的意义。

3.2　挖掘思政教育元素能力

在专业课程授课过程中,结合课程知识点识别并针对性的挖掘出相关联的课程思政资源是开展课程思政教育的前提。在航空航天类专业课程知识中,蕴含了丰富的报国精神、家国情怀、社会主义核心价值观、辩证思维方法、工程伦理等隐形思想政治教育资源,如何挖掘上述资源为课程所用,需要专业课教师具有一定的能力,掌握一定的原则。因此,提升专业课教师挖掘课程思政资源的能力,结合课程、专业以及学科的实际,深入挖掘课程所蕴含的思政元素,并将其有机融入专业知识的讲授过程中,对于增强课程的育人功能、夯实课程思政开展基础具有重要的作用。

3.3　理论运用及教学设计能力

在专业课知识体系中如何设计、如何结合、如何融入所挖掘的课程思政元素,并能够以"春风化雨,润物无声"的方式有机融入到专业课程教学中,体现的是专业课教师的理论与实践相结合的能力,只有将理论运用于实践,课程思政才达到显性教育和隐性教育相统一的目的。课程思政不是简单的"课程+思政",更不是"为思政而思政",不能够简单地在专业课程教学设计中加入思政课内容或将思政内容作为独立教学环节呈现,而是要将正确的价值观、科学精神和家国情怀等思政元素有机地融入专业课程的教学过程、教学方法和教学组织中。因此,专业课教师课程思政教学设计的能力是发挥专业课程育人功能的关键,对于实现知识传授、价值塑造、能力培养的有机统一具有重要意义。

3.4　课程思政细节及时机把握能力

课程思政应以专业知识为主要讲授内容,思政是在课程专业知识基础上增加的德育育人功能,不能够占据大量的课堂授课时间,否则会喧宾夺主,与"盐溶于水""润物无声"的教学理念相背离。因此,高校教师应学会关注教学过程的细节,善于把握课堂组织过程中稍纵即逝的教育时机,在恰当的时机将思政融入到课堂教学组织中,实现专业知识和思政教育的有机融合。

4　航空航天类专业课教师课程思政能力提升路径

课程思政的建设路径,既包括制度、理念等宏观层面,也包括教材、课程等微观层面,落实到具体实践中,则有协同共创、校内校外联动、理论实务交融等不同的方式与方法[15]。针对航空航天类专业课教师课程思政能力的构成要素,本文从教师层面,在育德意识的培育、融合与转化,课程思政内容供给与教学方法、手段创新,课堂教学过程的组织和管理,与思政教师队伍的交叉和融合等四个维度,开展航空航天类专业课教师课程思政能力提升路径的研究与探索。

4.1　育德意识的培育、融合与转化

高校专业课教师同时肩负着立德树人和教书育人的双重责任,是实现全方位、全过程育人

的重要组成部分。针对专业教师缺乏系统性的德育理论知识、德育融入课堂的经验和方法等问题,应通过师德师风专题报告、课程思政案例分析与研讨、一流课程观摩学习、思政教学改革论坛和会议等形式开展教师育德意识和能力的培训,不断强化个人育德意识,逐步具备育德教育基本能力与素养。

在具备育德意识的基础上,专业课教师需要根据自身课程的内容和特点,对讲授的课程知识开展多维度的剖析,将获取的德育理论知识与专业课知识融合,并转化为易于学生接受的观点和逻辑,使其具备更好的说服力。在学校以课程思政为导向的教学指南下,以教师技能比赛为载体,主动积极地将育德理念和意识真正转化为育人行为,在开展每一次教学活动中,做到课程思政有目标、教学活动有准则,真正实现全方位课程思政育人。

例如对于航空航天类专业的教师,可以定期参加全国航空航天类课程思政教学改革论坛,通过学习和交流进行育德意识和能力的提升。此外,还可以积极参加高校"课程思政"教学比赛、教师教学创新大赛等,通过"以赛促教"方式促进育德意识的融合和转化。

4.2　课程思政内容供给与教学方法、手段创新

《纲要》指出工学类专业课程,要从专业、行业、国家、国际、文化、历史等角度,增加课程的知识性、人文性,提升引领性、时代性和开放性,并注重强化学生工程伦理教育,培养学生精益求精的大国工匠精神,激发学生科技报国的家国情怀和使命担当[8]。航空航天类专业课主要涉及自然科学知识和工程能力培养,专业课教师应注重把马克思主义立场观和科学精神相结合,以航空航天历史发展过程中涌现出的航空精英、模范事迹为案例,挖掘其科学精神、工匠精神、航空报国、家国情怀和使命担当等思政元素,注重科学思维方法的训练、科学与工程伦理教育,并融入日常课堂教学中。例如,在航空航天类学科基础课"控制工程基础"中,可以结合轨迹分析理论中关键焦点问题,引导学生思考飞行器控制中复杂工程问题的关键和重点,培养学生看待问题、处理问题的能力。在专业基础课"无人机系统概论"中,可以结合无人机应用的知识点,介绍彩虹、翼龙、大疆等无人机在抗洪救灾、应急救援等场景的应用,引出中国国产无人机的技术先进性,培养学生的民族自豪感和国家荣誉感。在专业课"飞行器控制原理"中,结合飞行器控制发展历程知识点,引入钱学森的事迹及对航空航天领域控制理论的重要贡献,引导学生弘扬其学习精神、创新精神和爱国精神,培养学生的爱国意识和奉献意识。

教学方法和手段的使用与创新是课程思政教学设计重要环节,要适合课程思政育人目标的要求,并与课程思政教学内容相匹配,并注意课程思政教学情境的创设。在"互联网+"和"人工智能+"的时代背景下,应加强信息技术的综合运用,专业课教师可以使用多种不同的教学方法和手段,如线上线下混合、项目案例式、问题讨论式教学等,并进行合理的组合,通过构建新颖的、丰富的课堂教学模式来加强学生学习兴趣、动力和积极性的提升。例如,"无人机系统概论"采用了线上线下混合式教学模式,在"多旋翼无人机系统与组成"的知识点教学过程中,首先利用慕课在课前学习"国产无人机的结构和组成"知识,并预留讨论问题题目"国产无人机技术通过什么途径达到世界领先水平"。在课中教学过程中,采用问题讨论式教学方法,通过利用智慧课堂工具,促使学生通过移动终端全员参与完成课堂讨论互动,教师利用智慧课堂的高频词汇统计功能对学生的观点进行提炼和总结,引导学生对"自主创新是全面建设社会主义现代化强国的必走之路"的认知,培养科技创新精神和使命担当精神。

4.3 课堂教学过程的组织和管理

课堂教学是实现课程思政育人目标的主渠道,专业课教师应在课堂教学组织、管理等方面加强能力锻炼和提升,不断提升专业课课堂德育育人的教学质量,将课程思政的理念落实到专业课程的每一节课堂、每一个教学活动中。

在课前准备环节中,专业课教师要首先对学生开展全方位的研究,除了掌握学生目前已具备的学习能力和习惯、已构建的专业知识体系和当前的学习兴趣,还要研究学生的思想状况、形成的价值观等。其次,将自然科学、工程科学中隐含的思政育人元素进行整理和归纳,选择与本专业课程想匹配的元素,设计合适的思政教学主题,给出完善的教学设计,完成课堂教学课前准备工作。在课堂授课环节中,专业课教师应创建良好的课程思政的教学环境和文化氛围,注重培养与学生的情感关系,选择学生喜闻乐见的方式,形成教师与学生、学生与学生之间良好的心灵沟通渠道,使得课堂更具有亲和力,利用课堂教学过程中出现的思政育人时机,以潜移默化的方式完成课程思政育人目标。在课后环节中,专业课教师要完成课程思政教学评价与反思。课程思政教学目标是否达成,要以学生的获得感为检验标准,在进行评价时,应综合考虑专业课程知识和思政育人两个维度,并采用 OBE 教育理念,以学生学习效果为成果目标,对学生思想政治素质的发展开展全国过程评价。同时,对课程思政教学过程进行回顾和总结,及时开展基于问题的课程思政教学反思,不断修正课程思政教学目标和教学过程,促进课程思政教学的发展和教师个人课程思政能力的提升。

例如,航空航天类专业的学生对祖国的航空航天事业比较关注,所以利用当前中国空间站建设与发展的热点新闻,在课堂教学课前准备环节中,将神舟十四号载人飞船和空间站自主对接视频引入课堂教学,与学科基础课"控制工程基础"中的"自动控制系统的组成"知识点相结合,以自主对接控制系统为案列,从系统感知、信号输入与反馈、控制器和控制对象等几个方面介绍控制系统组成,映射出个体作为团队的一部分各司其职,才能出色地完成控制任务,引导学生养成团队精神。在课后环节,设计控制系统组成课后作业以及团队精神、爱岗敬业讨论话题,通过在线课程平台完成课后任务,教师参与学生的课后线上活动,通过学生的课后反馈来评估学生课程思政目标和知识目标的达到情况,并设置调查问卷,对课程案例是否合适、隐含的思政内容是否了解进行调查,以此进行教学过程的反思,并修正本次课程教学活动的组织和管理。

4.4 课程思政教师队伍的交叉和融合

专业课教师自身注重专业知识的研究和传授,思想政治素养的水平限制了其课程思政育人的能力。思政课教师对本专业的人才培养标准和课程体系不熟悉,教学过程与专业知识背景脱离,两者缺乏有效的交流和合作,很难形成协同育人效应。课程思政与思政课程同向同行,专业课教师与思政课教师交叉融合,是实现高校协同育人、人才质量全面提升的重要途径。专业课教师应积极主动与思政课教师进行交叉与融合,组建课程思政教学团队,搭建课程思政工作平台,建立相互协作的关系,可以有效地帮助专业课教师丰富思政理论知识,深入挖掘课程中的思政元素,并找准思政元素的融入点,还可以为思政课教师提供专业知识背景,深入领会航空航天类工科课程的特点以及隐含的思政内容,有助于思政课程教学情景的构建。例如,飞行器控制课程组教师积极与马克思主义学院教师对接,组建了由一支涉及航空宇航科学技术、控制科学与工程、测绘科学与技术、哲学等学科的 6 人课程思政教学团队,每月组织一次集体教研活动,集体备课,交流研讨,结合航空航天类专业课程的特点、隐含的价值理念和思维方法,共同梳理和挖掘课程中隐含的思政资源,协同设计课程教学目标、教学内容、教学方法和教学活动等,达到了专业课与思政课教学同向同行、协同育人目的。

5　结　语

课程思政的建设,对专业课教师的育人水平提出了要求。基于文献研究方法,获取了专业课教师课程思政能力不足的表现内容。对于如何提升专业课教师课程思政能力,经过研究与探索,以航空航天类专业教师为例,应首先通过培训、交流等途径提升自身的意识,其次,积极的以教学竞赛为载体,进行育德意识的转化。在转化过程中,注重信息化技术的运用,积极开展教学方法与手段创新的研究与探索,提升自身的课程思政教学设计能力,并在教学过程的组织和管理中得到有效实施。最后,专业课教师可以通过与思政教师进行优势互补,达到协同育人的效果。上述方法可以为其他工科专业课教师课程思政能力的提升提供路径参考,提升高校专业课思想政治教育教学效果。

参 考 文 献

[1] 李国娟.课程思政建设必须牢牢把握五个关键环节.中国高等教育,2017,Z3:28-29.

[2] 王振雷.论高校课程思政改革的三维进路[J].思想理论教育,2019(10):72-75.

[3] 吴晨映.专业课教师"课程思政"能力问题探讨[J].河南教育学院学报(哲学社会科学版),2020,39(01):56-59.

[4] 岳宏杰.高校专业课教师课程思政能力建设研究[J].现代教育管理,2021(11):66-71.

[5] 高国希.教师课程思政意识与能力的提升[J].教育研究,2020,41(09):23-28.

[6] 刘承功.抓住全面提升高校教师课程思政建设意识和能力的关键点[J].思想理论教育,2020(10):10-15.

[7] 何润,陈理宣.试析高校专业课教师课程思政能力的提升进路[J].学校党建与思想教育,2021(18):63-65.

[8] 教育部关于印发《高等学校课程思政建设指导纲要》的通知 [EB/OL].教育部网站,http://www.gov.cn/zhengce/zhengceku/2020-06/06/content_5517606.htm.

[9] 莫非.专业课教师在高校思想政治教育中缺位问题的思考[J].遵义师范学院学报,2010,12(04):94-97.

[10] 陆道坤.课程思政推行中若干核心问题及解决思路——基于专业课程思政的探讨[J].思想理论教育,2018(03):64-69.

[11] 齐砚奎.全课程育人背景下高校课程思政建设的理论思考[J].黑龙江高教研究,2020,38(01):124-127.

[12] 张宏,李黎.专业教师"课程思政"教学能力的培养[J].浙江工业大学学报(社会科学版),2020,19(02):222-226.

[13] 何旭娟,阳丹.新时代高校专业课教师课程思政能力提升的三重逻辑[J].衡阳师范学院学报,2022,43(01):136-140.

[14] 曾梦玲.高校专业课教师课程思政能力的现状与提升[J].湖北经济学院学报(人文社会科学版),2021,18(03):137-139.

[15] 何源.高校专业课教师的课程思政能力表现及其培育路径[J].江苏高教,2019,11:80-84.

[16] 庞建茹,陈洁.课程思政背景下医学专业教师育德能力提升路径研究[J].南京医科大学学报(社会科学版),2020,20(06):603-607.

议题 2

航空航天类一流专业
核心课程体系、课程内容和教材的建设与研究

航空航天导航类专业课程体系的改革与实践

王新龙　王可东　宋佳　李昭莹　王海涌

（北京航空航天大学 宇航学院，北京　100083）

摘　要：针对航空航天导航类专业目前教学过程中存在的问题，提出了以提升导航类专业人才培养质量为根本目标，通过紧抓优化课程理论体系和强化实验实践两个环节为重点，对导航类专业课程进行了不断改革与实践，并在专业创新型人才培养上取得了一定的成效。

关键词：航空航天；导航；课程体系；实验环节；改革与实践

导航是航空、航天领域中最核心的部分之一，也是航空、航天飞行器的智慧大脑。因此，培养掌握导航理论、方法和技术的高层次一流人才既是我国国防现代化建设的迫切需求，也是我国经济发展向创新驱动转变的必然要求。

导航类专业课程是本科探测制导与控制技术、导航制导与控制以及精密仪器等专业高等人才培养的重要组成部分。但目前专业课程的设置上存在三方面问题：一是理论知识体系陈旧、教学内容与技术最新发展相脱节；二是实验教学环节单一，与培养复合型、创新性人才的培养目标不适应；三是教学手段传统单调，无法有效激发学生的学习兴趣和创新意识。

针对存在的上述主要问题，我们课程团队近年来对导航类专业课程进行了不断改革与实践，并在人才培养上取得了一定的成效和经验。

1　建设方案

根据我国《十三五国家战略性新兴产业发展规划》，空天海洋领域是国家未来四个战略性产业之一，也是未来科技创新发展新的重要增长点[1]。针对国家对航空航天类专业高素质人才的迫切需求，结合我国高等院校目前培养模式相对滞后的问题，我们通过对导航类专业课程体系进行改革与实践，为全面培养学生的综合能力、创新能力和工程实践能力意识进行探索，以改革方案以培养学生的理论知识与实践能力并重的全面型人才。在学生培养的过程中，注重理论知识与工程实际的结合。从工程实际问题出发，将抽象的理论知识形象。同时，为学生创造更多实验实践环节，培养学生利用理论知识解决实际问题的能力。

1.1　优化课程理论体系

（1）完善专业课程体系、更新教学内容与教材

针对原有导航类各专业课程内容衔接性不好，理论知识体系陈旧等问题，课程团队对课程内容进行了整合优化。以核心知识体系和新技术为重点，整合优化"惯性导航基础""GPS定位导航原理与应用""天文导航技术基础""导航概论""传感器技术与测试系统""卡尔曼滤波基础""专业课程设计""专业综合实验""毕业设计"9门本专业导航类课程内容，降低课程间的重复性,突出各课程特色与互补性。

另外,将新型传感器技术、人工智能技术、深度学习等新技术及时引入课程教学中,使得课堂内容与专业发展相适应,更好地激发学生的学习兴趣和创新意识。

(2) 综合运用多种现代化教学手段,开展线上线下混合式教学

通过制作生动的多媒体课件、Flash 动画、科普视频等形式,使抽象概念和复杂原理过程形象化,以提高学生的学习兴趣和积极性。此外,借助先进的互联网教学手段,搭建了导航类课程网站,以提高课堂教学效果。课程线上线下混合式教学方案如图 1 所示。

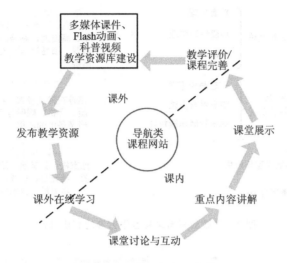

图 1　线上线下混合式教学方案

(3) 结合课程教学内容将思政教育有机融合于教学实践中

结合北航的空天报国红色基因和航空航天学科特色,将理想信念教育理念融于教学实践中,以引导学生树立正确的世界观、人生观、价值观,并可激发学生的爱国情怀。思政教育与课程教学内容的融合方法如图 2 所示。

1.2　强化实验实践环节

(1) 设计具有航空、航天特色的基础类、综合类和创新类不同层次的实验内容

针对传统的导航类课程配套实验内容单一、陈旧等问题,课程团队通过完善现有实验设备、设计并开发了基础类、综合类和创新类不同层次的实验环节,以培养学生运用专业知识和技能解决复杂问题的能力,更好地激发学生的创新意识和个性特长。已开发的部分基础类、综合类和创新类实验场景如图 3 所示。

(2) 建成了一批创新性的导航技术实验验证平台

将科研最新成果及时转化为教学资源,建成了全源智能组合导航系统、北斗/GPS/GLO-NASS/Galileo 全频全系统卫星导航实验验证平台、天文定姿定位新技术实验验证平台等多种类型的导航新技术实验验证平台,实现了导航实验的可视化和智能化,使最新科研成果与专业课程实验的有机衔接。

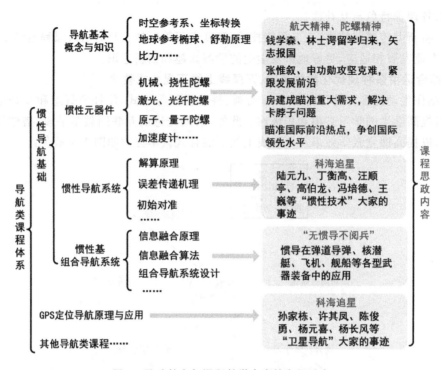

图 2　思政教育与课程教学内容的有机融合

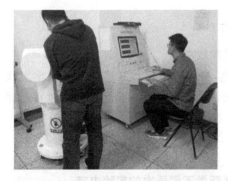

图 3　陀螺仪、加速度计转台标定实验

图 4　卫星导航定位、测速、定姿实验

图 5　惯性/卫星组合导航实验

图 6　惯性/卫星/数据链集群协同相对导航实验

图 7　全源智能组合导航实验

2　建设成果

（1）形成一套完整的自编教材、实验教程和专著，且不断更新和完善

在十多年的教学实践过程中，导航课程教学团队对导航类课程理论和实验教学进行了系统深入的探索与实践，形成了一套完整的自编教材、实验教程和专业参考著作[2-9]。

受"十一五"工信部国防特色教材出版基金资助，课程团队 2013 年出版了《惯性导航基础》（第 1 版），在此基础上于 2019 年出版了《惯性导航基础》（第 2 版），使教材内容更加完善和新颖。这两本课程配套教材全面系统讲述了有关惯性导航的基本理论和知识，重点对新型惯性元器件、平台式惯导系统原理、捷联式惯导系统原理、惯导系统误差建模方法、快速精确初始对准方法、惯导系统数字仿真方法以及惯性基组合导航与信息融合理论和方法进行了深入论述[2-3]。

受普通高校"十三五"规划教材项目资助，课程团队 2019 年出版了《Kalman 滤波基础及 MATLAB 仿真》[4]。这本课程配套教材系统讲解了 Kalman 滤波理论、应用方法和性能分析等，并通过 MATLAB 仿真编程示范，促进了学生对滤波算法的掌握和应用。

课程团队根据长期的实验教学实践经验，编写了《捷联惯性/卫星组合导航系统实验讲义》，供学生们进行课程配套实验时使用。

（2）形成一批内涵丰富、层次鲜明的课程配套实验体系

在十多年的专业课程教学实践过程中，课程团队对导航类课程的相关实验内容进行了系统深入的探索与实践，形成了一批具有航空、航天特色的基础类、综合类和创新类不同层次的实验内容，分别如图 8～图 10 所示[7,9]。

基础类实验
① 陀螺仪、加速度计转台标定实验
② 惯导系统初始对准实验
③ 卫星导航定位、测速、定姿实验
④ 天文导航定姿、定位实验

综合类实验
① 惯性导航解算实验
② 惯性/卫星组合导航实验
③ 惯性/天文组合导航实验
④ 惯性/卫星/数据链集群协同相对导航实验
⑤ UWB/激光雷达/视觉室内导航实验

图 8　基础类实验　　　　　　　　　　　图 9　综合类实验

创新类实验 {
① 全源智能组合导航实验
② 全频全系统高精度卫星导航实验
③ 天文定姿定位新技术实验
}

图 10　创新类实验

3　结　论

　　针对当前航空航天导航类专业课程教学过程中存在的理论知识体系陈旧、实验实践教学环节单一、教学手段传统单调等问题,以"提升导航类专业人才培养质量"为目标,通过完善课程教学体系、综合运用多种现代化教学手段、结合课程教学内容将理想信念教育有机融合于教学实践中、设计了一系列具有航空、航天特色的基础类、综合类和创新类不同层次的实验内容、建成了一批创新性的高精度导航技术实验验证平台等五方面举措,对导航类专业课程进行了改革与实践。

　　该改革项目自实施以来,在本科专业人才培养上已取得了明显成效,受到学生的广泛好评,彰显了示范引领作用。

参 考 文 献

[1] 李伟,张科,鲁宁.航天专业团队毕业设计模式改革与实践[J].实验室研究与探索,2019,38(6):168-170,205.

[2] 王新龙.惯性导航基础(第 2 版)[M].西安:西北工业大学出版社,2019.

[3] 王新龙.惯性导航基础(第 1 版)[M].西安:西北工业大学出版社,2013.

[4] 王可东.Kalman 滤波基础及 MATLAB 仿真[M].北京:北京航空航天大学出版社,2019.

[5] 宋佳.高超音速飞行器反作用控制系统技术[M].北京:北京航空航天大学出版社,2022.

[6] 王新龙,杨洁,赵雨楠.捷联惯性/天文组合导航技术[M].北京:北京航空航天大学出版社,2020.

[7] 王新龙,李亚峰,纪新春.SINS/GPS组合导航技术[M].北京:北京航空航天大学出版社,2015.

[8] 王新龙.捷联式惯导系统的动、静基座初始对准[M].西安:西北工业大学出版社,2013.

[9] 王新龙.GPS 接收机硬件实现方法[M].译著,北京:国防工业出版社,2013.

"传感器与测试技术"课程教学改革方法探索

刘红梅　马剑　吕琛　陶来发　程玉杰

（北京航空航天大学 可靠性与系统工程学院，北京　100083）

摘　要：北京航空航天大学可靠性与系统工程学院在本科生新培养方案中新增了"传感器与测试技术"课程，考虑到检测控制专业开设的相关课程的教学内容在深度和广度上不能满足本学院对该课程的需求定位，以及本学院对"传感器与测试技术"课程的需求定位，从教学内容、教学方法等方面对该课程进行改革，设计了一套适用于本学院本科生专业基础和符合本学院专业定位的实用性强的教学内容，探索了一套可激发学生主动思考的教学方法，设计了一套可引导学生主动创新的考核标准。研究成果对相关本科生专业课的教学内容设计与教学方法探索具有借鉴意义。

关键词：教学模式；教学内容；教学方法；评价体系；课程体系

安全性、可靠性、维修性和可用性对现代航空器来说至关重要，而故障诊断、预测与健康管理（PHM）技术已成为提高飞机的安全性、可靠性、维修性和可用性所必须具备的能力[1]。目前，PHM 技术已独立出来成为一门学科，而传感器与测试技术是故障预测与健康管理的基础，是一门涉及机械、电子、材料、控制、通信、计算机技术和人工智能等多学科的综合技术。

北京航空航天大学可靠性与系统工程学院为满足学院故障预测与健康管理专业方向的建设需求，于 2019 年在新的本科生培养方案中增设了"传感器与测试技术"课程。

由于本学院相关专业对该课程的需求定位与检测控制专业也有所不同，检测控制专业对于该课程的要求更侧重于传感器与测试系统的电路硬件设计技能的培养，但本学院专业方向对该课程的定位并不是培养学生的传感器硬件设计技能，而是更侧重于传感器和测试系统应用以及数据处理等应用技能。此外，目前国内各大高校所开设的"传感器与测试技术"课程都是面向电类专业基础较好的检测与控制相关专业本科生的[2-5]，而可靠性与系统学院的本科生电类基础较为薄弱，如果直接按照检测专业的课程体系和课程内容给本院学生授课，学生接受起来有一定难度，因此，如何根据本学院本科生的专业基础对课程体系和课程内容进行设计，才能既满足专业要求，又不超出学生接受能力？此外，应用什么样的教学模式与教学方法，才能让电类基础薄弱的学生更容易掌握课程内容？课程评价体系要如何设计才能更好的激发学生的主动思考的能力？这些都是亟待解决的问题。

因此，本文针对"传感器与测试技术"课程的实际教学需求，从教学内容、教学方法、评价体系等方面开展研究，设计一套适用于本学院本科生专业基础的实用性强的教学内容，探索一套可激发学生主动思考的教学方法，设计一套可引导学生主动创新的考核标准。

1　"传感器与测试技术"课程教学中存在的问题

按照新培养方案，"传感器与测试技术"课程于 2020 年春季学期开始第一轮授课，课程负责人借鉴了测控专业"传感器与测试技术"课程的课程内容体系和课程深度,发现测控专业的"传感器与测试技术"在课程内容体系和讲授深度方面并不合适本学院学生。目前,主要存在以下几个问题。

1.1 课程内容体系与内容深度与我院本科生专业课程需求有偏差,内容广度不够,难度却过大

可靠性学院对"传感器与测试技术"课程的定位是系统培养学生测试技术应用技能,数字信号处理、智能学习等相关内容都要求在课程中讲授,课程涉及的内容更广。而测控专业"传感器与测试技术"课程仅讲授传感器与测试技术硬件的相关基础知识,未涉及数字信号处理,智能学习等扩展内容[6-8],课程内容的覆盖面和广度显然不满足本学院对课程的定位要求。

此外,检测专业的"传感器与测试技术"教学内容较深[9-11],按照本学院专业需求,本院学生所学的电路/电子技术等预备课程都是降低难度后的低配版课程,直接采用检测专业"传感器与测试技术"课程体系和内容深度进行讲授,本院学生会因为电类基础薄弱,感觉学习难度太大。

因此,在设计课程内容时,如何协调内容的深度与广度,使其在有一定的理论深度的基础上,达到开阔学生的视野的目标?如何将基础理论与应用实践有机融合,形成一套实用性强的、理论知识有机关联的教学内容,有待进一步研究。

1.2 教学方式方面,授课方式被动、单一,与激发学生思考与创新能力的目标不匹配

作为PHM课程体系中的基础入门课程,"传感器与测试技术"定位于从物理量的测量原理出发,通过讲授传感器的检测原理,引导学生根据传感器的测量原理去理解这类传感器对于不同材料的适用范围、对于使用场合的要求与限制条件、以及安装要求等选用原则与使用方法,在此基础上,进一步讲解传感器输出信号的预处理方法,以及高级信号处理方法。

目前课上授课方式仍比较被动,虽然会加入案例分析、开放式讨论等启发式教学环节,但学生的主动参与度仍不高,此外,由于课时所限,实践教学环节较少,探索如何让学生尽可能的发挥主体作用、提高学生的参与度与积极性,激发学生主动思考与创新?如何在课外提高学生的实践创新能力,仍有待进一步探索研究。

1.3 教学评价重知识类考查、轻研究思考型课程参与

合理的考核标准,对于营造良好的教学氛围,体现教学公平,以及激发学生的主动性具有积极意义。由于目前专业课教学考核与评价方式单一,考查课一般以课程论文为最终评价依据,考试课以期末考试成绩为最终评价依据,缺乏过程性、研究性,课程互动与学生认知思考的内容展示环节较少,导致本科生对课程知识的认知流于表面,认知深度不足与思考不足,不能激发学生思考与创新能力。

2 "传感器与测试技术"课程体系优化与教学模式改革措施

本文以"传感器与测试技术"课程为例,分别在教学内容、教学方法和考核标准等方面开展探索性研究。

2.1 设计一套适用于本学院学生的实用性强、内容覆盖面广的有机关联的系统化教学内容

针对我院本科生特点以及专业定位需求,按照信号的获取与处理流程,设计了一套涵盖传感器原理、数据预处理、数据采集、数据分析、高级信号处理、机器学习在内的可深入可浅出的系统化教学内容。并着重从应用角度对课程内容进行优化设计,比如在传感器部分着重讲授传感器的选型与应用技术,在数据采集部分着重讲授数据采集中采样频率、采样时间的确定等应用技术,在数据处理部分结合实际信号讲授信号处理过程等,以使本学院学生更容易理解和掌握传感器与测试技术这一领域基础知识。此外,将知识内容与工程实践紧密结合,使课程内容更具实用性和实践性。并围绕当今的测试技术热点,使教学内容对传感器与测试技术在多个领域中的相关知识做到全方位覆盖,并做到容易理解和接受。

2021 年春季学期,任课教师依据改革后的这套系统化的教学内容,为可靠性学院三年级本科学生进行了讲授,学生对教学内容反响良好。

2.2 研究一套可激发学生主动思考与实践创新能力的教学方法

在教学方法方面,针对当前授课中存在的授课方式被动、单一,不能及激发学生多学科视野拓展和创新思考能力的问题,开启学思结合的教学模式,充分运用启发式理论教学、多学科案例教学、学生参与探讨式教学等方式,建立多元化课堂教学方法。采用现代与传统多种教学手段,对重点和难点内容进行深入浅出的讲解;而对于理论学习与实践结合较为紧密的章节,授课教师对其中的主要知识点加以引导和提点,结合研讨式教学和案例教学法,发挥学生的自主学习、多领域交叉思考能力。注重启发式教学,避免注入式(填鸭式)教学方法。

同时还要结合开展案例教学,通过鼓励学生了解多内外重大科研成果,加强教学与本科生初步科研的紧密结合,使教学科研融合,提高学生面向未来科研工作的多领域交叉思考与创新能力。

将工程案例与科研成果融合进教学中后,同学们普遍反映对讲授内容的理解更加深刻,并且能够将理论融会贯通应用到工程中。

2.3 编写了实践性强的实用化的教材

在配套教材方面,秉承"覆盖面广、应用性强"的理念,融合重大科研项目与工程实践成果,以信号获取与处理的信息流为主线,将传感器原理、数据预处理、数据采集、数据分析、高级信号处理、机器学习等技术有机结合,编写了实用化的新课程配套的本科生教材,使学生在有限的学时中对传感器与测试技术有更深刻的认识,注重测试技术的实际应用,以适应培养应用型本科生以及工程技术人才的需要。

2.4 构建了开放式的实验教学平台

依托国家重点实验室,结合工程实践开展案例教学,落实科研反哺教学。以"QP-II 旋转机械故障诊断实验台""DPS 动力传动系统故障诊断与预测实验台""液压能源系统故障诊断实验台""BPS 滚动轴承故障预测实验台"等科研实验设备为支撑,对现有科研实验平台进行了有效整合,采用实验室共建共享的原则,实行全开放式创新教学机制,科研设备与教学共享用于教学实验,构建了科研与教学共享的开放式实验教学体系,让更多师生有机会利用实验室

设备开展科技创新活动。

通过提前预约的形式,学生可以不限次数的参与到不同的故障诊断实验中,对此,学生反映良好,认为这种方式可以大大提高的实验动手能力。

2.5　设计了一套可激发和引导学生主动创新实践的考核标准

结合"传感器与测试技术"课程的特点和教学目标,针对目前专业课程教学评价方面存在的重知识类考察,轻研究思考型课程参与的问题,从课堂答题、课堂演讲、专题报告、出勤率、多学科探索等方面进行综合考量,根据基础理论学科与教学模式的具体情况合理划分考核标准的比重,研究了一套可激发学生创新思考与动手能力的课程评价考核标准,以目标驱动学生学习和思考的主动性。

采用这种考核方式后,同学们上课的积极性明显增强,能够对所学内容主动的进行思考和探索。

3　结　语

"传感器与测试技术"课程教学改革是面向应用型本科生的一个系统的、全方位的教育教学能力培养与实践的过程。通过对课程内容体系的改革,使课程的教学内容更符合当前社会对故障预测与健康管理应用型人才的需求;通过改进教学方式,使本科生在课程学习方面能更加提高主观能动性和积极性;通过增强实践性,使学生的实践动手能力能够大幅度提高。通过整合和提炼授课内容,能够更好地进行应用型人才培养。

致　谢

感谢北京航空航天大学本科生教改项目的支持。

参 考 文 献

[1] 上海航空测控技术研究所.航空故障诊断与健康管理技术[M].北京:航空工业出版社,2013,12.

[2] 冯辉,陈磊,邓明.基于混合式教学的"传感器原理及应用"课程教学改革探索[J].无线互联科技,2021(07).

[3] 传张琼,郭红英.感器与检测技术课程的教学改革探索与实践[J].电脑知识与技术,2021(09).

[4] 隋美娥,杨俊卿.基于课程融合视角下传感器课程改革探索与实践[J].电子制作,2021(01).

[5] 陆凯韬.传感器与检测技术课程理实一体化教学改革研究[J].南方农机,2020(11).

[6] 丁超,李刚俊,苏睿.新工科背景下"传感器原理与应用"课程教学改革初探[J].成都工业学院学报,2020(06).

[7] 陈阳,杨敏,李澄非.新工科背景下传感器与检测技术课程改革与实践[J].教育现代化,2020(05).

[8] 韩贝,王建强.面向工程教育专业认证的教学改革探索与实践——以"现代传感器技术"课程为例[J].工业和信息化教育,2021(05).

[9] 沈敏,余联庆.基于多学科融合的传感器与检测技术课程教学改革与实践[J].中国现代教育装备,2021(04).

[10] 曲春英.基于应用型人才培养模式的"传感器与检测技术"课程教学改革研究[J].创新创业理论研究与实践,2021(04).

[11] 石义芳,郭云飞,薛梦凡,等.新工科理念下测试技术与传感器课程教学改革探索[J].产业与科技论坛,2020(05).

本科专业课程设计和综合实验一体化设计探索

王可东

（北京航空航天大学 宇航学院，北京　100191）

摘　要：课程设计和专业综合实验作为本科毕业设计前的最后两门必修实践课程，是对前修专业课程理论和方法的综合理解、运用和实践验证，是不可替代的实践教学环节。本文以北京航空航天大学宇航学院探测制导与控制技术专业为例，结合德智体美劳"五育"并举的均衡培养理念，在分析现有本科专业课程设计和综合实验课程教学实践的基础上，探讨专业课程设计与专业综合实验的教学一体化设计，其中包括教学内容、教学方法和考核评价等环节，并与后续的毕业设计相对接，为新工科背景下的人才培养创造条件。

关键词：课程设计；综合实验；教学改革；高等教育

2018 年 9 月 10 日，习近平总书记在全国教育大会上明确指出"把劳动教育纳入社会主义建设者和接班人的总体要求，构建德智体美劳全面培养的教育体系。"* 实际上，"五育并举"的教育思想在我国有深厚的历史渊源，不仅有西周就建立的六艺教育体系，还有孔子提倡的"仕而优则学，学而优则仕"，以及司马光提出的"才者，德之资也；德者，才之帅也"。一直到近代，梁启超、王国维和蔡元培等均从不同的侧面提出和践行"五育并举"的教育思想[1]。因此，作为劳育的一部分，加强专业实践教育不仅是专业培养体系的需求，也是落实新时代"五育并举"教育思想的要求。

专业课程设计和专业综合实验作为毕业设计之前的综合性实践教学环节，一直是专业实践教育的重点，也是教学改革和实践的热点方向。在课程设计方面，白叶飞等[2]以建筑环境与能源应用工程专业为例，探索实践了基于 OBE 理念的综合课程设计教学方法；李轩[3]以机械专业中的机械设计课程设计为对象，就课程内容和计算机设计技术的普及所带来的冲击，进行了深入分析，并提出了相应的改进措施；刘静等[4]针对应用型专业，提出了"大工程观"的课程设计方法，比如"双师型"教师的培养和开放型题目的设计等；潘双利等[5]针对专业课程设计教学，提出了赛教融合理念，主动将课程设计教学与课外科技竞赛相结合，提高实践教学效果。在专业综合实验方面，金元宝等[6]针对药学专业综合实验课程存在的突出问题，探索了与生产实践、校内实训和创新创业相融合的专业实验教学内容；曹刚[7]针对经管类专业综合实验的教学特点，设计了系列模拟和交互实验内容，并通过问卷调查、随机访谈和实验报告对教学效果进行了评估；陈杰等[8]以飞行器控制与信息工程专业的专业综合仿真实验教学为对象，进行了教学内容、教学手段和评估考核等教学改革探索。但是，这些教学改革和实践探索中，都是分别针对专业课程设计和专业综合实验进行的，但实际上这两门专业实践课程通常是先后开课

＊ 习近平出席全国教育大会并发表重要讲话，2018 年 9 月 10 日。http://www.gov.cn/xinwen/2018-09/10/content_5681848.htm

的，二者之间应该有所联系，正常的逻辑是先设计后实验。另外，虽然有些教学实践中提到了与课外科技竞赛对接，但均未提到与毕业设计相关联的情况。

本文以北京航空航天大学宇航学院探测制导与控制技术专业（航天）为对象，在对专业课程设计和专业综合实验这两门课程教学现状进行梳理和分析的基础上，对这两门课程教学内容进行统一设计，并考虑与后续的毕业设计内容进行统筹设计，同时为校内的"冯如杯"课外科技竞赛、大学生"挑战杯"科技竞赛和大学生创新创业大赛等提供平台，践行"五育并举"的高校人才培养思想，培养新工科背景下的复合型人才，以适应用人单位对理论与实践兼备的创新型人才的需求。

1　现有教学内容

探测制导与控制技术专业在北京航空航天大学由仪器科学与光电工程学院和宇航学院共同承办，其中宇航学院是以航天应用为对象，承办航天方向的探测制导与控制技术本科专业，2020 年入选国家级一流专业。

在宇航学院承办的探测制导与控制技术（航天）专业培养方案中，专业课程设计和专业综合实验是专业课中最后两门课程，完成这两门课程之后，就进入毕业设计环节。

目前的教学计划中，先进行专业综合实验，后进行专业课程设计。

考虑到本单位研究生所对应的二级专业为导航、制导与控制，本单位教师的研究方向也是这三个方面，因此，在这两门课程的选题方面，也是从这三个方向出发的，每门课程由 4～5 位教师承担，其中课程负责人作为牵头人，组织和协调整个课程团队进行课程内容设计、课程教学和考核评价等，每个课程团队的教师分别负责导航、制导和控制三个方向的相关实验和设计题目，具体课程安排包括以下 5 个方面：

（1）学时和学分

每门课的授课时间均为连续的 3 周，每天按 8 学时计，共 120 学时，3 学分。

（2）专业综合实验的题目方向

① 导航类：捷联惯性导航、基于恒星敏感的天文导航和卫星/惯性组合导航。

② 制导类：火箭上升段制导。

③ 控制类：卫星轨道控制和卫星姿态控制。

（3）专业课程设计的题目方向

① 导航类：基于恒星敏感的天文导航、卫星导航、卫星/惯性组合导航和星敏感器/惯性组合导航。

② 制导类：导弹全程制导/末制导。

③ 控制类：无人机控制、无人机编队控制和 ROS 小车控制。

（4）授课方式

① 分组：按照自愿和指定相结合的方式，每组 4～5 人，并确定一名组长。

② 集中授课：每门课均安排 8～10 学时的集中授课，讲解有关实验和设计的理论、要求、难点和可能遇到的问题。

③ 集中答疑：每周都安排集体答疑，针对实验和设计过程中遇到的问题，进行交流和指导。

（5）考核评价

提交实验报告和设计报告，并进行集中分组答辩，按优、良、中、及格、不及格五个等级进行评价。

2　现有课程教学存在的主要问题

通过前面的梳理，可以发现目前这两门课程存在如下突出问题：

2.1　授课次序

按照正常的逻辑，应该是先进行设计，再进行实验，即比较合理的授课次序是先进行专业课程设计教学，再进行专业综合实验教学。但是，目前我们的课程安排是相反的，这也是缺乏一体化设计的体现之一。

2.2　课程内容

虽然两门课都是按照导航、制导和控制三个方向设定题目，组织教学的，但每个方向的题目是相对独立的，即没有进行统一设计。

一方面，在每一类题目中，没有统一设计。在导航类中，在专业综合实验课程中，设置了捷联惯性导航、基于恒星敏感的天文导航和卫星/惯性组合导航三个题目，而在专业课程设计课程中，基于恒星敏感的天文导航、卫星导航、卫星/惯性组合导航和星敏感器/惯性组合导航四个题目，虽然其中有部分题目是一致的，但前者是以捷联惯性导航为主的，而后者则以组合导航为主。在制导类中，也存在的这样的问题，在专业综合实验课程中设置了火箭上升段制导题目，而在专业课程设计课程中则设置了导弹全程制导/末制导题目，二者存在明显的差异。在控制类中，存在同样的问题，在专业综合实验课程中，设置了卫星的轨道和姿态控制题目，而在专业课程设计课程中，设置的是无人机和 ROS 小车控制题目，控制对象截然不同。

另一方面，三类题目之间也没有统一设计。从题目数量上看，制导类偏少。同时，三类题目之间缺乏融合，实际上目前导航、制导与控制一体化是相关领域的热点问题，但是目前这三类方向的题目是相对独立的，并没有一体化方面的设计。

另外，这两门课程作为毕业设计的前导课程，理应为即将开始的毕业设计做好铺垫，在理论、仿真和实验等层面打好基础，但是，目前的题目设计与毕业设计关联性一般，对毕业设计的支持效果一般。

2.3　授课方式

目前主要是通过集中授课和答疑的方式进行授课的，缺乏现场实验指导。另外，目前的教学都是校内完成的，缺乏与院所交流，而院所专家在实践环节话语权往往更大。

2.4　考核评价

目前的考核只是通过提交的报告和集体答辩完成打分的，缺乏过程考核和对创新性的要求。需要注意的是，目前的课程安排在 11 月下旬至 12 月底之间，刚好与硕士研究生统一考试时间重合，考虑到绝大部分同学都会准备考研，实际上每组只有一两个保研成功的同学在认真完成有关课程任务,而小组其他人员的贡献很小。因此,只以小组结果作为组内所有人员的评价,是不客观的;而从"两性一度"角度进行创新性人才培养,加强创新性考核也是必要的。

2.5　其　他

目前的课程师资人员组织较为松散,虽然是以课程团队形式出现,但各自相对独立,这也是导致有关题目相对独立的原因之一;而且所有教师都是单位内人员,缺乏院所人员的有效补充。

本单位之前一直缺乏有效的实验平台:一方面,相关的实验平台所需经费较多,比如转台、高精度惯性导航系统等,都是几十万和几百万级别的,导致建设立项困难;另一方面,相关实验设备所占用的场地面积比较大,比如高精度三轴电动转台需要有抗震地基,导致建设困难。但是,这两门课程都是实践类课程,缺乏实验条件,导致目前只能通过仿真,或通过科研中采集的数据进行事后处理,从某种程度上完成实践验证的目的,不过显然与实际动手实验进行验证,还是相差较远,不利于教学效果的提升。

目前这两门课程都没有教材支持,都是相关教师指导为主,导致课程完成质量不容易控制,随意性较大,而且学生没有参考基准,学生之间的差异也会很大。

3　一体化设计方案

针对本专业目前存在的突出问题,拟通过对两门课程进行一体化设计,主要方案如下。

3.1　调整授课时间

作为大学四年级秋季学期的课程,受考研复习的冲击是不可避免的,因此,可以考虑如何减小这种冲击的影响。在新的培养方案中,可以将这个学期的必修课程减少,比如只保留专业课程设计和专业综合实验这两门必修课,这样就可以将这两门课安排在学期开始的1～6周进行,而此时距12月底的研究生考试较远,对学生的复习影响较小。

在这两门课程的安排上,拟先讲授专业课程设计,再进行专业综合实验,即先设计后实验,优化开课次序。

3.2　优化授课队伍

为了减小因人设课程内容的因素,拟基于自愿的原则,发动全单位教师参与两门课程教学题目的设计,然后再通过交流和综合,遴选题目的同时,也确定教学队伍,并指定教学团队负责人,由负责人统筹课程内容的进一步优化和统一设计,既利于课程的一体化设计,又利于调动参与教师的积极性和主动性。

同时,适当引入有丰富实践工程经验的院所专家加入授课队伍,既可以补充新鲜力量又可以作为桥梁,探讨利于院所相关实践资源的可能性,丰富教学内容,密切结合工程实践。

3.3　一体化设计课程内容

在两门课程内容的设计方面,仍然按照导航、制导和控制三个方向拟定题目,但要加强统筹一体化考虑。

① 三个方向的题目要均衡，特别是要避免某个方向的题目过少。

② 两门课程的题目要协调一致，避免两门课程题目相互独立，否则就很难实现先设计后实验的教学目的。

③ 加强三个方向的一体化技术集成，比如以 ROS 小车平台为基础，既可以进行导航题目，也可以进行控制题目，还可以进行制导类题目（即路径规划），通过不同组之间的合作，完成导航、制导和控制的一体化技术实践。

④ 与后续的毕业设计统筹考虑，可以结合近几年的毕业设计题目，从中提取适合扩充到这两门课程中的教学内容，既可丰富教学题目，也可为毕业设计打好基础。

⑤ 加强创新性引导，探索吸纳低年级本科生参与的可行性，为低年级本科生进行课外科技竞赛创造条件，既可以实践"两性一度"教学思路，又可以与学生科技竞赛相结合。

3.4　加强实验平台的建设和利用

近几年在有关实验建设经费的支持下，本单位已经建设了一台三轴电动转台、三套 ROS 小车、一套高精度光纤惯性导航系统、五套卫星/惯性组合导航系统和两辆六速小车平台，相关实验平台如图 1～图 5 所示。

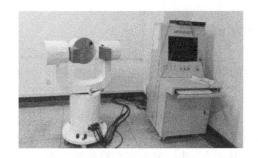

图 1　三轴电动转台

图 2　ROS 小车平台

图 3　光纤惯性导航系统

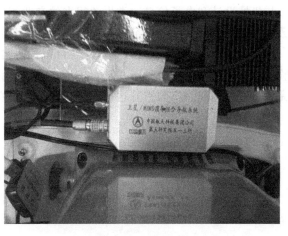

图 4　卫星/惯性组合导航系统

图 5　六速小车平台

但是,目前基于相关实验平台开展专业课程设计和专业综合实验教学的还很少,一方面是因为部分实验平台还在调试过程中,另一方面也是相关实验内容还有待开发,需要投入一定的时间和精力。

基于这些实验平台,至少可以开展如下系列实验教学:

① 制导类:基于 ROS 小车的路径规划实验。

② 导航类:捷联惯性导航系列实验(包括基于转台的标定实验、静基座初始对准实验和动基座组合对准实验)和卫星/惯性组合导航实验等。

③ 控制类:基于 ROS 小车的控制实验。

本单位还有基于自研的电子星图模拟器和星敏感器,可以开展基于恒星敏感的部分实验。

再通过与相关院所合作,可以保证基本实验条件的基础上,进一步丰富实验教学内容。

3.5　组织编写讲义和教材

与机械设计和电子信息这类生源很多的专业相比,本专业在全国范围内的生源相对较少,导致在实践类教学方面缺乏足够多的教学资源,例如专业课程设计就没有教材。

因此,本单位拟组织相关教师设计各自擅长的实验教学内容,完成从理论介绍、仿真验证、实验设计、实验实现和验证等,并从总体上进行统一设计,通过遴选,形成讲义,再通过教学实践完善,最终出版教材,为提升这两门课的教学质量奠定基础。

3.6　完善考核评价体系

针对目前考核方法单一的问题,拟从如下几个方面进行综合考核:

① 出勤:每天的出勤率占一定的比例,以鼓励积极投入的同学。

② 总结报告:从内容完整性、格式规范性、结果分析系统性和算法创新性等几个维度进行评价。

③ 集体答辩:可以由一个代表介绍,也可以大家分工介绍,教师和同学提问题,并均可打分,可以考虑进行一定的加权。

④ 组内打分:每个组内成员互相打分,根据实际贡献量,给出评价。

最后,根据上述分项,按照确定好的权重,给出每个人的最终评价。

4 总 结

实践教育作为劳育的一部分,不仅是验证理论的关键,也是落实"五育并举"教育思想的举措。本文以北京航空航天大学宇航学院探测制导与控制技术(航天)专业的专业课程设计和专业综合实验这两门课程为例,在梳理现有课程现状和分析存在的主要问题的基础上,提出了两门课程一体化设计方案,其中包括课程内容、实验平台、考核方法和讲义教材等,为后续的课程教学改革和实践指明了方向。本文提出的一体化设计方案对其他专业也具有借鉴参考价值。

参 考 文 献

[1] 朱丽桢,段兆兵.从并举到融合:"五育"融合之源、之难与之序[J].教育理论与实践,2022,42(22):3-8.

[2] 白叶飞,康晓龙,贺玲丽.基于OBE理念的综合课程设计教学改革与实践[J].教育教学论坛,2022(29):105-108.

[3] 李轩."机械设计"课程设计教学改革研究与实践[J].教育教学论坛,2022(10):63-66.

[4] 刘静,马强,马超.基于"大工程观"的应用型本科专业课程设计教学改革探讨[J].科技视界,2020(32):7-8.

[5] 潘双利,郑贵军.赛教融合视阈下本科专业课程设计教学改革[J].创新创业理论研究与实践,2022,5(6):56-58.

[6] 金元宝,吴丽艳,秦书芝,等.应用型高校药学专业综合实验教学改革与探索[J].教育教学论坛,2021(35):104-107.

[7] 曹刚.经管类跨专业综合实验课程的设计与实施[J].实验技术与管理,2016,33(1):218-221.

[8] 陈杰,马存宝,张晓化,等.航空信息类专业综合仿真实验课程教学设计与探索[J].高教学刊,2021(7):82-85,90.

《航天测控通信原理及应用》教材的建设与思考

贺涛　陈华伟　李滚

（电子科技大学 航空航天学院，成都　610041）

摘　要：根据新时代的教材建设要求和航空航天学院学科建设实际需要，教学团队结合往年的教学经验，编写出版了《航天测控通信原理及应用》课程教材。本文分析了教材的科学性、思政性、知识系统性、先进性及实用性。

关键词：教材建设；思政教学；测控通信；航空航天；高等教育

1　教材需求分析

大学教材是育人育才的重要依托，在大学课程教学过程中发挥核心作用。教材建设是提高人才培养质量的关键环节。不断加强教材建设，是深化高等教育教学改革的有效途径。为提高教材建设工作的科学化和规范化，国家教材委员会和教育部分别印发了《全国大中小学教材建设规划（2019—2022年）》和《普通高等学校教材管理办法》，目标是到2022年全面加强教材建设，实现教材管理体制基本健全、体系基本完备、质量显著提升，开创教材建设新局面。新时代教材建设的方向目标和时代要求，为推进新时代高校教材建设工作提供了重要依据[1]。

测控通信类课程是航空航天相关专业的基础课程，在本科生培养体系中具有重要地位。该类课程具有多学科交叉、理论性强、紧密联系实践、知识更新快等特点。在航天测控通信方面，目前国际国内教学所用的参考书籍或偏重于轨道力学、卫星通信、自动控制、航天工程系统等某一学科，或针对某一具体测控对象如导弹、载人飞船，以介绍测控系统的实际建设为主要目标，缺乏明确针对航天测控通信，介绍其基本原理及应用的实用教材。

基于以上教材建设的指导思想和建设方向，结合航空航天学院的实际需求，本文作者所在教学团队积极参与学院的专业课程建设工程，编写出版了《航天测控通信原理及应用》一书供教学使用[2]。

2　教材建设思路和主要内容编排

高校教材建设要明确人才培养需求，加大专业建设、课程建设的融合，反映相关领域的最新发展状况，确保教材建设的系统性，推动教材建设的良性发展。工科类教材建设要体现辩证唯物主义和历史唯物主义的观点和方法，使学生在掌握科技知识的同时，掌握科学的方法论和辩证的思维方法。为此，必须保证教材中的概念、原理、定理、公式、数据和图表都是科学的、正确的，并且观点正确，论述严谨，叙述要符合认识规律，内容安排要符合逻辑。

同时，新时代开创高校建设的新局面，要加强党的全面领导，充分体现党和国家对教育的基本要求。以培养人才为基点提升教材质量,突出教材建设的育人特征。教材内容要充分体现思政因素,确保我国高校的人才培养始终以党和国家发展需要、社会需求为导向,坚持把立德树人作为中心环节,牢牢抓住全面提高人才培养能力这个核心点。

航天测控通信技术以空间科学为基础,涵盖雷达、电子、光学、通信、自动控制、计算机网络等多个领域。从内容上,航天测控通信教材应包括测控的基础知识和信息传输的基本原理,以及测控系统的构成和应用等。

本教材分为三大部分共 9 章,章节安排及主要内容如表 1 所列。该表突出了教材的思政性。

表 1　《测控通信原理及应用》教材的内容编排

总体结构	章　节	主要内容	思政性体现
第一部分 航天测控通信 基础知识	第 1 章　绪论	概述航天活动发展历史、航天系统组成以及航天测控通信系统的功能、组成和发展趋势	单列小节介绍中国航天测控通信系统发展
	第 2 章　航天测控空间科学基础	介绍航天测控通信的空间科学基础知识,主要包括时空坐标系统、航天器轨道等	以我国"天问一号"为例说明了轨道修正
	第 3 章　航天测控通信技术基础	介绍航天测控通信的通信技术基础知识,主要包括信息传输体制、调制与编码、空间通信协议等	以我国"天宫一号"为例说明遥测数据传输
第二部分 航天测控通信 基本原理	第 4 章　航天器轨道测量与跟踪	介绍航天测速、测距、测角的基本原理和主要设备	介绍了我国的分包遥控遥测国家标准
	第 5 章　航天遥测遥控信息传输	介绍遥测遥控信息传输技术和空间数据传输协议	
第三部分 航天测控通信 应用	第 6 章　统一载波测控系统	介绍频分、时分统一测控系统	以"阿波罗"为例,激发学生奋起直追的精神
	第 7 章　天基测控通信系统	介绍跟踪与数据中继卫星系统	以"北斗"系统为例
	第 8 章　深空测控通信系统	介绍深空无线电测量技术及测控通信信息传输	以我国深空网的建设和发展为例
	第 9 章　航天测控通信应用系统	以载人航天、导弹、临近空间飞行器、低轨卫星互联网为例,介绍测控通信技术的具体应用	以我国"天宫一号"与"神舟"飞船交会对接为例

3　教材特点与创新

高校教材建设应在广泛调查研究的基础上,深入开展教材重大理论和实际问题研究,加强教材建设体制机制研究,加强教材建设基本规律的研究,加强学科体系和教材体系建设研究,加强对教材内容、呈现方式、学生认知特征、中外教材比较研究等,只有充分进行科学研究,才能为高校教材建设提供科学支持和实践依据[3]。根据以上基本原则,本教材在编写过程中突出了以下主要特点。

3.1　思想性和启发性

2020 年发布的《高等学校课程思政建设指导纲要》[4]指出,要将课程思政融入课堂教学建设全过程。在教材编写过程中,教材编写团队紧扣学科发展和人才培养目标,充分探讨、深入挖掘本课程中所蕴含的思政元素。在兼顾教材内容的理论性、学术性、实践性及前沿性的同时,着力强化思想政治教育的内涵和导向,将思想政治内容融入教材知识点中[5]。

伴随着中华民族的伟大复兴,我国航天事业取得了长足的进步,今天已经进入了航天大国的前列。在教材内容中,突出介绍了我国航天测控通信系统的发展历程,并以"神舟"飞船、"嫦娥"工程、"北斗"导航卫星等航天工程为例,讲述载人飞船、深空测控、天基测控等重要测控通信知识。启发学生在思想层面树立国家识、民族精神、时代精神、中华传统文化和社会主义核心价值观,立志为我国科研事业做出贡献。

3.2　知识的系统性和实用性

专业课程教材必须体现科学发展的客观规律,体现知识的系统性。教材编写应遵循认识事物的基本规律,突出理论与实际相结合,理论为实践服务的辩证唯物主义精神。

人类开展航天活动,必须要建立以航天器为核心的庞大航天工程系统,涉及火箭、运控、发射场、航天员等诸多方面。本教材针对航天测控通信,由于篇幅限制,在简略介绍必需的空间科学和信息传输的基础知识的基础上,重点讲述了航天遥测、遥控和数据传输的基本原理,并结合测控通信系统的历史发展过程,以统一载波测控、天基测控、深空测控体制为例探讨航天测控知识的具体应用。即先介绍基本概念和基本定律,再介绍基本计算方法,最后介绍具体应用。充分体现了科学知识的规律性,系统性和完备性,强化理论和实际的相互促进、不可分割性。

3.3　科学性和先进性

随着材料科学、信息技术等学科的不断发展,航天测控通信也处于不断发展之中,新的理论、技术手段层出不穷。教材内容必须体现现代教育思想和观念,符合社会发展对人才素质的要求,要反映当代科技界公认的成果,反映学科发展现状以及发展趋势。本教材按照教材出版规划要求,在参考国内外相关资料基础上,注重结合航天测控领域的最新发展,以实现教材的科学性和先进性的统一。例如,交会对接是实现空间站和空间运输系统的装配补给、维修、航天员交换等空间活动的先决条件。交会对接的测控通信是载人航天测控通信的重要内容之一。教材以我国"天宫一号"和"神舟"飞船的交会对接实例,详细说明了此先进技术的实现流程。再如教材第 8 章深入分析了未来深空测控通信技术发展的几种可能性,并结合我国未来深空网的规划方向,兼顾了教材的科学性和先进性。

3.4　教与学的实用性

作为航空航天专业的核心课程,航天测控通信原理具有很强的专业性和实用性的特点,教材既要反应课程特点，符合教学大纲的要求，又需要简单易懂，便于学生自学。本专业学生的毕业要求之一为"掌握电子信息和控制领域的专业知识，能将其与数理基础和工程基础知识有效结合，综合应用于环境和目标探测、飞行器测控通信、制导与控制等领域复杂工程问题解决方案的比较与综合"。《航天测控通信原理及应用》教材的内容非常契合本条要求。在编写工程中，合理设计数理知识和工程知识，并尽可能简化复杂的数学推导。内容安排从易到难，从简到繁，重点突出，难点分散，使学生更有学习兴趣，为教与学提供了更好的实用性，为学生毕业提供了支撑。

4 教材使用情况

教学团队在使用试用教材（正式出版之前）的过程中，充分利用了教材内容，并结合大量工程实际，讲述航天测控的基本原理和最新应用。同学们普遍反映，教材结构清晰明了，内容翔实，重点突出。

在教学过程中，教学团队特别强调注重"润物细无声"式的思政教育。方法之一就是结合我国航天事业迅猛发展取得的成果展开教学。例如在讲述"天基测控通信系统"章节时，以前都是以美国的 GPS 为例说明跟踪与数据中继、导航定位的基本原理。然而，近年来，我国着眼于国家安全和经济社会发展需要，自主建设了适合国情的"北斗"卫星导航系统，已经向全球提供服务并处于不断发展完备的过程中，因此教师在教学时，从"北斗"系统的"三步走"战略设计出发，介绍了系统建设的发展历程，以及克服的各种困难和取得的辉煌成就，极大地激发了学生的爱国主义热情和投身于科学研究的志向。同时，结合"北斗"系统组成、系统服务、测控信号特性等介绍天基测控的科学知识，介绍了与其他卫星导航系统的区别，既使学生学习掌握了天基测控的基本科学知识，又加强了学生民族情怀，受到了学生和专家的一致肯定。

当然，由于科技和航天技术的快速发展进步以及编者水平限制，教材尚存在一些不足之处，故教师在使用过程中须据实取舍。

5 结 论

为了满足学科建设和人才培养的需要，根据国家教材委员会和教育部的指示精神，结合多年教学经验和体会，教材编写团队编写了《航天测控通信原理及应用》一书作为学院本科生的专业教材。该教材体现了航天测控通信的科学性、实用性和先进性的根本特点，融合了思政元素，符合新时代教材建设的新要求。

参 考 文 献

[1] 张晋.新时代高校教材建设的发展历程与时代要求[J].黑龙江高教研究,2020(8):11-16.

[2] 贺涛,李滚.航天测控通信原理及应用[M].北京:国防工业出版社,2022.

[3] 吴锋.地方高校新形势下加强教材建设的新思路[J].中国大学教学,2017(12):83-90.

[4] 教育部.教育部关于印发《高等学校课程思政建设指导纲要》的通知[EB/OL].(2020-06-01)[2021-12-19].http://www.moe.gov.cn/srcsite/A08/s7056/202006/t20200603_462437.html.

[5] 伍醒,顾建民."课程思政"理念的历史逻辑、制度诉求与行动路向[J].大学教育科学,2019(3):54-60.

基于"舰载航空装备"课程的内容改革研究

蔡娜 李明 于晓琳 李边疆 赵纬

(海军航空大学青岛校区 航空机械工程与指挥系,青岛 266041)

摘 要:全面推进舰载转型,响应海军航空兵由"陆基为主"向"舰载为主"转变,实现育人理念向舰载特色转变、育人目标向舰载标准拓展、育人环境向舰载条件贴近、育人模式向舰载保障对准。对于"舰载航空装备"课程来说,教学内容改革重中之重。本文以"舰载航空装备"课程中的"航空发动机构造与控制"为例,具体介绍了课程改革的背景、思路、目标与内容,而这也为构建适应舰载转型需要的教学体系和装备保障人才的培养需求奠定了坚实基础。

关键词:装备课程;航空发动机;内容改革;舰载转型;人才培养

青岛校区实施舰载转型,其核心是教学内容改革,教学内容要满足人才培养目标需求。生长军官高等教育,贯彻学历与任职、技术与指挥融合思路,强化"前课关照后课,后课介入前端",专业背景课按"系统完备、兼顾岗位"原则,突出舰载航空工程技术,打牢学员专业基础;首任岗位课突出实战化导向,强调工程技术应用和指挥管理,强化舰载航空装备保障与指挥管理岗位任职能力。总体来说,培养目标为指技复合的"初级指挥与技术军官",即实现学历与任职、技术与指挥"两个融合"。

很多人认为陆基航空兵和舰载航空兵没有多大区别,其实不论是在装备建设、作战理论,还是训练体制和人员培训上,舰载航空兵与陆基航空兵还是有区别。首先,舰载机的设计、制造、试验标准要高于陆基飞机;其次舰载机的使用与陆基飞机完全不同;还有就是舰载机部队的各类人员训练要求更高。而我们在对学员进行培训的时候,课程内容改革重中之重。

1 改革思路

牢固树立立德树人、为战育人鲜明导向,着眼培养德才兼备的高素质、专业化的舰载航空装备保障人才,突出舰载机机务保障核心,面向舰载机机务保障能力、装备指挥管理能力和舰基装备维修能力,构建以舰载航空装备为主体、陆基航空装备为补充的教学内容体系;以教学内容优化为基础,针对学员特点,着眼能力培养和生成,推动教学组训模式多样化创新。

"航空发动机构造与控制"课程是航空机务技术与指挥专业教学大纲规定的首次任职主干课程,具有任职教育属性,要突出航空工程技术应用。按照舰载转型改革要求,必须遵循"打牢基础、着眼发展、注重应用、培养能力"的原则,课程提出"以舰载航空装备教学为落脚点,主件构造与系统控制双主线"的思路。并加大课程教学内容的融合力度,重构课程教学内容体系,建设新型教学资源库。

课程改革和建设的基本思路是:课程内容从如何保持和恢复发动机性能角度出发,设计内容结构,着力揭示构造与控制两大模块之间的内在联系,便于养成系统工程的排故理念。教学内容力求体现舰载战斗机中的发动机基础知识,增加未来装备的技术特点,做到现有岗位与未来发展的统一。引入部队装备的实际故障,通过分析,解释故障机理,阐明维护规程、法规中的有关规定。

2 改革目标

聚焦学科、专业建设的基本内涵和要素,深入研究海军战略调整和航空兵转型对作战、装备、保障带来的新变化新要求,突出舰载航空工程技术及其实战应用,构建贴近部队、贴近装备、贴近保障、贴近实战的教学内容体系。

经过课程内容改革,构建适应部队岗位需要,有利于岗位合格人才培养的课程内容体系;建立起资源丰富、线上线下、适应课程教学需要的教学资源库。把课程建设成为海军航空发动机专业保障特色鲜明、任职教育优势明显的优质课程,争创海军精品课程。

3 改革内容

课程通过一体设计本科教育专业和首次任职培训专业的教学训练内容,推进公共基础课程聚焦专业背景课程、专业背景课程聚焦首次任职课程,实现融合式培养。

3.1 教学内容融合重构,强化海军舰载航空装备特色

虽然课程是由原来两门课程合并,但不是做简单拼凑组合,而是进行深度融合重构。教学内容从体系结构上来说,可以分为两大部分:构造部分和控制部分。构造部分按发动机的主要部件分为压气机、燃烧室、涡轮等模块;控制部分按照控制原理、控制特性、控制元件、控制系统等进行分类。

构造部分以通用构造+典型构造相结合的形式组织。通用构造兼顾涡喷、涡扇、涡轴、涡桨等发动机类型;典型构造选用舰载战斗机动力装置,以便更好理解结构的设计及组成形式,同时增加使用维护、常见故障部分,对发动机构造内容做进一步延伸与拓展。控制部分也以通用知识+典型机种的控制知识进行组织。在介绍发动机通用控制元件和控制系统的基础上,详细介绍舰载战斗机发动机的控制系统。

从整个教学内容设计上,通用知识基本覆盖海航现役机种,以及三四代机型,典型机型突出舰载航空装备特色,力求有点有面,知识覆盖广,重点突出。

通过该课程教学内容改革,使学员达到主体(构造)和灵魂(控制)的统一,培养学员的专业业务能力、学习创新能力以及能打胜仗的专业素养。

3.2 着眼发展,兼顾机电一体化发展需求

对于三、四代机,机电一体化在发动机控制和飞机操纵等系统得到较好应用,军事效益明显提高。机械、特设等专业关联越来越紧密,工业部门已提出专业融合概念,部队飞行保障模式也势必发生根本性变化。这对军队院校的人才培养模式提出了新的要求,同时为充分体现大学培养"指技兼顾的舰载机飞行员"的办学定位,"航空发动机构造与控制"融入机电交联部分相关内容,这为舰载战斗机维修保障人才培养创造了条件。

三代机维护中最大的特点就是机械、电气交联较多，如：综合调节器、防冰系统、涡轮冷却控制系统、起动系统等。目前在海军现役飞机(尤其是先进舰载机)机械故障排除中，很多综合性疑难故障往往与机电专业相关，"机"不懂"电"，"电"不懂"机"，导致故障排除难度大，时间长，有的故障甚至长达十天半个月都得不到有效解决，大大降低了飞机的完好率。

机电装备是以电磁信号的获取、传输及处理等电性能为目标，以机械结构为载体的一种特殊装备。复杂高性能机电装备通常是电、机、热等多学科相结合的系统，其性能的成功获取不仅依赖于各学科本身的设计水平，更取决于多学科的对立统一，机械结构不仅是电性能实现的载体和保障，而且制约着电性能的实现。因此需要研究机电融合教学问题，探索建立适合飞机装备教学的模式和方法，创新院校培养模式，适应机电岗位人才的能力需求。为了适应岗位要求，教学内容改革中注重"机电"有机结合，着力解决分工明确，但内容贯通的原则，让机械师懂"电"，让电气师懂"机"。

3.3　信息化主导，探索新型教学资源库建设

随着信息化教学建设的不断推进，探索建设融合"纸质教材＋多媒体资源＋信息化课程设计"的教学资源库，丰富课程线上线下的内容资源，同时，改革传统单一的教学模式，创新线上线下混合式教学模式，提升教学效果。

数字资源包括微课、视频、动画、模拟实训软件、互动网站、课件等。数字资源的呈现形式以微课为核心，融合音频、视频等多样化的教学资源，便于检索、任意关联，借助网络平台实现数字化资源的呈现，使学员方便地通过计算机网络、移动终端获取，支持教员课内课外教学、学员线上线下学习。

我们借助数字资源，结合传统纸质教材，创建信息一体化教材。信息一体化教材不是纸质教材与数字资源的简单拼凑、组合，而是将统一的指导思想、设计理念、编排风格等贯穿于整个教材的开发过程，对包括多种媒介、教学手段、教学模式在内的所有学习要素进行整合。

信息一体化教材以纸质教材为核心，通过二维码等网络技术，将多媒体教学资源与纸质教材相融合建设，在纸质文本之外，获得在线的数字课程资源支持，实现线上线下互动，新旧媒体融合。教材的"一体化"体现在教材研发与课程建设一体化、教材内容与线上线下资源一体化、教学内容设计与教学过程设计一体化、学习过程与应用过程一体化。

同时将信息化教材配套"慕课"，实现教学模式的"重组"。每个单元的内容版块由线上学习和线下学习两个部分组成。学习者通过扫描二维码观看慕课，进行线上自主学习。线上教学资源丰富，还有优质师资，这些新鲜注入的血液可以补充、拓展、延伸学员的专业知识。而线下学习环节，是对网络学习的知识巩固和延伸，通过线下学习活动，学习者有更多机会对学到的知识进行分析、综合、评价及创造性运用，最终形成自己的知识建构。

4　主要特色

课程内容改革幅度大、体系新、任职教育特色鲜明。以下是主要特色。

4.1　教学内容科学融合

"航空发动机构造与控制"是新开课程，在军内外尚无可供借鉴的经验，课程组在深入研究

"航空机务技术与指挥专业（机械方向）"岗位任职教育特点规律的基础上，大胆提出了以满足岗位任职需求为主，同时兼顾发展（学员岗位发展、装备技术状态发展）的内容改革原则，重新构建课程内容体系，课程内容强调针对性、体现先进性、强化应用性。将原先学历教育中的控制课和任职教育中的构造课整合成一门课程，充分突出舰载机的特点。

4.2　教学内容动态更新

由于传统教材受到时间限制，很难做到及时更新。而信息一体化教材很好地弥补了这一点，利用网络的即时性，使资源内容紧跟装备的更新换代以及部队的岗位需求。并可充分利用智慧教学平台、军事职业教育平台等实行混合式教学模式，一体化设计课上课下教学内容，实现教学内容的实时动态更新。

4.3　构造内容模块化，控制内容系统化

依据发动机工作流程将发动机构造部分分成各个模块，每一模块按照结构类型、工作原理、使用维护等知识点进行安排，各类型间采用"类比归纳"总结结构特点，便于学员比较学习。

而控制部分涉及的原理、工作较复杂，利用系统工作过程，通过案例式、"问题链"式、导学式引导学员步步深入，通过研讨式让学员集思广益，激发学员勤动脑、爱思考，解决控制系统性能分析和故障分析问题。

4.4　岗位任职特色鲜明

课程从如何保持和恢复发动机性能角度出发，设计课程结构，组织课程内容，逻辑性强，便于形成岗位任职必需的基础能力。着力揭示不同模块之间的内在联系，便于养成系统工程的排故理念。内容力求体现主战机种中的发动机工程基础知识，增加未来装备的技术特点，做到现有岗位与未来发展的统一。引入部队装备的实际故障，通过分析，解释故障机理，阐明维护规程、法规中的有关规定。在课程实施上倡导自主学习，注重理论联系实装，提倡教学方式多样化；在课程评价上强调更新观念，促进学员全面发展。

5　结束语

舰载转型催征程，阔步向前再奋蹄。教学内容是院校人才培养的基础，教学内容改革也是院校教学改革的重要构成要素。校区舰载转型各项任务中，教学内容改革是学科专业建设发挥人才培养效能的主要路径，是教员队伍业务能力提升的基本平台，是教学条件筹划建设的重要依据，也是科研创新转化为教学力量的有效通道，发挥着紧密关联其他任务、维系强化整体成效的重要作用。推进舰载转型，必须充分认识、有效落实教学内容改革的核心地位。

参 考 文 献

[1] 李成安.新形势下军队院校教育改革[M].北京：国防大学出版社,2015.

[2] 王玉琴.教育信息化下教师的角色定位思考[J].教育教学研究,2012.

[3] 刘志辉.院校教育改革与发展问题研究[M].北京：国防大学出版社,2010.

专业建设中发挥集体备课作用的思考与实践

沈如松　耿宝亮　苏艳琴

（海军航空大学，烟台　264001）

摘　要：结合新开本科专业建设之机，我们在课程体系确定、课程教学计划制定、课程教学设计、课程实施过程中，充分发挥集体备课集智创新、把关定向的作用，以提升教学效果为导向，达成教学目标为要义，坚持实施好集体备课。总结了集体备课的组织时机和具体实施内容，概括了集体备课的主要环节和把握重点，提出了集体备课中要重点关注和解决的问题。

关键词：专业；课程；集体备课；教学环节；教学质量

无人系统工程作为我校新开本科专业，专业建设质量要求很高，专业建设任务十分繁重，如何保证好专业建设任务高质量完成，短时间形成较高的培养能力，是我们面临的严峻挑战。"备课试讲"作为高等院校的一项基本教学制度，得到各院校的普遍重视，成为提升教学质量的一种主要抓手。尽管集体备课早已成为常规，但在现代教育手段不断丰富多样的情况下，缺乏对集体备课的真正意义上的"理性的审视"，在很多人眼里，集体备课成了"鸡肋"[1]。我们在专业新开、确定课程体系、制定课程教学计划到具体教学实施时，充分运用集体备课这一有效手段进行把关定向。当然在具体实践中，我们常常看到重"个人备课"轻"集体备课"、重"课程实施"轻"课程研究"、重"如何教授"轻"如何学习"、重"组织形式"轻"备课实效"。实际实施常常存在偏差，备课质量和效果难以保证。因此结合我们的具体实践，探讨集体备课的组织时机和内容、基本环节及应处理好的问题，切实发挥好集体备课在保证课程培养目标，提升教学质量、教学效果、课程建设水平和教师职业能力中的效用。

1　集体备课组织时机和内容

集体备课是以备课组为单位，组织教师开展集体研读教学大纲、人才培养方案、课程教学计划（或课程标准）和教材，面向具体教学层次或教学对象，分析学情、制定学科教学计划、分解备课任务、审定教学设计、反馈教学实践信息等系列活动[2]。集体备课通常针对某一门课程、某一部分教学内容或某个问题，有计划地组织课程组教师，通过共同协商和参与，系统科学的研究，以达到解决问题、促进教学进步和教师专业发展提升的一种教学研究活动。有时根据需要，可以联合不同课程组进行联合备课。集体备课应该贯穿课程的全寿命周期，只是在不同的阶段备课关注的侧重点会有所不同。

1.1　课程设立之初

这是容易被忽视的一个集体备课时机，也是决定课程设置是否合理的首要一环。这一时机的集体备课，需要搞清楚课程设置的目的，课程在整个人才培养体系中的地位、作用，梳理前导后续课程的衔接关系,明确课程内容要点,集体确定课程教学计划,把握好课程内容安排和要求,从学生的角度分析内容要求是否明确、学生能否准确理解。这一阶段的集体备课可以扩大范围,扩大到相关的前导、后续课程课程组教师,以更加有效地衔接好前后课程的内容梯度和要求,确保课程教学目标从设计角度得到实现。这一阶段集体备课如果组织不好,很容易因人设课,背离课程教学目标,教师很容易上"错"课。

我们在制定人才培养方案,确定课程体系时,特别是专业基础和专业课时,进行了大量集体备课,按课程体系主线组织前导后续课程集体备课,如"工程数学""自动控制原理""无人机导航与控制""无人机综合设计实践"这一控制主线,逐门确定各门课程的内容衔接和难度梯度,确保课程之间不挂空档,还要具有高阶性和挑战度。

1.2 课程新开之时

这是各院校通常要组织集体备课的时机,也是决定课程教学目标能否准确实现的关键一环。这一时机要重点研究人才培养方案和课程教学计划(课程标准),搞好学情分析,统一思路,形成落实课程教学计划、体现人才培养方案培养目标的课程设计和教学方案,探讨适合培养对象的教学模式和教学策略,给出学生学习策略建议,确定具体可操作的评价方案。这一时机对开好新课、上准新课、打下课程发展良性循环之基至关重要。

这一时机的把关十分重要,比如我们开设了"目标特性"和"无人机任务载荷",二者关系处理不好,很容易造成课程错位。为此我们组织两门课课程组进行集体备课,详细讨论两门课程的定位、教学目标,找准各自的侧重点,这样才能发挥两门课程相得益彰的作用,而非相互替代的作用。

1.3 首次授课之前

这包括新教师上课和老教师上新课,是各院校最为重视的一个备课试讲时机。这两种情况要求会有所区别,对新教师上课,要加重集体的作用,通过说课,重点考察新教师对课程的定位理解是否准确、对前导后续课程是否了解、对教学对象分析是否到位、对教学模式运用是否合理、对教学内容的组织是否科学;对老教师上新课,主要考察老教师对课程培养目标的理解是否到位,是否能够准确分析教学对象,主要还是发挥老教师的个人主动性。

1.4 课程改革之机

目前各院校普遍十分重视教学改革,课程作为教学改革的载体,如何将改革理念落实好,教学改革的适用性如何,需要通过集体备课进行研究、推演。

新时代教育方针要求立德树人,要求将课程思政如盐入水般地引入课堂,充分发挥课堂育人作用。对于如何深入挖掘课程思政元素,研究能够"润物细无声"的典型思政课例,发挥好课程思政育人功能,把握好课程思政内容和课程教学内容的比例衔接关系,区隔好不同课程的思政元素,避免千人一面、思政育人生硬问题,我们组织课程组之间集体研讨各门课程的特点,发挥集体智慧共同研究、审慎确定课程思政元素和引入方式,形成课程群课程思政协同育人的局面[3]。

1.5　课程建设之中

这是集体备课需要特别关注之处。课程教学实施本身就是课程建设的过程，为达成好的教学效果，需要选好教材，建设好配套的多媒体信息资源等，都需要通过集体备课来规划，同时也可以通过集体备课，做好课程教学计划落实情况和课程建设质量的过程监控。

1.6　授课完成之后

这是反馈、修正、调整优化课程建设的重要一环，通过主讲教师撰写教学反思，集体讨论分析，查摆课程实施中的问题和不足，明确具体的改进举措，确保课程建设质量螺旋式提升。除各门课程之外，我们会特别在一个教学周期之后，组织前后课程共同反思，如"计算机系统与网络"与"无人机指挥控制"照应关系如何，"大学物理""工程力学""无人机飞行原理"难度梯度衔接如何？共同研讨相关课程改进措施。也正是基于这种课程之间的联合备课，我们推动了"无人机飞行原理课程理实一体教学模式探索与实践"[4]。

2　集体备课基本环节

对集体备课的基本环节有不同的认识，这里从集体备课全流程闭环角度探讨集体备课基本环节。

2.1　方案制定

集体备课方案包括集体备课针对课程所处时机、集体备课目的、预计要解决的主要问题、参加成员、任务分工、进度安排等。方案制定应主要由课程组长负责，即使具体承担课程授课的教师制定，也必须由课程组长严格审核。此外，为充分发挥课程组的集体作用，提高课程建设的成效，课程组长应就课程教学计划制（修）定、教案撰写、多媒体课件和信息资源建设、试题（卷）库建设等在规划的基础上进行合理的分工。这一工作可通过制定"课程建设规划"来达成。

2.2　学情分析

也就是要备好学生，做到心中有学生。要根据不同备课时机，分析授课层次和对象特点、学习基础和前期学习情况，分析如何完善过程评价制度，激发学习动力和专业志趣，让学生忙起来。我们在具体听备课中，经常发现这一分析过程很容易流于形式，造成学生千人一面，学情分析千篇一律。这种偏差直接会影响教学策略的设计和学生学习策略建议的针对性和实效性。我们学校和其他高校不同，每一级学生成分组成都会不同，为此我们通过座谈、查找以往成绩、问卷调查等形式摸清学生底数，通过集体备课研究分析学生特点，探讨针对性的教学策略。

2.3　策略选择

针对集体备课目的，通过分析人才培养方案、课程教学计划、教学反馈信息、改革目的、改革理念等，分析课程地位和目标、分析前后课程衔接关系，研究课程目标能否有效支撑人才培养目标要求,内容选择能否达成课程教学目标。剖析课程建设过程及教学施训过程中出现的问题,梳理课程重难点及教学模式、学习模式,以此优化教学内容、教学模式。教材结构极大影响着学生认知结构的形成,认知结构是学生能力获得的关键[5],因此要备好教材,做到心中有书,如有必要,可了解前修后续课程的教材。这一阶段要充分发挥集体中每个人的作用,不能有保留思想和事不关己的思想。要设身处地的站在学生的角度分析问题、解决问题。要通过集体讨论,发现课程组成员对教育理念、课程教学计划等的理解,如果有必要可预先组织相关理论学习。

2.4 试教试讲

这一阶段可根据不同情况和集体备课目的,采用说课、试讲、试教等模式。如果是制定审查课程教学计划,则主要采取说课的形式,重点审查对课程定位和目标的理解是否到位,重难点把握是否准确,课程前后衔接关系和难度梯度是否合理;如是授课前审查或参加教学竞赛,则要三种模式并用,在审查课程定位和目标把握是否到位的基础上,要特别关注教学策略选择是否适当,"四性一度"(铸魂性、为战性、高阶性、创新性和挑战度)是否落实。在此基础上,教师要备好教法,做到心中有术。关键在于:创新教学方法,提升教学效果,让课堂活起来;强化课堂设计,解决好怎么讲好课的问题,杜绝单纯知识传递、忽视能力素质培养的现象;强化现代信息技术与教育教学深度融合,解决好教与学模式创新的问题,杜绝信息技术应用的简单化、形式化;强化师生互动、生生互动,解决好创新性、批判性思维培养的问题,杜绝教师满堂灌、学生被动听的现象。

2.5 反馈优化

这一阶段主要审查教学反思是否具有针对性,查摆的问题是否准确,提出的改进措施是否合理。这就要求教师要通过具体教学实施,时刻关注学生学习情况,及时总结分析,及时将问题反馈到教学改进中、课程建设中,使授课效果和课程建设质量螺旋式稳步提高。

3 集体备课需关注解决的问题

3.1 避免流于形式

在具体实践中,由于集体备课组织形式随意,应付差事意图明显,集体备课的主题和目的不够明确,对集体备课的重要意义认识不够,常常会造成集体备课流于形式主义,集体备课的效能大打折扣,进而形成集体备课的恶性循环。因此在实际组织集体备课时,一定要精心准备,做到主题鲜明、重点突出、实效显著,并注意简化集体备课形式,适度安排集体备课周期。同时要特别注重课程组集体作用的发挥,参与集体备课的成员应有分工合作,做到每个人有职责、有思考,要充分发挥年轻教师的积极性和生机活力,采用头脑风暴的形式创新教学改革模式方法和教学策略,发挥老教师运用丰富经验把关定向的作用,当然老教师自身要做到心胸开阔,善于学习吸纳新知识、接受新生事物,做好勇于冲破舒适区的典范,特别要避免造成权威压制个人看法的局面。

3.2　处理好高阶目标和低阶目标的关系

通过集体备课制（修）定课程教学计划、进行课程设计和组织教学，必须一切站在学生的角度，让学生清楚如何学，学到何种程度，在此基础上确定如何教，如何达到最好的学习效果。但在集体备课中，要平衡好"教为主导"与"学为主体"的关系，特别避免将"站在学生角度"理解为"一味满足学生要求"，避免一味迁就学生。在具体实践中，有些课程如果学生说没学过，教师就开始给补，长此以往就会让学生产生依赖感，课程的水分会逐渐增多。为此要注重提升课程高阶性，课程目标坚持知识能力素质有机融合，培养学生解决复杂问题的综合能力和高级思维；课程内容强调广度和深度，避免低水平交叉重复、自我循环，突破习惯性认知模式，培养学生深度分析、大胆质疑、勇于创新的精神。要突出创新性，教学内容体现前沿性和时代性，及时将学术研究、科技发展前沿成果引入课程；教学方法体现先进性和互动性，大力推进现代信息技术与教学深度融合，积极引导学生进行探究性与个性化学习。要注重增加挑战度，课程设计增加研究性、创新性、综合性内容，加大学生学习投入，科学增负，让学生体验"跳一跳才能够得着"学习挑战，严格考核考试评价，增强学生经过刻苦学习收获能力和素质提高的成就感。

比如我们在讲授"无人机作战运筹分析"课程时，要用到许多概率论的知识，很多学生都淡忘了，当然有些知识学生没学过，我们在设定教学内容时就注重了高阶性和挑战度，通过学生课前预习、教师指导学习等方式，学生自行补足前导知识。再比如课前调查中我们发现许多学生对比如 Matlab 这类的工具软件使用很少，而这门课需要大量的建模和仿真计算。通过学情分析和集体备课，我们认为学生完全可以依靠自己来解决仿真问题。实践效果反映出，学生没有想象的那么"娇气"，绝大部分学生都能高质量完成任务。

3.3　处理好教学统一性和教学个性的关系

集体备课很容易让人感觉要做好教学统一性，这也是实践中经常出现的误区。我们在具体听查课中，经常发现不同教师讲授同一课程同一部分内容，授课的全过程完全相同。这就忽视了"教有法但教无定法"的原则，磨灭了教师的教学个性。要特别注意的是，通过集体备课，统一的是课程教学计划，对课程的定位和教学目标认识要一致，基本的内容要求必须达到，但为达成学习目标和要求，教师应该在学情分析的基础上，根据具体对象进行个性化的设计、个性化的施训，一切都要以课程目标是否达到，学生学习效果是否最佳为标准。

3.4　用好课程建设成果的激励作用

当前高等院校教师，特别是中青年骨干，既要搞好教学，又要搞好科研，普遍任务较重，虽然教学永远是教师的主要任务，但不可否认的是，集体备课既需要时间保障，又需要教师真心投入精力，如果集体备课不能让教师看到对其成长进步的帮助，很难让教师全身心投入，高效的集体备课也无法持久。因此应通过集体备课，规划好课程建设，以课程建设成果有效激励课程组教师积极参与集体备课，助推深度集体备课。

4　小　结

通过 5 年多的实践，我们充分发挥了集体备课的效用，专业建设取得长足进步，规划编写了无人机系列教材,已公开出版了 4 部,制作了配套的 7 门 MOOC,专业建设顺利通过上级部门的评估并得到很高评价,先后有 1 门课程获军队精品课程并参评国家一流课程,1 门课程获海军精品课程,2 部教材获海军精品教材。通过深度的集体备课,助推了教师的教学研究,共获 6 项院校级以上教育科研和教学成果奖励,极大促进了教师的专业发展,实现了集体备课、行动反思、教学研究的共生成长。

参 考 文 献

[1] 万银洁.集体备课的现状与思考[J].江苏教育研究,2010,9B:39-41.

[2] 徐思,曾金发.关于集体备课的几点思考[J].科教文汇,2008,10:41-43.

[3] 沈如松,矫永康.无人机构造与动力系统课程思政教学实践[C]// 第三届全国高等学校航空航天类专业教育教学研讨会论文集.北京:北京航空航天大学出版社,2022:185-188.

[4] 沈如松,王超.无人机飞行原理课程理实一体教学模式探索与实践[J].海军院校教育,2022,2:36-40.

[5] 王新华.基于能力本位教育理念的高职活页式教材开发设计[J].职教论坛,2022,9:55-61.

思政十双线融合在飞机性能工程课程群中的教学改革与实践[*]

思政十双线融合在飞机性能工程课程群中的教学改革与实践[*]

褚双磊[1,2]　庄南剑[1,2]　温瑞英[1,2]　任强[1,2]　魏志强[1,2]

(1. 中国民航大学 空中交通管理学院，天津　300300

2. 天津市空管运行规划与安全技术重点实验室，天津　300300)

摘　要：在立德树人教育背景下，开展专业课程思政教学是发展趋势。飞机性能工程课程群是由承担不同教学任务、在教材内容上虽有不同但围绕共同的课程思政目标而建立的多个子课程组成。针对专业课程价值塑造方面弱化的问题，为了深入推进信息技术与思政教学深度融合，课程群根据国产民机的运行内容和签派员岗位能力，依托超星在线教学平台，明确育人目标，依靠不同的教学案例形成思政教育融合点，将"课程思政"融入线上、线下混合式教学，实现思政教学与"双线教学"双向贯通，围绕课程思政，课程群组成了课堂学习共同体，形成协同效应，打造有温度、有深度的立体课堂，丰富学生的学习方式，实现价值引领与知识传授的有机融合，建立起家国情怀和情感认同，达到"知识-技能-价值"一体化育人目标。

关键词：课程群；民用飞机；课程思政；混合式教学；价值引领

1　研究背景

目前，部分大学生诚信度低，工作没有责任感，甚至没有明确的价值观和人生观，难以肩负起建设民航强国的使命和任务。专业课程一直以来重视专业知识的讲授，忽视和淡化了学生的价值塑造，对学生的正确引导力度不够，与立德树人的高等教育目标不相符，与思想政治理论课相脱节。

近年来，受新冠肺炎疫情影响，线上、线下混合式教学模式逐渐流行起来，传统的课堂理论教学和单一课程建设已经不能满足专业人才培养需求，因此有必要以专业核心课为基础，寻找与其有紧密联系的专业课程进行优化组合，形成专业核心课程群。课程群针对交通管理专业，将各门在知识、素质和能力培养方面有逻辑联系的课程，整合成为系统的系列课程。各课程通过专业培养内容的相关性，互相补充和渗透，体现其综合性和整体性。

《中国民航大学本科教育教学改革攻坚行动方案》明确提出，坚持价值塑造、能力培养、知识传授"三位一体"教育理念，突出"学生中心、产出导向"[1]。《中国民航大学课程思政建设实施方案》要求科学设计课程思政教学体系，结合专业特点分类推进课程思政建设，通过"四个课堂"落实课程思政融入教学全过程[2]。

---

* 基金项目：教育部新工科研究与实践项目"交通运输专业新形态复合型教育教学资源体系构建与应用"；中国交通教育研究会2020年度教育科学研究重点课题"民航交通管理专业人才培养新标准的构建、实践与推广"；飞机性能工程2020年国家级一流本科课程

　　因此,随着课程思政教育的不断深入和混合式教学的普及推广,极有必要在专业课程中融入思政元素。一方面,充分发挥课堂教学主渠道作用,加强对学生的正确引导,实现全员全程全方位育人的最终目标。另一方面,挖掘线上教学的潜力优势,利用线上教学资源,开展线上线下混合式教学设计,为双线教学提质保效,助力思政教学,为课程思政插上创新的翅膀。

　　中国民航大学交通管理专业下设的飞机性能工程课程群主要包括"飞机结构与受力分析""飞机系统和发动机""空气动力学""飞机性能工程""飞行计划""飞机装载与平衡"6门理论课和"飞机性能软件""模拟飞行运行监控和应急处置"2门实践课,其课程内容关联度高,联系紧密,相互渗透,专业知识点覆盖面广。课程群以"飞机性能工程"为核心课程,涵盖基础课和专业课,理论课和实践课,涉及"飞机性能工程"的前续课程和延伸课程[3,4]。以民用飞机为主线,大飞机的研制凝聚了一代代航空人的智慧和心血,同时影响民用航空产业的发展,课程群本身就蕴含了丰富的思政元素,而在航空公司、空管单位日常运行中涌现的感人事迹又为课程思政提供了鲜活生动的现实案例,发挥了朋辈引领作用,用正能量拨动了学生的心弦[5]。

　　以飞机性能工程课程群建设为依托,将课程思政结合学生成长和民航行业需求,探索专业教学中具有思政元素的知识点,将其融入课程教学中,实现学生的能力培养和价值塑造[6]。通过专业课程群的建立,借助线上、线下混合式教学,充分发挥储备的线上网络教学资源优势,吸收 PBL 教学法"学生主动学习"的教育理念,将专业课程的教学内容与思政元素结合,把教书育人的内涵落实在教学中,体现其育人价值,探索"知识传授、能力培养、价值塑造"统一的"三位一体"思政育人工作模式,如图 1 所示。

2　协同建设课程群,明确育人目标,找到思政教育融合点

　　飞机性能工程课程群教师根据《中国民航大学本科教育教学改革攻坚行动方案》要求,在人才培养方面注重知识、能力、价值的优化,将当代民航精神、三个敬畏等有机融入课程教学活动,建成了专业知识、岗位能力、民航文化三位一体的课程群[7]。该课程群涵盖课程内容丰富、层次递进并相互衔接,各门课程除了培养学生专业知识和岗位技能之外,还注重培养学生的民航精神和职业素养,在教学中通过线上、线下混合式教学融入民航运行案例,塑造学生"民航运行共同体"的价值观,通过国产民机的系统结构、飞机性能、签派放行,让学生建立制度自信、文化自信的精神内涵,培养学生的家国情怀,激发航空报国之志。课程群对应的思政育人目标、思政教学融合点如表 1 所列。

表 1　飞机性能工程课程群课程列表和对应的思政元素

课程名称	思政育人目标	思政教学融合点
飞机结构与受力分析	严谨科学的专业精神 艰苦奋斗的工作作风	了解国产飞机的主要型号,熟悉国产飞机的主要结构形式,通过分析国产民机的结构特点和强度,探讨国产飞机结构设计的合理性,引导学生确立严谨科学的专业精神

续表 1

课程名称	思政育人目标	思政教学融合点
飞机系统和发动机	航空报国的职业理想 民航人励精图治的爱国情操	结合 ARJ21-700 飞机系统的特点,讲述我国大飞机研制的历程,深植航空报国的理想信念。 回顾大飞机从无到有的发展历程,引导学生体会大飞机研制历程的艰难坎坷,鼓励学生努力学本领、强技能,为推进民航强国建设做贡献
空气动力学	锐意进取的创新意识 严谨求实的工匠精神	结合国产飞机的气动布局,重点介绍 C919 所采用的超临界翼型。分析国产民机的气动特点和优势,彰显我国的制度自信和文化自信。 同时引入 C919 飞机的研制进展,让学生体会飞机研制的难度和复杂性,体会卓越成果背后的枯燥和技术创新,引导学生体会并弘扬工匠精神以促使我国走向航空工业强国,培养学生建设民航强国的责任感和使命感
飞机性能工程	精益求精的工作态度 爱岗敬业的职业责任感	以国产大飞机 C919 和空客 A320、波音 B738 进行对比,了解国产民机的飞机性能数据,激发学生的民族自豪感和家国情怀。 通过介绍民航规章体系,认清我国民航与欧美民航的运行差距,激发学生勇于创新的使命感和工作热情。 飞机性能对于安全运行至关重要,只有具备扎实的理论知识和临危不乱的应急处置能力,才能保障平安起落,提高我国民航安全水平
飞行计划	民航工匠精神 严谨的科学观和工程规范的理念	需要进行飞行油量计算,培养学生严谨务实、踏实认真的工作态度。 通过讲解制作简易飞行计划所使用的图表,进一步让学生思考图表的制作思路,引导学生建立一丝不苟践行工程规范的理念
飞机装载与平衡	爱岗敬业的劳模精神 忠诚担当的政治品格	理解飞机重心位置对于飞机性能优化和安全运行的重要性,树立"安全第一"的职业意识。 介绍客运配载单内容,熟悉某典型公司配载的操作要求和过程,通过分享配载实际案例,培养学生正确认识问题、分析问题和解决问题的能力以及精益求精的职业责任感
模拟飞行运行监控和应急处置	安全运行的责任意识 临危不乱的心理素质	引入川航 8633 紧急迫降案例,分析飞行运行中可能出现的问题,提升学生的安全运行理念。 通过分析客舱失压、发动机失效等紧急情况对飞行安全的影响,了解常见航班应急运行流程,培养学生安全意识和抗压能力
飞机性能软件	安全运行的风险意识 高效运行的职业操守	了解国产飞机预研进展和性能特点,增强民族自豪感。高原航线航路运行影响因素众多,了解中国高原航线运行的复杂性,树立安全运行理念

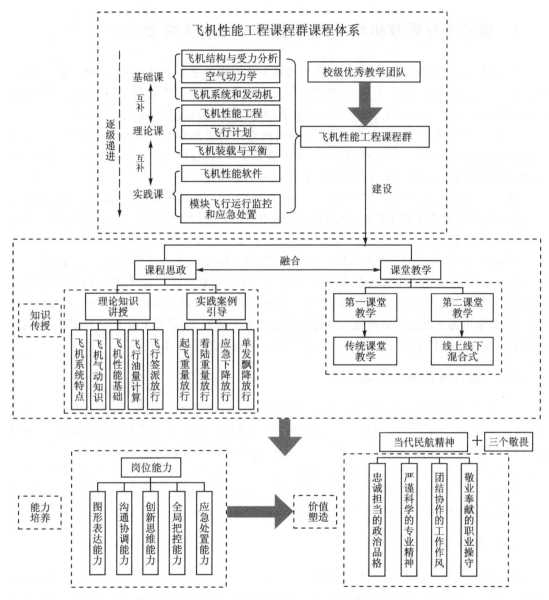

图1　飞机性能工程课程群"三位一体"思政育人模式

　　课程群构成"行业知识-职业素质-民航文化"三位一体的知识结构。在教学实施过程中，各门课程共同延伸，对某个知识点进行递进式讲解，虽然在教学目标和教学方式上有所区别，但可以围绕课程思政来进行价值引领和价值认同的实践，实现情感共鸣，可以得到课程群的呼应，形成教学互补关系[8]。

　　课程群结合专业特点和职业要求，挖掘课程育人功能，每门课程编写毕业要求指标点、课程思政点目标、课程思政教学内容简介，撰写课程思政教育案例，强化课程思政教学实践，改革教育教学方式，落实课堂德育功能。

3　探索课程思政和双线融合，提升思政育人综合水平

为了提升课程思政的教学成效，课程群教师先后围绕教学方法和教学模式进行创新改革，利用超星学习通等线上教学平台，将智慧课题和课程思政紧密融合，提出以民用飞机为载体，以岗位职责为抓手，开展线上、线下混合式教学，形成课程群双线融合协同育人机制。

一方面，每门课程凝练课程思政要点，邀请航空公司资深专家进行专题式的教学视频录制，完善课程思政教学资源，同时结合课程群专业知识特点，合理规划课程间的知识点衔接，对重复知识点进行分解合并，完成从基础课到专业课的逐级深入。

另一方面，做好课程引导，将专业知识与优秀传统文化、国情相结合，加深学生对航空公司飞行运行管理前景的理解和认识，帮助其树立航空运行安全的责任担当，强化其献身民航事业发展的专业志向。

例如："飞机结构与受力分析"课程主要介绍国产 ARJ 21 - 700 飞机的尾吊和高平尾发动机布局，通过讲述我国大飞机研制的历程，向学生心中深植航空报国的理想信念；"飞机性能工程"课程介绍 ARJ 21 - 700 飞机的性能特点，向学生展示我国的技术创新，引导学生发扬工匠精神，鼓励学生为建设民航强国做出应有的贡献；"空气动力学"课程主要介绍 C919 飞机的超临界翼型流场分布和流动特点，激发学生的民族自豪感和家国情怀。

3.1　课程设计融入思政元素

课程群线上线下混合式教学设计思路为利用线上线下的不同优势，把线上讲授、作业测试、互动交流、线下答疑、重点和难点讲解短视频、分组讨论等各个环节有效衔接起来，形成课前、课中与课后三个阶段不同的教学任务。同时将"课程思政"贯穿于整个课程设计的全过程，课程设计流程图如图 2 所示，达到课程思政和混合式教学的有效融合，起到润物细无声的效果。依托平台信息技术，使得每个同学的学习行为都能被量化，更加能清晰地反映每个同学的学习成效，为教师制定课程计划提供持续改进的依据。

3.2　课　前

建设立体化教学资源是开展混合式教学的基础。为此，课程群教学团队录制了理论课教学视频和实践课教学视频，依托超星线上教学平台和校内中航大智慧学习空间，可以实现"双备份"教学，学生课前登录超星学习通或者中航大智慧学习空间 App 手机客户端，进行自主学习，带着问题来听课。

教师设置导读问题，课前利用 CBT 软件和短小教学视频让学生提前熟悉简单知识点，引导学生课前进行预习，提前预习重难知识点，提前了解教学内容，带着问题上课。同时教学平台上的机型技术手册和扩展资料全部向学生开放，供学生下载查看，让学生了解主流机型的性能知识，激发其专业学习兴趣。

教师课前利用超星学习平台发布教学通知，公布教学任务节点，发布讨论话题，让学生提前观看教学短视频，预习所学内容。学生通过观看教学视频，可以基本了解一些简单的名词定义，然后通过上课聚焦重难点知识，做到有的放矢。

另外，利用网络新媒体，通过建立班级微信群和课程公众号，定期推送飞机性能重点研究

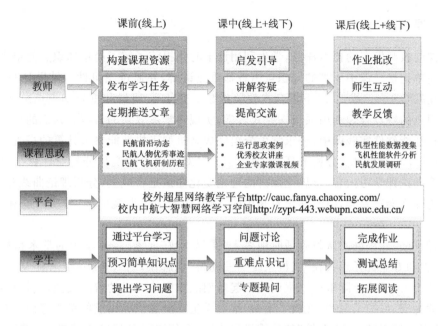

图 2 "课程思政"融入混合式教学实践的课程设计

问题和最新研究内容、航空公司运行实践案例,便于学生课下浏览,加强学生专业技能训练。

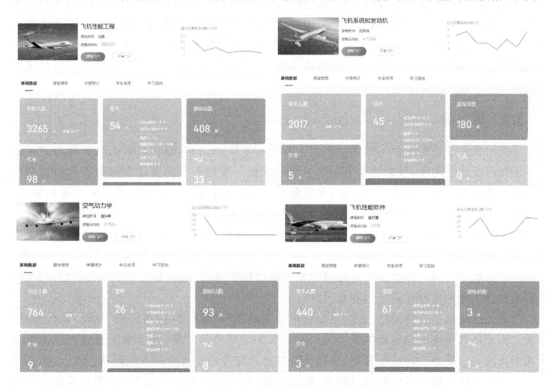

图 3 飞机性能工程课程群超星平台教学数据

3.3　课　中

依据课前教师发布的预习任务,学生利用课下时间提前了解了简单知识点的定义,对本节内容有了简单记忆。课中困难的知识点由教师重点讲解,并通过飞机性能辅助计算演示系统进行差异化教学[9-11]。线上、线下混合式教学关键在于启发、研讨和重要知识点总结。任课教师根据知识点的特点合理利用项目探究式教学,实现对学习效果的监测和知识的拓展。

在飞机性能软件实践课中,要求学生分组完成某机型飞机性能参数计算的报告,团队完成选题、软件计算和参数对比分析的环节,要求学生针对不同参数变化分析对计算结果的影响,并同时结合理论课学习内容,反思上课讲的理论变化曲线是否成立,分析理论曲线和性能软件计算曲线为什么会有差异,引起学生对知识的共鸣,培养学生发现问题、分析问题和解决问题的能力。

教学过程中,课程群团队教师适时地融入"课程思政"元素,培养学生的学术精神、创新意识、工匠精神和专业责任感。在"飞机系统与发动机"课程中,引入 1998 年东航 MD11 客机前起落架无法放下、成功迫降事件。强调飞机起落架故障影响飞机的着陆安全,飞机机组成功处置特情转危为安,保护了财产,挽救了生命,培养学生安全意识和民航的敬畏意识。在"飞机性能工程"课程,以"川航 8633 事件"的英雄机组为题,介绍飞机的紧急下降性能,讲述飞行员面对飞机座舱失压的紧急情况,机组人员临危不乱,确保了机上旅客的生命安全,体现了民航"敬畏生命、敬畏职责、敬畏规章"的精神。在"空气动力学"课程,介绍 ARJ21 和 C919 等飞机机翼的特点,同时引入 C919 飞机的研制进展,让学生体会飞机研制的难度和复杂性,体会卓越成果背后的枯燥、磨炼和坚持。同时了解国产飞机预研进展和性能特点,增强民族自豪感。在"飞机装载与平衡"课程,介绍配载失误造成飞机出现危险的情况,让学生树立安全运行的风险意识和一丝不苟的工作态度。

3.4　课　后

课程团队通过超星平台发布课后巩固作业或者在线测试题,通过教师批改答疑的方式了解学生知识点掌握程度,帮助教师掌握学生学习成效。通过平台的互动交流版块和微信课程群与学生就难点问题展开全方位讨论,在彼此交流中互相促进,使教学和学习联系更加紧密。布置课外拓展作业,如上网查询 C919 飞机性能数据(速度、高度、重量、业载、航程)与单通道窄体客机 B737-800 和 A320 进行对比,了解国产民机的飞机性能数据。为了帮助学生了解航空公司运行管理发展动态,邀请行业内专家以腾讯会议形式进行专题讲座,培养专业兴趣,鼓励其投身航空公司。课后学生通过超星平台进行集中问题讨论,并完成章节测试题,也可以观看完整教学视频进行知识巩固和复习。

为了弘扬民航工匠精神,要求学生结合专业发展撰写"航行新技术应用"专题"课程思政"报告。为了帮助学生认识到我国民用飞机发展水平与国外的差距,要求学生通过查找文献分析我国民用飞机航空公司运行管理、民用飞机性能管理等民航行业的发展现状。

通过超星线上教学平台的信息收集、数据沉淀、行为记录和学情分析,任课教师能够精确定位和深入了解学生的认知风格、知识水平、关注焦点、学习习惯和活动序列等相关信息,精准对焦和更好满足学生的学习需要,实现个性化的"私人定制"学习。特别是线上教学中的课程讲解、在线讨论、作业修改和智能评测等教学应用。

图4　飞机性能工程课程群在超星平台上的课程思政教学资源

4　基于混合式教学的课程思政教学成效

　　经过近两年多的教学实践,课程群教学团队通过学生访谈、观察学生学习行为、线上教学平台学情可视化分析等途径,对交通管理专业学生的学习成效进行了跟踪和分析。通过学生访谈发现,任课教师能够充分利用线上教学平台开展混合式教学,挖掘的课程思政案例及其体现出的精神对自己的道德品质有较大潜移默化的影响,工作责任使命感和签派员价值观的价值导向得到学生广泛认可。

　　通过观察学生的学习行为发现,学生的迟到率降低了,上课抬头率提高了,学生具备了守时的观念,学习积极性被调动起来,对待课后作业的认真程度提高了。

通过超星线上教学平台的数据反馈发现,完成课后作业和参与课后交流互动的人数和频次提高了,师生互动效果明显,课堂教学气氛活跃,说明学习兴趣被激发。

序号	姓名	学号/工号	章节任务点	章节测验	作业(20%)	签到(10%)	课程积分	讨论(15%)	综合成绩
1	罗祥翰	170440216	1.3	0.74	0	4.78	0.8	0	9.95
2	李嘉哲	170441112	1.67	0.7	4.91	6.52	1.67	0	21.47
3	吴凤峰	170441326	0.19	0	0	1.74	0.27	0	4.33
4	戴运通	180146110	1.11	2.53	10.18	10	2.2	0.3	37.05
5	胡晖	180441102	9.63	2.05	8.73	8.7	1.53	0	39.77
6	石哲维	180441423	1.11	0.63	0	1.74	0	0	4.55
7	胡梓俊	180441603	1.3	4.82	9	10	2.07	0	37.72
8	陈杰	180447102	10	4.42	10.09	9.57	1.8	0	55.88
9	樊正	180447114	0	0.92	8.27	8.7	2.07	0	23.89
10	张洋	180447335	3.15	1.95	1.55	6.52	1.4	0	21.1

图5　超星平台学生个人学习情况监控

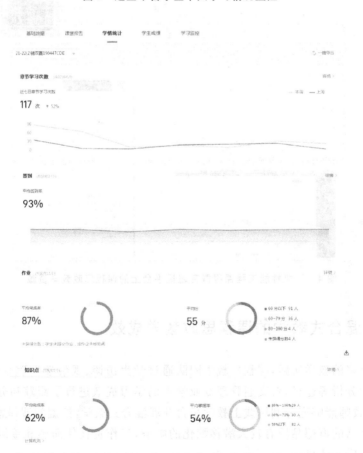

图6　超星平台学生总体学习效果分析

5　结　语

将"课程思政"融入飞机性能工程课程群线上、线下混合式教学改革的全过程,贯彻了"领导牵头-骨干带头-全员参与"的工作机制,从国产民机和岗位职责出发,确立了"专业知识-职业技能-人文素质"三位一体的课程目标。课程群的各个课程之间完成了共同的课程思政教育目标,组成了学习共同体。

在"双线教学"实践中建立了"课前线上预习、课中线下深化、课后双线巩固"的一体化课程教学体系,充分利用线上教学平台的优势,有效衔接线上预习、线下授课和答疑、线上复习,形成课前、课中、课后三阶段教学任务。实现了课前导学,线上自主学习,课中重难点讲解,课后线下深度讨论的方式,形成了课内外一体化教学环境,提升了教学效果,提高了学生自主学习的主动性和兴趣,锻炼了学生独立思考的能力。

基于混合式教学的课程思政教学实施,使学生在学习专业知识的同时,能够树立为民航服务的荣誉感,树立专注敬业的职业素养,达到知行合一,培养服务社会的家国情怀和服务民航的使命担当,提高了学生的思想政治素养和政治站位。

参 考 文 献

[1] 中国民航大学.中国民航大学本科教育教学改革攻坚行动方案[Z].天津:中国民航大学,2021.

[2] 中国民航大学.中国民航大学课程思政建设实施方案[Z].天津:中国民航大学,2020.

[3] 褚双磊,温瑞英,王玉,等.飞机性能工程精品资源共享课程建设的探索与实践[J].中国民航飞行学院学报,2018,29(5):38-42.

[4] 褚双磊,温瑞英,李旭.基于工作视角的性能放行在"飞机性能工程"课程中的实践化改革探索[J].中国民航飞行学院学报,2015,27(2):73-76.

[5] 褚双磊,庄南剑,任强,等.以岗位能力为导向的飞机性能工程课程思政教学探索与实践[J].成都航空职业技术学院学报,2021,37(4):16-19.

[6] 蓝蔚青,孙晓红,金银哲,等.食品质量与安全专业课程群育人模式的改革探索[J].包装工程,2021,42(23):136-140.

[7] 王欣,陈凡,石坚.价值引领下的英语专业课程群思政建设[J].中国外语,2021,18(2):65-70.

[8] 黄相璇,刘啸天,邵友元,等."课程思政"融入高分子化学混合式教学改革的实践[J].高分子通报,2021(11):89-93.

[9] 褚双磊,温瑞英,王玉,等.飞机气动性能辅助计算演示系统设计[J].实验技术与管理,2017,34(2):140-143.

[10] 褚双磊,温瑞英,刘薇,等.民用飞机高速性能辅助计算演示系统设计与应用[J].实验室科学,2019,22(1):83-88.

[11] 褚双磊,魏志强,谷润平,等.面向卓越工程师的飞机性能辅助计算演示系统开发与应用[J].实验技术与管理,2016,33(2):171-174.

多学科交叉背景下"航空航天复合材料"课程的教学探索

孔米秋[1]　吕亚栋[2]　李光宪[2]

(1. 四川大学 空天科学与工程学院，成都　610065
2. 四川大学 高分子科学与工程学院，成都　610065)

摘　要："航空航天复合材料"是航空航天工程专业的专业选修基础课，内容既包括基本概念，又涉及具体的复合材料工程应用问题。为了突出以航空航天工程专业交叉学科背景下复合材料的发展需要，本文从该课程的教学内容合理设计及目标出发，分析了目前的教学现状，指出了目前教学全过程中的不足，并从教学手段与方法、课堂教学的应用实践、课程思政三个方面提出了教学改革举措，旨在提升教学质量以及学生的实践创新能力。

关键词：航空工程；航天工程；复合材料；教学；改革与探索

复合材料具有密度小、高强、高模、抗疲劳、高可靠、可设计与整体成型等突出特点，已经成为航空航天结构材料与功能材料的首选材料。"航空航天复合材料"课程是航空航天工程专业的专业选修基础课之一，涉及知识面广，理论与实际相结合，既包括基本概念，又涉及具体的复合材料工程应用问题。本校航空航天工程专业基于机械、力学、材料、物理、化学等产生多学科的知识交叉，以飞行器设计、飞行器力学、推进等研究方向为特色。因此，立足于多学科交叉背景下航空航天工程专业的人才培养，为了适应航空航天工程专业的不同研究方向对复合材料的不同需求，必须在"航空航天复合材料"课程教学内容设计、教学形式及手段、教学效果等方面进行总结，积极探索基于航空航天工程专业背景下适应多学科交叉的学生素质教育需要的教学方法，提高该课程的教学质量，提升专业特色，激发学生的学习兴趣，从而培养学生掌握航空航天复合材料研究的科学原理、科学方法和基本的创新方法，并且针对复杂材料工程应用问题，学生能够利用复合材料的复合原理、改性强化方法、加工成型方法对相关工程问题的工艺与设备进行设计与优化。

1　结合航空航天工程专业合理设计课程内容及目标

根据航空航天工程专业培养人才对复合材料科学与技术的要求，"航空航天复合材料"课程的作用和任务目标是使学生掌握航空航天复合材料的基本特点、基础理论知识和具体的工程应用。具体包括：掌握增强体、基体等组分的特性、复合效应及其在复合材料中的应用及选取原则；掌握复合材料的结构设计与分析的基本方法与原则；掌握复合材料的界面特性及调控方法；掌握复合材料的微观结构、宏观性能与制备工艺间的关系及工艺方法的选取原则；了解航空航天领域使用的复合材料结构性能的表征方法；介绍航空航天复合材料在大飞机、军机、无人机等航空领域，以及在火箭发动机、空间站、载人飞船、导弹、卫星、运载火箭等航天领域的研究进展与发展方向。

通过以上课程内容,激发学生对复合材料的学习内驱力,使学生掌握航空航天复合材料的基本特点、基础理论知识以及解决具体工程应用问题的基本技能。掌握航空航天复合材料的分类、基本性能及用途,掌握常用复合材料的组成、微观结构、宏观性能三者间关系,熟悉复合材料表征的常用方法,了解复合材料的结构设计和选材的基本原则,并能根据航空航天飞行器结构件及零部件的实际服役条件和性能要求,合理地选材及制备,并进行初步的质量和失效分析,为后续专业课程的学习和工程实践打下坚实基础。

2 教学现状与分析

基于"航空航天复合材料"课程的性质和特点,结合多年的教学实践经验,发现在目前的教学中尚有以下几个问题:

① 总体上教学内容丰富,但学生专业背景差异大,课程侧重叙述性介绍,学生对该课程的学习内驱力不足,缺乏主观能动性。

② 复合材料的应用随航空航天领域的迅速发展而日新月异,而相应的教学内容改革有滞后性。

③ 缺乏材料研制试验、表征与测试等实验教学体系建设,尤其是航空航天典型部件结构设计与分析等课程设计缺乏,实验室开放程度不够等。因此,必须有针对性地对"航空航天复合材料"课程教学进行全方位改革和建设。

3 改革措施

3.1 教学方法与形式改革

为了进一步提高"航空航天复合材料"课程的教学质量,在教学过程中适应航空航天工程专业多学科交叉融合的趋势,针对目前存在的问题,将教学内容、教学方法与形式作为改革重点[1]。在每个教学环节的过程中,提高学生自主学习能力,并深化创新能力的培养,将基础理论与具体的工程应用实践有机结合,通过教学内容、教学方法与形式的不断革新,进一步围绕基础理论知识的综合应用开展案例分析,结合实验教学、课程设计等教学实践,使学生对教学内容深入理解而达到融会贯通,最大程度地激发学生学习的主观能动性。

在教学设计方面,一方面在教学过程中讲授重点、难点内容后,有针对性地提出问题,激发学生思考并提出解决思路,使师生之间的"教"与"学"实现充分融合。基于启发式、互动式和讨论式等实践教学,引导学生提出问题、剖析问题并给出解决方案,也有利于教师把课程内容深入浅出地教授给学生。通过进一步交流与讨论,可培养学生勇于探索创新和团结协作的意识。另一方面,将基础理论与具体的工程实践问题相结合,开展案例教学[2]。以航空航天复合材料及成型工艺为例,将飞行器的典型具体复合材料应用设计成不同的教学实例,以连续碳纤维增强环氧树脂复合材料的成型工艺方案展开讨论,将相关的理论知识点融入进行讲授,使理论紧密联系实际应用。为学生提供了一个具体形象的场景,激发学生的思考与创新,不断提高教学效果。实例教学有利于巩固学生所学的基础理论知识,强化抽象概念理论的理解,培养学生的工程意识、技术应用与创新设计能力。

在课堂教学过程中，充分利用现代先进的多媒体技术，促进教学手段与信息技术相融合，使抽象的理论知识形象化、具体化，使课堂教学变得生动形象有趣，集中学生的注意力。通过多媒体教学课件、动画演示、视频播放、具体复合材料模型展示等手段，学生可清晰地观察到复合材料内部的组织结构和形态，增强学生的感观认识，建立起复合材料的微观形态结构和宏观性能之间的联系，从而更好地理解"复合材料的组织决定了其性能及应用范围"。但值得注意的是，传统的教学手段不容忽视，如板书可以将教师的教学思路完整地展示给学生，对于难度大的内容、重要的内容，通过详细的板书过程，学生有充分的时间去理解相关信息，从而达到较好的"教"与"学"效果。

3.2 背景知识和最新科研成果融入课堂教学的应用实践

随着航空航天工业的快速发展和飞行器结构减重的要求日益增加，复合材料在航空航天领域的应用越来越广泛。在民用航空方面，波音 B787 客机和空客 A350 宽体客机的复合材料用量分别达到了 50% 和 52%，主要是碳纤维增强层复合材料、碳纤维夹芯复合材料等应用在机身、机翼、升降舵、方向舵等部位。在教学过程中，将应用在具体部位的典型复合材料结合相应的复合材料知识点进行具体剖析，使学生达到理解和应用的融会贯通。我国国产 C919 大型客机的复合材料用量达 12%，在后机身、平垂尾、机翼等部位使用了碳纤维增强复合材料。中俄联合研制的 CR929 客机的复合材料使用量有望达到世界先进水平。在直升机及无人机领域，部分直升机机型的结构重量占比达 90% 以上，出现了全复合材料的无人机。在军用飞机领域，国内外最新一代的战斗机不仅大量采用了先进的结构复合材料，还采用了先进的功能复合材料实现了隐身功能。在航天领域，碳纤维增强复合材料在导弹、运载火箭、卫星等领域广泛应用，在保证强度、刚度的同时实现结构减重，从而提高效能。

密切关注复合材料领域中所取得的最新研究成果，及时将新材料、新工艺等前沿知识带入教学过程，开阔学生眼界，激发学生的思考和创新。例如，密切关注一流期刊上最新的文献，将典型相关的文献充实到课堂，共同研读，激发学生的兴趣；还可结合教师的科研工作，将最新的研究成果深入浅出地向学生阐释，激励学生为本领域的长期发展做出应有的贡献。

3.3 挖掘思政元素，探究育人与教学深度融合

为落实立德树人根本任务，在整个教学过程充分挖掘思想政治元素，使传授知识与思想政治工作融会贯通，是有效的重要举措[3,4]。在教学内容设置时充分挖掘思想政治元素，实现知识传授与育人相融合的目标，构建全程育人、全方位育人格局，培养学生追求卓越与空天报国的理想和信念。目前，在教学过程中，主要从以下几方面贯穿了课程思政。

首先是航空复合材料、航天复合材料的技术发展历程方面。通过发展历程讲授和复合材料在航空航天领域的应用发展历程等案例分析，与社会主义现代化强国、创新发展理论、创新驱动发展策略等相结合，激励学生努力学习服务国家重大工程。

其次是剖析国内外大飞机复合材料的应用情况、碳纤维等增强材料、基体树脂等方面的差异方面。采用讲授对比、开放式讨论等形式，结合国际形势变化，明确自主创新能力的重要性，弘扬工匠精神，引导学生深入思考，激发内驱力。同样，在复合材料的先进成型工艺方法方面，分析国内外先进自动化设备的使用情况，丰富学生的视野，引导学生深入思考原创思想的来源

及产生影响,将来为复合材料事业的发展做出贡献。此外,在教学过程中以我国典型型号飞行器在研制和发展过程中遇到的卡脖子材料问题为主线,将基础知识、价值塑造、能力培养以及理想信念等融入相应章节的知识中,传授国防科技发展思想与技术攻关精神,明确学习目的,塑造高尚爱国情怀。

4　结　语

传统的教学方法多以教授知识为主,为提高教学质量,需要在教学过程中不断地进行改革,将教学过程变得生动有趣,激发学生的学习主观能动性,实现能力的全方位培养。根据航空航天工程专业对复合材料的要求,通过对课程内容、教学手段与方法、教学实践等进行全方位、多层次的教学改革与探索,提高学生的创新能力,与航空航天专业各研究方向的教学体系有机结合,培养综合素质优异的学生。

参 考 文 献

[1] 王少刚,汪涛,梁文萍.工程材料类课程群教学改革与实践[J].科教文汇,2016,6(370):53-55.

[2] 董智贤,雷彩红,洪浩群,等.案例教学法在聚合物基复合材料课程中的设计与实施[J].高分子通报,2021(12):100-103.

[3] 魏东博,孙占久,姚正军,等."材料科学基础"课程思政教学改革的实践探索[J].教育教学论坛,2021,3(13):59-62.

[4] 陈煜,李晓萌,庞思平,等.基于国防特色材料学科平台的先进复合材料课程思政教学模式探索[J].化工高等教育,2022,39(4):31-35.

航空航天工程专业"专业课-竞赛-毕业设计"贯通式培养改革方案

何伟

（四川大学 空天科学与工程学院，成都　610000）

摘　要：航空航天工程是一门以应用为导向的强综合性学科，所学知识抽象，不方便接触实课题，导致学生学习难度较大。合力规划专业知识课程、竞赛培训和毕业设计是提高学生学习兴趣、巩固学生专业基础的关键。本文通过作者在教育教学过程中的实践，提出了"专业课-竞赛-毕业设计"贯通式培养改革方案，旨在有规划地、系统性地、全面地培养航空航天工程专业学生。

关键词：航空航天工程；专业课；竞赛；毕业设计；贯通式培养

本科教育阶段，学生主要精力在基础课程和专业课程的学习上，关于实验研究相对较少，毕业生几乎没有课题研究经验。对于以实验为主的学科，这显然不能满足学生培养的要求[1,2]。以航空航天工程专业为例，一方面，良好的动手能力和系统的科研训练是本专业的基本要求，对学校而言也是培养学生的必然要求[3,4]；另一方面，深入所学专业的前沿热点，直面学科难点，是学生了解学科内容、学科方向的必要途径。但是，目前在基础课程学习完之后的专业课阶段，部分高校出现专业课设置不合理、学生选课盲目、参加竞赛方向不对口、毕业设计应付了事等问题，亟需从学校、学院、系、教研室入手对专业知识培养阶段进行系统性统筹安排[5,6]。

1　存在的问题

本科教育阶段是学生从高中进入高等教育的第一个阶段，在这个阶段中，学生开始由被动学习向主动学习转变，还没有形成对学业、发展方向的正确认识。由于这一阶段的特殊性，学生往往在专业选择、知识积累、研究方向选择等方面不能够做出相对正确的选择。很多同学在进入下一阶段的学习后，对自己的所学方向不感兴趣，从而导致学业成绩不佳甚至退学等现象的出现。此外，相关研究单位、高等院校认为本科教育对学生专业素养的塑造不成功，没有获得相应的专业知识与技能，这也是导致本科生就业困难不可忽略的一个方面。

2　问题产生原因

2.1　专业课设置不合理

由于各个高校在某些专业上的师资储备偏向、教师研究方向限制等问题，目前的专业课设置缺乏系统性和针对性。就航空航天工程专业而言,现有专业课设置不聚焦、不深入、不成体系,不能满足本专业学生培养的需要,更没有起到有效衔接研究生课程和研究方案的作用。

2.2　学生选课盲目性强

现有选课方案多为"必修＋选修"的方案,学生只要在选择完必修课程后,完成所需学分即可。但是存在以下问题:① 专业课选择时学生对于自身兴趣、发展方向缺乏充分认识,在无教师指导的情况下很难选择到适合自身的课程;② 专业课设置往往在大三、大四阶段,本阶段的学生大部分已完成学分要求,正准备就业、考研等事情,无暇顾及专业课学习或难以全身心投入专业课学习。

2.3　竞赛与专业脱节

目前的学生评价体系包括各种加分规则,鼓励学生多多参加学科竞赛、知识竞赛等项目。有的学生为了获得更高学分,以使自身在奖学金评定、保研名额上获得优势,参加了众多竞赛。但是所参加项目中,真正与其专业相关,能够对对未来求学、就业起到作用的项目微乎其微,反而造成了大量的精力浪费。

2.4　毕业设计效果不佳

在本科教育阶段,毕业设计是培养学生科研能力的重要组成。但在课题的选择、完成过程中,很多学生都是被动接受的,没有自主创新性。在毕业设计阶段还发现,很多学生对毕业设计内容缺乏基础认识,没有专业知识储备,在毕业设计的有限时间内很难得到有效的训练。

3　"专业课-竞赛-毕业设计"贯通式培养改革方案

3.1　专业课课题包

将专业课划分为课题包,包含本方向(如推进方向)所需的各项专业内容,保证课程的全面性与系统性。学生只能按课程包进行选择,打分评价按课程包整体进行。课程包可更换,但只能以整个课程包的方式进行更改,更改后需要完成新课程包的全部课程。

3.2　竞赛方案与专业课匹配融合

与专业课课程包类似,将本学科竞赛项目与课程包挂钩。将不同的竞赛项目划分成 A、B、C、D 四个的等级,直接与专业课相匹配的为 A 级,中等匹配的为 B 级,略微匹配的为 C 级,不匹配的为 D 级。在奖学金评定、保研时根据不同的竞赛项目等级给分。

3.3　毕业设计与专业课挂钩

在一定范围内限定学生的选题范围,原则上有限选择本专业课程包内的老师与毕业设计题目。并且,在选择课题之前,要通过和指导老师的充分交流。毕业设计实验阶段,要在对应课题相关人员(指导老师本人或者与该课题有关的研究生、博士生)指导下进行实验。学生要定期向指导人员汇报实验进展和结果,讨论研究,以此来培养学生完整的实验思路,使学生在毕业后能够更好地适应研究生生活或者工作环境。毕业设计答辩阶段,答辩评分小组人员应由相应课程包中的老师组成,并且老师要根据学生的毕业论文内容提出与专业性知识相关的问题(每位老师不少于一个),考察学生在专业领域方向上的能力是否过关。

4　小　结

采用"专业课-竞赛-毕业设计"贯通式培养改革方案能够完善本科教育在专业技能培养的重要一环,增强学生对专业背景的深入了解,强化学生的专业技能,也便于学生规划自身发展方向,帮助学生尽快适应本科过后下一阶段的学习和工作,缩短人才培养成本和周期。

参 考 文 献

[1] 钟金明,邓元龙.新工科产学研深度融合的毕业设计模式研究[J].高教学刊,2022,8(21):89-92.

[2] 叶鹤琳.多举措提升化工专业本科毕业设计质量的研究[J].广东化工,2022,49(07):216-218.

[3] 王伟,赵良玉,林德福,等.航空航天工程研究生培养国际联合探索与实践[J].中国教育技术装备,2017(10):84-87.

[4] 陈琪锋,孟云鹤,杨磊,等.英国南安普敦大学航空航天工程本科培养方案解读[J].高等教育研究学报,2014,37(02):61-66.

[5] 赵起.中国缺少世界一流大学的原因浅析及对策[J].中国集体经济,2009(04):183-184.

[6] 张志雄.电子专业课设置的问题与对策[J].中南民族学院学报(自然科学版),2001(S1):72-73.

航空航天飞行力学跨方向融合教学探索与实践[*]

江秀强　季袁冬　钟苏川　孙国皓

（四川大学 空天科学与工程学院，成都　610207）

摘　要：针对在综合性大学新建的航空航天类学院航空宇航科学与技术专业讲授飞行力学相关课程所面临的办学规模小、师资有限、学时有限、航空与航天方向不宜细分等教学挑战，本文提出了一种航空航天飞行力学跨方向融合教学的思路和方法。梳理了传统航空航天高校的飞行力学教学现状，分析了新建航空航天类学院飞行力学课程面临的教学挑战，探索了航空航天飞行力学跨方向融合教学改革方案，并以四川大学空天科学与工程学院的本科和研究生教学实践为例阐述了上述教学改革的实际效果。

关键词：航空飞行力学；航天飞行力学；跨方向融合；教学改革；教学实践

　　飞行力学是研究航空航天飞行器的运动与力之间关系的一门学科，是适应国家空天强国战略和航空航天重大工程对复合型高级专业人才的需求，是面向航空宇航科学与技术专业高年级本科生和研究生开设的专业必修课[1]。按照课程名称，其教学内容应该包含飞机等"航空类"飞行器和导弹、火箭、卫星等"航天类"飞行器的飞行力学内容，而"航空类"与"航天类"飞行力学的基本原理有本质区别。因此，本课程对航空宇航科学与技术专业学生加深专业认识、拓展理论深度、提升工程实践能力和创新能力具有特别重要的意义。

　　我国"十三五"规划、"十四五"规划、国家重大科技专项以及《中长期科学和技术发展规划纲要》《国务院关于加快培育和发展战略性新兴产业的决定》等中央文件持续将航空航天技术列为国家重点发展内容，将高超声速飞行器、大飞机工程、航空发动机、北斗导航、高分辨率对地观测、载人航天与空间站、月球与行星探测等一大批航空航天项目列入国家重大专项和大力发展的前沿技术领域，彰显出党中央对我国航空航天事业发展的高度重视，也对我国高校航空航天专业的复合型科技创新人才培养提出了迫切需求[1-3]。以此为契机，除以"国防七子"（北京航空航天大学、南京航空航天大学、哈尔滨工业大学、西北工业大学、北京理工大学、南京理工大学、哈尔滨工程大学）为代表的航空航天类传统强校以外，2005年后原"985"工程、现"双一流A类"高校纷纷在各自学科特色的基础上新办或重建了航空航天类学院或专业，包括清华大学、上海交通大学、四川大学、西安交通大学、厦门大学、中山大学、中南大学、电子科技大学等。

　　然而，目前除传统航空航天类高校在课程设置、教学方案、教材编写等方面区分了"航空类"和"航天类"两个专业方向以外，后续新办或重建的航空航天类学院和专业往往受自身办学规模、师资力量、软硬件条件等多方面的限制，均未（或不适宜）在教学课程和培养方案中作此

---

　　* 本文系四川大学新世纪高等教育教学改革工程（第九期）研究项目"航空航天飞行力学跨方向融合教学改革与实践"（项目批准号 SCU9255）的研究成果

区分,导致很多航空航天专业课程的名称大于实际教学内容,难以适应航空航天复合型人才的培养需求,例如"飞行力学""飞行动力学""飞行控制系统"等课程仅涉及"航空"方向而未包含"航天"方向。因此,对于年轻的四川大学空天科学与工程学院而言,在办学规模、师资力量、硬件条件等有限的情况下,如何推行飞行力学系列课程中的"航空"与"航天"跨方向融合教学仍是一个有待研究的课题。

本文将阐述作者在四川大学新世纪高等教育教学改革工程(第九期)研究项目"航空航天飞行力学跨方向融合教学改革与实践"的支持下对该问题进行的分析和思考、初步的改革探索、已开展的教学实践及效果。

1   传统航空航天高校的飞行力学教学现状

航空航天器飞行力学的范畴,既包含了飞机、直升机、战术巡航导弹等航空飞行器的飞行力学,又涵盖了卫星、飞船、运载火箭、战略弹道导弹等航天飞行器的飞行力学。由于航空、航天飞行所基于的主要动力学原理分别是空气动力学和轨道力学[1,3],二者存在显著差异,使得飞行力学本身具有显著的跨方向的特征,因此,我国航空航天类传统强校航空航天类专业的办学规模大,在教学中通常会根据不同的学院、不同的专业方向,将飞行力学系列课程进一步细化设置为"飞机飞行力学""直升机飞行力学""运载火箭飞行力学""导弹飞行力学""航天器飞行力学"等课程,并分别编写各自对应的教学大纲和教材,配备航空或航天不同方向的师资和软硬件条件[1]。

2   新建航空航天学院的飞行力学教学挑战

近年来,各综合性重点大学新建或重建的航空航天类二级学院及其专业都有一个共同的特点,那就是办学规模小、学生和授课教师数量少、软硬件条件有限。这种情况下,不适合按照传统航空航天类高校那样细化区分飞行力学的方向,否则会面临专业方向多但各方向学生数量少、所需师资数量过多等问题。解决途径和面临的挑战如下。

一是,限定和缩小飞行力学教学范围和课程名称(比如只讲授某一类飞行器飞行力学)并对课程名称加以限定(比如"飞机飞行力学")。这种办法对于教师而言,可以选用传统高校成熟的教材、教学大纲、课件和教案等,但对于学生而言,所学知识面受限,无法满足航空航天不同方向的学习、就业、深造的需求。

二是,课程名称仍采用"飞行力学",并通过航空航天跨方向融合教学,涵盖飞行力学的多个方向。这更适合航空航天类年轻学院及其专业的未来发展,能够更好地满足学生就业和深造的需求。这种"跨方向融合教学"对于教师的专业知识、教学方式、教学大纲、课件和教案等各个方面都提出了全新的挑战。

此外,现有成熟的飞行力学教材均是分别以航空飞行器和航天飞行器各自的特性为主线进行编写,使得其难以满足航空航天跨方向融合教学的需求。而通过配置两位不同方向的师资和采用两本不同方向的教材"拼凑"的方式,不仅提高了师资和实验硬件条件的要求,而且难以在不增加课时量的条件下达到任一专业方向的预期教学效果。因此,探索适用于跨方向融合式教学模式的飞行力学教材编写思路也是一个有待研究的问题。

综上,能否在不增加课时量、不增加师资、不缩小课程名称范围、不降低教学效果的条件下,增加多方向的飞行力学知识面且不"拼凑",就是航空航天飞行力学跨方向融合教学改革所面临和亟待突破的关键问题。

3　航空航天飞行力学跨方向融合教学探索

针对如何在办学规模、师资力量、硬件条件、课时量等有限的情况下推行"飞行力学"课程的"航空"与"航天"跨方向融合式教学这一问题,从教学方案、教材建设、教学实践三个角度出发,探索了航空航天飞行力学跨方向融合式教学方案及教材建设思路,为提高空天学院航空航天类专业课的教学效果和内容完整度,培养航空航天复合型人才提供了有效的教学方法、积累了必要的实践经验。

3.1　编制航空航天飞行力学跨方向融合式教学方案

采用航空和航天飞行力学的共通基础问题＋分方向应用问题的方式制定新的教学方案。如图 1 所示的例子,先以交叉知识点作为切入点讲解共通基础、核心原理,再以分方向各飞行器为对象和结合应用场景进行案例讲解,使得学生能够利用所掌握的关键基础,应用到各个方向,并通过对比来掌握各类飞行器飞行力学的不同特征,更便于理解各类飞行器飞行在机理上的不同。

图 1　固定翼飞机与战术导弹飞行力学的融合教学

采用 BOPPPS 教学模式和如图 2 所示的迭代纠正教学方法[2,4],按照引入(Bridge - in)、目标(Objective)、前测(Pre - assessment)、参与式学习(Participatory learning)、后测(Post - assessment)和总结(Summary)六个阶段设计相应的教学方案,引导学生学习和挖掘航空飞行器和航天飞行器的共通知识。针对航空和航天飞行力学的特性和不同理论方法,设计问题驱动教学与非标准答案测试相结合的教学方案,引导学生跳出现有教材的固定思路,应用已掌握的知识去对比、分析和理解航空与航天飞行力学的不同原理、现象和规律,以期提高教学效果,促进学生对专业知识的融会贯通。

3.2　探索航空航天飞行力学跨方向融合的教材建设思路

按照"航空类"和"航天类"飞行力学的通用基础、共性问题、相同或类似现象的不同处理方法,直至不同基础、原理、现象的对比的顺序进行教材或讲义的内容安排。进而通过启发式、思维导图等方式,"合并同类项"和"由同到异"相互对比的形式,按顺序展开教材各个章节。最后,通过教学实践,探索和尝试适合于教师备课和授课并有利于学生听课和提升学习效果的航空航天飞行力学教材主线,适当加入教学效果较好的案例和讨论分析,以期降低跨方向融合教学模式对师资、课时量、硬件实验条件的需求,达到航空与航天跨方向融合式教学的目的,提高

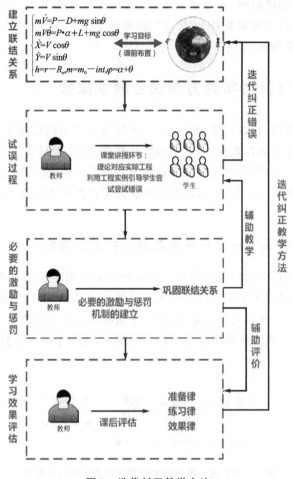

图 2 迭代纠正教学方法

教学效率。

4 航空航天飞行力学跨方向融合教学实践

改进了飞行力学课程教学大纲所设置的知识体系、逻辑关系。如图 3 所示，采用跨方向融合教学方式后，飞行力学分为三块："已知力/力矩，求运动""已知运动，求力/力矩""最后的综合应用"。先讲授飞行器动力学基本原理，然后将其应用到飞机、导弹、运载火箭、空间飞行器等不同方向，对比讲解其飞行机理上导致的不同飞行特征。先讲解飞行器动力学调控机制作为共通基础，再拓展至飞机、导弹、运载火箭、空间飞行器等不同方向。最后，综合应用上述知识，通过对跨域飞行器的探讨，实现航空航天飞行力学跨方向融合的知识体系的再巩固。

作者将上述方法在"航天器动力学与控制"选修课中进行了探究式小班化教学实践，涵盖了空间飞行器、运载火箭和弹道导弹的飞行力学。如图 4 所示，以讲解姿态动力学为例，将从动量矩定理出发推导的刚体卫星与刚体飞机的姿态动力学方程组进行对比，学生很容易发现二者在形式上的相似和局部某一两项上的区别，从而更好的理解航空航天飞行力学的共通之处和各自飞行特征在机理上的区别。

图3　改进的飞行力学课程教学知识体系及逻辑

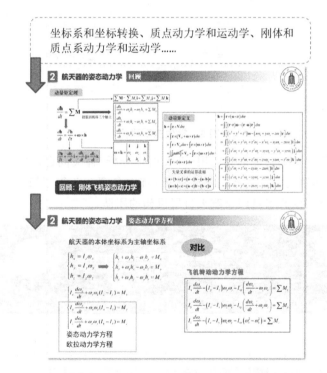

图4　飞行器姿态动力学的跨方向融合教学案例

　　在"飞行力学"和"航天器动力学与控制"的教学实践中采用上述教学方法。首先,建立情境与反应的映射关系,让学生用已有知识建模。然后,由工程背景引导,建立理论知识与实际空天飞行器运动的映射关系,使学生带着问题思考,并自主同课前的预想进行迭代修正,既高效实用,又能够将知识逐渐内化,提高课堂的利用效率。最后,课堂结束后,教师结合学生的平时表现、考查效果,通过问卷、课堂提问、课后交流等方式对迭代修正教学实践的应用加以评估,获得了良好的教学效果,教学排名跃升为学院第一。学生主观评价如图5所示。

　　在研究生必修课"飞行器动力学与控制"完结后,加入了专业学科竞赛等实践环节,鼓励学生应用所学航空航天飞行力学知识参加各类航空航天比赛。实践表明,学科专业竞赛有助于

课程名	主观评价内容
航天器动力学与控制	很喜欢这门课！
航天器动力学与控制	这门课内容全面，老师教学幽默有趣，让我学习到了许多知识
飞行力学	非常感谢老师
飞行力学	老师讲的很好，支持！
飞行力学	老师讲的非常好很负责
飞行力学	非常好，讲课清晰
飞行力学	我觉得老师很好
飞行力学	老师上课讲课清晰
飞行力学	江老师讲课很好
飞行力学	非常好没有意见

图 5　学生主观评价

学生进一步加深对所学知识的理解和应用，极大提升分析、解决问题的能力。例如，作者带领参加第 12 届全国空间轨道设计竞赛的学生队伍，首次参赛就获得了第 4 名的好成绩（如图 6 所示），仅次于排名前三位的来自国家航天科研机构的团队。

名次	团队名称	提交结果数量	最近提交时间	J1	J2	J3
1	Σ团队	4	2022.10.10 11:59:27	45	11	1.8025
2	南京大学-国家天文台	5	2022.10.09 22:25:04	39	11	1.4239
3	宇空联盟	7	2022.10.10 11:32:53	36	16	1.8724
4	空天冲鸭队	7	2022.10.10 09:17:00	15	6	1.8188
5	NUAA-ASTL	1	2022.10.10 05:37:57	9	4	1.6599
6	超新星	3	2022.10.10 09:25:05	6	2	1.8182
7	SYSU-1	3	2022.10.09 22:59:44	6	3	1.8985
8	雁栖六号	1	2022.10.08 03:32:30	0	1	1.8205
9	HIT-AMRC	1	2022.10.08 08:42:08	0	1	1.967
10	SYS1101	1	2022.10.10 11:58:01	0	8	100000

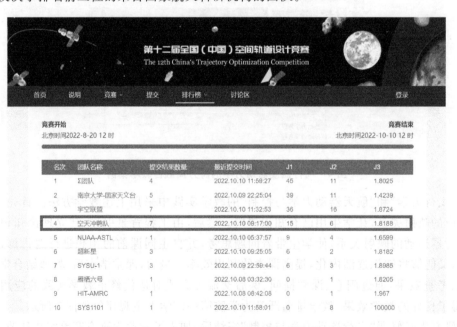

图 6　第 12 届全国空间轨道设计竞赛获奖名单

5　结　论

通过对航空航天飞行力学跨方向融合教学方式的初步探索和实践,摸索出了一些可行的解决方法;教学效果有所提升,学生反馈、督导和学生评教排名持续向好;利用有限的课时量增加了飞行力学课堂教学的知识面,增强了知识链条的逻辑性;降低了授课和备课难度,使学生更能理解航空航天飞行的机理和本质;便于采用启发式引导式教学方式、拓展学生思维、促进跨方向知识的融会贯通。尽管如此,此项教改探索依然任重道远,尤其是在目前尚处于积累阶段,尚未能形成这种教学方式下的新教材和讲义,有待经过未来几年的实践完善后编写。

参 考 文 献

[1] 苗楠,王晓璐,刘战合,等.侧重基本科研素质培养的"飞行力学"课程教学探索[J].教育教学论坛,2020(9):215-216.

[2] 于沫尧,李岩,段永胜,等.联结派学习理论在高校航空航天类课程教学中的应用[J].中国多媒体与网络教学学报(电子版),2020(28):241-242.

[3] 李珺,廖宇新,廖俊.面向大学生能力培养的飞行器总体设计课程建设[J].教育教学论坛,2020(50):149-151.

[4] 廖宇新,魏才盛,杏建军,等.远程火箭飞行动力学课程教学实践探索[J].教育教学论坛,2021(4):78-81.

基础力学教学中的基本问题研修班总结与感悟[*]

贾悦　李春

（西北工业大学 力学与土木建筑学院，西安　710129）

摘　要：继 2019 年基础力学教学中的基本问题研修班第一期后，时隔两年，于 2022 年 8 月 6 日至 7 日，由中国力学学会再次成功主办第二期。此次会议的主要学习内容是理论力学中的运动学部分。本文主要回顾了此次研修班的主要学习内容，并分享收获与感悟。首先，薛克宗先生带领大家对理论力学的六个主题问题深入探讨；其次是王琪老师的名师示范课及对理论力学运动学部分内容串讲；接着，李俊峰老师对理论力学课程体系解读；最后是年青教师的试讲及专家精彩点评。希望通过本文，将本次学习心得分享给更多热爱理论力学的教学工作者。

关键词：理论力学；运动学；课程体系；名师示范课；青年教师试讲

引　言

2022 年 8 月 6 日—7 日，由中国力学学会主办第二期基础力学教学中的基本问题研修班。继 2019 年第一期理论力学静力学专题后，此次研修班的核心学习内容是理论力学运动学内容。这一次研修班的含金量很高，老教师们深刻且生动的点评和建设性的意见对我们理论力学教学有重要的启迪作用。薛克宗老先生针对理论力学 6 个主题问题的讨论让我们更加重视理论力学教学的重要性，王琪老师运动学示范课以及王琪老师对运动学课程内容串讲对我们运动学部分教学内容有了新的启发和理解，李俊峰老师对理论力学课程体系的解读让我们对理论力学课程体系设计有了多元化的认识。相信这次研修班不仅在精神上给我们鼓舞作用，而且在今后的工作中一定会起到重要的促进作用。根据这次研修班的 5 个重要环节，分别进行回顾和总结。

1　主题问题讨论

薛克宗先生在主题问题研讨中提出了以下 6 个问题供大家思考和讨论：

① 我们这门课在 1952 年前苏联时叫"理论力学"，后来为什么不跟着美英改叫"工程力学"？这对其他力学课程来说合适吗？

② 有的书上说"经典力学又称牛顿力学"。牛顿力学就是经典力学吗？

③ 动量守恒、动量矩守恒、机械能守恒，三个定律分别是从动量定理、动量矩定理、动能定

---

* 基金项目：西北工业大学理论力学课程研究教改项目

理中推出来的。定理是一般，定律反而是特殊，怎么理解？

④ 普遍定律中的三个守恒量，分别对应三个对称性，您知道吗？您听说过诺特定理吗？

⑤ 流形是什么？您知道"分析力学就是流形上的力学，不懂得流形，就不能深刻理解广义坐标"吗？

⑥ 百度上说"打破牛顿力学以来统治和主宰世界的线性理论"。您怎么看？

我们目前的理论力学课程体系源于苏联，虽然当时苏联并不是只有一种课程体系，但是主要的内容都分为三部分，分别是静力学、运动学和动力学[1,2]。较美英的工程力学，这样内容划分结构更加清晰，学生容易循序渐进地学习每一部分的内容。

理论力学是以牛顿力学为基础的一门基础学科，牛顿力学是经典力学的代表，经典力学的四个体系包括牛顿欧拉体系、拉格朗日体系、哈密尔顿体系，以及庞加莱体系。牛顿和欧拉分别解决了点的运动学问题和刚体的运动学问题。拉格朗日体系是分析力学的代表。哈密尔顿原理可以扩展至连续介质力学，并且在电动力学和量子力学中都有重要的应用。哈密尔雅可比方程是薛定方程重要的推导工具。庞加莱是法国人，他解决了动力学稳定性问题，也是混沌的开创者，当时被称为没有后人的数学全才。牛顿力学是应用数学语言描述力学规律，牛顿力学第一次实现了力学的大统一，人类第一次科学地认识自然。牛顿力学是经典力学的重要体系，但是经典力学还有其他三个重要的代表。

理论力学是任何力学的基础，弹性力学中的板壳、流体力学中任意质点系都以理论力学为基础。以动静法为例：材料力学研究的动载荷强度的动静法是理论力学静力学方法。结构力学中应用的动静法和惯性力系本质上是我们静力学中的方法及理论。弹性力学的动力学主要研究碰撞，碰撞问题主要和动量定理和动量矩定理息息相关。流体力学中有一个著名的纳维-斯托克斯方程（Navier - Stokes N - S 方程），N - S 方程主要研究湍流和层流。这个方程在流体力学中是起到决定性作用的一个方程。紊流和湍流解难以琢磨，N - S 方程为我们提供了一种目前有效的研究工具。斯托克斯是法国人，因为他的这一发现，他的名字刻在了法国埃菲尔铁塔上。对于 N - S 方程的通解，目前无人能给出，甚至有没有通解至今无人知晓。2000 年美国克雷数学研究所提供一百万美元奖金作为奖励，征集 N - S 方程的证明及求解。N - S 方程是牛顿第二定理在流体（不可压缩或可压缩的牛顿流体）中的一种应用方程。N - S 方程本质就是一个牛顿第二定理的动量方程，由此可以看出理论力学是基础。

动量守恒定律、动量矩守恒定律、机械能守恒定律是现代物理学基本守恒定律。动量守恒定律可以用于速度接近光速的运动，也可以用于小到原子尺度的力学问题，但是动量定理不成立。在量子力学和相对论中三个守恒定律依然成立，但是三个定理不成立。动量守恒定律是一个实验规律，当然也可以通过动量定理推出来。这三个守恒定律是和牛顿定律共基础的三个定律，是时间和空间性质的反应。动量守恒定律由空间平移不变性推出。动量矩守恒定律由空间旋转不变性推出。能量守恒定律由时间不变性推出。定律、公理和原理是第一纪律，方程和定律是第二纪律，方法是第三纪律。

听杨振宁先生回忆 20 世纪发展史说，20 世纪理论物理有三个主旋律：量子化、对称性、相位因子。对称性在理论物理、量子力学中起着重要的作用，因此我们的经典力学要和现代力学搭上勾。动量守恒称为空间平移对称性，动量矩守恒称为空间旋转对称性，能量守恒称为时间对称性。德国数学家诺特在 1915 年发现，1918 年发布，被称为诺特定理，简单表述为：对于力学体系的每一个连续的对称变换，都有一个守恒量与之对应。所以对称性和守恒量是联系在一起的。

2　名师示范课

在年轻教师试讲结束后,全国教学名师王琪老师给我们大家上了一堂生动的运动学示范课,一方面看到了差距,另一方面也看到了努力的目标。王老师选取的讲课内容是速度瞬心法,通过一些生活和工程中的实际问题引入课程内容,例如:车辆转弯时,两个前轮的转向角是否相同? 为什么大货车转弯时易发生交通事故,为什么后轮出现意外? 这些问题立刻引起了大家的注意。问题导向的授课方式能够迅速引起同学们的注意力,因为要想解释这些现象需要用到本节课的知识点,所以同学们会主动学习。首先,王老师对上节课的知识做了简单的回顾,对求解平面运动刚体上一点速度的基点法和速度投影法简单复习。然后,由基点法的表达式,提出一个问题:在什么条件下,平面运动刚体上存在速度为零的点? 如果存在,如何寻找?速度为零的点是否唯一? 自然引出刚体平面运动速度瞬心存在且唯一的定理并且证明该定理。速度瞬心法最大的优点是如果知道刚体平面运动的速度瞬心并且知道刚体平面运动转动的角速度,就可以求出平面运动刚体上任意点的速度。但是,应用刚体平面运动的一个前提条件是能够确定速度瞬心的位置,因此,王老师带领大家学习确定平面运动刚体速度瞬心的常用方法。为了巩固同学们对方法的掌握,王老师选取了几道典型例题,让同学们思考作答。理论力学源于生活,因此最终学习目的是解释生活和工程中的力学问题,这样才能做到学有所用。王琪老师举例了两个车辆中的力学问题。

问题1:转弯时,汽车前轮转向角是否相同? 经过模型简化并且假设轮心相对车身无运动,这时轮心的速度与车身连接处的速度相等。假设车身做刚体平面运动,这时我们可以通过刚学习的方法寻找车身的速度瞬心。刚体在这一瞬时转动的角速度是一个定值,与每一点的选取无关,刚体上任意一点速度的大小等于该点到速度瞬心的距离乘以刚体转动的角速度,因此点的速度与转动半径成正比,所以得到结论汽车前轮的速度不相等并且其转向角也不相同。

问题2:什么是车辆的转弯半径和内轮差? 这一问题是知识的拓展,通过几何关系和计算得到转弯半径和内轮差的表达式。通过表达式一目了然可以知道汽车在转弯的过程中,一侧前后轮不能沿着同一条曲线滚动,前后轮之间存在内轮差,因为大货车的轴距比较大,因此内轮差较大,如果转弯时不注意后轮的情况,很容易造成后轮使出路面与路面其他物体造成碰撞的后果。

这道题远远超出了一道例题的作用效果,在座同学一定会跟着老师的提问不断思考,而且这个思考题本身也是一个很好的课程思政的案例。它不仅传授同学们科学知识,而且引导同学们应用所学的知识科学地分析问题,这种分析问题能力的培养是本科生课程培养的关键。所以,好的课程思政是多元化的,它不是强行的植入,而是起到润物细无声的作用。这道思考题之后,趁着同学们思考问题的热情未减,王琪老师又举了两个有代表性的例题带领大家思考和巩固知识点及求解问题的方法。在本节课的最后,王老师布置了一道课后思考题:单体多轮大货车如何转弯? 如何计算转弯半径和内轮差? 这节课不仅回答了课程一开始的问题,而且又引出了新的思考题,从而增加了课程时间和内容的深度。

3　理论力学运动学部分串讲

王琪老师在8月6日下午为我们串讲了理论力学运动学内容。在正式内容开始之前,王琪老师用自己的切身经历分享了他的一些上课感悟。上好课主要包括四个基本环节,分别是听课、备课、讲课及积累,其中每一个环节都需要大量时间的投入和工作的积累。首先,我们要了解听课的身份及课程的类型,因为这两个因素决定了听课的目的。其次,备课的内容主要分为三部分,分别是问题引入、理论讲解及理论应用。问题引入可以是力学现象(包括自然现象和实验现象)也可以是实际问题(包括科技中的问题和生活中的问题)。理论讲解包括概念、原理、定理及推论。最后要根据学生的数理基础和接受的能力设计例题,起到加深理解和知识巩固的作用。有关讲课,王琪老师给我们提出了几点注意的问题:第一,我们是知识的引路人,所以不仅要讲知识是什么,而且要告诉同学们为什么;第二,在设计问题时要注意问题由浅入深,由单一到复杂;第三,根据学生的基础和接受的能力,调整讲课的速度、梯度、深度和广度;第四,要与时俱进,利用信息技术,有效实现线下线上、课上课下的混合式教学;第五,避免空谈,要有效地使用 PPT,超越普通黑板的作用。作为知识的引路人,始终要不断积累,给学生一碗水,自己要先有一桶水,要养成读书学习的好习惯,并且在读书的过程中养成思考和推敲的习惯。这次研修班,老教师们都不约而同地提出了做题对理论力学学习的重要性,因为只有以一定数量的习题作为基础,才能从不同角度理解知识点。课程反馈的一个重要途径是课后答疑,只有通过学生的问题,才能知道讲课中问题根源所在,要学会换位思考,用简洁易懂的方式给予解答。教师在设计题目时要突出知识要点,避免繁琐计算,加强典型性。最后,大学的教育要注重科教融合,虽然科研成果在理论力学教学中有一定困难,但是要将科学研究的思想和方法逐渐融入到思考问题和解决问题中。

王琪老师说到做到,在运动学串讲中,处处体现了他的教学理念及方法,每一节内容的引入都用到了生动形象的生活或生产中的实例,很多问题与我们息息相关,却又带给我们思考的空间。问题导入一直是王琪老师每节课采用的教学方法,确实看到了王琪老师课前备课的认真和严谨。在传授理论知识时,王老师注重知识的严谨性,对定律、公理、原理的应用给出特定的说明,对推论、定理和公式的使用也给出严谨的数学证明,另外,很多思考题及反例的应用往往起到事倍功半的效果。王老师最大限度地发挥 PPT 的作用,图文和动画并茂,大大提高讲课效率。王老师为我们演示了很多他课堂上用的实例,也解释了他的用意,可以看到课程内容是精心设计的。最后,王琪老师寄语我们年轻教师要有三心,分别是事业心、责任心及良心。讲课既是一份技术活,也是一份良心活。经过长期的努力和积累才能成为一名合格的人民教师。

4　关于理论力学课程体系

在 8 月 7 日上午,李俊峰老师用一上午的时间,结合自己二十多年的工作经验和探索,为大家解读理论力学课程体系。课程体系在理论力学的教学中很重要,它不仅决定着课程内容先讲什么后讲什么,而且也决定了同样的内容有不同的讲解方式和方法。大部分学校将理论力学开设在本科生二年级第一学期,根据学情分析,这时候选课的学生都完成了高等数学和线性代数的学习,学生有了一定的数学基础,因此在讲解一些力学模型及理论推导时不存在理解困难。另外,理论力学是工科学生第一门力学课程,它是后继力学课程的基础和桥梁,提供了力学课程的基本语言。理论力学主要分为三大部分,分别是静力学、运动学及动力学。除了大部分内容来源于经典牛顿力学,还有少部分的分析力学的内容。李俊峰老师在多年的探索中主要尝试了三种顺序。第一种,也是全国各大高校最常用的一种顺序,首先讲授静力学,在这一部分只讲力学量及力学量之间的相互关系,而不讲运动;然后讲授运动学,在这一部分只讲运动而不讲力,因此静力学和运动学是相互独立的,有了静力学和运动学的基础;最后讲动力学,主要通过动力学三大定理建立起力学量和运动量之间的相互关系。第二种,是目前清华大学大多数课程班所采用的顺序,首先讲授运动学内容。根据学情分析,运动学是同学们比较熟悉的内容,但是从内容上较初高中上了很大一个台阶,因此,让同学们一开始就重视理论力学的学习。它有别于大学物理和初高中物理,这样防止同学们一开课就躺平,因为如果学生一旦躺平,就很难把他再次唤醒。李俊峰老师说我们一开课就把最难的部分提到前面,对学生起到警醒的作用。继运动学之后,第二部分是静力学,有了运动学和静力学的知识,第三部分就可以开展动力学的学习。第三种,李俊峰老师近些年在钱学森力学班和强基计划的课程班中反复使用的一种课程顺序,首先不变的是运动学,其教学目的和第二种课程顺序一致,其次是动力学,最后是静力学。因为静力学是动力学的一种特殊情况,因此从一般到特殊是行得通的。另外,李俊峰老师为了突出分析力学的重要性以及体现分析力学与经典牛顿力学之间的关系,在讲授动力学部分时,采用分析力学与动力学普遍定理交叉推进的方式。在每一部分,李老师都标记了教学难点,例如,在运动学部分的教学难点是角速度,因为角速度本质是张量,和之前对角速度的理解有一个很大的跨越。动力学部分的教学难点是虚位移,因为和其他力学量或者运动量不一样,虚位移本质上是一个数学上定义的变量。综上,将理论力学学好并且理解到一定高度需要具有扎实的数学基础和理论推导能力,这样才不会张冠李戴,准确的应用理论力学中的定律、公理、定理、推论及公式。

5　青年教师试讲

本次研修班的一个特色环节是青年教师试讲,主要形式是第一天试讲的老师每人限时 20 分钟讲一段内容,然后由现场专家老师点评,经过一天的修改,再次组织复讲。我所讲的内容是刚体平面运动的第一部分,即刚体平面运动的定义和特征以及刚体平面运动方程。我讲课的主要内容分为三部分,首先,通过一些实例引出刚体平面运动的定义及其特征。然后,将刚体平面运动简化为平面图形的运动,通过研究平面图形的运动代替整个刚体的运动。最后,定义刚体平面运动方程确定平面运动刚体在任意时刻的空间位置。老教师们对我的试讲提出很多建设性的建议,主要包括以下几点:① 问题的引入需要进一步推敲,做到由简入深,让学生主动带着问题去学习。② 要随时注意学生的反馈,通过提问的方式发现问题并且解决问题。③ 要注重细节信息的传递,一方面讲课内容更加严谨,另一方面避免学生产生疑惑。④ 要在讲课的过程中要形成自己的特色,例如,在引入刚体平面运动方程时(如图 1 所示),要确定一个平面图形我们需要三个量,包括平面图形上一点的横纵坐标和图像上一条直线和固定轴之间的一个夹角,这三个量就可以确定平面图形的位置。薛克宗先生建议我在这里引入分析力学中自由度的概念,不仅内容有一定扩展,而且形象的介绍了自由度的概念。

在讨论刚体平面运动分解时,得到两个重要的结论:第一,选择不同的基点,刚体随基点平行移动的速度和加速度不相同;第二,选择不同的基点,刚体平面运动转动的角速度和角加速度与基点的选取无关。老教师们对我平面运动模型的选择以及结论的推导都提出了质疑,首先,我的平面运动刚体的模型应该具有一般性,不应该是一根细杆,另外,应该引入平面运动刚

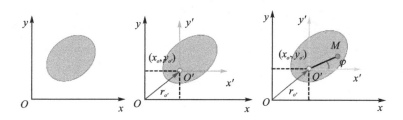

图 1 刚体平面运动方程

体角速度的概念。如图 2 所示,在平面运动刚体上任意选取一根直线,它与某一根固定不动的直线之间存在一个转角,把这个转角写成关于时间的函数,即为刚体平面运动转动方程。刚体转动方程对时间的导数即为刚体平面运动转动的角速度。为了证明平面运动转动的角速度与基点的选取无关,我们在刚体上选取两条直线,分别是 AB 和 $A'B'$,以 A 点为基点,通过 AB 直线可以定义一组刚体平面运动方程,再以 A' 点为基点,通过 $A'B'$ 直线又可以定义一组刚体平面运动方程。这两组方程都可以描述刚体在任意时刻的空间位置,对 θ 求导即得到刚体平面运动转动的角速度,$\varphi = \theta + \beta$。其中 β 是 AB 和 $A'B'$ 之间的夹角。因为 A,B,A',B' 是刚体上的四个点,因此两点之间的距离不发生变化,所以 β 是一个常值。φ 对时间的导数等于 θ 对时间的导数。最终得到结论刚体平面运动转动的角速度与基点的选取无关。

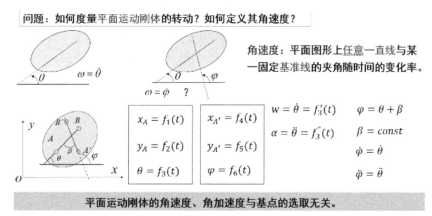

图 2 平面运动刚体角速度

6 结 论

本文回顾了第二期基础力学教学中的基本问题研修班的主要学习内容和心得体会。本文主要包括薛克宗先生对理论力学的 6 个基本问题探讨、王琪老师的名师示范课及对运动学内容串讲、李俊峰老师对理论力学课程体系的解读,以及青年教师的试讲及专家的精彩点评。期望通过本文,将学习心得分享给更多理论力学教学爱好者。

参 考 文 献

[1] 西北工业大学理论力学教研室. 理论力学:第三版[M].北京:高等教育出版社,2021.

[2] 哈尔滨工业大学理论力学教研室. 理论力学:第八版[M].北京:高等教育出版社,2016.

议题 3

航空航天类专业
创新教学模式、教学手段和教学资源的建设与研究

新工科背景下"工科高等代数"教学模式探索

李文玲[1]　刘杨[1]　宋佳[2]

（1. 北京航空航天大学 自动化科学与电气工程学院，北京　100083
2. 北京航空航天大学 宇航学院，北京　100083）

摘　要：为满足新工科建设对课程教学内容和人才培养提出的新要求，具体分析了目前"工科高等代数"教学中存在的问题。针对"工科高等代数"课程内容缺乏实际应用案例、教学模式单一的现状，结合航空航天领域的典型应用场景，以矩阵、向量等基本的数学概念和数学工具为基础，详细阐述了"工科高等代数"课程改革的思路和方法。提出了马尔可夫链的矩阵表示及其在目标跟踪中的应用等四类应用案例，并考虑将多元化信息技术融入教学，采用制作微课视频、增加上机课等方法，提升学生学习兴趣，加深学生对基础知识的认识和理解，提高学生解决实际问题的能力，助力新工科建设。

关键词：新工科；工科高等代数；航空航天；应用案例；信息技术

为了主动应对新一轮科技革命与产业变革，支撑服务创新驱动发展、"中国制造2025"等一系列国家战略，教育部于2017年推进新工科建设，先后形成了"复旦共识""天大行动"和"北京指南"，并陆续发布了《关于开展新工科研究与实践的通知》《关于推进新工科研究与实践项目的通知》等指导文件，全力探索形成领跑全球工程教育的中国模式、中国经验，助力高等教育强国建设[1,2]。

新工科专业，主要指针对新兴产业的专业，以互联网和工业智能为核心，包括大数据、云计算、人工智能、区块链、虚拟现实、智能科学与技术等相关工科专业。新工科建设的核心目标是培养适应时代发展的多元化、创新型卓越工程人才。在新工科建设背景下，要真正实现创新创业教育理念深入人心，不仅要培养学生的创新思维，将其融入大学课堂与专业教育，而且要着重培养学生创新实践能力，促进未来多维度的创业就业。因此，教师在教学中不仅需要传授基础理论知识，还需要在知识的传授过程中融入工程问题的处理思维，通过搭建理论联系实际的桥梁，克服教学过程中过于强调理论知识记忆这一弊病，使学生知其然知其所以然，形成面向工程、联系实际、能力培养、全面发展的教育理念[3]。

高等数学作为一门重要的理论基础课，是工科类各专业课不可或缺的基础工具，为学生学习后续课程和解决实际问题提供数学基础知识及数学方法，需要授课教师通过各个教学环节培养学生具有比较成熟的运算能力和自学能力、综合运用所学知识去分析解决问题的能力[4,5]。数学基础课作为高等教育的核心课程，不仅是工科学生学习专业知识和专业技能的必备基础，更是创新型工程人才具有终身学习能力、终身创新能力必备的基本素养，对新工科专业发展的重要性不言而喻。特别是"工科高等代数"中矩阵、向量等概念是大数据、人工智能等技术发展的重要数学工具，数学课程教学效果的优劣将直接影响到人才培养的质量，数学课程教学内容和教学模式的改革对新工科专业的发展具有重要的意义。

1　"工科高等代数"课程教学中面临的问题

1.1　课程体系和教学内容单一，无法适应新工科专业发展的需求

"工科高等代数"课程教学注重严谨的理论分析和过程推导，强调数学上的一些技巧，缺乏对理论知识的应用和针对性，特别是没有跟实际问题结合。然而，对于工科学生来讲，更加注重数学工具的使用，以及明确数学概念背后的物理含义，由此导致理论知识与应用的脱节。例如，在教学过程中，学生普遍反映，能够理解课程中的矩阵、向量、特征值、特征向量等概念，但是不知道这些概念背后的含义是什么，在哪些问题中需要利用这些数学工具，以及如何利用这些数学工具解决实际问题。实际上，支撑数学教学内容体系的每一个概念都源于实际工程问题的解决，正是这些问题催生了一个又一个概念和方法，形成了高等数学的知识体系、认知结构与认知根源。例如，导数源自于曲线切线斜率和质点运动瞬时速度的计算，定积分则源自于不规则平面图形面积的计算等。虽然，目前已经采用简单的例子说明矩阵、向量等概念的应用情况，但是，仍在初步阶段，设计的例子仍浮于表面，缺乏系统性和具体性，没有完全讲解数学概念和数学工具在案例中的应用情况，特别是针对航空航天专业领域，没有具体完整的案例来体现数学工具的运用以及具体可以解决哪类实际问题。

1.2　教学模式单一，缺乏信息技术与课程教学的融合

"工科高等代数"课程还是以课堂理论知识的灌输为主要教学模式，学生在上课过程中，能全盘吸收的寥寥无几。例如，在授课过程中，学生普遍反映课上能够听懂，但是课下做题时又不知从何处下手，本质上还是因为对课程内容没有完全吸收，因此难以进行应用。如果课下缺少进一步巩固复习提高，造成一次课跟不上，一学期跟不上的情况，同时传统教学模式的授课方式比较枯燥，造成课堂学生气氛低沉，不能够很好地激发学生的学习热情，锻炼学生的创新思维。

2　强化"工科高等代数"和航空航天领域的融合

2.1　案例式教学的优化与渗透

传统"工科高等代数"教学内容主要由多项式理论和线性代数两部分组成，而在以"基础训练和科学研究"为特色的航空航天领域，显然不能、也不应该照搬传统的教学内容，应该在深入调查航空航天专业核心课程所需数学基础知识的基础上，根据人才培养方案对教学内容进行选择、优化和补充。在帮助学生掌握基础的代数思想和研究方法的同时，能通过利用矩阵和向量空间两大理论工具，解决本专业研究问题，实现"工科高等代数"与航空航天领域的有机融合。

为了充分体现"工科高等代数"的应用价值和其在航空航天相关专业核心课程中的基础支撑作用，必须引入具体的应用案例，注重代数系统本身的逻辑。特别是在"高等代数"与"航空航天"相互渗透、理论与实践相互结合的情况下，应当让学生亲身体验"工科高等代数"在解决

实际问题中的作用,提高学生学习和应用代数知识解决实际问题的能力和积极性,才符合新工科背景下航空航天专业人才培养的基本要求[6,7]。

本文主要结合矩阵、向量等数学概念和数学工具在航空航天领域中有关信息处理的需求,提出以下四类应用案例,形成过程如图 1 所示。

(1) 马尔可夫链的矩阵表示及其在目标跟踪中的应用案例

在进行马尔可夫链的矩阵表示教学时,通过构建目标跟踪的应用场景,建立目标跟踪模型的矩阵和向量表示形式,设计迭代形式的目标跟踪算法,将马尔可夫链的概念及其矩阵、向量的描述形式应用到目标跟踪中,形成一个从目标跟踪模型的矩阵描述、跟踪算法的矩阵计算、到数值仿真例子实现的案例。

(2) 线性方程组求解的最小二乘法及其在目标定位中的应用案例

在进行线性方程组求解的最小二乘法教学时,通过构建目标定位的应用场景,分别设计矩阵列满秩和列不满秩时求解误差的最小二乘准则,将如何获取无解的线性方程组的次优解以及如何采用最小二乘准则进行求解应用到目标定位中,形成一个从线性方程组求解、最小二乘准则设计、目标定位算法的矩阵计算、到数值仿真例子实现的案例。

(3) 线性二次型在无人机轨迹跟踪中的应用案例

在进行线性二次型教学时,通过构建无人机轨迹跟踪场景,建立轨迹跟踪模型,设计线性二次型形式的最优控制器及求解方法,将线性二次型运用到无人机轨迹跟踪系统控制中,形成一个从无人机轨迹跟踪模型的矩阵描述、线性二次型控制算法的矩阵计算到数值仿真例子实现的案例。

(4) 矩阵理论在多智能体系统协调控制中的应用案例

在进行矩阵理论教学过程中,通过构建多智能体系统协调控制场景,建立基于图论的协调控制模型,设计基于状态反馈的协调控制器及求解方法,将矩阵理论运用到多智能体系统协调控制中,形成一个从多智能体系统协调控制的矩阵描述、协调控制算法的矩阵计算、到数值仿真例子实现的案例。

以上案例的引入,不仅能帮助学生深入了解和学习马尔可夫链、线性方程组求解、线性二次型、矩阵理论等基础知识,还有助于通过案例分析提高学生学习高等代数的抽象思维能力,激发学生掌握新的数学工具的兴趣,培养学生在航空航天领域中的数学建模能力和解决实际问题的能力。

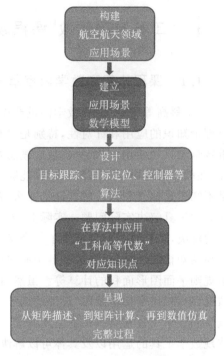

图 1　案例形成过程

2.2　多元化信息技术的设计与引入

新工科背景下的教育教学改革内容之一就是信息技术与课程深度融合。所谓信息技术与课程整合,是在移动互联网技术、数字技术和人工智能技术等新一代信息技术支持下,将新技术创造性集成融合于课程和教学,以追求学生自主、合作、探究和高效学习为目的的教育信息化过程。近年来,信息技术与学科教学的结合不仅丰富了课堂的呈现形式、交互方式,拓展了教学的广度与深度,还提高了学生对学科学习的探索能力、自主能力,增强了师生信息素养,促进了教与学方式的转变,提升了教与学的质量,弥补了传统教学模式的不足[8,9]。因此,新工科理念下,为促进"工科高等代数"与航空航天领域的有效结合,本文提出以下两种将信息技术引入教学过程的方式。

(1) 制作微课视频灵活展现知识点

"工科高等代数"是一门数学基础课,课程内容难度高且较为抽象,学习起来较为枯燥、不易理解。正式导入课程内容前,可先以播放一段精心制作的微课视频的方式,更立体、更精炼、更形象的展现即将要讲授的内容,让课堂气氛变得轻松有趣,以学生易于接受的方式,吸引学生主动探索知识的欲望,增进学生对知识的理解与掌握,进而提高课堂教学的效率与质量。例如,本文提出的案例——马尔可夫链在目标跟踪中的应用,可通过微课视频的方式,将目标跟踪在航空航天工程中的具体应用如视频监控的实现方式等展示出来,吸引学生注意力,进一步剖析马尔可夫链这一数学工具在其中起到的作用,增进学生对知识的渴望,驱动学生自主学习。课中,也可通过微课视频的方式,将板书难以表达的部分更直观地展现出来,强化学生对知识点的理解。

(2) 增加上机实验课巩固知识点

"工科高等代数"在航空航天专业的开设需要为学生更顺利的开展专业研究打好基础,只有用好数学工具才能够提高解决实际问题的效率。为优化教学过程,需要灵活开设上机实验课,以有效地将课堂上的"平面化内容"立体化,弥补课堂教学中语言描述的苍白与不足,提升学生参与感,促进课堂的交互与自主探索。例如,线性代数存在繁琐的矩阵运算,随着矩阵阶数的增加其运算量急剧增加,尤其在解决实际问题的数学建模过程中,计算机的应用就势在必行。目前,MATLAB 软件已经初步用于"工科高等代数"的教学和学习中,简单的 MATLAB命令就能实现矩阵的相关运算,学生可以利用 MATLAB 实现矩阵模型的建立和求解,同时提高了解决实际问题的能力。据了解,已经有一部分能力出众的大一学生了解一些数学常用软件,而且能够初步运用解决问题,加以训练的话,不仅能够更加直观理解数学概念,而且能够结合应用案例解决实际问题。因此,如果能够改变传统的教学模式,将应用案例引入课程教学,灵活增加上机实验课的次数,对提升工科学生解决实际问题的能力具有重要的意义。

3　结　论

新工科背景下"工科高等代数"教学改革关系到我国创新人才培养质量好坏的重要环节。本文针对"工科高等代数"课程体系和教学内容单一、教学模式单一等问题进行了深入分析,并在此基础上提出了一套新工科背景下"工科高等代数"教学模式改革方法。

1) 把矩阵、向量等概念和性质以及计算方法反映到应用案例中,根据建模过程合理设计案例场景,使得设计的场景既能在一定程度上解决实际问题,又能易于数学表达和处理,便于学生理解和实现。

2) 结合多元化的信息技术激发学生学习应用案例的兴趣,通过增加视频展示与上机实验课的方式让学生在有限的时间内乐于学习应用案例并尽快掌握解决实际问题的方法。

教学实践证明,提出的教学模式改革措施可有效激发学生的学习热情、科学情怀,调动了大部分学生对"工科高等代数"的喜爱程度。同时也弥补了新工科背景下人才培养方面的难点,在促进航空航天类创新人才培养方面具有重要的实践价值。

致　谢

感谢 2021 年北京航空航天大学"新工科背景下'工科高等代数'应用案例设计与教学模式探索"本科教改项目的支持。

参 考 文 献

[1] 钟登华.新工科建设的内涵与行动[J].高等工程教育研究,2017,3:1-6.

[2] 刘吉臻,翟亚军,荀振芳.新工科和新工科建设的内涵解析——兼论行业特色型大学的新工科建设[J].高等工程教育研究,2019(3):21-28.

[3] 王武东,李小文,夏建国.工程教育改革发展和新工科建设的若干问题思考[J].高等工程教育研究,2020,1:52-55.

[4] 吴振英.新工科背景下高等数学课程教学改革探索[J].高教学刊,2022,8(21):144-147.

[5] 赵辉,罗来珍,李兴华."互联网＋大学工科数学课程"教学改革路径研究与实践[J].大学数学,2022,38(3):42-46.

[6] 郑丽娜,吴瑞林.工程学科如何面向智能化转型升级——以麻省理工学院航空航天学科为例[J].中国高教研究,2022,4:37-43.

[7] 施大宁,梁文萍.航空航天特色新工科建设的思考与探索[J].中国大学教学,2018(9):26-28.

[8] 李奕霏,简金宝,王新哲.智能时代背景下高等教育教学改革路径探微[J].高教论坛,2021(6):54-57.

[9] 曾思明,万频,陈安,等.基于现代信息技术的实验教学过程评价[J].高等工程教育研究,2021(6):62-67.

"虚拟现实技术"课程开放式考核方法改革实践

赵永嘉[1]   邸琳子[2]   雷小永[1]

(1. 北京航空航天大学 自动化科学与电气工程学院,北京   100191
2. 北京航空航天大学 教务处,北京   100191)

摘   要:针对计算类课程以培养学生胜任力为目标的客观需求,在本科"虚拟现实技术"课程教学实践中,提出兼顾检验学生学习成果和引导学生达成教学目标的开放式考核方法体系,通过设计教师为主导、学生为主体的与课堂教学平行的课后实践过程,引导学生在问题提出、方案设计、系统开发、研发总结等考核环节中,以文献综述、开发实践、总结报告等形式给出阶段性成果,进而形成面向过程绩效的考评机制,并针对开放式考核方法常遇到的学生参与力不足问题给出了相关对策。实践表明,该方法能够让学生全程主动参与到所设计的教学过程中,取得了良好的教学效果。

关键词:虚拟现实;开放式考核;胜任力;过程绩效;教学实践

在全面培养卓越工程人才的大背景下,计算类课程正在从"面向知识的教育"转向"面向胜任力的教育"[1,2],北京航空航天大学本科"虚拟现实技术"课程在新版教学大纲中已明确提出以胜任力培养为教学目标[3],面向航空航天等工业领域对"X+VR"复合型人才的需求,从知识、技能、素养三个维度,建立本科"虚拟现实技术"课程合格学生的胜任力模型,并通过基于项目的教学和导学机制,实现了以教师为主导、以学生为主体的全方位、全过程育人过程,该探索与实践成果具有重要的现实意义。

在本科"虚拟现实技术"课程胜任力模型中,技能的获取和素养的养成都不是可以通过较短时间、抱着书本突击就可以获得的能力。学生只有在整个教学周期内,甚至更长的时间里,在主讲教师的引导下,通过自我规划、主动实践、迭代总结才能达成课程所要求的在知识、技能和素养三个维度上的胜任力目标。这对本科"虚拟现实技术"课程考核体系的构建和考核方法的设计提出很高的要求。一方面,考核体系应该能够反映该课程合格学生胜任力的要求,考核分数应该能够体现学生在知识、技能和素养三个方面的综合能力;另一方面,考核方法应该是融入在教学全过程中的,可以将考核体系中的考核目标有效分解到日常学习实践中,形成过程绩效,实现对学生学习目标、学习手段、实践过程的全程引导。

虚拟现实技术具有很强的综合性和实践性,通常采用开放式考核方法对学生的学习效果进行评价。传统开放式考核方法主要有学生自主选题或老师提供选题这两种命题方式。确定选题后,学生依照题目开展学习实践,并基于学习实践的成果形成用于考核的期末报告。这些方式虽然鼓励学生动手实践,但往往存在教学环节中学到的知识与考核环节中所被考核的能力之间脱节的问题。

本文提出一种兼顾检验学生学习成果和引导学生达成教学目标的开放式考核体系,通过设计与课堂教学环节相平行的基于项目流程的课后实践要求与过程,引导学生在问题提出、方案设计、系统开发、研发总结等实践环节中以文献综述、开发实践、总结报告等形式给出阶段性成果,基于这些阶段性成果对学生的学习过程绩效进行评价,实现对学生胜任力水平的考核。实践表明,该方法能够让学生全程主动参与到所设计的教学过程中,在虚拟现实知识学习、技能获取、素养达成等方面均取得良好的教学效果。

1　开放式考核体系框架

考核体系设计思路是强调面向学生学习实践过程绩效,在主讲教师的引导下,学生要完成一个与课堂教学相平行的课外学习实践活动。整个过程以项目为驱动,主要分为策划、实施和总结三个阶段,如图1所示。在策划阶段,学生通过阅读文献,了解虚拟现实相关领域的国内外研究现状,选择感兴趣的研究方向,经过仔细思考,确定期末论文的主题。在实施阶段,学生根据所选期末论文的主题开展研究和实践。期末论文有两种类别:综述类和开发类。开发类期末论文需要完成一个完整的虚拟现实项目,该项目过程包括技术方案设计、开发、集成、测试、部署等。综述类期末论文首先要确定研究方法,然后在阅读大量相关文献的基础上,对虚拟现实的某个具体领域或方向的相关研究进行对比分析,并形成结论。在总结阶段,根据研究或者开发成果,基于主讲教师提供的文档模版,撰写期末论文。

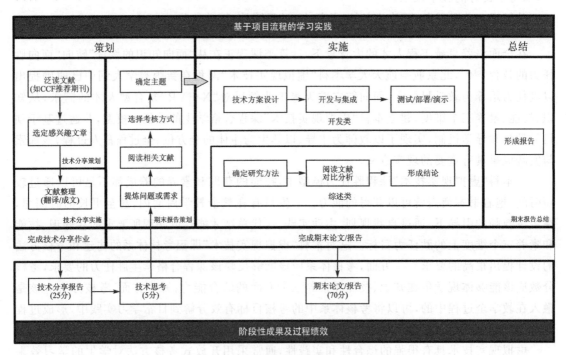

图 1　面向过程绩效的考核方法框架

策划阶段的成果为技术分享报告和技术思考报告,两个报告在每学期期中前后一起提交;实施阶段的研究成果以期末论文或报告的形式于期末提交,对于开发类作业,还要提交项目关键性代码和展示效果视频。

期末成绩设计为百分制,其中技术分享报告占 25 分,技术思考报告占 5 分,期末论文占 70 分。通过上面的分析可以看出,三个考核内容不是孤立的,从技术分享开始,到期末论文完成，相当于完成了一个完整的项目实施过程[3,4]。

整个考核体系是开放式的，不限制学生课外学习实践的主题和技术路线，但对课外学习实践的阶段性成果的内容和形式进行严格要求，制定了考核细则手册[4]，将技术分享报告、技术思考报告和期末论文的考核分别分解为 5、3、7 个评价要点，这些评价要点都直接反映了胜任力模型中对综合素养的要求[4]。具体实施要点详见第 2 节。

从技术分享报告、技术思考、期末论文的工作量看，学生很难采用突击的方式完成这些阶段性成果，所以如果按照 1:1 的课堂教学和课外自主学习实践时间占比，学生需要从第一节课的课后开始就要主动开展工作，才能按期完成技术分享、技术思考和期末论文等阶段性成果。经过几年的教学实践，对于阶段性成果提交时间的安排也基本做到了与完成该成果所需的课外工作量（按照 1:1 的课堂教学和课外自主学习时间比）相匹配，例如技术分享报告和技术思考需要在 6 周左右完成，提交时间在第 7 周左右，项目开发或者文献综述需要 8～10 周时间，所以提交期末论文的时间大约在第 16 周。

2　考核具体实施要点

2.1　技术分享报告要求及评分标准

按照本科虚拟现实课程合格学生的胜任力要求[3]，围绕感兴趣的虚拟现实领域研究方向，学生应掌握最新相关文献检索、阅读、整理、比较和归纳成文的能力。为了达成该目标，主讲教师要求学生在泛读虚拟现实领域相关文献的基础上，选择感兴趣的一篇或者多篇论文进行精读，并对论文内容进行总结归纳，形成技术分享报告。技术分享报告是考核上述能力的依据。在具体实施过程中，主讲教师要求学生从 CCF A 类和 B 类与虚拟现实相关的当年国际会议或期刊中选择文献进行分享，一方面让学生了解虚拟现实领域技术前沿，另一方面通过阅读顶刊顶会文章来提高学生的学术素养。

技术分享报告由学生独立完成。要求语言流畅，可读性强，严格按照模版要求进行排版；图文并茂，可直接使用文献中的图表，截图要完整清晰；需请其他同学帮助校对，并在文末对其表示感谢；对文献背景或问题描述、未来发展方向等可以稍作发挥。

另外，技术分享报告对所涵盖内容的要求包括：① 准确描述文献解决什么问题，隶属于什么背景领域；② 文献所解决问题的相关国内外研究现状；③ 该文献相比其他文献，在所解决的问题或采用的方法上的特色或突出之处；④ 针对文献要解决的问题，描述总体方法框架；⑤ 逐项描述文献中提出的关键方法；⑥ 描述文献中的实验设计，包括实验条件、实验内容、实验结论以及作者关于实验结果的讨论；⑦ 描述文献的不足之处，展望将来有可能的研究点。

技术分享报告的评分标准如表 1 所列。

表 1　技术分享报告评分标准

评分维度	分　值	评分标准
规范性	5	按照排版要求；5分，差一项扣1分
完整性	7	按照内容要求；7分，差一项扣1分

续表 1

评分维度	分　值	评分标准
准确性	4	专业词汇和作者用意理解准确 4 分,否则酌情扣分
可读性	5	文笔流畅可读性强 5 分,否则酌情扣分
原创性	4	独立完成 4 分,有拼凑痕迹酌情扣分

2.2　技术思考报告要求及评分标准

按照本科虚拟现实课程合格学生的胜任力要求[3],在广泛阅读相关文献的基础上,学生经独立思考之后,应具有形成文献结论和提出新问题的能力。为了达成该目标,主讲教师要求学生能够对所阅读的文献进行准确高度概括,并且通过翻译、阅读文献,针对某种技术或者应用背景,提出自己新的见解,包括但不限于:解决方案、技术手段、应用等。技术思考报告是考核上述能力的依据。

技术思考报告要求语言流畅,可读性强,严格按照模版要求进行排版,其评分标准如表 2 所列。

表 2　技术思考报告评分标准

评分维度	分　值	评分标准
准确性	1	陈述的事实(如对所分享文献的概述)准确给 1 分,否则 0 分
逻辑性	1	问题的提出有逻辑性给 1 分,否则 0 分
独立见解	3	在调研基础上有独立见解给 3 分,否则酌情扣分

2.3　期末论文要求及评分标准

按照本科虚拟现实课程合格学生的胜任力要求[3],基于在技术思考报告中所提出的问题,或在该问题基础上所形成的具体项目需求,学生应具有项目立项、需求分析、方案设计、软(硬)件开发、集成测试、评估、总结成文的能力。为了达成该目标,主讲教师要求学生在一定工作量和工作标准的学习实践基础上,完成期末论文的撰写。期末论文是考核上述能力的依据。

在具体实施过程中,期末论文有两种类型,即综述类论文和开发类论文。开发类论文要求开发一个虚拟现实相关项目,在虚拟现实项目的基础上完成期末论文,并提交相关附件;综述类论文要求学生基于某个感兴趣的技术方向,在阅读大量文献(不少于 30 篇)的基础上,完成技术综述,作为期末论文。学生选择其中一种论文类型,但主讲教师会通过提交源代码加分等多种方式,引导学生更愿意选择能够锻炼动手能力和工程思维的开发类论文。

主讲教师会给学生一些主题进行参考,但不推荐学生把这些主题作为期末论文主题,以免限制学生们的想象力。期末论文的主题可以是专题扩展、课程设计或者是概念创新。专题扩展是针对虚拟现实领域某一具体问题,给出解决方法并编程实现,如视差参数与沉浸感的关系、基于光学标记的稳定高精度跟踪等等;课程设计是实现一个具体的虚拟现实应用,如虚拟校园漫游、3D 声音模拟等;概念创新是提出新的视觉、听觉、触觉反馈方式,或者运动跟踪及交互方法,如基于手势的自然交互、LBS 的共享虚拟现实等。

开发类期末论文需要涵盖以下内容:① 摘要,200 字左右,对论文内容进行概述。② 背景需求,说明论文的研究背景和意义。③ 调研情况,在阅读文献或调研其他相关项目的前提下进行总结,并说明本项目的特色。④ 方案,包括项目目标和详细方案。项目目标要逐条列出,项目方案要图文并貌,图至少要包括总体框架,使用流程等框图。如果为多人完成的项目,要列出每个人具体分工,并详细说明自己负责部分的具体方案。⑤ 效果,图文并貌的介绍开发项目的运行效果。如果为多人完成的项目,重点介绍自己负责部分的运行效果。⑥ 测试,对研究目标列出的要求进行逐项测试,并进行评估。如果为多人完成的项目,重点对自己负责部分的工作进行评估。⑦ 开发过程总结。

综述类期末论文需要涵盖以下内容:① 摘要,200 字左右,对论文内容进行概述。② 背景需求,对技术领域的背景进行概述。③ 技术综述框架,通过调研和阅读文献,给出文献综述的总体框架和分类方法。④ 技术叙述,按照所给出的总体框架和分类方法,对具体技术进行逐项描述。⑤ 对所提及的技术进行对比分析。⑥ 结论。

期末论文要求语言流畅,可读性强,严格按照模版要求编写,引用其他论文的地方应该及时标注;图文并茂,截图要完整清晰;需请其他同学校对,并在文末对其表示感谢。开发类论文必须要有实现后的效果,参考文献不少于 5 篇;综述类论文必须全篇自己独立编写,不得照抄文献,参考文献不少于 30 篇。开发类论文如要组队,则一个项目小组不能超过 3 个人;在组队的情况下,每个组员的论文应独立完成,着重撰写自己的主要工作,并在论文中明确写出每一名组员的分工;最终提交作业时,通过百度云把整个项目源码、视频和所有组员论文电子版一起提交。

为了引导学生动手实践,在标准分数基础上额外增加项目奖励分,以此来引导和鼓励同学们选择开发类期末论文。项目奖励分最多给到 10 分,由老师根据论文提交情况酌情评分,且成绩总分最高为 100 分。为了得到项目奖励分,学生需要提交包含源代码的工程文件以及项目短视频,项目短视频分辨率为 1920×1080,时长为 3~5 分钟,内容应该经过仔细剪辑,至少应该包括:①标题和创作者;②项目效果展示;③构思和项目总结;④配音和字幕。

期末论文的评分标准如表 3 所列。

表 3　期末论文评分标准

评分维度	分　值	评分标准
规范性	5	按照排版要求:5 分,其他情况酌情扣分
一致性	12	按照内容要求,且标题与论文主题一致,摘要与正文对应,章节标题与正文对应,框图与正文对应,关键词一致:12 分,其他情况酌情扣分
参考文献	7	按照参考文献要求:7 分,其他情况酌情扣分
团队协作	11	团队协作分工合理,工作量均饱满:11 分,否则酌情扣分
独立工作	19	按照内容要求,且方案合理,细节充分,体现独立工作能力。本部分酌情给分
结果呈现	16	开发类要配图,综述类要给出对比总结过程。本部分酌情给分
奖励分	5~10	额外奖励 5~10 分,基于是否 1)提交源码;2)创作项目短视频;3)进行公开开题、答辩、展示

3　提高学生参与力的对策

本文提出的开放式考核方法是面向过程绩效的,根据该考核方法的设计理念,学生需要且必须在整个教学周期内全程参与所要求的学习实践,才能更好的完成考核所需的阶段性成果。但在实施该考核方法早期,依然存在学生参与力不足的情况,主要表现在:

1)虽然主讲教师对考核细则进行多次宣贯,学生依然没有及时开展课外学习实践,习惯性的等到报告提交时间临近时,再突击完成,报告质量不高,研究实践不充分。

2)部分学生没有充分理解考核细则的要求,按照自己的想法开展学习实践,提交的报告在参考文献数量及标注、报告格式、项目测试工作等方面不符合要求。

3)在基于小组的项目实践中,存在部分同学主动或被动"摸鱼"现象,小组的开发工作量集中在一两个同学身上,其他人贡献不大,分工不均导致整体工作量不够充足。

通过调研和分析,导致学生参与力不足的原因总结如下:

1)在传统课堂教学中,主讲教师是主导者,学生以被动听课为主,对于虚拟现实这样实践性很强的课程,学生还没有切换到主动学习、自发研究的状态中。

2)学生习惯应对闭卷或者命题式的考核方式,两者都有"标准"答案且题目容易理解,本文提出的考核细则需要学生首先要花一定精力去弄懂要做什么和如何做。

3)学生缺乏工程思维训练,在学习实践中缺乏长期有效的目标,对虚拟现实产业发展缺乏认识,对于项目范围确认、任务分解、资源组织经验不足。

为了解决在考核体系贯彻过程中学生参与力不足的问题,主讲教师在教学过程中融入了课程思政元素[5],同时给出了如下对策:

1)制定以"如何完成课程考核"为主题的考核手册,详细说明考核体系框架、原理、方法论,对考核内容进行模块化分解,展示每个模块的实施要求、评分标准,让学生有"法"可依。

2)将考核手册电子化、云端化,发布到公众号、教学平台上,学生可以随时取用查阅,减少因为不方便阅读考核要求导致的提交报告质量降低。

3)将考核体系进行分解,分解成文献阅读、提出问题、项目实践等三个阶段,每个阶段都设计对应的案例内容,在课堂教学中进行讲授。

4)在课堂教学中采用三段法,即在每次2学时的课堂教学中,首先对本周应该完成的学习实践内容进行复盘,然后讲授新知识内容,最后安排下一阶段的学习实践要求。

5)在项目实践阶段前期,组织学生进行小组讨论、开题汇报,在项目完成之后,组织学生进行研制总结答辩,让学生切换到主动学习的状态,并尽量兼顾学习程度不同的每一位学生,不让任何一位同学在该考核体系中掉队。

坚持多种渠道开展师生互动,多方面引导学生主动参与、积极实践,达成虚拟现实课程的胜任力目标。

4　考核方法实践成效

本科虚拟现实课程采用面向绩效的开放式考核方法,已经开展了近三年的教学实践,考核体系不断迭代、持续优化,取得了良好的教学效果,达成了既定的课程培养目标。学生在考核体系中的参与力逐年加强,学生的主动研究、实践动手能力得到充分锻炼,特别是在项目策划和实施阶段的研究成果水平显著提升。学生课堂反馈和期末评语均反映,大部分学生认为自己在虚拟现实课程中完成的实践活动,是一个有研究目标、技术方案、实现效果、测试结论的完整项目。部分同学将该项目经历作为大学期间的主要科研实践经历,写在个人简历上;部分同学将虚拟现实课上的项目继续完善,参加学校组织的"冯如杯"学生学术科技作品竞赛,取得了很好的成绩。

致　谢

本课题得到了北京航空航天大学教改项目《面向胜任力达成的"虚拟现实技术及应用"教学改革实践》(4003218)的支持。

参 考 文 献

[1] CC2020 Paradigms for Future Computing Curricula. Technical Report[R/OL]. ACM/IEEE. In Press. Draft Version. http://www.cc2020.net/.

[2] 贺平,王小平.新工科工程科技人才胜任力模型研究——基于洋葱模型视角[J].中国高校科技,2020 (04):63-66.

[3] 赵永嘉,邸琳子,雷小永.面向胜任力培养的虚拟现实本科教学改革实践(C)//第三届全国高等学校航空航天类专业教育教学研讨会论文集,2022:499-505.

[4] 赵永嘉.2022 年秋季的虚拟现实课,你要这样交作业[N/OL]. https://mp.weixin.qq.com/s/ehM32DOIlee9j_qXT9UYHw.

[5] 赵永嘉,邸琳子.面向胜任力达成的虚拟现实课程思政教学改革(C)//第二届全国航空航天类课程思政教学改革论坛,北京:北京航空航天大学,2021:1-7.

"线性代数"课程教学改革与探索

刘杨　李文玲

（北京航空航天大学 自动化科学与电气工程学院，北京　100191）

摘　要：随着"双一流"建设的推进，为了培养杰出人才，高校本科阶段的教育质量是重中之重，必须努力推进本科生教育教学改革。"线性代数"是本科众多专业的基础课程，奠定了本科阶段的数学基础，其教育质量极大影响后续的本科教育效果。本文分析了线性代数教学中存在的问题，进而以"问题驱动"的教学方式对课程的教学内容、教学模式等进行优化，同时对考核方式的改进以及加强课程思政建设等方面进行探索，在增强学生对知识点掌握熟练程度基础上，培养他们理论实际相结合的能力，以满足"双一流"对人才培养的要求。

关键词：线性代数；教学改革；高等教育；问题驱动；教学设计；"双一流"

引　言

当今世界，各个国家都在进行激烈竞争，其中最重要的就是人才的竞争。世界一流大学和世界一流学科，简称"双一流"[1]，是中共中央、国务院做出的重大战略决策，也是中国高等教育领域继"211 工程""985 工程"之后的又一国家战略，明确提出培养拔尖创新人才的核心地位，有利于提升中国高等教育综合实力和国际竞争力，为实现"两个一百年"奋斗目标和实现中华民族伟大复兴的中国梦提供有力支撑[2]。一流的人才培养是建设世界一流大学和一流学科的重要基础和基本特征，只有培养出一流人才的高校，才能够成为世界一流大学[3]。"双一流"计划的其中一个目标就是全面振兴中国本科教育，使得中国在本科教育方面形成压倒性优势。而在高等院校本科教育阶段，"线性代数"这门课程有着重要的地位。

"线性代数"是高等院校理工类与经管类各专业必修的一门公共基础课，它的理论和方法已渗透到各个学科领域，在数学、物理学和各种技术学科中都有重要的应用，在国民经济与科学技术等方面有着广泛地应用，因此在代数分支中占据首要地位，是大学数学基础课程的重要组成部分。线性代数课程是用线性的观点看待问题，并用线性代数的知识去解决它。线性代数的内容包括向量、向量空间、线性变换、线性方程组以及相关的矩阵、行列式、二次型向量等内容。线性代数展示了几何观念与代数方法之间的关联，从具体的概念抽象出对应的公理化方法，包含严谨的推理与巧妙的综合归纳，对于强化人们的数学思维是非常有用的。在生活中，许多实际问题都可以进行线性化，我们也可以借助计算机计算非常复杂的线性问题，线性代数正是解决这些问题的有力工具。结合"双一流"建设任务，为了更好地培养更多应用型专业人才，各专业对线性代数课程的教学提出了更高的要求。

在"双一流"建设的背景下，线性代数作为大学众多专业的基础课程，必须顺应教育的发展，理论联系实际，为各专业提供坚实的数学理论基础。因此，其教学质量非常关键，是大学生培养的基础课程之一。本文简述了线性代数课程教学中存在的一些问题,并对改进这些问题进行了思考,考虑引入一些应用案例加入教学内容中,通过"启发式"的教学设计,采取"问题驱动"的教学方式,介绍线性代数的知识背景与历史,设置相应的上机教辅环节,并创建线上线下混合的教学模式等增强教学效果,并在教学过程中开展课程思政建设,提高学生的学习兴趣,培养学生的实践和创新能力,最终培养出对知识掌握更扎实,更富有创造力的学生。

1　线性代数课程教学存在的普遍问题

随着"双一流"建设的不断推进,国家对本科生的教育有了更高的期望,对线性代数课程的教学质量也有了更高的要求。基于更高的人才培养要求,目前线性代数课程的教学环节还存在一些不足之处[4],在此进行简述。

1.1　教学内容

线性代数的知识更加抽象。线性代数作为高校的重点数学课程,它的研究对象是向量、线性空间、线性变换和有限维的线性方程组,这些知识与学生高中接触的知识是完全不同的。相对高中的知识来讲更加抽象,与高中的知识衔接不太紧密,学生学习的难度上升。线性代数课程对新生来讲过于教学化,教师在上课时花费大量时间讲述相关的定义、定理以及解题的演算环节,内容量大,知识点密集,学生很容易听得如堕云里雾中,枯燥乏味,对线性代数不感兴趣,昏昏欲睡。而且学生接触的都是知识,而没有具体的实践应用,容易忽视线性代数课程的巨大作用,这对课程的教学是不利的。

1.2　教学方式

教学方式传统,手段单一。线性代数课程一般采用讲授的方式教学,课堂上教师讲述知识,学生一般处于倾听的立场。这样做一方面教学效率高,减少了学生在自主学习中遇到的困难,体现了教师在教学中的主导性。但是另一方面,这种教学方式使用不当也有可能演变成单纯的灌输式教育,老师仅仅将知识传授给学生,学生被动地学习,几乎没有独立思考与交流互动的时间,可能老师的讲授非常辛苦,但是学生学习的效率不高。长时间这样学习会导致学生自主探索的能力下降,这对未来培养杰出人才的目的是相悖的。更好的教学方式不仅要传授给学生知识,也应该将一些相关的实际应用联系起来,培养学生主动拓展相关知识,主动进行自主学习,并将已有的相关知识联系起来的能力。

1.3　考核方式

在传统的教学方法中,考核方式也存在形式单一的问题。传统的考核一般是通过课后作业和卷面考试的方式进行。习题占的比重相当大,主要考察学生对所学定义及相关定理的掌握情况,以及相应知识的数学运算和证明能力,这可能导致学生过于看重习题,能够熟练进行数学运算和证明,但将知识在未来的应用场景中熟练应用的能力不足。在培养学生时也应看重他们应用线性代数理论解决实际问题的实践和创新能力。

1.4　课程思政

线性代数课程思政有待加强。党的十八大以来,国家对课程的思政建设更加重视,2016年12月,习近平总书记在全国高校思想政治工作会议上指出:我国高等教育肩负着培养德智体美全面发展的社会主义事业建设者和接班人的重大任务,必须坚持正确政治方向[5]。2020年,教育部印发了《高等学校课程思政建设指导纲要》,开始全面推进高校课程思政建设[6]。表面来看,线性代数课程不适合进行课程思政,因为其作为一门数学课,理论性较强,教师重点在知识点的讲授,而且对线性代数的课程思政研究较少。但在线性代数中展开课程思政也有其独特的优点[7]。线性代数课程作为一门基础的数学课,其授课范围是理工类、经管类的几乎所有专业的学生,在线性代数中开展课程思政是收益巨大的。且线性代数是大一学生的必修课程,是大学生最开始接触的课程之一,大学生刚刚脱离了高中的学习,走入了大学,正是刚开始接触社会,开展更多社会活动的时期,在此阶段进行课程思政,帮助学生在此阶段树立良好的道德观念,有助于培养学生的爱国情怀,树立良好的道德观念。最后线性代数作为基础数学课程,涉及的学科众多,知识点密集,有许多知识进行拓展,可以进行课程思政的建设。

2　课程教学改革探索及举措

线性代数课程改革主要从教学内容优化、教学模式改进、课程思政建设、考核方式创新入手,以"双一流"建设目标为指导思想,积极改革高校线性代数课程体系。针对学生学习的困难,丰富教学内容,完善教学手段,增强学生对知识的掌握能力,并培养学生将理论与实际结合的能力,鼓励学生在实践中应用所学知识点,更好地发挥线性代数课程在本科生培养阶段的重要作用。

2.1　转变传统教学方式、探索"问题驱动"的教学设计

高校线性代数课程应当更加与时俱进,顺应双一流建设,培养学生顺利运用知识的能力。为此,需要推进线性代数课程的教学内容改革,与新时代教育的要求,学生发展要求更加对接。在讲述线性代数相关知识时,应该引入数学史相关内容,介绍矩阵及相关知识的来历,让学生学习知识更有代入感。如果从一开始就讲述专业的知识点,学生不仅难以理解,更会疑惑知识是怎么来的,只是单纯的记住知识,而不能将知识与实际问题联系起来。在讲述各个知识点时,最好也将知识与对应的历史结合起来。比如,高斯在预测谷神星轨道时运用了最小二乘法,学生们知道这些历史后,可以明白知识是为实际问题服务的,了解相关知识的来历,引起学生兴趣的同时,培养学生对理论知识的应用能力和解决问题的能力,满足"双一流"建设对人才培养的需求。

线性代数的矩阵等相关内容对学生来说是全新的知识,且向量组等相关教学都过于抽象,若是仅仅进行知识的灌输和讲授,学生很容易感到枯燥,一些逻辑能力较弱的学生,学习起来会觉得苦恼。在实际教学过程中,应该注重知识难度从易到难,深度由浅至深,参照人们认识相关知识的顺序,以此增强学生学习自信,增强学生的学习效率。在面对抽象的问题时,人们往往通过参考具体的事例进行理解,在讲授线性代数时也应将知识与具体的应用结合起来,通过"启发式"的教学设计,将实际的应用例子自然融入线性代数课程的教学中,采取"问题驱动"

的教学方式,在教学过程中激发学生的学习热情和学习兴趣,培养学生学好数学、用好数学的思想。线性代数作为理工类高校的基础课程,在众多学科中都有丰富的应用,最好根据专业方向,介绍线性代数在专业中的相关应用。比如工商管理类专业,可以将二次型与线性规划问题结合起来,说明线性代数的巨大作用。在计算机类专业,介绍图像的相关知识,图像在计算机中用矩阵表示,自然说明矩阵的优势。在理工类专业,多智能体系统在航空航天、交通等领域应用广泛,而多智能体的行为可以通过矩阵的理论进行数学表述。应用案例的引入,使学生了解如何用线性代数解决实际中看起来很复杂的系统问题。让学生们在学习伊始就意识到课程的巨大潜力和重要性,在将来接触实际应用时也不会感到陌生,激励同学们努力学习课程相关知识。引入这些具体案例,也可以丰富课堂内容,活跃课堂气氛,引导学生进行思考,有利于提高学生在学习时的自主性和积极性。让他们在牢固掌握学习的线性代数知识的基础上,培养他们运用这些理论知识解决实际问题的能力,做到理论联系实际、学以致用。

2.2 增设课后上机实践和开放式作业

当今社会互联网发展迅速,为应对应用越来越广泛的互联网,线性代数课程的教授中也可以引入计算机。在课堂教学和课后作业的布置中,可以增加上机计算及仿真实践的教学环节,让学生应用 Matlab、Mathematica 等基本数学软件或 Python、C++、Java 等语言编程求解行列式、矩阵的乘法等相关运算。现在随着计算机的发展,纯粹的计算越来越不需要人类的参与,基本都是编程完成,因此可以适当降低课后作业和考试中对学生计算能力的要求,转而培养学生用计算机编程解决对应问题的能力。以后在面对需要复杂计算的应用场景时,学生能熟练地通过计算机完成对应的计算,并在需要建模的环境下进行正确的建模仿真,学生应用熟练后有助于提高学生解决实际问题的能力,对线性代数相关知识的了解也更加深入。

在教学环节应该采取线上线下混合的模式,合理运用线上教学平台,实现课程信息化建设。线上教学不是线下教学的重复,应该作为线下教学的补充。其中,线上可提前为学生制作有关线性代数讲解的相关视频,通过网上教学平台引导学生提前预习,思考相关的问题,让学生对学习的内容和重点有了解,以便线下教学的课程更有效率。并且在网上教学平台可以组织学生答疑解惑,总结重点与注意事项,鼓励学生们充分讨论,在线上教学平台对一些教学环节进行补充与强调。鼓励学生对相关教学案例进行研讨,对线性代数进行更多思考,提出自己的看法与见解,鼓励学生在课堂上进行课堂展示,介绍线性代数相关知识或自己的独到见解,可以考虑纳入考核加分环节。一些通过计算机完成的作业的提交,课堂测试以及对教学进行评价反馈等环节都可以在线上教学平台完成,实现高质量的教学课堂。

本着因材施教的教学理念,对一些学有余力的同学可以布置一些开放式的选做作业。主要锻炼学生们查阅相关文献,自主学习解决实际问题的能力,培养学生的科学素养。更应该鼓励学生参加各类竞赛,如各类数学建模竞赛,ACM – ICPC 国际大学生程序设计竞赛等,培养学生组队合作,分析并解决问题的能力。为后续的毕业设计、学科竞赛、科研工作奠定良好的基础。

2.3 挖掘课程思政元素,实现育"德"与育"才"协同功效

课程思政环节可以帮助学生塑造正常的世界观、人生观、价值观,是培养人才的重要一环。通过对行列式、矩阵、线性方程组、特征值的产生与发展历史的介绍,让学生系统了解线性代数

的发展史,形成科学的历史观。通过讲述中国对数学及科学技术领域的贡献增强学生的民族自豪感和爱国情怀。

线性代数作为一个独立的数学分支在 20 世纪才形成,但是其历史却十分悠久。最古老的线性问题是线性方程组的解法,在我国东汉的数学著作《九章算术》一书中,就有现代对方程组的增广矩阵进行初等行变换解线性方程组的方法,即高斯消元法。介绍中国古代对线性方程组的研究及成果,使学生开拓视野,增加文化自信和民族自豪感。在讲授线性系统课程时可以引入各类应用案例,以此将理论与实际联系起来。在讲述线性代数与各专业方向的应用案例时,可以通过优秀科学家的重要贡献和事迹,引导学生的爱国意识和奉献意识。比如:在提及系统与控制学科发展时,引入我国杰出的数学家、中国航天事业奠基人——钱学森对控制理论的重要贡献。他于 1954 年出版的《工程控制论》,将控制论发展为一门科学技术——工程控制论,奠定了工程控制论的基础,直到今天仍被认为是工程控制论的奠基性著作,由此激发同学们的民族荣誉感和自豪感。讲述钱学森为中华民族伟大复兴而读书的爱国故事和爱国情怀,激发学生的爱国意识和奉献意识。

与此同时,可以从线性代数自身的特点出发,通过相关的理论原理引导学生从不同角度看问题,将一些哲学的观点融入教学中,提升学生的思想境界,树立良好的世界观、人生观、价值观。比如在系统建模时,将“抓住主要因素,忽略次要因素”这一方法论传授给学生;在讲解系统稳定性时,介绍社会大系统观,让学生理解社会稳定是第一要务,引导同学们抓住主要矛盾,识大体、顾大局。将深刻的道理通过理论浅显地展示出来,让学生用正确的方法分析问题,促进学生的自由全面发展,充分发挥线性代数课程的教育作用。

结合课程特色和线上教学平台,在其中展示课程思政元素。在线上推送课件时,同时推送一些与课程内容相关的科学家们的故事,让同学了解科学家创造成果背后的辛勤工作以及他们严谨的学术精神,激发学生的学习热情,提高思想政治觉悟。同时,也鼓励学生们寻找一些线性代数的应用案例,并与同学们分享这些案例,互相参考学习、拓宽视野、共同进步。让学生享受与人分享、合作的快乐,拥有团结合作的观念,树立良好的科研与思维习惯。

2.4 考核方式创新

在进行期末考核时也应进行更多考量,参考期末考试卷面成绩、学生完成上机实践、开放性作业和研讨交流的情况,综合考虑学生对知识的实际运用水平,给出最终的加权分数作为线性代数课程的评定成绩,较为全面地反映学生对这门课程的理论知识掌握程度和实际知识运用水平。

3 结 论

1)“问题驱动”的教学方式可以在教学过程中激发学生的学习热情和学习兴趣,引导学生主动思考,有利于提高学生在学习时的自主性和积极性。引入应用案例,可以培养学生运用这些理论知识解决实际问题的能力,做到理论联系实际、学以致用。

2)在教学环节应该采取线上线下混合的模式,合理运用线上教学平台,实现课程信息化建设有助于提升教学效果。

3)结合线性代数课程特点,挖掘课程思政素材,有助于学生塑造正常的世界观、人生观、价值观,实现育"德"与育"才"协同功效。

致 谢

感谢 2022 年北京航空航天大学""双一流"建设背景下'线性代数'教学改革探索"本科教改项目的支持。

参 考 文 献

[1] 国务院关于印发统筹推进世界一流大学和一流学科建设总体方案的通知.中国政府网.2015-11-25.

[2] 吴岩.建设中国"金课"[J].中国大学教学,2018(12):4-9.

[3] 吕建.坚持立德树人、深耕内涵发展,建设一流人才培养体系 [EB/OL](201-08-27)[2019-01-25]. http://www.moe.gov.cn/jyb_xwfb/moe_2082/zl_2018n/2018_zl56/201808/t20180824_346064.html.

[4] 王艳.高校线性代数课程存在问题及应对策略研究[J].科技视界,2022(09):99-101.DOI:10.19694/j. cnki.issn2095-2457.2022.09.28.

[5] 本书编写组.习近平总书记教育重要论述讲义[M].北京:高等教育出版社,2020.

[6] 中华人民共和国教育部.教育部关于印发《高等学校课程思政建设指导纲要》的通知[EB/OL].(2020-06-01)[2021-01-11].http://www.moe.gov.cn/srcsite/A08/s7056/202006/t20200603_462437.html.

[7] 曹宏举,郭巧丽.基于线性代数的浸入式课程思政教学实践[J].高等数学研究,2022,25(01):92-95.

新形势下"计算机控制系统"课程改革与探索

王军茹　曹荣敏　李擎　范玲玲　李明大　侯明

(北京信息科技大学 自动化学院,北京　100192)

摘　要:北京信息科技大学自动化专业获2019年度首批国家级一流专业建设点,2017年通过中国工程教育认证,2018年进入卓越工程师计划2.0。作为自动化专业的专业核心课,"计算机控制系统"课程教学团队在一流专业、工程教育认证、一流课程、后疫情时代这些新形势下,从培养高级自动化应用型人才的全局出发,立足北京,服务社会,以毕业要求为导向,坚持OBE理念,持续对课程进行教学改革和创新,将讨论课、项目教学和创新实验教学引入课堂,不断优化课程内容和创新教学模式,开展教学全过程教学评价,取得了显著的教学效果。

关键词:新形势;工程教育认证;一流专业建设;计算机控制系统;应用型人才;教学改革

北京信息科技大学自动化专业始建于1974年工业企业电气自动化专业,1998年更名为自动化专业,2008年成为北京市特色专业,2009年成为国家特色专业建设点,2011年进入教育部"卓越工程师计划",2013年获批教育部高等学校"专业综合改革试点"专业,2017年通过中国工程教育专业认证,2018年进入"卓越工程师计划2.0"阶段,2019年首批获得"双万计划"国家级一流专业建设点,2020年通过工程教育专业认证中期审核,专业发展概况如图1所示。

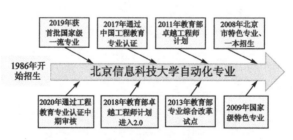

图1　专业发展概况

引　言

作为自动化专业的一门专业核心课程,"计算机控制系统"课程融合了计算机技术、控制理论和计算机通信技术的相关知识[1-2],具有综合性、实践性、工程性等特点,对自动化专业学生的总体能力形成和工程实践能力培养具有不可替代的作用[3]。课程教学团队在国家级一流专业、卓越工程师计划、中国工程教育认证、一流课程、后疫情时代这些新形势下,从培养具有一定的全球化意识或国际视野的高素质应用型卓越工程人才的全局出发,以国际工程认证为标准,立足北京,服务社会,以毕业要求为导向,坚持OBE(Outcome Based Education,成果导向教育)理念,这几年持续对课程进行改革和创新,将讨论课、项目教学和创新实验教学引入课堂,不断优化课程内容和创新教学模式。

1 教学理念与目标

课程团队始终贯彻"学生中心、产出导向、持续改进"OBE 的教学理念,如图 2 所示,以工程教育专业认证标准为指导,创新创业教育资源与专业课程教学结合。

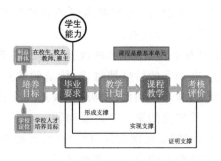

图 2 "产出导向"的培养体系

"计算机控制系统"课程教学目标有三。

1.1 产出导向的知识探究

课程特点是理论和实践相结合,拓展专业知识广度和深度。课程教学结合学科前沿,加强计算机控制系统基础理论学习,建立控制系统的整体概念。通过课程学习,学生能够进行计算机控制系统模拟和数字输入、输出通道设计;既能对水箱、温控箱等传统被控对象,又能对高铁运行、深海探测等最先进控制系统,分析、设计数字控制器;对自动化领域复杂工程问题能够提出解决思路和方案,基于数字控制器设计知识对系统进行合理分析。

1.2 学生中心的能力建设

系统学习计算机控制系统设计和数字控制器设计基本知识,具备控制系统软硬件设计、开发和实现的初步能力;通过项目教学和创新实验教学,学生能够就自动化领域复杂工程问题与业界同行进行沟通和交流,包括撰写报告、设计文稿、陈述发言、清晰表达或回应指令,培养了沟通学习能力、实践与创新能力、自主学习与深度学习能力、团队协作能力。

1.3 润物无声的价值观同频共振

知识传授中强调价值观的同频共振,将课堂作为"价值引领"增强和发挥的主战场。将航天器上天、嫦娥一号、北斗系统、高铁、深海探测等系统的运行控制引入课堂教学,培养学生追求卓越和刻苦务实的精神,增强社会责任感;立足控制学科与自动化行业领域,分别在爱国精神、创新精神、工匠精神以及大局意识、责任意识、底线意识等方面加以引领,激励学生自觉融入中华民族伟大复兴梦,培养具有国际视野、家国情怀、使命担当的社会主义接班人。

OBE 指教学设计和教学实施的目标是学生通过教育过程最后所取得的学习成果(Learning Outcomes)。OBE 强调如下 4 个问题:①我们想让学生取得的学习成果是什么?②为什么要让学生取得这样的学习成果?③如何有效地帮助学生取得这些学习成果?④如何知道学生已经取得了这些学习成果[4-5]？

计算机控制系统课堂教学和实施，对于不同学校可能问题不尽相同，而我校的计算机控制系统教学改革和探索始终围绕着 OBE 理念。解决的重点问题如下：

1) 了解计算机控制最新前沿知识，做到学以致用，是本门课想让学生取得的学习效果，为此，计算机控制系统课堂教学内容如何能做到与时俱进、紧跟行业发展步伐，加强实践和创新能力，是课程改革首要需要解决的问题。

2) 如果贯彻立德树人的教育理念，深入挖掘课程蕴含的思政元素，对学生进行爱国、爱党、爱集体教育，是课程内容改革需要解决的第二个问题。

3) 各种电子产品、网络工具和平台出现，多种线上资源纷至沓来，尤其是自 2020 年上半年全国高校开展完全线上教学，在如今的后疫情时代，传统的课堂教学面临前所未有的挑战。课堂教学如何能吸引学生的兴趣、学习主动性、积极性，采用什么样的教学模式帮助学生完成取得学习成果，成为课程建设丞待解决的第三个重要问题。

4) 如何贯彻以学生为中心，实施多层次有针对性教学，开展全过程教学评价，解决期末考试一刀切的弊端，是课程建设需要解决的第四个重要问题。

2 教学改革措施

本门课程的教学设计应密切结合工程实际，全面系统地讲授计算机控制系统的结构、设计、实现等问题。针对上述问题，课程组教师首先重新设计本门课程的教学大纲，从课程内容优化、教学模式创新、建立立体化的教学资源和开展全过程教学评价等多个方面进行课程改革探索和实践。

2.1 重构教学内容，实现价值引领

一流专业建设需要一流课程支撑，计算机控制系统课程团队始终坚持立德树人，以学生发展为中心，结合专业发展最新前沿知识以及产学合作企业的实际热门产品和项目，在教学内容上深挖课程思政元素，持续优化，吸收先进技术，保证内容合理性、先进性和科学性，致力于解决自动化专业中的"复杂工程问题"。例如，在讲解过程通道和信号变换的作用这一部分内容过程中，在阐述计算机控制系统中信号格式的一致性问题时，告诉学生当你准备融入一个新集体的时候，比如来上大学或者要走向社会，需要遵守学校或单位相关规则，求同存异，与集体中其他成员形成合力；在讲授 PID 算法时告诉学生既不要忘记传统，又要不断发展和创新，跟上时代前进的步伐；告诉学生航天器控制、嫦娥一号、北斗系统、高铁等运行控制为了实现"快、稳、准"，离不开 PID 控制器，并将飞船着陆、深海探测等视频资料引入课堂，增强自豪感和爱国情怀。

2.2 创新教学方法和教学模式

后疫情时代，既然各种教学平台、工具、软件、小程序的到来已经势不可挡，我们就需要研究如何能合理综合利用这些工具和平台。课程团队不断探索新的教学模式，将微信、QQ、课堂派等多种工具，中国大学 MOOC、学习通等多种线上资源，综合协调加以利用。例如，微信和 QQ 群用于发放通知和在线随时答疑，学习通用于考勤和进行项目大作业互评，中国大学

MOOC 资源用于自学和课后复习。在卓越工程师计划、中国工程教育认证标准要求下,课程团队同校外人才培养基地企业密切配合,不断探索创新项目教学和实验教学,将项目教学、讨论课与翻转课堂、创新实验项目等多种方式密切配合,以案例和成果为导向,探索混合式教学模式,增强师生互动,使学生能够真正参与到教学中,提高学生学习的内驱力,使学生能够积极主动学习。

2.3　实行分层多级教学,建立立体化教学资源

目前计算机控制系统课程面向自动化、自动化卓越班和机器人工程专业开设,不同专业和方向由不同教师授课。由于专业培养目标不同,因此课程目标具体细节也会略有区别,控制对象和案例选取会有所不同。学生毕业后,考研、出国或就业,毕业去向不同,课程在学生自主学习部分设置不同层次和等级的内容,例如讲授控制器设计、先进控制算法时,引导准备进一步深造的同学研究神经网络、机器学习、深度学习等算法,在实验教学和项目大作业环节,引导准备就业和出国的同学注重硬件电路、软件系统设计和微控制器芯片的使用,掌握系统设计和复杂工程问题的分析和解决方法。

充分利用现代教育技术手段,结合时事、教材、网络资源,将文本、图片、视频、动画、仿真等内容整合在一起,辅以多媒体教学工具、智慧教室,使教学内容更加形象生动,具有更强的视觉冲击感,增添教学内容的趣味性,提升学生的学习热情,让学生尽可能地参与到教学活动中来,构建立体化教学资源,实现分类分层次立体化教学。例如,2022 年 4 月 14 日,神舟十三号载人飞船已完成全部既定任务,择机撤离空间站核心舱组合体,返回东风着陆场,在第二天课堂上,向同学们播放了返回舱着陆过程视频,并提出要返回舱需要实现"软着陆",即落地时刻理想速度和加速度均为 0,当时现场返回舱着陆速度是 2 米/秒左右,最终安全着陆,引导学生进行思考,要实现这样的目标需要哪些方面的控制和努力,并激发同学的自豪感。

2.4　进行多元化混合式全过程教学评价

以专业毕业要求和课程目标为导向,从课后作业、课堂测验、项目大作业、课程实验、期末考试各个环节加强过程性考核。在课堂教学过程中,增加课堂互动和提问,并及时接受学生们的反馈,调动学生的积极性;设置随堂小测验,形式上采用判断题、单选题和多选题等客观题,及时掌握学生对知识理解的程度,并调整教学进程和速度,提升课堂教学效果;任课老师布置作业后,现场讲解作业,请同学们自己评判、改错,在对作业完成和评判情况进行评分,避免出现作业只做不订正的现象;项目大作业和创新实验教学需要学生组建学习小组,进行系统设计和实现,提高创新和实践能力。

3　教学组织和课程改革实施方案

计算机控制系统教学过程包括理论教学、项目教学、作业和实验教学几个部分,具体实施过程如下。

3.1　理论教学

讲述计算机控制系统基础知识、PID 及各种数字控制器的设计,以课堂讲授为主,深挖课

程思政元素,关心国家大事、行业发展前沿和学生自身发展,不断优化教学内容,改进教学方法;利用微信、学习通等平台和工具,随时进行课堂测验,并开通随时随地在线答疑模式。

3.2 项目教学

布置项目设计大作业,学生 1~2 人一组,通过查阅文献,进行系统硬件和软件设计,实现一个具体计算机控制任务,并撰写报告和 PPT,进行现场答辩和讨论,由教师评分、学生互评及报告综合评定成绩。

3.3 作业设置

每次课后都留有一定的课后作业,学生先独立完成作业,再在课堂上讲解作业,讲解过程中要求学生自己批改作业,最后作业收上来教师查看作业完成情况和批改情况,进行评分,杜绝作业只做不改的现象,使作业真正起到课后知识复习和巩固的作用。

3.4 实验教学

创新实验项目,开展 8 学时、3 个实验项目,学生 2~3 人为一组,完成预习、实验操作、撰写实验报告等工作。

课程具体实施过程中以案例教学贯穿理论教学各个章节、实验教学和项目教学过程中,以实际对象如水箱、加热炉、航天器等的控制过程为例,将其控制过程贯穿测量、变送、执行、控制器设计、抗干扰设计、系统设计等各个环节,实现以这一具体的课程目标为主线,将实际对象的控制贯穿整个教学过程[6]。

4 课程评价和改革成效

计算机控制系统课程自 2017 年以来每年都从教师、学生、督导组评价,结合学生评教、期末考试等几个方面,对课程教学全过程进行全面评价和总结[7]。

4.1 督导组、教师听课

校、院两级督导组和专业老师每年会对课程进行听课,填写听课表。依据课程教学大纲,根据课程合理性评价过程,课程负责人会组织课程组成员对本门课听课结果进行统计,得出计算结果及总结报告。

4.2 学生评价

所有参加本门课学习的学生在学习过程中都要填写"课程目标合理性评价学生调查问卷",完成课程目标达成度学生评价。课程组依据调查问卷结果统计计算结果,写出总结报告。

4.3 教师自评

所有任课教师和实验课老师在教学过程中填写"课程目标与实际教学的吻合度教师自评问卷"。课程组根据教师自评问卷,统计计算结果,写出总结报告。

上述学校、学院评价、学生评价和教师自评,结合学生评教情况、期末考试,将最终评价结果汇入课程目标合理性评价表中,对课程合理性考核结果进行分析,并提出改进措施。

分析近三年学生考核结果:2020 年学生该门课程卷面平均分 71.906,卷面及格率 83.33%,总评及格率96.0%;2021年学生该门课程卷面平均分73.008,卷面及格率 87.5%,总评及格率99.17%;2022年学生该门课程卷面平均分75.108,卷面及格率88.4%,总评及格率98.2%。通过比较看出,卷面平均分和卷面及格率都在逐年提高中,总评及格率都在 90% 以上。

全过程教学评价已经在我校自动化专业六门主干课中开展了六年,下一步准备推广至自动化专业所有必修课程,并辐射到全学院和全校其他专业。

5　课程建设所取得的成果

课程团队近几年持续进行计算机控制系统课程改革,并积极申请完成各类教学改革项目,2019 年作者主持教育部产学合作协同育人项目"新工科背景下自动化专业计算机控制类课程建设";2019 年获批建设计算机控制系统北京信息科技大学校级优质课程;2021 获批建设计算机控制系统北京信息科技大学校级课程思政示范课程;2020 年教学成果"新形势下国家级一流本科专业计算机控制系统课程建设探索与实践"获批北京信息科技大学校级教育教学成果二等奖 2 项;2022 年主讲计算机控制系统课程参加北京信息科技大学第二届教师教学创新大赛获校级三等奖;2022 年团队成员主讲计算机控制系统获批北京市优质课程。

6　总　结

为了巩固自动化专业卓越工程师计划培养成果,借助我校自动化专业首批国家级一流专业建设点的契机,在中国工程教育认证标准下坚持持续改进,在后疫情时代这些新形势下,计算机控制系统课程组将持续推进课程改革创新成果,以学生为中心,以课程目标为导向,进行全过程教学设计和评价,将课程建设经验和成效向北京市和全国辐射,坚持不断的进行课程教学内容持续优化;逐步增加讨论课、项目教学和创新实验教学课时比例,对课程考核方式做出相应改进;并逐步将教师科研项目和课程教学内容有机融合,朝着一流课程标准来建设计算机控制系统这门课程。

致　谢

感谢北京信息科技大学 2021 年度高教研究课题资助(2021GJYB20);北京信息科技大学 2021 年课程思政示范课程—"计算机控制系统";2019 年教育部产学合作协同育人项目:"新工科背景下自动化专业计算机控制类课程建设"(201901009004);2019 年北京信息科技大学优质课程—"计算机控制系统";促进高校分类发展—2019 年首批国家级一流专业培育与建设项目。

参 考 文 献

[1] 初红霞,王希凤,谢忠玉,等.工程教育专业认证背景下计算机控制技术课程教学改革研究[J].中国现代教育装备,2021,(357):76-78.

[2] 汪德彪,胡文金,杨波,等.基于工程教育认证的《计算机控制系统》课程改革与实践[J].教育教学论坛,2019,(32):263-266.

[3] 丁畅,高兴宇,鲍家定,等.新工科背景下的计算机控制技术教学改革[J].教育现代化,2020,7(17):76-78.

[4] 温淑焕,刘爽,马锴,等.基于OBE-CDIO教学理念的"计算机控制技术"课程教学改革[J].高教研究与实践,2018,37(03):22-26.

[5] 李荣,杨勇,施建中,等.基于成果导向的计算机控制技术实践设计[J].教育现代化,2020,(10):138-140,158.

[6] 曹荣敏,吴迎年,陈雯柏,等.基于工程教育专业认证的自动化专业创新实践教学探究,实验室研究与探索,2019,38(10):278-283.

[7] 曹荣敏,吴迎年,付兴建,等.基于工程教育认证的自动化专业核心课程教学质量评价[J].教育教学论坛,2020,(13):86-87.

课程思政视域下导向教学的研究与实践
——以"飞行力学"为例

涂良辉　闫超　卢俊

（南昌航空大学 飞行器工程学院，南昌　330063）

摘　要： 在当下的新时代，"课程思政"不仅成为我国高校思想政治工作的关键热词，更是在新形势下逐渐发展成为我国高校教育教学改革的创新点、增长点、着力点。如何将专业课程与课程思政进行融合，是新时代所有高校教师积极探索的教学课题。本文为课程思政与成果导向教学融合的教学方法探究，以"飞行力学"为例，以课程思政为总体方针，以成果导向为教学输出，以"虚实结合"为课程方式展开理论研究与实践摸索，同时以学生为中心组织教学，因材施教，强化师生、生生沟通与反馈，注重资源共享、知识生成及能力提升，最终实现预期的教学目标。

关键词： 课程思政；飞行力学教学；成果导向；航空课程教学

成果导向教育（Outcome－based Education，OBE）作为一种先进的教育理念，在美国等一些国家已有了多年的理论与实践探索，至今已形成了一套比较完整的理论体系和实施模式。为了使我国高等教育更好地适应国家及经济社会发展需求，国内诸多教师及学者基于课程思政及成果导向教育理念，进行了课程思政与专业融合的理论分析与实践探究，虽然取得了一些教学改革成果，但弊端也较为明显。例如理论的实用性不足，使得改革项目无法有效落地；课题的研究内容仅仅针对某一课程，具有较大的约束性；对于未知的不可控因素考虑不全面等。特别是针对航空类高校课程，思政是否能够与导向教育有机融合？是否能够应用到如"飞行力学"等需要改革的专业基础课程？

相对于气势宏大的思政课程，课程思政则体现出的是滴滴渗透与循序渐进，通过在课堂中引入思政元素[1]，由专业授课教师将思政融入进专业课堂，将思政教育从单纯的政治教育提升到与专业教育和素质教育相融合的新高度。本课题通过探索"飞行力学"课程背景的现实意义，找寻极富代表性的思政元素与课程内容进行结合，设计出能够实现"思想＋专业"双要求的教学课堂，实现课程思政与飞行力学课程的完美结合。

1　课程思政在新时代的现实要义

1.1　新时代的课程思政

课程思政育人计划的实施，有效拓展了思政育人的空间，使思政教育的形式呈现出立体化状态，教育的渠道由单维进入多维。需要注意的是：第一，这绝不是降低思政课程既有的主导地位，而是通过育人空间的拓展，进一步加强了思政课程的育人力量，大大丰富了思政课程的育人内涵;第二,我们不能因为要发挥思政课程的主导性作用,就把它看成是思政育人的主要课程,而将课程思政所涉课程认为是次要课程,二者应该是一个事物的两方面内容,统一构成立德树人的教育系统。

课程思政可以加热大学生的"爱国心"[2],培养"航空报国"的高尚情操。当代大学生生于和平年代,对国际局势的复杂性认知不够,对投身祖国航空事业乃至国防事业的格局仍显不足,对"航空报国"的领悟还十分欠缺。本课题以思想政治教育元素融入飞行力学课程教学的方式,坚持知识体系教育与思想政治教育的有机统一,使思政教育渗透进飞行力学课程的日常教学,并以日常教学为基础铺垫思政教育,实现知识传授、能力培养和价值引领的统一,以期提高学生爱党、爱国的崇高荣誉感与使命感。

1.2　思政教育融入航空学科教学的重要意义

将 OBE 教学理念与课程思政有机结合[3],通过反向设计、正向实施,最大程度上保证了教育目标与结果的一致性,使思政教育"润物无声"。设置双线课堂,让学生既解决具体问题,又能在亲自探究的过程中体会到案例背后的理论运用与学习理念。基于 OBE 教学理念,将教师由原来的主导者变为组织者和引导者,鼓励学生自己进行深入思考,充分拓展其开拓性思维,激励学生的创新意识。

通过课堂思政的方针路径,将航空专业知识与思政元素有机结合[4],符合国家在科教融合理念中促进知识学习与科学研究、能力培养有机结合的期望与目标。

2　航空课程的"思政＋导向"教学理论

以课程思政为背景,组合成果导向的教学理念,运用线上线下相结合的授课方式,使教学的载体不仅有传统的教材,还包括精心选择的典型真实案例,通过以学生探究为中心、以线上课堂和微信群为纽带、以具体任务为载体和驱动,转变教学目标,重构内容框架,强化高阶性、创新性和挑战性。

2.1　契合课程思政的成果导向教学

新时代航空类课程内容[5]应当与时俱进,以学生能力培养为导向,契合课程目标,从"思想＋专业"的角度重构课程内容逻辑,摒弃传统的填鸭式教学手段,并实现飞行力学课程的目标导向[6]。

以调动积极性为目标导向,通过案例引出问题,让学生先关注问题,进而对提出的问题进行思考,最终让学生参与到教学过程中来,调动他们的学习积极性与培养他们的学习能力。

以落实思政教育为目标导向,将我国优秀航空人的英雄事迹搬进课堂,以此激发学生的爱国主义情怀,对学生树立远大理想和正确的人生观将起到重要的指导作用。

以激发学习热情为目标导向,将时事、新闻、研究成果等前沿动态带进课堂,紧跟时代发展,不断为课堂注入新鲜血液,不定期举办教学研讨活动将这些新的前沿动向引入课堂,以此充分激发学生的学习兴趣。

以培养创新意识为目标导向,将科研成果与实践应用引入课堂,注重培养学生的专业知识综合应用能力及创新意识,锻炼学生的科研软件学习与应用能力,激发学生的科研兴趣,使其完成从被动学习到主动研究的思想转换。

以厚植航空情怀为目标导向，与相关企业、科研院所等合作，邀请飞机设计师、试飞员、科研人员，用亲历者讲故事的方法，穿插互动式教学，加强学生对知识的理解，激发学生航空报国的情怀。

2.2　"线上＋线下"教学形成"虚实结合"

无论是线上教学还是线下教学，单一的教学方式已经不能适应当前教学改革推进的步伐。因此，可以将小规模限制性在线课程（Small Private Online Course，简称 SPOC）与线下课堂研讨实践课进行深度融合，并以下述四种方式实现：

（1）共享式融合：在线上课程中，让学生通过 SPOC 的留言评论或弹幕互动功能分享线下学习的额外知识点。

（2）拓展式融合：针对 SPOC 的具体知识点，在线下课堂进行补充、拓展。

（3）驱动式融合：线上是碎片化的独立知识点，是解决问题的基础；线下课堂通过具体案例综合应用这些知识点，驱动学生基于知识点解决问题。

（4）互补式融合：根据 SPOC 作业测试数据，找出学生线上学习的薄弱环节，线下进行针对性的强化；同时，对于线下授课时的重难点以及研讨的关键论点，在线上进行补充。

3　课程思政在飞行力学课程中的导向教学实践

3.1　响应教学理念的实践手段

在实践中，合理分配课程内容并做好课程计划。线上课程以"飞行力学"教学大纲的基础内容为主[7]，同时强化贴近学生实际的内容，并以碎片化、案例化方式构建重要知识点；线下课程主要为知识点的运用分析与探讨，教师通过构建一些任务场景，让学生能够将线上课程的知识带入任务进行运用。在课堂研讨实践课之前，教师通过微信群告知学生具体研讨任务，涉及的线上知识点，让学生复习线上内容，预习探讨任务；课堂教学中，学生应当根据具体任务，并参考线上内容进行实践探索、讨论、分享、思辨，在课堂完成交流；课后，学生根据课堂教学内容和线上学习内容完成过程性考核报告。其中，SPOC 成绩由线上教学平台根据学生视频学习进度、作业完成质量、单元测试情况综合评定；线下期末考试成绩采用纸质闭卷考试；过程性考核成绩根据学生课堂的参与数据综合评定。

3.2　解决现实教学的实践问题

（1）扭转传统大学课堂"水课化"趋势，让课程有用、有料、有趣

传统教学模式中，教师占据主导地位，主要工作就是对学生进行精细化讲解、灌输式教学，学生扮演被动接收的学习角色。日积月累下，容易造成学生依赖、被动的品质和习惯。本课题以目标产出为导向，明确教学成果与教学改革的内在联系，通过目标转变、内容重构、模式创新，让课程对学生真正有用，学生愿意主动投入课程学习[8]，并且能够通过课程学习提高学业素养与解决问题的能力，学习认知逐步由表象学习发展到深度学习。

（2）突破墨守成规，以课程创新为抓手，实现学生多重能力素养的协同提升

本门课程具有抽象概念多、公式推导多等特点，学生很难对抽象的概念和公式建立直观的认识，对抽象概念和公式掌握不牢，不甚清楚课堂学习与实际工程问题间的联系。课题拟采用线上线下授课结合，拓展理论知识并外延，从生活、学习、工作等与学生实际密切相关的领域进行选题，设计探究性案例，让学生基于"飞行力学"课程的理论知识，在探究中解决，在解决的过程中标本兼治，既解决具体实用任务，又训练终身学习能力，增强多维度的探究意识。

3.3　完成教学改革的实践目标

以"思政＋导向"理论分析为基石，"虚实结合"实践探索为驱动的完整教学改革过程，充分契合科教融合的教育大局观，紧贴当前新时代教育思想理念，完成航空类课程教学改革的实践目标：

1）让学生不再是单纯地听课、翻书本、记笔记，而是以饱满的热情主动探索知识，同时达到优化教学内容、提升教学品质、完善教学体系的总体目标。

2）从学生的思政教育入手，激励学生的拼搏精神与进取精神，厚植他们"航空报国、航空强国"的伟大情怀，提高学生爱党、爱国的崇高荣誉感与使命感[9]。

3）提升当代大学生的综合能力，对该课程所学知识的综合运用及其与其他学科的交叉运用进行深化，进一步开阔学生的思维和眼界，强化知识掌握及逻辑思考能力。

4　"思政＋导向"教学理论的实践效果

经过了精心设计的教学改革，获得了较为令人满意的教学成果，基本解决了现实教学中的实践问题，同时也完成了教学改革的实践目标。主要取得了三方面成效：

1）理论教学方面提高了相关课程教学的效果，尤其是学生对基本理论和概念的理解和应用能力显著增强；同时，学生的思维能力、探索能力、主动学习能力等有了明显提升，提高了飞行力学的整体教学质量。

2）激发了学生的主观能动性，提高了学生的认知程度和格局意识；饱满的热情、积极的提问、深入的交流，学生们用行动诠释了对知识探索的坚定信念和航空报国的崇高使命。

3）提高了教师的业务素养，包括自身的表达能力、组织能力，使教师的教学水平向积极的方向不断迈进。

5　结束语

在成果引导的驱动下，将课程思政融入到飞行力学教学法中，通过探究案例、参与研讨、任务驱动等教学方式让学生作为主体积极投身到教学活动中，自觉完成案例的分析、讨论、回答、质疑、总结等环节[10]。这样能够进一步培养学生的自主爱国意识和创新能力。运用该教学方法，不仅可以增大课程内容及知识量，使学生能掌握到更多的专业知识，而且可激发学生的学习兴趣和学习热情；对于培养学生科学的、系统的思维方法，作用不可低估。

参 考 文 献

[1] 高君.高校课程思政与思政课程的协同效应[J].天津师范大学学报(社会科学版),2022(2):122-128.

[2] 王飞."航空中人的因素"课程思政建设的探索[J].教育教学论坛,2021(6):17-20.

[3] 倪晗,刘彩钰.OBE理念下的课程思政教学效果评价探索[J].黑龙江教育(高教研究与评估),2022(2):
54-57.

[4] 刘赟,朱德龙,张进,等.飞行力学课程思政的教学方法实践与讨论[C].第三届全国高等学校航空航天类
专业教育教学研讨会论文集,2022:230-233.

[5] 卫建国.大学课堂教学改革的理念与策略[J].高等教育研究,2018,4:66-70.

[6] 苏新兵,周章文,严盛文,等.军队院校飞机飞行动力学精品课程建设与实践[C].第三届全国高等学校航
空航天类专业教育教学研讨会论文集,2022:280-285.

[7] 师鹏,刘小明,龚胜平,等.飞行动力学基础课程中的思政教学案例分析——以"导弹飞行动力学"部分为
例[C].第三届全国高等学校航空航天类专业教育教学研讨会论文集,2022:83-87.

[8] 黎琼锋.导向深度学习:高校课堂教学改革的路径[J].现代教育管理,2020,3:97-102.

[9] 中共教育部党组.高校思想政治工作质量提升工程实施纲要[Z].教党[2017]62号.教育部党委.

[10] 苗楠,王晓璐,刘战合.飞行力学在线课程建设与项目式课堂教学改革研究[J].河南教育(高教),2020
(12):88-90.

"飞行器总体设计"课程混合式教学模式探究

龚愉　邹罗欢　刘浩　赵友选　张琳　姚建尧

（重庆大学 航空航天学院，重庆　400044）

摘　要："飞行器总体设计"是航空航天工程专业的核心课程，具有鲜明的航空特色。学生毕业之后多是进入航空航天领域，价值引导对培养学生航空报国的使命感等具有非常重要的意义。同时，在全球信息化的大背景下，国家对航空航天人才培养有着更高的要求。传统的教学模式注重学生理论知识的灌输，实践环节较为薄弱；学生对信息化教学工具使用、理论知识运用以及实践方面较欠缺，现实中对创新型、开放型人才需求缺口较大，因此需要打造具有创新性、挑战度的高质量课程。为此，以在线课程为基础，研究混合式翻转课堂的教学模式，进一步放大学生在课程教学的作用，提高学生的积极性和创新思维能力。在明晰课程教学目标和育人目标的基础上，将课程思政融入"飞行器总体设计"课程教学中，充分挖掘课程思政元素，构建思政育人典型教学案例，以实现课堂教学中智育和德育的完美融合。

关键词：飞行器总体设计；教学模式；在线课堂；创新思维；思政教育

随着我国航空航天事业的迅猛发展，国家对航空航天人才培养有着更高的要求，传统的教学模式一定程度上无法满足现实中对创新型、开放型人才的需求[1]。打造具有创新性、挑战度的高质量课程，是高校教师必须解决的课题[2]。传统的教育采用统一模式，对不同背景的学生采取相同的教学目标和评价标准，不利于学生的个性化学习。当下的新兴教育模式，对传统教育形成了新的挑战。高校信息化建设逐渐成为高校教改、提升教学质量的重要参考标准。传统黑板加 PPT，老师讲学生听的方式已经不能满足现在的需要，新的教学手段不断涌现。MOOC 的兴起与发展为翻转课堂提供了一个丰富多样的载体[3]。紧随世界教育大流，我国高校将 MOOC 平台引入校园，开启了大学生新的学习大门。

习近平在全国高校思想政治工作会议上强调，要用好课堂教学这个主渠道，提升思想政治教育亲和力和针对性[4]。2018 年，教育部、财政部、发改委联合下发《关于高等学校加快"双一流"建设的指导意见》，明确要求推动课程思政课堂教学改革，并将"课程思政"作为根本任务纳入双一流建设。

我校航空航天工程专业先后获批重庆市本科一流专业及国家一流本科专业建设点，"飞行器总体设计"课程是本专业的一门基础核心课程，同时也是第三批重庆大学一流专业核心课程群重点建设课程。为此，在一流课程建设背景下，打造本门课程混合式教学具有非常重要的意义。课程建设总体设计思路为：借助于现代化信息技术在课程思政建设和混合式翻转课堂建设两方面进行开展。

1　课程背景

"飞行器总体设计"课程是面向重庆大学航空航天学院航空航天工程专业开设的一门特色

专业必修课,主要讲授内容为飞机气动布局及设计、重量、材料结构、性能、起落装置、动力及燃油装置、操稳特性等,并且了解现代的飞机总体设计方法与技术。本课程目标在于,使学生掌握飞机的基本组成部分,了解飞机系统的维护和试验方法;具备一定的飞行器各个系统计算和总体布局设计能力,具备对飞机进行初步分析和评估的能力;通过实施课程思政教学融合,培养学生严谨踏实、百折不挠、敢于创新与挑战的科学精神。通过学习该课程,学生应基本具备独立思考并设计飞行器各个部分的能力,为学生今后从事飞行器结构设计工作打下良好基础。

"飞行器总体设计"课程教学偏理论,任课老师在课堂上采用 PPT 方式讲解基本理论和方法,学生课后做作业,教师通过学生完成作业的情况来了解学生对知识的掌握情况的传统教学方式。由于课上教学内容较为枯燥,课后作业较难,任课老师对学生掌握知识情况的了解具有滞后性,无法及时调整课程内容,因此需找到一种打破常规,大幅提高学生学习主观能动性的新型教学模式。

2　思政教学建设

航空航天专业以培养航空航天领域高质量人才为目标,学生的价值观和职业道德素养是我国航空航天产品品质的保证[5-8]。"飞行器总体设计"是航空航天专业的核心课程,具有鲜明的航空特色[9]。因此,课程思政融入课程教学中,实施课程改革探索与实践具有非常重要的育人功能。

2.1　要素挖掘

学生不断增强民族自信,坚定社会主义核心价值观,弘扬民族精神。民族自信是教师进行思政教育的基石,是"飞行器总体设计"课程思政教育融合的应有之义。在课程的讲解中,授课老师对学生确定思政融合教育可分为四个步骤。第一,结合我国空天事业蓬勃发展的实情,建立民族自豪感,树立为共产主义事业和中国特色社会主义共同理想而奋斗的信念。第二,认识国际竞争形势,客观、理性地思考中国与世界各国的关系,清晰认识我国与航空航天强国之间的差异。第三,弘扬爱国主义精神,建立家国情怀,让学生正确认识到当代"空天人"的时代责任和历史使命。第四,从历代航天人的事迹中明确学生的人生方向,培养学生坚韧不屈的个人品格。

2.2　教学分析

在本课程教学中,可以以第一章课程导论为背景,阐述学习飞行器总体设计的必要性。从历史中明确我国横跨两千多年的"飞行梦";从近现代军事中阐述航空航天技术的重要性;理性对比我国与其他国家在航空、航天领域的优势和差距。让学生充满学习动力,将自身视作未来空天事业发展的一环。认识到我国航空发展的优势与不足,埋头苦干、奋起直追,学习飞机设计的知识,将国家与民族情怀作为力行中国梦的动力,为国分忧。

列举飞行器总体设计的多类案例,通过视频播放我国飞行器设计的一系列纪录片,从问题中和前人的经验中找到学习飞行器总体设计的方式。如:总体布局设计、机翼尾翼设计、机身设计和装载布置等。重点在于如何合理地进行各个部分的设计。其次了解飞行器设计的发展历史,启发学生循序渐进的思维模式及遇到的问题,寻求解决方案的手段和方法。

针对课程内容,设置每一次课后作业,例如,每个章节教学完毕后,以团队的形式对本章节内容进行设计,或查找资料对某一机型进行分析评价。让学生实战,运用理论知识,并激发学生解决航空航天工程问题的兴趣、动力及能力。将学生分组,在概念设计、总体布局以及其他部件设计等部分,要求组内充分沟通,合理分工。同时,发动团队的创新能力,在作业内容上进行创新设计。

3　基于在线课程的翻转课堂建设

随着教育技术的发展以及信息化程度的提高,航空航天类专业课程的教学模式应该由传统的"老师讲,学生听"模式转变为把学习的主动权放给学生,让学生意识到自己在"飞行器总体设计"课程学习中的主观能动性。翻转课堂是一种结合课内课外、利用线上线下双向渠道的教学模式,MOOC的兴起与发展为翻转课堂提供了一个丰富多样的载体。

3.1　知识体系储备

在"飞行器总体设计"实际教学中,内容包含大量理论和概念,需要较强的逻辑思维和知识搭建能力。虽然课堂基本采用了多媒体手段,但仍然存在理论枯燥,难消化等问题。结合国内外飞行器设计案例,可以使得原本枯燥难理解的知识变得生动,使学生在案例中学习,案例中思考。在线视频课程是现在的流行趋势,通过MOOC在线课程平台,搭建飞行器总体设计系统化、模块化、规范化的知识体系,将大片的知识拆解细化成一个个学生容易听懂和接受的小模块,建立对应的视频库,将知识点科学合理、巧妙生动地浓缩,设计出学生感兴趣,又深入浅出、高质量的在线课程。此外,更新近些年来我国航空航天事业中科技创新成果和结构设计分析等案例,并将其编汇为教学案例集,用于线上导读和线下课程研讨。此外,课堂教学的课程体系应与MOOC课程资源相对应,便于学生课下学习。

MOOC资源的使用,丰富了学生对专业课程学习的途径;教学案例的使用,在提高教学趣味性和质量的同时,又提高了学生们学习的积极性和主动性,加强了学生对飞行器总体设计知识体系的理解。

3.2　混合式翻转教学

基于"飞行器总体设计"课程内容的特殊性,任课老师也应作为课上的主体部分。因此,将课程分为三个阶段:教学阶段、反馈阶段和应用阶段。

在教学阶段,主体在老师。任课老师着重将总体设计各个部分的基础知识传授给学生,同时以案例的方式将飞行器设计、结构、强度等前沿科学知识引入"飞行器总体设计"课程课堂。通过任课教师的讲解,学生在课堂上能接触到前沿科学及传统理论体系两者合二为一的课程内容,初步激发了学生对本门课程的兴趣,让学生"想听",想认真并带有主观思考的听。

反馈阶段,主体在学生。以"机翼尾翼设计"为例,老师将基础概念,机翼尾翼的型号分类传授给学生,从MOOC中精心挑选相关案例并发送给学生。学生通过观看视频、查阅相关资料,给出案例中的机翼尾翼类别,在课堂上分析工程师在设计时的理念。同时,鼓励学生在课上分享他们的想法,对设计的优劣势分析,结合现代前沿科技技术,提出他们自己的设计理念,无论他们的理念合理与否,老师都让学生的想法在课堂上得到充分发挥,深度挖掘航空航天专业学生的思考创新能力。同时,老师应对分享的同学给予充分肯定,在鼓励的同时补充学生没有涉及到的知识点。让学生在课堂上做到"敢说"并"有逻辑、有创新性想法的说",增加学生的积极性。

应用阶段,主体仍然在学生。以教师授课知识为基础,鼓励学生以团队的形式亲自进行飞行器的总体设计任务,包括初步设计、细节设计以及模型建立、机翼尾翼设计、动力装置选择与进排气系统设计以及起落装置设计等细节都应做到有理有据,布局合理。设计方案通过期末课程展示,老师和学生同时作为评委,对方案进行评价和提问。通过这种方式,不仅提高了学生的专业水平,也锻炼了学生的团队协作能力和创新表达能力。通过这个环节,学生还做到"能做",能创新大胆、具有团队意识的做。

3.3　成绩考核内容

在"飞行器总体设计"成绩考核中,签到率、课堂讨论、学习报告、课后作业及期末答辩五个部分应都有体现,可根据实际情况调整每部分所占比例。其中,签到率是课堂有效授课的前提条件;课堂讨论体现的是学生对知识内容的掌握和理解程度;学习报告反映的是学生能综合运用所学知识,自主探索及解决问题的能力;课后作业详细考核学生团队协作、分析问题、解决问题的能力。五项课程考核方式,让学生的成绩脱离了传统的考试制度,具有客观性和全面性,并且还能鼓励引导学生自主学习、创新探索,充分调动学生的积极性。采取以上认可方式及考核方式,在思政上,学生能接受并意识到航空航天专业的重要性,发挥人文情怀作用;在知识体系上,做到"想听""敢说"和"能做",让课堂变得更具有趣味性和现实意义;在考核方式上,避免了传统课程期末一考定成绩的弊端,学生的成绩体现出了更多的多元化元素。

4　结　语

"飞行器总体设计"是航空航天专业的核心课程,具有鲜明的航空特色,该课程思政育人具有天然的优势,能较好实现课堂教学中智育和德育的完美融合。根据"飞行器总体设计"课程特色,凝练了如航空报国、民族自信、忧患意识、责任担当意识、紧密协作等思政元素。此外,本文探究了基于 MOOC 在线课程的信息化混合式教学模式改革,提高了学生在课程学习中的地位与权力,充分发挥学生的主观能动性。为其他航空航天类专业课程思政提供了有益借鉴。

参 考 文 献

[1] 徐静宇,刘震磊,刘连平,等.基于互联网＋的飞行器专业创新教学改革与实践[J].教育现代化,2018,005(045):94-95.

[2] 顾锦彤.一流课程背景下打造"热工学"金课的教学改革与探索[J].黑龙江教育(高教研究与评估),2021(10):2.

[3] 林云.SPOC 混合教学的实践与反思:以省级精品在线开放建设课程"创新经济学"为例[J].教育教学论坛,2019,000(008):182-183.

[4] 习近平.把思想政治工作贯穿教育教学全过程,开创我国高等教育事业发展新局面[N].人民日报,2016-12-09.

[5] 殷志新,公为礼,李东强.当代民航精神建设体系融入飞行教师职业观教育的研究[J].西部素质教育,2018,4(11):51.

[6] 任博文,董人熹,王玮.工匠精神视域下的工程训练中心课程思政教学探索——以南京航空航天大学钳工和车工课程为例[J].教育现代化,2019,(61):125-128,136.

[7] 魏林红,雷晶晶,曹怀春.民航院校研究生"课程思政"建设内容及实现路径探索[J].中国民航飞行学院学报,2019,30(6):55-59.

[8] 吴延晴.当代民航精神在民航职业院校思想政治教育中的渗透[J].广东交通职业技术学院学报,2019,(2):110-113.

[9] 薛红前.飞机装配工艺学[M].西安:西北工业大学出版社,2016.

"飞行器定位与导航技术"课程的创新性案例驱动实践教学探索

王鼎杰　张洪波　安雪滢　吴杰

（国防科技大学 空天科学学院，长沙　410073）

摘　要：本文提出了一种"飞行器定位与导航技术"课程的创新性案例驱动实践教学方法。以飞机全自动精密进近着陆导航引导问题为开放性案例，该方法要求学员结合课程理论内容、创造性地设计满足此案例引导需求的北斗/惯性组合导航方案，并开展试验验证和方案评估。本文从教学理念、教学内容设置、教学方法筹划、案例教学评价等几个方面开展创新性案例驱动实践教学探索，旨在加深理解组合导航理论和不同导航用户需求特点、促进学生将理论应用到实践的过程。得益于方案设计的开放性和试验验证的实践性，学员能够通过案例驱动的实践教学，培养创新性解决复杂工程问题的能力和认真细致踏实肯干的工作作风。

关键词：飞机精密进近着陆；北斗/惯性组合导航；案例驱动；实践教学；教学探索

"飞行器定位与导航技术"是我校面向智能飞行器设计工程实践的教学需求而开设的一类航空航天类专业课程。针对航空器、导弹、运载火箭和航天器等飞行器应用场景，培养学员运用所学导航理论解决空天飞行器导航工程问题所需的综合能力，为飞行仿真、飞行试验和飞行器型号设计奠定专业基础。经过吴杰教授和安雪滢教授十余年的课程建设与实践，本门课程在教材、教学环境、软硬件资源等方面奠定了坚实基础，并在学校师生群体中获得极为良好的口碑。近年来，围绕 CDIO（Conceive，Design，Implement，and Operate）工程教育理念[1]，课程建设团队立足已有教学资源和手段，尝试探索一种旨在培育学生高阶能力（即创造性地解决开放性实际工程问题的能力）的案例驱动实践教学模式，着力解决以下长期困扰教学效果的典型问题[2]：①学生实践环节深入度不足，课内实验多以直观感受、原理验证或演示验证居多，解决工程问题的挑战性实验欠缺；②学员理论联系实际能力发展受限，课内实验项目内容单一欠缺个性，学员缺乏多样化独立思考；③实践环节前沿性和开放性着力不足，国家工程主导下的导航技术发展迅猛，学生对新技术的实践感受欠缺。为此，我们精心选择了导航专业的一个前沿研究领域，结合导航需求和特定用户背景，设计并引入开放性、综合性和创新性的实践案例，通过任务要求驱动学生主动参与设计与试验验证的全部环节，通过一个案例全周期、全流程的训练，切实培养创新性解决复杂工程问题的能力和认真踏实的工作作风。

1　教学理念

CDIO 工程教育理念推崇"以学生为中心，以产出为导向"。CDIO 以产品研发至运行的生命周期为载体，让学生以主动的、实践的、课程间有机联系的方式自主学习，在工程基础知识、个人能力、人际团队能力和工程系统能力等 4 个层面全面塑造工科学生[1]。这一工程教育理念系统地提出了具有可操作性的能力培养、全面实施以及检验测评的 12 条标准。近百所世界各著名大学的机械系和航空航天系全面采用 CDIO 工程教育理念和教学大纲,均取得了良好教学效果。

国防科技大学飞行器定位与导航技术课程依托空天科学学院双一流学科航空宇航科学与技术,以空天飞行器导航系统设计为特色,以适用于飞行器的导航基础理论和方法为主要内容,着重讲授天文导航、惯性导航、地面无线电导航、卫星导航、视觉导航、组合导航的基本原理及应用。课程研究在纷繁复杂的运动的现实世界中建立精确时空基准、将各种物理原理应用于精确实时测量、改进现有导航系统性能的方法。服务于无人机、导弹、运载火箭、卫星、航天器等飞行器实时精确导航需求,本门课程对于航空宇航科学与技术、机械工程(航天工程、航空工程)等学科专业方向建设及人才培养具有支撑作用;对于培养学员的科学思维能力、理论联系实际能力、自主学习能力具有重要作用。

飞行器定位与导航技术课程的教学目标是通过课程学习,使学生加深理解不同导航用户的需求特点和不同导航系统的工作特点,深入理解和掌握飞行器导航系统设计的基本理论和方法,锻炼学员编程实现卫星/惯性组合导航及视觉导航的核心算法,并开展相应导航实验,为学员从事飞行器总体设计、飞行器结构设计、飞行动力学与控制、图像处理、机器学习等专业方向研究和技术工作奠定重要的理论和实践基础。

课程的教学理念和思路是以飞行器导航系统设计项目为导向、以具体的设计任务为中心组织教学内容,使学生在完成综合性设计任务的过程中学习和掌握飞行器导航系统设计的理论,培养学生解决工程问题的能力[3]。通过案例项目和任务的成功完成,激发学生主动参与、知行合一、学以致用的自觉性和积极性[8]。

2　教学内容设计

考虑到卫星/惯性组合导航系统设计能够有效串联课程的多个学习知识点,本课程紧贴工程实际和前沿问题,设计了"飞机全自动精密进近着陆导航系统设计"的创新性案例,要求学生设计满足飞机全自动精密进近着陆引导需求的北斗/惯性组合导航方案。鉴于北斗/惯性组合导航方案涉及惯性测量单元选型,以及机载北斗天线个数、伪距差分或载波相位差分、松组合或紧组合等局部方案的选择,学生需要深入分析不同方案的优缺点,并给出抉择和设计方案;然后搭建北斗/惯性组合导航系统原理样机,开展车载实验,采集北斗接收机、惯性测量单元原始测量数据,或者基于模拟器采集原始测量数据;开发北斗/惯性组合动对静精密相对定位软件,进行原始测量数据事后处理与分析,对照飞机精密进近着陆引导需求,评估北斗/惯性组合导航方案的正确性、可行性,并最终撰写方案设计与试验验证报告。

2.1　案例导航系统性能要求调研

教师需要先介绍飞机精密进近着陆引导的任务需求,以及北斗/惯性组合导航技术的基本原理,为学生后续讨论提供任务牵引和背景知识。在此基础上,引导学生主动调研这一场景下的导航系统性能指标要求。学生通常可以查到国际民航组织 ICAO 标准[4],由此找出组合导航方案或系统设计必须满足的两项要求:

1) 水平导航定位精度≤3.45 m(1σ);

2) 垂直导航定位精度≤1.0 m(1σ)。

在满足上述两个关键指标基础上,在同等导航定位精度水平下,具有更高定速精度、定姿精度和实时性的组合导航方案或系统设计显然具有显著的性能优势。因此,性能指标设计具有一定的开放性。学生可依据各自调研结果和自我思考,个性化设计各自系统预期性能指标。后期学生需要采用试验验证手段,对所设计的北斗/惯性组合导航方案或系统是否同时满足预期性能指标要求进行验证,并针对无法满足的指标,给出有效的方案改进措施。

2.2　组合导航系统方案开放性设计

面向飞机 IIIC 类精密进近着陆导航引导需求,采用研讨式、互动型教学手段引导学生开展北斗/惯性组合导航方案开放性设计。鉴于组合导航方案涉及惯性测量单元选型、机载北斗天线个数、伪距差分或载波相位差分、松组合或紧组合等局部方案选择,本案例重点在如表 1 所列的北斗/惯性组合导航方案关键设计节点上,引导学生展开深入思考,并分析不同局部方案的优缺点。鼓励学生自主做出设计抉择,并形成相应的设计方案。对表 1 所列的 10 个设计节点(即 2 个惯导设计节点、5 个卫导设计节点和 3 个信息融合设计节点)简单分析可知,排列组合后可能形成的设计方案最多为 $2×3×3×3×2×2×2×3×2×3=7\,776$ 种。通过分组研讨和个人思考,学生能够自主梳理出其中合理可行的设计方案,形成阶段性方案设计成果。北斗/惯性组合导航方案设计成果需确定拟采用的导航原理和方法,进而明确导航系统组成,并详细绘制导航信息流程图,为学生顺利开展算法设计与实现工作奠定良好基础。

表 1　北斗/惯性组合导航方案开放性设计节点

设计节点	惯导设计节点		卫导设计节点					信息融合设计节点		
	惯导选型	对准方式	系统模式	定位模式	频点数	天线数	数据率	观测量类型	相关性	误差状态
可选项	①②	①②③	①②③	①②③	①②	①②	①②	①②③	①②	①②③

注:表中①、②、③等表示不同可选方案,教师可根据现有资源和学生情况进行定制、裁剪。

2.3　组合导航核心算法设计与实现

根据自主设计的北斗/惯性组合导航方案,学生能够独立开展个性化组合导航核心算法设计与实现工作。依据其个性化设计方案,学生依据理论课程学习中学过的导航原理和方法,自觉推导数学模型,建立导航信息处理流程图,梳理算法结构和实现方式,最终编写组合导航核心软件模块,用于验证导航方案可行性。

考虑到实现整个导航功能的软件规模宏大、代码工作量巨大,为使学生精力主要集中于导航方案顶层设计与试验验证,案例采用 MATLAB 环境搭建软件框架,并向学生提供丰富的底层功能函数库等自编软件资源包。借助该软件资源包,学生可以迅速搭建北斗/惯性组合导航数据处理算法,开展方案验证工作。现有软件资源建设情况如表 2 所列,主要包括底层功能程序库(包括数据文件读取与保存、矢量及矩阵运算、坐标转换、时间转换、EKF 滤波、误差计算与分析、RTK 计算模块、惯性导航模块、测量更新模块等)和基准数据获取软件(包括 POS 系统数据处理 GINS 软件、RTKLIB 软件)等。

表 2　现有软件资源

软件资源包	功能分类	编译环境
底层功能程序库	①数据文件读取与保存	MATLAB 语言
	②矢量及矩阵运算	
	③坐标转换	
	④时间转换	
	⑤EKF 滤波	
	⑥测量更新模块	
	⑦误差计算与分析	
	⑧惯性导航模块(不含惯导力学编排)	
	⑨卫星导航解算模块(不含星历计算、伪距单点定位、多普勒定速)	
	⑩RTK 计算模块	动态链接库, C 语言
基准数据获取	RTKLIB 软件	开源软件, C 语言

　　注:教师可在课前自行编程搭建好软件环境,或联系作者提供软件资源包。

利用教师提供的完备导航子函数库,学生可自行调用,以便快速、高效地完成个性化导航方案的程序实现。此时,学生主要精力集中于编写实现导航方案顶层设计的 main 函数,也即组合导航核心算法。学生编写的 main 函数运行须满足自动化、"傻瓜式"要求,即程序运行数据处理期间无需学生干预和调整。

2.4　验证试验方案设计及实施

为验证组合导航方案设计的正确性和可行性,学生需要先开展北斗/惯性组合导航试验方案设计工作,包括构想试验内容、确定试验方式、制定合理可行的试验计划,最终形成明确的试验设计方案。鉴于组合导航性能受到诸如载体机动形式、试验场地环境、基准站距离等因素影响,引导学生在试验方案设计过程中考虑如表 3 所列的关键设计节点,通过深入思考和分析不同试验条件对组合导航方案的考核侧重点,鼓励学生自主形成具有多样化试验条件的验证试验方案。

学生决定采用动态性较高的飞机精密进近着陆数据,来验证自己所提的组合导航方案。此时,案例提供了轨迹可设计、器件噪声可调的北斗/惯性导航信号仿真模拟器。基于模拟器和自主设置的仿真飞行轨迹,在线生成北斗卫星导航测量数据和惯性导航测量数据,供学生测试和评价导航方案和算法性能。

表 3　北斗/惯性组合导航验证试验方案开放性设计节点

设计节点	验证平台	机动形式	场地环境	基站距离
可选项	①车载 ②机载 ③仿真	①直线 ②O 形 ③S 形	①开阔 ②遮挡	①远（＞20 km） ②中（2～20 km） ③近（＜2 km）

2.5　数据处理与分析

基于模拟器采集的仿真原始测量数据或硬件系统采集的实测数据,学生利用自主开发的动对静精密相对导航软件(即组合导航核心算法 main 函数)进行试验数据处理,分析数据结果的合理性,对可能存在的问题提出可行的解决方案,排除数据处理过程中可能出现的问题和隐患。

在组合导航数据处理无误的前提下,要求学生绘制组合导航方案对应的导航误差曲线,并分析误差的统计特性。利用导航参考真值,与对应时刻的组合导航核心算法软件解算结果作差,获取导航误差数据,整个过程如图 1 所示。

根据试验分析结果,学生可对照飞机精密进近着陆引导需求,自主评估所提北斗/惯性组合导航方案的正确性、可行性,形成相应的研究结论和工程经验,并最终撰写方案设计与试验验证报告。

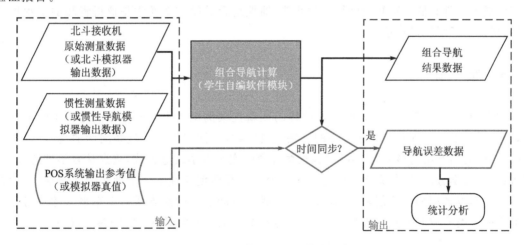

图 1　数据处理与分析工作路线示意图

3　教学方法设计

综合采用讲授法、演示法、项目导入法、任务驱动法[5]、讨论法等多种方法相结合的方式完成课程教学。具体教学方法实施思路罗列如下。

第一步:介绍飞机精密进近着陆引导的任务需求,以及北斗/惯性组合导航技术的基本原理,为学生后续讨论提供任务牵引和背景知识。

第二步:介绍教学团队目前具备的硬件设备条件和软件开发环境,使学生明确可用资源,为后续方案设计做好准备。

第三步：组织学生讨论可选技术路线，分析利弊，做出抉择，设计出完整的北斗/惯性组合导航方案。

第四步：指导学生利用现有软件开发环境，编写北斗/惯性组合精密相对导航应用软件。

第五步：组织学生讨论试验验证方法，引导学生搭建系统原理样机、开展试验并采集北斗接收机和惯性测量单元原始测量数据。鼓励学生根据自身工作进度自主安排验证试验。

第六步：指导学生进行数据处理，根据处理结果评估方案的正确性、可行性，并撰写方案设计与试验验证报告。

第七步：组织交流讨论，引导学生对不同技术路线进行比较，使其深刻理解不同北斗/惯性组合导航系统的方案、算法和性能。

4 案例教学考评

针对现有教学考核形式单一、学生学习积极性低等问题[6]，建议采用综合考虑过程性与阶段性相结合、形成性评价与终结性评价相结合的学生实践教学全过程跟踪管理与评价方法。

结合创新性案例完成情况，可分析各个学生设计方案是否满足自身所列的全部性能指标要求，对学生所提指标的合理性、完备性进行评估，并对指标实现的程度进行评价。较佳的组合导航方案应具有计算复杂度低、可靠性高、性价比优等特点。在满足技术指标要求条件下，基于低成本硬件和低计算复杂度算法的北斗/惯性组合导航方案通常是值得青睐的工程推荐方案，建议给予"优秀"评价。

5 结 论

本文通过飞行器定位与导航技术课程的创新性案例驱动实践教学方法进行了研究和探索，总结了目前实践课程教学中存在的一些主要问题，并探讨了针对这些问题的基于"以学生为中心、以能力产出为核心"CDIO工程教育理念的实践教学改进方式，重点从教学理念、教学内容设置、教学方法筹划、案例教学考评等几个方面开展创新性案例驱动实践教学探索，旨在促进学生学以致用和实践创新，使其成为满足我军发展需求的高素质新型军事人才。对于其他航空航天类专业的实践课程教学研究和实践，本文工作也可提供一定的参考价值。

致 谢

本论文得到国防科技大学2021年研究生教育教学改革研究课题（编号YJSY2021024）支持，特此致谢。

参 考 文 献

[1] 王潜心，邹艳，姚丽慧，等.CDIO理念下"卫星导航与定位技术"教学改革探讨[J].中国管理信息化，2016，19(16)：229-230.

[2] 王鼎杰，张洪波，吴杰.基于案例驱动的航空航天专业课程思政实践教学研究——以"飞行器导航原理"为

例[J].教育教学论坛,2022,7(28):143-146.

[3] 楼生强,唐小妹,李峥嵘,等.基于北斗实践的高素质新型军事人才培养研究[J].高等教育研究学报,
2020,43(1):51-54.

[4] 李青松.飞机着舰机载端卫星/惯性组合精密相对定位完好性监测方法研究 [D].长沙:国防科技大学博
士学位论文,2022.

[5] 吉洪蕾,姚建尧,张晓敏.“飞行器启动设计”课程的项目导入任务驱动教学[C].第二届全国高等学校航空
航天类专业教育教学研讨会,2020:260-266.

[6] 于成金,李厚朴,李文魁.基于北斗科教创新实验箱的卫星导航原理课程实践教学[J].科教导刊,2018,15
(5):100-102.

服务任职教育实践需求的飞行器总体原理示教系统

葛健全 赵创业 丰志伟 刘盼

(国防科技大学 空天科学学院,长沙 410073)

摘 要:"飞行器总体设计"是航空航天类专业重要的专业课,课程既包含很多基本概念原理也具有很强的综合性。本文针对军队原任职教育教学中存在的实践需求,以提高课堂授课效果和培养学生实践能力为出发点,介绍了原理示教系统软件在辅助教学方面的应用。通过模块化建模、图形化展示、虚拟仿真与半实物仿真实验相结合等技术手段,使枯燥的理论得以较好的展现,也极大激发了学员理论课后参与实践的热情。实践表明,本文介绍的示教系统方法有效补充了传统教学的不足,取得良好的教学效果。

关键词:飞行器;总体设计;原理示教;教学方法;虚拟实验

目前军队院校培训任务经历了以学历教育为主向以任职教育为主的转变过程,因此,必须要加强任职教育的内容和强度。[1]军队院校任职教育具有军事职业性、岗位指向性和装备依赖性等显著特点。实际装备在岗位任职实验教学中具有举足轻重的地位,它既是学员理论联系实际学习专业知识、解析专业装备必不可少的平台,更是学员在走向部队所面临的第一任职需要。[2-3]长期以来,一方面受限于新装备价格不菲,划拨套数有限,另一方面仿真模拟器材,通用性差,很难扩展到其他型号,难以满足学员教学实践的需要。飞行器原理示教系统能够提供虚拟实验建模环境,采用虚拟视景技术和网络技术,具有高仿真性、开放共享性、人机交互性、可扩展性、重复使用性、低使用条件以及安全性好等诸多优点。通过虚拟实验,提高教学训练效果和满足学员毕业第一任职需要,成为专业任职教育实践任务的有效平台。[4]

1 飞行器原理示教系统的功能特点

飞行器总体设计与原理示教系统以总体设计方法、设计案例和结果验证为主要目标,建立一套适用于课程教学使用的仿真实践系统,满足总体类课程实践教学需要。该项目的适用对象包括学生和老师。其中,对于学生来说,主要用于完成课程设计、大作业、毕业设计等。对于老师来说,主要用于总体设计类课程教学演示。该系统有以下几个主要功能特点:

1) 参数化建模。采用自顶向下的建模思想,建立参数化装配体,使下层零部件继承上层设计装配信息,使得零部件间参数相互引用,明确装配关系,便于模型添加或修改。

2) 一体化仿真分析。需求分析、外形设计、动力设计、气动预示、弹道计算、评估分析,从总体指标需求到参数设计分析评估全过程一体化仿真。

3) 虚实结合。综合利用计算机辅助设计技术、虚拟现实技术、半实物仿真技术,使学生在完成设计的同时,可以动手装配缩比模型实物组件,并将装配好的模型安装到三轴转台上,结合三维虚拟场景,感受飞行姿态运动过程。

　　4)开放式设计。关键组件可插拔,学生可使用自编程序拓展功能。

　　5)标准接口。进程间使用 XML、CSV 等便于解析的文件进行交互。

2　飞行器原理示教系统的组成

2.1　示教系统功能组成

　　飞行器总体设计与原理示教系统由总体设计可视化仿真软件和弹体结构仿真及联动子系统组成,如图1所示。其中,总体设计与可视化仿真软件包含问题定义软件、快速估算工具、参数设计软件、分析评估工具和视景仿真软件。弹体结构半实物仿真及联动子系统包括三轴转台和串口通信协议。

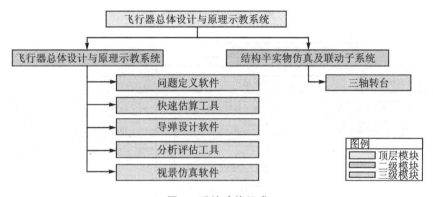

图1　系统功能组成

　　飞行器总体设计与原理示教系统软件结构由数据存储层、应用层和显示层组成,如图2所示。其中,数据存储层用于存放系统数据,包括案例库、作业库、用户档案库、资源库、地理信息库等。应用层用于设计、仿真、分析。显示层用于设计结果展示汇报。

2.2　总体设计与可视化仿真软件

　　总体设计与可视化仿真软件可分为总体设计软件教师端、总体设计软件学生端和可视化仿真软件三个部分,如图3所示。

　　总体设计软件学生端包括快速估算工具和总体参数设计软件。

　　快速估算工具可用于总体指标需求分析。功能包括由射程需求计算速度;优化推进剂质量系数;计算各级子火箭质量;计算各级装药质量;计算各级发动机结构质量;外形参数估算;计算发动机绝对长度;计算头部总长;计算总长、长细比和计算各级发动机平均推力。

　　总体参数设计软件可用于参数设计,包含外形设计模块、动力设计模块、气动设计模块、弹道计算模块和实验报告生成模块。

　　外形设计模块参考 OpenRocket[5]进行设计,以导弹为例,如图4所示,支持通用的设计规范[6],可开展弹头、控制系统、动力系统、弹体结构、发射方式等分系统方案选择,以及质量、外

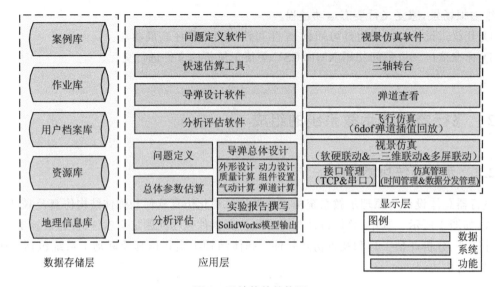

图2　系统软件结构图

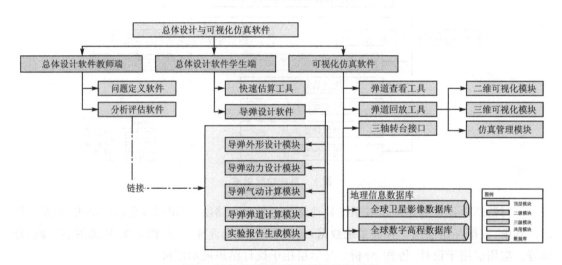

图3　总体设计与可视化仿真软件组成

形尺寸等总体参数设计。总体参数设计主要是根据给定的总体技术指标(战斗部质量、射程等),在总体方案的基础上,计算总质量、推进剂质量、级间质量比、推重比、最大横截面载荷、长细比、发动机推力、发动机工作时间、弹体长度、直径、弹头外形尺寸等参数,并根据上述总体参数,生成理论外形图和3D效果图。

动力设计模块可导入已有推力曲线图片描点或表格文件生成推力曲线文件(* . eng)[7],如图5所示。

生成的推力曲线文件可通过组件设置功能导入系统。

气动设计模块使用模块化部件组合法,对于常规轴对称弹箭外形具有较强适应性,气动计算过程如图6所示。

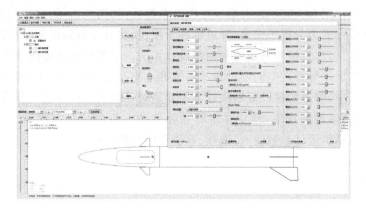

图4 外形设计

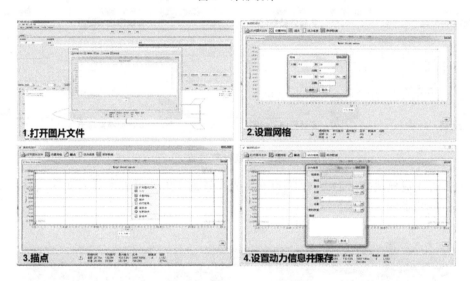

图5 推力曲线描点过程

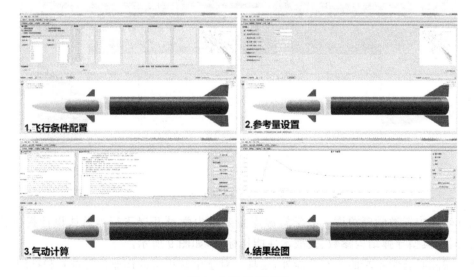

图6 气动计算过程

　　弹道计算模块使用 MATLAB 自编程序作为求解器,如图 7 所示,进程间使用 XML 进行数据交互。包括导弹受力分析子模块、弹道解算子模块、实时参数输出和可视化子模块。各子模块预留外部程序接口,方便学员更改和创新设计算法。主要开展弹道设计规划和计算,并通过可视化手段模拟展示导弹在空间中的运动轨迹和姿态变化,以及导弹工作参数和环境参数实时变化信息。其中,弹道的设计规划和计算主要是对导弹受力环境进行分析,在确定总体参数的基础上,设计弹道控制程序,建立并解算导弹运动方程和质量方程等。同时,MATLAB 自编程序可为学员提供设计参数输入、选择、算法程序和模型扩展。

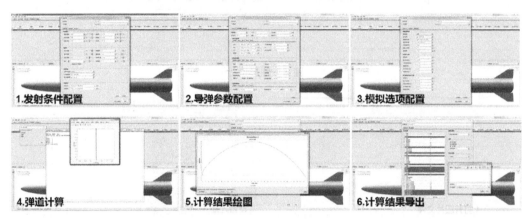

图 7　弹道计算过程

　　实验报告生成模块基于 Docx4j[8],可在事先预置的 Word 模板中插入文字、表格、图片和富文本(xhtml),如图 8 所示。

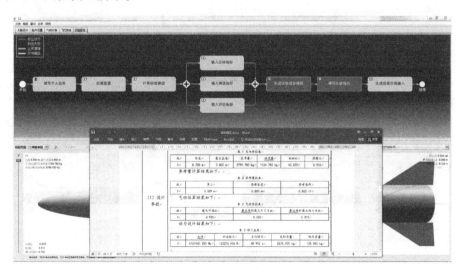

图 8　实验报告生成

　　设计软件内置教学资源库。教学资源库主要是为学员开展飞行器总体设计提供原型参考,包括国外典型导弹结构参数、技战术性能指标等,如图 9 所示。

　　教师端除具备学生端的所有功能外,还具有对学生端提交的作业进行查看和批阅功能;支持最大飞行高度、最大飞行速度、最大落点速度、最大射程、起飞质量、静稳定性/度、气动阻力、

图 9　教学资源库(部分)

过载等典型指标自动解算;支持以图表、曲线(直方图、蛛网图)形式展示评估指标;支持根据评估指标值和权重生成打分结果,如图 10 所示。

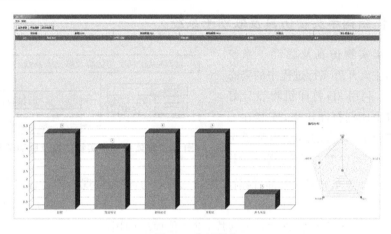

图 10　分析评估

可视化仿真(如图 11 所示)主要利用基于数据驱动的 3D 可视化仿真软件程序,将运动方程的解算结果通过 3D 动画实时展现出来,能够从不同视角展示相对发射点和目标点的位置及姿态,并能按照设计的飞行程序,输出弹道飞行过程中尾罩分离、级间分离、推力矢量变化、末修调姿、头体分离、弹头再入等关键过程事件。工作参数和环境参数实时变化信息主要是在弹道可视化仿真过程中,实时计算并同步显示速度、加速度、位置、姿态角、发动机推力、发动机工作时间、剩余推进剂质量、重力、空气阻力、头部驻点温度、大气环境温度、密度、关机点位置、

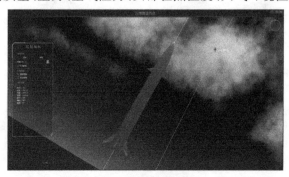

图 11　可视化仿真

速度、最终飞行时间和射程等信息。

同时,系统支持仿真数据回放。回放时,支持多屏显示,同时系统均可与三轴转台实现联动,如图 12 和图 13 所示。

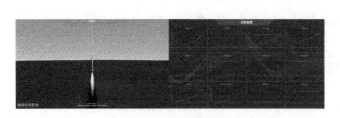 

图 12　仿真数据回放　　　　　　　　图 13　联动三轴转台

2.3　弹体结构半实物仿真及联动子系统

弹体结构半实物仿真及联动子系统(如图 14 所示)主要开展飞行过程中的姿态变化动态演示。利用 3D 打印机将设计好的结构按照缩小比例打印出来,安装在一个小型三轴转台上,转台的运动由弹道可视化仿真软件模块中"姿态角"参数控制,

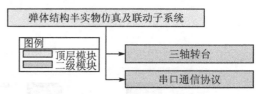

图 14　弹体结构半实物仿真及联动子系统组成

在转台的带动下,弹体能够实现俯仰、偏航和滚动三种运动,进而实现弹体姿态与弹道的联动。

串口通信协议主要用于软件与弹体结构半实物联动子系统进行数据通讯,两者的实现联动。该协议由 C++语言封装成动态链接库,供其他模块调用。

3　飞行器原理示教系统的安装部署

飞行器原理示教系统部署在局域网中,系统与系统、模块与模块间使用数据文件进行交互。物理部署图如图 15 所示。

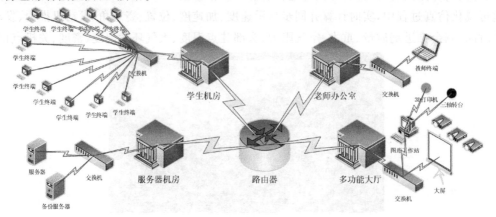

图 15　系统部署图

系统网络拓扑图如图 16 所示。

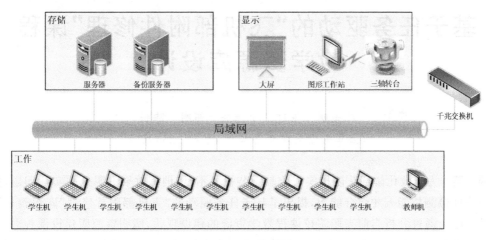

图 16　网络拓扑图

4　结　论

本文提出的飞行器原理示教系统以先进的计算机仿真技术为基础，以参数化建模、虚实结合展示为手段，为学生提供了一个将总体课程所学知识应用于装备设计、评估和演示的平台，增强了学生对飞行器的感性认识和实践能力。同时，系统建立了丰富的教学资源库，也使得各型武器装备走进课堂成为可能。

致　谢

感谢火箭军工程大学周伟、李剑两位老师的大力支持。

参　考　文　献

[1] 朱如珂,董会瑜. 现代军校教育论[M]. 北京:军事科学出版社,1998:218-228.

[2] 韩兆福,葛银茂,吴卫玲,等. 岗位任职教育实验教学的探索[J]. 实验室研究与探索,2007,26(12):115-118.

[3] 李中方,陈晓明,刘斯龙. 更新观念思路推进任职教育创新发展[J]. 高等教育研究学报,2004,26(3):18-20.

[4] 曾亮,彭绍雄. 虚拟实验在装备专业教学中的应用[J]. 实验技术与管理,2012.29(9):86-88.

[5] DayneKemp,JoanneHill. Numerical model to AID uni-versities in developing space nations with solid-fuel rocket motor design[A]. 63rd International Astronautical Congress 2012,IAC 2012[C],2012.

[6] Sooy T. J.,Schmidt R. Z.. Aerodynamic Predictions,Comparisons,and Validations Using Missile DAT-COM(97) and Aeroprediction 98 (AP98)[J]. Journal of Space-craft and Rockets,2005,Vol. 42(2):257-265.

[7] Rohini D,Sasikumar C,Samiyappan P,Dakshina-murthy B,Neeraja K. Design & analysis of solid rocket using open rocket software[J]. Materials Today:Proceedings,2022,Vol. 64:425-430.

[8] Philippos M,Petros S. Bithas. Arduino Rocket Flight Computer[A]. 2022 Panhellenic Conference on Electronics & Telecommunications (PACET)[C],2022.

基于任务驱动的"飞机部附件修理"课程教学资源库设计

孔光明　张玎　于德会　邹刚　陈强

（海军航空大学青岛校区，青岛　266041）

摘　要：为有效化解部队院校实战化教学装设备不足、训练效果不明显的实际问题，提升复合型修理检测技能人才综合能力，提出了基于任务驱动的"飞机部附件修理"课程教学资源库建设方法。通过分析当前高职院校课程教学资源的建设现状，阐明资源库建设课程需求，从课程建设资源库的基本思路、框架体系和特色三个方面详细阐述了"飞机部附件修理"课程教学资源库建设的设想，为舰载航空装备保障修理类专业教学条件建设提供借鉴思路。

关键词：任务驱动；飞机部附件修理；教学资源库；航空装备保障

随着教育信息化的不断深入，作为信息化推进重要环节的教育资源库不仅为教学、科研提供丰富的、多元化的教学素材，以多种展示方式组织、存储、管理，便于使用者查询、下载、应用和便于远程自主学习，而且还担负着教学资源的共建共享、资源评价、自主学习、远程交流考核等任务。随着教育资源库的建设多样化发展，资源库在建设中也出现了资源分散、交互性差、评价功能较弱、推广性差、资源利用率低等多种问题，大大降低了教学资源的利用效率，影响教学效果[1,2]。

航空装备保障军士专业"飞机部附件修理"课程是建立在原有飞机与发动机维修技术课程的基础上，新设增开的实践性较强的课程。该课程着重培养学生掌握航空附件失效机理、性能检测通用技术、附件修理的基本原理、典型部附件的修理工艺等方面的理论知识和技能，具有专业性强、岗位贴合紧密、理实一体、操作规范等特点。但当前院校的实战化教学存在着教学装设备与部队现役装备不匹配、训练效果不明显、岗位认证培训资源匮乏等问题，造成了"飞机部附件修理"课程教学的教学资源较少，无法满足学生自主学习的需求。因此，以"飞机部附件修理"专业为切入点，以职业教育前沿思想作为指引，借助于现代信息技术研制开发飞机部附件修理课程教学资源，并利用学校学习中心平台构建课程教学资源库，提高教学效果。

1　"飞机部附件修理"课程教学资源库建设的基本思路

1.1　"飞机部附件修理"课程教学资源库建设目标

聚焦院校实训装设备教学落后于部队新装备的发展、缺少先进机型部附件无法满足学生修理训练的实际，定位"能学、辅教"功能，立足飞机部附件修理员（师）、机械员（师）岗位，以面向部附件分解、检测、修理、装配调试等实际作战任务为主线，结合飞机与发动机故障诊断技术、航空机电设备维修等航空装备保障修理类专业课程教学要求，依托院校教育平台构建以岗位资源、专业资源、课程资源、特色资源和岗位资格认证为结构体系的"飞机部附件修理"教学资源库,打牢学生扎实的知识基础、培养过硬的军政素质,也为教师信息化教学能力提升,部队维修人员知识认知和岗位技能培训带教提供学习服务。

1.2　"飞机部附件修理"课程教学资源库建设途径

首先,要树立服务教学的建设理念,充分发挥教学新模式的引领作用。把资源库建设与新型教学模式、教学方法、人才队伍建设有机地结合起来,充分发挥数字化教学资源的作用,拓展学生的视野,利于培养学生的创造性思维,提高学生获取信息、分析信息、处理信息的能力。

其次,汇聚一流资源,构建生态化学习模式。立足于课程资源的系统性、完整性,打造资源丰富、信息量大、开放共享的教学资源。在完善"《飞机部附件修理》基本教材＋配套舰载机部附件修理工艺标准"教材体系的基础上,将岗位资源、专业资源、课程资源、特色资源和岗位资格认证等各方面均按要求进行建设。

最后,深化信息技术手段与教育教学方式融合发展,进一步提升信息化教学水平。"飞机部附件修理"课程涉及部附件性能检测、典型部附件的修理工艺等方面的理论知识和技能,对理论和实践相融合的需求较高。为此,一方面开展教学方法的改革与创新,结合任职教育的特点,将任务式、研究式、讨论式教学方法开展教学,提升实战化训练手段和方法;另一方面,针对院校实训装设备教学落后于部队新装备的发展、缺少先进机型部附件无法满足学生修理训练的实际,以信息化条件下的实战要求为标准,严格按照实战化教学大纲和人才培养方案进行组织教学,采用"软件配合硬件、旧装支持新装、虚实结合以实为主"的虚、实结合的实训方式,为学生提供生动形象的实训和工程体验,提升学习兴趣。

2　构建课程教学资源库的框架体系

2.1　"飞机部附件修理"课程教学资源库建设内容

为了提高教学效果,完善教学资源,满足实战化教学现实需求以及学生自主学习的需要,充分发挥多媒体表现资源的优势,构建以岗位资源、专业资源、课程资源、特色资源和岗位资格认证为结构体系的飞机部附件修理专业教学资源库,如图 1 所示。

(1) 岗位资源库

岗位资源库包含舰载航空装备保障修理类专业人才培养目标及方案、岗位任务和航空装备修理模式改革成果等内容。通过对部队航空装备修理岗位的工作实际进行调研,分析该岗位需要具备的军政素质、科学文化、任职岗位能力、专业业务能力、组训管理能力和自学革新能力,梳理出该专业的人才培养目标及方案。并将该专业人才培养目标及方案、岗位任务、维修模式改革成果以及最新科研进展等相关文件以电子文档的形式上传到平台上,使受训者及时掌握岗位动态,提高岗位任职能力。

(2) 专业资源库

依据航空装备保障修理类专业培养目标,立足于实战化教学需求,基于理实一体化教学模式下构建符合信息化教学思路的教学资源,合理优化航空装备保障、法规、飞机结构与系统、航空机电设备维修、故障诊断技术等课程内容,有机融入教材、教案、试题库、多媒体素材、课件等

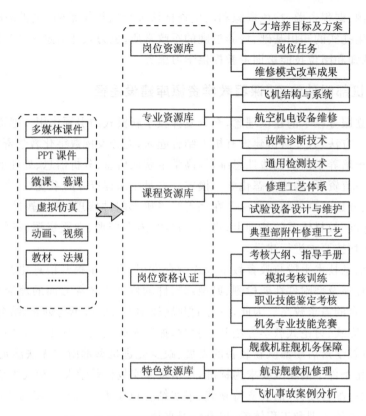

图1 飞机部附件修理专业教学资源库建设框架

教学资源,满足学生时间、精力碎片化需要,打牢专业基础。

(3)课程资源库

以典型任务为载体,以驻舰航空装备保障工作流程为指引,按照循环式或分段式的方法进行项目设计,综合应用"理虚实一体化"教学模式将理论知识讲授、虚拟仿真模拟训练和实践操作三者紧密融合,合理融入通用检测技术、修理工艺体系、试验设备的设计与维护、典型部附件的修理工艺等内容,同时增强实操、实作、演练等训练内容环节,加深学生对飞机部附件诊断技能和维修知识理解、提高综合能力、快速适应岗位,弥补了传统学历教育的不足,体现了实战化特色。

(4)岗位资格认证

岗位资格认证模块主要是针对"飞机部附件修理"课程中的典型工作任务,同时结合航空装备保障修理类专业人员参加课程结业考核、在线培训、模拟训练、职业技能鉴定和比武竞赛等项目进行设置,具有针对性强、提升效果好等优点。同时,突出教学内容实战化特点,增强前瞻性和训练方法、组织形式的规范性,合理融入军事理论和军事科技的最新研究成果和动态,打牢学生扎实的知识基础、培养学员过硬的军政素质。

(5)特色资源库

特色资源主要包含舰载机驻舰机务保障、航母驻舰修理、飞行事故案例分析等内容,充分调动受训者学习积极性,激发其学习兴趣,推动专业课程与教育信息化建设、教学模式变革,满足广大受训者学习、访问等需求。

2.2　基于任务驱动的"理虚实一体化"教学模式研究

基于任务驱动的"理虚实一体化"教学模式将理论知识讲授、虚拟仿真模拟训练和实践操作三者紧密融合,以任务驱动式、工单式、新型活页式教学资源为载体,以实际作战任务为牵引,使教学内容密切对接航空装备修理实际,重点突出虚拟仿真模拟训练,促使学生实践操作全流程,从而实现理论教学和实践操作的融汇贯通和有机衔接[3,4]。在任务实施过程中,教师利用任务驱动进阶教学方法将主任务分解成若干个具备独立教学环节的子任务,各子任务之间由易到难、由简到繁进行排列,任务之间通过进阶的方式训练[5]。在理论课堂教学中,以分析解决任务模块的实践问题为导向,有针对性地学习部附件工作原理、操作规范、性能指标与注意事项等相关理论知识,加强学生对理论知识的自主学习和思考,从而提升了学生的主观能动性和创新意识;在实践操作中,学生独立或以小组为单位所学的理论知识通过虚拟操作开展训练和考核,考核通过后进行实践操作,教师依据完成任务的操作情况,实施差异化教学辅导,并进行评价反馈。基于任务驱动进阶教学的"理虚实一体化"教学模式的框架结构如图 2所示。

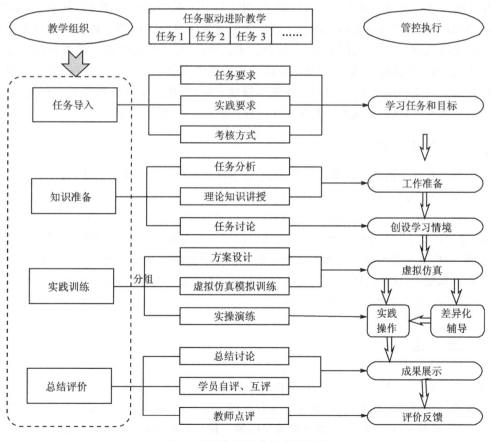

图 2　课程资源内容体系示意图

3　"飞机部附件修理"课程教学资源库特色

3.1　突出产教融合,深化教学改革

"飞机部附件修理"课程教学资源库聚焦飞机部附件修理复合型技术技能人才培养,合理融入修理检测新技术、典型部附件修理检测工艺,建立基于任务驱动的系统化课程体系,建成真实项目贯穿、逻辑合理、内容完备的标准化资源体系;课程资源开发与专业教学改革同步,融入创新创业教育,塑造工匠精神;课程考核与航空装备保障修理类专业岗位资格认证体系并轨,合理将职业鉴定技能考核标准融入课程教学体系,实现课证融通,无论是在校学生还是部队一线装备保障修理类专业人员,均可以通过教学资源库进行自主学习或岗位培训,有效解决岗位资格认证培训资源匮乏问题,满足岗位任职需求。

3.2　"理虚实一体化"教学模式效果明显

依据航空装备保障修理类专业岗位需求,构建基于任务驱动的"理虚实一体化"教学模式,将理论知识讲授、虚拟仿真模拟训练和实践操作三者紧密融合。针对具备实物实训条件的科目,采用"虚拟测试＋实物验证"的虚、实结合的实训方式,可以将耗时较长的测试任务提前进行虚拟测试,缩短调试时间,优化实践操作流程。对于不具备实训条件的科目,通过虚拟仿真手段模拟真实对象和运行场景,对接航空装备修理实际,促使学生实践操作全流程,提高实战化体验和训练水平,从而实现理论教学和实践操作的融汇贯通和有机衔接。

3.3　评价体系多样

为了能更好地反馈学生的学习情况,基本能够体现学生的综合学习素质,教学评价方式采用考虑过程性与阶段性相结合、综合性评价与岗位考核相结合的实践教学全过程评价方法。全过程评价方法要求要求每位学生全程参与、自主实践,并在每一任务阶段性考核完成后从实践态度、完成情况、实操演练、训练方法、团队协作等多个方面进行综合考核,充分评估学生的学习表现,分析学生的不足并及时给出改征意见。岗位实践综合评定旨在通过岗位实践反映学生的水平和能力,保证每阶段的训练质量和标准,反推每阶段的训练质量和标准是否满足需求,对于后续改进课程教学有非常重要意义。

4　结　论

课程教学资源库建设是一个复杂的系统工程,本文通过对"飞机部附件修理"课程教学资源库建设进行了研究和探索,从课程建设资源库的基本思路、框架体系和建设特色三个方面详细阐述了"飞机部附件修理"课程教学资源库内涵。提出的基于任务驱动的"理虚实一体化"教学模式研究可有效化解部队院校实战化教学装设备不足、缺少先进机型部附件无法满足学生实战化训练的实际问题,教学效果较好。对于其他航空航天类专业的实践课程教学研究和实践,本文工作也可提供一定的参考价值。

参 考 文 献

[1] 项丹.高职教育教学资源库建设途径探索[J].现代职业教育,2015(7):44-45.

[2] 周薇.高职实践课程微视频教学资源库建设探索[J].现代教育技术,2017(8):5.

[3] 李丹.基于工作页的高职"理虚实一体化"教学模式改革与实践[J].湖北广播电视大学学报,2020,40(3):42-46.

[4] 叶向群,王娇君,单岩,等."理虚实"一体化教学思路实践[J].实验技术与管理,2017,34(5):1-4.

[5] 孔光明,于德会,邹刚,等.基于任务驱动进阶教学的"飞机与发动机维修技术及组织管理"课程改革[C]//教育部高等学校航空航天类专业教育教学指导委员会.第二届全国高等学校航空航天类专业教学研讨会论文集.北京:北京航空航天大学出版社,2022.

新工科雷达类课程研讨启发式教学设计与实践*

张财生 刘瑜 邓兵 张海

（海军航空大学 209 教研室，烟台 264001）

摘　要：按照新时代国家高等教育改革教学理念的要求，结合学员调研情况分析以及对研讨式教学理念的理解，具体课程"雷达系统"完成了研讨启发式教学的总体设计。本课程分析了授课对象，阐述了研讨启发式教学的必要性，完成了对教学内容的优化选择，设计了与本课程内容相适应的研讨启发式教学思路，并给出了具体的实施和运用方法，强化了学员的思维培养，使学员既掌握了必备的知识和技能，又提高了学员对知识综合运用的能力和素质。

关键词：总体设计；教学规划；雷达系统；研讨启发式

引　言

很多学员面临毕业时，会有一种感觉好像什么也没真正学会的焦虑，就得面对岗位的挑战了。实际中，学员在学校学过不少理论知识，但很少结合各种装备的实际问题开展综合分析和应用，从而导致到部队工作后心里不够自信。为此，本文从学员知识学习认知的角度出发，结合自身的知识结构，尽可能地将本科层次的雷达系统[1]课程的教学内容进行梳理，做一个总体设计，首先分析雷达系统课程授课对象的学科背景，阐述研讨启发式教学的必要性，然后优化选择课程教学内容与知识体系，理清了本课程内容的讲述思路，并设计本课程具体的研讨启发式教学方法和模式，开展具体的实施和运用，完善雷达系统课程的建设。

1　研讨启发式教学的必要性分析

对多个雷达部队走访调研，了解到很多雷达工程专业学生毕业后在部队的任职经历，反馈了很多关于院校理论学习无法为部队雷达装备遇到的实际问题提供解决方案。如果当年在校学习的时候，教员能够从系统的角度，将专业课的知识点与公共基础课所学知识的融会贯通，引导启发学员运用专业基础课程所学的知识解决实际雷达系统中遇到的为什么，多教一些新型实际雷达装备中的各种典型实际问题，解决学员对专业课怎么用的疑惑，就可以很好消除学员毕业时心中的焦虑。

结合雷达工程专业本科学员的培养方案中的专业基础课程体系，可知学员在学雷达系统课之前，已经学习了画法几何与机械制图、电路、低频电子线路、高频电子线路、数字电路与逻辑设计、信号系统与控制、微波技术与天线、随机信号分析、数字信号处理（双语）等专业基础课

* 基金项目：2020 年山东省本科高校教学改革研究资助项目（编号：90039202002）

程。这些专业基础课程覆盖了雷达的结构（机械、伺服）、电讯（强弱电子线路、数字电路、信号处理及分析）、天馈线（天线、微波器件）等多个分系统的基础知识。有了这个基础模块构建的体系，加上在本课程之前已开的雷达原理课程就知道了雷达是什么，怎么工作的。

　　然而，雷达系统的核心是设计一个系统实现某些有用的功能，仅靠雷达原理还不足以将雷达中的知识点串起来，无法构建相对完备的雷达知识体系，实现理论与实际工程的融会贯通。学员的课堂情况反映出，对雷达原理的物理解释以及数学知识和基本理论的掌握还不够扎实，理解不够透彻，对现代雷达的新技术，比如脉冲多普勒、相控阵技术认识很浅，对雷达设备之外而又与雷达紧密联系的知识知之甚少。究其原因，就是人才培养方案中与系统相关的专业课程很少，学员的知识是靠教员灌输而得到的，而不是以实际雷达装备中的各种问题研究讨论和教员的启发式教学而构建起来的知识体系。

2　课程内容的优化选择

　　本课程的教学内容包括[1]雷达系统知识，雷达系统分析，多普勒效应、连续波、动目标MTI和脉冲多普勒雷达，搜索及跟踪雷达系统，雷达信号理论，雷达波传播和雷达杂波，雷达天线与收发器件，雷达系统新体制新技术，共八个部分，其层次框图如图 1 所示。雷达系统知识，雷达系统分析是对雷达原理和专业基础模块的回顾和复习；多普勒、脉冲多普勒雷达、搜索和跟踪以及信号理论与处理是对雷达知识的深入；雷达波和杂波是雷达工作环境的知识；雷达天馈及收发器件是现代雷达关键技术的重要组成；雷达新体制介绍讲述各种形式雷达的基本情况和目前的发展，是对前几部分的内容在具体的新体制上的应用，又是理论知识的系统性升华，着重培养学员理论联系实际的能力。对课程标准中每一章节的内容要求、重点和难点的把握均在每一次的课堂设计中体现。

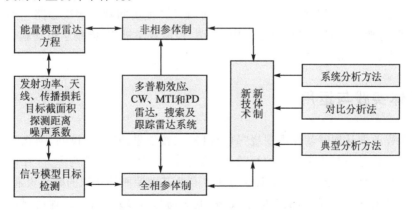

图 1　雷达系统课程内容层次框图

　　雷达系统课程的主要特点：一是在雷达原理课程基础上的一门分析性课程，雷达原理讲述的主要包括雷达是什么、有什么组成和怎么工作，而雷达系统则侧重分析为什么；二是一门系统性课程，不仅要讲述雷达设备本身，还要包括大气传播、地/海面杂波以及各种目标的雷达散射特征等雷达装备以外的知识；三是一门实践性课程，在掌握雷达系统的完整工作体系的基础上，增加对雷达探测的实践环节，注重雷达探测的现象重现与分析的实践，要求学会从现象中总结规律，并应用于实际雷达的操作训练。

因此,雷达系统课程对本科生层次的要求是掌握雷达系统的基本理论、基本组成和基本分析方法;能够对比分析各种体制雷达系统的技术性能;完成基本的雷达分系统测试实验,并能对结果进行分析处理和撰写实验报告;能了解雷达技术的发展方向和作战效能;掌握典型雷达的技术特点,具备一定的分析和解决雷达作战使用中的技战术问题的能力。在课程教学中,始终围绕课程目标,对全课程的教学内容进行优化,使学员既掌握必备的知识和技能,又提高学员的能力和素质。

3 研讨启发式教学设计

雷达系统研制过程的核心就是设计一个系统以实现用户提出的探测各种不同类型目标的功能,是电子信息学科的一个典型应用,而雷达系统课程要学习的就是在各种环境下实际雷达系统探测目标的共性理论和技术。它利用了电子工程师实际应用的许多专业技术,包括发射机、天线、电磁散射、传播、接收机、信号处理、检测、参数估计、数据处理、信息提取等。任意一个雷达系统都是这些技术专题的集合和系统集成。

课程讲授设计思路将以装备的实际军事需求来提出问题,引导学生回到课堂理论分析,获取解决问题的思路和方法,再让学员了解实际装备的设计与研制。在这个讲述的过程中,言之有物,不再是比较枯燥的理论,从而让学员掌握雷达系统两方面内容:一是物理概念与数学模型,二是信号收发过程及其对应的基本理论,即若要探测某类型的目标,需要发射什么信号,如何将信号发射出去,又如何将目标回波信号接收下来,如何提取回波信号中所蕴含的目标信息,提取后又如何处理以更好地实现目标检测,等等这些过程所涉及的理论。

有了清晰的讲述思路,课堂教学就有了方向,围绕这个思路,发挥教学双方主观能动性,各尽所能。考虑到本科学员已具有一定的基础知识和心理发挥水平,自我意识不断增强,能根据自己的特点自己管理学习,选择自己的发展方向,在以"提出问题—解决思路—解决方法—实际装备"为思路的教学过程中发挥引导作用,协调、控制教学进程,鼓励学员动脑、动手,培养学员对问题的思考、探究和解答能力。

4 具体实践与运用

在制定课程教学计划时就考虑围绕"研讨启发式教学思路"反复设问,强化学员的思维习惯。问题设计时要考虑与所学知识的相关性、综合性,使学员便于参与[2-3]。在课堂理论分析过程中,同时引导学生将专业课的知识点与共性专业基础课所学知识的融会贯通,将雷达系统知识点与专业基础理论课程(高低频电子线路、电磁场与微波理论、天线理论、信号与系统、数字信号处理、数字电路与逻辑设计)的对应知识点建立联系,运用专业基础课程所学的知识解决实际雷达系统中遇到的为什么,同时也就消除了学员对专业基础课是否有用的疑虑。

课堂问题相对简单化,使学员经过努力或提示能够回答出来;注意解答问题时的民主化,重视不同人的不同答案,使学员乐于参与。实施教学计划时,经多次课学员习惯这个上课方式后,开始引导学员自己试着找问题,然后向学员讲清楚问题是什么;最后带领学员分析各种不同的答案,鼓励有创新思维的答案[4-8]。

在教学模式中以实际出发,预留思考题,给他们以后的学习提供索引和启发。在以问题启发、提出思路为基本思路的前提下,针对本课程的具体内容,采用以下三种不同方法开展。

一是系统分析法。雷达方程是描述雷达工作的一个完整的能量模型,涉及发射机功率、天线增益、目标散射截面积、探测距离、传播损耗、噪声系数等十几个因素,每个因素的复杂程度,又可以由一本专著来论述。因此授课中采用系统论的思想分析基本内容,在讲述各因素时除了本身的工作原理和特性外,必须从全系统的优化来认识,使每个因素能保证系统整体上能量转换的高效率和系统正常工作。同时要强调各个因素的相互联系和影响,使学员明白雷达为何如此设计,其工作性能如何,对雷达探测的整体性能有哪些影响,从而加深对雷达各方面工作原理的掌握。

二是典型分析法。现役雷达有相参体制和非相参体制,在讲述原理中无论从性能参数、工作状态以及组成结构和原理都要充分运用典型装备进行分析,处理好理论与实践的关系。

三是对比分析法。阐述雷达系统课程与雷达原理课程的差别和各自的侧重,并强调雷达系统的重要性和及时调整相应的学习方法。

5 结　语

本文结合作者对教学实践的理解,通过对具体课程雷达系统研讨启发式教学的总体设计和实践,帮助学员建立一个整体认识:雷达系统就是根据实际军事需求,每遇到一个问题解决一个问题,环环相扣,基本概念基本理论的条理非常清楚。通过对雷达系统课程总体设计和规划,实现了本专业课的教学内容与部队实际装备的无缝衔接,从而使学员从学校到部队的角色转变过程变得容易一点,顺畅一点,帮助学员掌握雷达系统知识的同时,训练发现问题与分析问题的思维,从而获得学习与探究问题的一些方法,提高对知识的灵活应用能力。

参 考 文 献

[1] M. I. Skolnik.雷达系统导论.左群声,徐国良,马林,等,译.[M].电子工业出版社,2017.
[2] 李和平,李静,贾娅楠.涉及多学科交叉的本科生研讨课教学改革探索[J].物理与工程,2020;30(1):8-13.
[3] 林志新,王竹筠.试谈课堂讨论策略[J].中国大学教学,2021(9):12-16.
[4] 谢同祥,沈书生,牛玉霞,等.有效课堂讨论的原理[J].教育科学,2007(3):16-20.
[5] 杨翠蓉,张振新.有效课堂讨论的责任研究[J].当代教育科学,2004(19):22-24.
[6] 胡荣裕.提升课堂讨论效果的两个有效抓手[J].中国教育学刊,2020(6):105.
[7] 张旭涛.课堂讨论在教学中的重要性[J].中国电力教育,2008(118):109-110.
[8] 金传宝.美国关于教师提问技巧的研究综述[J].课程·教材·教法,1997(2):54-57.

航空雷达专业课程研究性教学改革与实践

薛永华 陈小龙 张林 张海

（海军航空大学 航空作战勤务学院，烟台 264001）

摘　要：研究性教学作为教育界广泛推崇的教学模式，与新工科"金课"建设和军队院校精品课程建设理念高度契合，对于军队院校教学改革和人才培养具有及其重要的意义。本文在分析研究性教学内涵和特点的基础上，将其引入航空雷达专业课程教学中，结合实战化要求，构建了研究性教学的航空雷达专业课程体系和教学条件，树立了研究性教学课程的改革基本思路，采用 P-MASE 研究性教学范式，以装备使用案例为牵引，创设研究性教学问题，在多门相关课程中进行了教学实践。通过三年的授课与迭代完善，学生的课堂参与度、学习状态与信息素养得到了明显的提升，教学效果得到了明显提升。

关键词：航空雷达；专业课程；研究性教学；案例库；P-MASE 模型

"围绕实战搞教学、着眼打赢育人才"是我院航空雷达专业人才培养教学改革的目标方向和根本宗旨。军队院校精品课程建设目标中也强调，课程建设要落实岗位任职需求和培养目标要求，贯彻学为主题、能力为本的教学理念，突出课程建设的铸魂性、为战性、高阶性、创新性和挑战度。

研究性教学以问题引入展开，采用课题研究或项目设计的方式，把传授知识的过程创建成一种问题分析、方案构建和探索求解的研究过程[1]。研究性教学理念与课程建设的高阶性、创新性和挑战度，高度契合，也能够有效培养学员分析问题、解决问题的能力。本文结合我院实际情况，对研究性教学在航空雷达专业课程模块的课程建设和教学实践进行探讨。

1　研究性教学的基本内涵

研究性学习作为变革传统学习方式，提升人才培养质量的有效方式引发了世界各国的研究和尝试。例如美国的本科生科研项目、法国的 TIPE 课程、英国的导师制研究性学习方式[2]，以及奥尔堡大学的 PBL 课程。经过世界各国对研究性学习的不断探索，研究性学习的理念得到了提升，模式得到了提炼，实施也更加普遍[3]。

顺应各国课程改革的趋势，我国不断推行研究性教学的实施。2005 年教育部 1 号文件明确提出应当积极推动研究性教学，以提升大学生的创新能力。近些年来，国内大学也积极展开研究性教学的探索和改革。如清华大学提出，教学方法要由"注入式知识教育"转变为"研究式素质教育"，授课方式要由"连续型细节式授课"转变为"跳跃型平台式授课"，教学形式要由"单一的课堂教学"转化为"多形式的互动交流"，从而在教学中形成浓厚的研究氛围[4]。南开大学提出的基于 P-MASE 模型的研究性教学等[1]。

经过多年的研究和实践，研究性教学模式已经受到广泛重视，人们对其内涵认知逐渐全面,相关理论日也趋完善[9-11]。具体实践上,研究性教学模式切中新一轮高校课程建设要害,能有效助力"金课"有效落地,已经应用到多个学科的教学中[7-9],取得了良好的效果。

目前,人们对研究性教学已基本形成共识,即:研究性教学是教师在教学过程中为学生创设一种类似于科学研究的情景和途径,指导学生选择和确定与学科相关的专题进行研究,使学生在主动探索、主动思考、主动实践的研究学习过程中掌握知识,学会对大量信息进行收集、整理、分析和批判,鼓励发表独立见解,自主地提出问题,研究问题和解决问题,获得新颖的经验和表现具有个性特征的行为[10]。

研究性教学,在教学内容上强调引导学生树立"问题意识"[11],激发学生的探究精神和主观能动性。在教学方法上调从传授式教学向探究性教学转变,教师在课堂教学中不能只是传授知识,而是让学生了解知识的结构和形成过程。在教学过程上,强调"以学员为中心"[12],让学员在积极参与中主动实践、思考和探索,培养学员发现、分析、解决问题的能力,锻炼其创造性思维和实践能力[13]。

2　研究性教学课程体系与教学条件构建

改革调整后,我院航空雷达专业学员未来岗位从原来的航空雷达装备维修保障转变为航空雷达装备运用与指挥。为满足新的岗位需求,响应实战化教学号召,航空雷达专业课程体系紧扣学员未来岗位需求,面向未来,面向战场,设计了以"一纵一横"为特点的课程体系。具体而言,在雷达知识纵深上覆盖"原理""系统""装备""使用"等要素,在横向的知识广度上,覆盖雷达装备使用的"雷达""目标"和"环境"三要素,为航空雷达专业学员胜任未来工作岗位夯实基础,同时也是为研究性教学的开展提供了广阔的舞台。

除此之外,学员、教员以及实验条件均能够支撑研究性教学的开展。航空雷达专业课程开课时机均在学员大三和大四两个学年,学员经过两到三年的大学学习,有一定的自学能力,部分学员通过俱乐部实践等活动也培养了一定的动手能力,初步具备了研究性学习的基本素质。从教员角度,教研室教员均长期从事航空雷达的教学和科研工作,大都形成了具有自身优势的研究方向,具有创设研究课题和指导学员进行研究性学习的能力。从教学条件上,实验室已经较为完整的覆盖了各门教学课程,包括雷达原理实验系统、雷达目标特性仿真系统、多部实验雷达、多型目标数值模型和缩比模型、多型航空雷达模拟器,为研究性教学提供了较好的教学条件。

3　研究性教学改革思路

针对我院航空雷达专业的实际情况,结合专业特点,专业课进行研究性教学改革探索时,基本思路如下。

3.1　总体上突出实战化导向

为战性,是军校课程建设的主要目标之一,因此在专业课程的体系设置、各门课程的教学目标、教学内容、教学实施中始终贯彻实战化要求。具体而言,在课程体系设计上,在保证航空雷达专业知识体系完整性的前提下,首次增加了对装备使用的目标和环境特性分析课程,即雷达目标特性分析，着重讨论雷达目标和海空环境特性对航空雷达装备探测性能的影响。在各门课程的教学目标中均围绕学员未来岗位需求展开，突出航空雷达的要求和特色。在教学内容设计上，各门课程内容设计与现行装备和海空战场紧耦合，并保留一定的前瞻性。例如机载雷达技术课程中对现行装备涉及的技术进行了较为深入的介绍，对未来航空雷达装备可能采用的技术也进行了介绍。雷达目标特性分析课程中对现有海空目标特性进行了分析，也补充了一些新目标的特性分析。教学实施中以装备使用中的案例为基础，创设研究性课题，引导学员思考如何发挥装备的探测效能。

3.2 以 P–MASE 模型为手段，探索研究性案例学习和教学新模式

P–MASE 模型由南开大学张伟刚教授团队提出[1]，该模型源于科研，用于教学研究，与研究性教学内涵和本质相一致。P–MASE 模型运作包括如下五个环节，即引入问题（Problem）、寻找方法（Method）、科学分析（Analysis）、有效解决（Solution）、效果评价（Evaluation）。该模型对研究性教学的各个环节都给出了较为详细的指引，且这五个过程复合工科课程教学特点，在航空雷达专业课程研究性教学中实施，可操作性较强。

3.3 理论类课程以专业技术为依据，深入剖析航空雷达装备使用中的科学问题，创设研究课题，开展研究性教学

首先是以雷达探测专业理论知识为依据，凝练预警探测案例库的科学问题，采用图形法、思维导图、因素法、研讨等对具体问题加以分析。一方面通过参数假设和理论模型仿真，得到理想条件下的结果；另一方面，采用猜想法分析并获得新的环境条件下的作战结果。其次，通过机理分析、对比分析、结果验证等手段，分析雷达装备使用流程、使用模式等存在的问题的根本原因，得到预警探测性能提升和效能提升的有效途径。最后，采用对比法、仿真法、推演法等对提出的案例中问题提升解决途径进行验证和评价，并推广到其他作战应用场景上，全面提升学员的岗位任职能力。

3.4 装备使用类课程，以实战化教学为目标，构建覆盖航空雷达预警侦察各环节的案例库，以此为基础创设装备使用研究课堂

案例库库设计的主要原则：一是，目标性原则，紧密结合航空雷达专业各课程的教学目标，即培养掌握自然科学、人文社会科学、工学等基础知识以及预警机雷达技战术性能、功能组成、工作原理、作战运用等专业知识，懂技术、会管理、能指挥。二是，程序性原则，应根据航空雷达目标探测、情报分析、分类识别等的处理流程，逐步递进、由简至难地构建覆盖预警侦察各环节的案例库。三是，整体性原则，案例库库包括目的、背景、经过、评价、思考、建议等，构建时要相对完整。

4　研究性教学改革实践

近年来，研究性教学模式在航空雷达专业多门课程中进行了实践，取得了较好的效果。这里以其中理论雷达和装备运用雷达课程中各选取一门进行分析和实践。

4.1　理论类课程中的实践

理论类课程以雷达目标特性分析课程为例。在该课程的研究性教学在部分教学内容的实施中进行了尝试。典型的研究性教学内容是，海面目标及其环境的电磁散射特性分析。该内容处于课程的后半段，此时学员已经有一定的学习基础，可以较好的完成研究内容。在教学过程中，各学员独立完成。具体步骤如下：

引入问题：在完成海面目标及其环境的电磁散射特性分析基本理论学习后，提出问题：载机航线如何规划海面舰船目标的平均发现概率最高？

寻找方法：教员引导学员对问题进行分解，理清楚雷达目标发现概率影响因素与航线的关系是什么？目标特性、海面环境如何影响目标特性？

科学分析：教员引导，航线确定了雷达和目标的几何关系，不同几何关系下，目标的 RCS 不同，海杂波强度不同，雷达接收的目标信号和海杂波的强度不同，即信杂比不同，信杂比与航线上某一时刻的雷达对目标的发现概率直接相关。

学员进行分析：航线上各个点处的目标回波和海杂波的强度如何计算？结合课程学习，目标回波强度可通过雷达方程计算，雷达参数已知，但需要计算目标的 RCS，目标 RCS 的计算可以通过海空目标一体化仿真计算平台仿真计算获得，如图 1 所示，海杂波模型经查阅资料，可用通过经验模型计算。

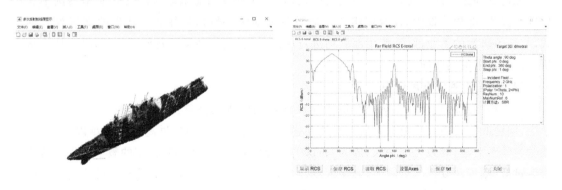

图 1　学员利用仿真计算获得的海面目标 RCS

有效解决：进过分析后，学员计算某航线上各个点的雷达回波的信杂比，进而计算对目标的发现概率，分析不同航线对海面目标的平均探测概率。

效果评价：学员对研究的结论进行陈述，其他学员进行质疑讨论。教员点评，肯定成绩，指出不足。

在教学过程中加深了学员对目标特性分析的认识，个别分析较为深入和完善的学员，可以以此为出发点进一步深入，形成自己的毕业设计。

4.2　装备运用类课程中的实践

装备运用类课程以 XX 机载雷达系统及应用为例。在该课程的研究性教学中，以小组为单位进行部分内容的教学实施。在课程前半段就开始进行分组，布置题目。各小组随着学习的深入，进行两到三次的课堂陈述，接受其他组学员和教员质询和讨论，不断完善其研究内容。具体步骤如下。

引入问题：在课程开始后针对该雷达的使用提出问题，对某地进行航空侦察，如何设计侦察方案？

寻找方法：在课程教学中引导学员进行任务分解和筹划，如突防方法，侦察方法等。

科学分析：各小组选定侦察对象后，对侦察对象的基本信息进行收集。通过学习的深入，分析载机特性、雷达特性和侦察对象的环境特性对侦察任务的影响。

有效解决：各小组形成方案，具体包括突防措施，侦察航线设计、备用措施等。

效果评价：各小组进行课堂陈述，学员质询，教员点评。

经过多轮的讨论和完善，学员能够形成一个较为完善的方案，较为全面的运用到本门课程所学知识，并且较好的发挥了所学装备的技战术性能。

实施过程中，侦察对象的选择，根据国内外时事新闻进行引导，如中印边境冲突时期选择对印度目标的侦察，台海局势紧张期间选择对台目标侦察。学员情绪高涨，积极性很高，完成质量高，对课程的教学效果有较好的促进作用。

4.3　几点体会

在航空雷达专业课程研究性教学实践中，经过多年探索，有以下几个方面的体会。

(1) 装备使用案例是问题的源泉

无论是理论类课程还是装备使用类课程，问题的创设均能从装备的实际使用案例中获得启发。因此，课程建设中，各课程组成员通过参加演练、研讨，与往届毕业生的交流等各种方式，与装备研制的工业部门、使用部队均进行深入交流，收集各类装备使用案例，极大地丰富了研究性教学中的问题库。

(2) 问题设置应难度适中

新工科"金课"建设和军队精品课程建设均提倡课程的高阶性和挑战度[14,15]。研究性教学中，问题的创设至关重要。但所创设的问题难度不宜过高，如果过高则学生难以完成，会影响学员学习兴趣，导致无法深入，成为"石课"，学员"啃不动"，达不到预定的教学效果。若问题难度过低，则无法发挥学员潜力，容易变成"水课"。因此，问题的创设要考虑到学员的实际情况，适中设计难度，给学员的发挥留有较大空间。

(3) 知识传授和能力培养并重

能力目标是研究性教学的重点，但不应将知识与能力割裂，仅强调能力培养。研究性教学以能力培养为主要目标，但并不排斥知识。研究性教学始于知识的传授，占有知识是感知世界、从事研究性活动的必备。能力目标离不开知识目标，知识是能力形成的基础。任何研究性活动建立在对已有知识相对熟悉的基础上[5]。对于确定性知识的掌握，由教师按部就班地梳理、总结、提炼是最高效的办法，对于不确定知识的探究或者知识的应用，可通过研究性教学激发学生的探究精神、传授资料搜集方法、训练批判性思维方式是最便捷的途径。

(4) 加强过程性评价比重

研究性教学注重学员对知识的探索过程，强调学员分析问题、解决问题的过程，需要学员和教员投入较多的精力。因此，在最终的考核中应该有所体现，在航空雷达专业课程中过程性考核的比例也在不断加大，多数课程在40%左右，就是考虑到这一因素的影响。过程性考核的客观性、规范性和公平性，也在随着考核方式的调整不断改进。

5　结　论

本文在详细分析研究性教学内涵和特点的基础上,将其引入航空雷达专业课程教学中来,结合本单位课程体系和教学条件建设特点,树立了研究性教学课程的改革基本思路,采用 P - MASE 研究性教学模型,在多门相关课程中进行了教学实践。通过三年的授课与迭代完善,学生的课堂参与度、学习状态与信息素养得到了明显的提升,教学效果得到了明显提升。下一步将从已有的改革措施中吸取经验教训,结合教学重难点、学员和督导专家的反馈意见,进一步完善研究性教学内容,具体包括:增加研究性教学的内容比例,与部队进一步沟通,获取更多的装备使用案例,从中提炼问题,完善实验条件,充分发挥研究性教学的长处,激发学员学习动力,为培养打赢人才奠定坚实的基础。

参 考 文 献

[1] 张伟刚,严铁毅,张严昕.基于 P - MASE 模型的研究性教学与素质教育[Z].中国河南洛阳:20208.

[2] 易红郡,张燕.剑桥大学本科生研究性教学体系的构成、特征及启示[J].青岛科技大学学报(社会科学版).2020,36(03):100-105.

[3] 刘雪芹.大学生研究性学习的实施现状及其影响因素研究[D].江南大学,2020.

[4] 张军晖,汪小昆,肖茂华,等.面向创新型人才培养的研究性教学模式的研究与实践[J].高等农业教育.2020(05):43-49.

[5] 李芳.提高育人质量:新时代高校研究性教学的可行与应为[J].贵州师范大学学报(社会科学版).2022:1-11.

[6] 黄路遥.从放逐到回归:研究性教学"知识回归"立场之辨析[J].江苏高教.2022(02):93-100.

[7] 王超."一流教学"建设中研究性教学的思考[J].贵州师范大学学报(社会科学版).2022(02):61-71.

[8] 彭皓玥,向阳阳.我国本科生人才培养科研创新模式——基于国外一流大学研究性教学分析[J].山西财经大学学报.2022,44(S1):67-70.

[9] 李健,苏庆宇.研究性教学在现代控制理论课程中的应用与持续改进[J].中国现代教育装备.2022(13):119-120.

[10] 陈淑昕,葛兆颖,潘成云.高校研究性实践教学研究文献综述[J].科教文汇(上句刊).2018(06):17-19.

[11] 安树,刘金宁,王文婷.研究性教学中问题意识的培养——以信号与系统课程为例[J].中国现代教育装备.2021(13):109-111.

[12] 于蕾艳.以学生为中心的混合式研究性教学研究[J].产业与科技论坛.2018,17(14):151-152.

[13] 韦冬余.论高校研究性教学模式的基本构建[J].黑龙江高教研究.2018,36(10):155-157.

[14] 汤智,计伟荣.金课:范式特征、建设困局与突围路径[J].中国高教研究.2020(11):54-59.

[15] 董受全,王少平,刘亿.抓建金课,为战抓教[Z].中国四川成都:20225.

"学思践悟"促进创新型人才培养模式的探索[*]

范子琛¹　霍明英¹　张刚²　齐乃明¹　赵钧¹

（1. 哈尔滨工业大学 航天学院航天工程系，哈尔滨　150006

2. 哈尔滨工业大学 航天学院卫星技术研究所，哈尔滨　150006）

摘　要：随着当今科技的迅猛发展，科技创新能力成为社会竞争力的决定性因素，而创新型人才是建设创新型社会的中坚力量，因此创新型人才的培养是高等院校人才培养的重要任务。航空航天专业作为我国国防人才培养的重要支撑，其教育培养模式更是影响着我国未来的人才培养和输出。为了探索航天创新型人才的培养模式，以航天专业课程教学为基础，通过对教学模式的优化和丰富，对"学思践悟"的培养模式进行探索与实践。通过优化教学内容、引领独立思考、实践创新研究和感悟收获体验四部分教学内容相结合，让学生在学中思、在思后做、在做后悟，全方位地理解自己的所学、所做，并获得自己的所思、所悟。通过在知识讲授的过程中不断丰富和完善教学及实践内容，探索航天创新型人才的培养模式。

关键词：学思践悟；创新型人才；培养模式探索；课堂建设；学科竞赛

党的十九大报告提出，"要培养造就一大批具有国际水平的战略科技人才、科技领军人才、青年科技人才和高水平创新团队"。习近平指出，"我国要在科技创新方面走在世界前列，必须在创新实践中发现人才、在创新活动中培育人才、在创新事业中凝聚人才，必须大力培养造就规模宏大、结构合理、素质优良的创新型科技人才"。创新型人才是创新驱动发展中的核心要素，国防军工行业创新型人才是航空航天、海洋装备等国防军工领域核心技术发展的中坚力量[1]。因此，创新型人才培养是目前高校人才培养的重要任务[2,3]。

为了加快创新型人才的培养，既要从基础教育中重点关注创新型人才的培养，又要根据国家的发展战略，加快高等教育内容以及教育机制的创新，让更多的创新型人才脱颖而出[4,5]。《淮南子·兵略训》中提到："若乃人尽其才，悉用其力"。意思是每个人都能充分发挥自己的才能，做到人尽其才。因此，即便是普通人，只要培养方式正确，找到适合的事并用心做下去，达到人事相宜的效果，就能成为有知识、有思想、有个性的新一代创新型人才，并在自己擅长的领域最大限度地发挥潜能。而高等院校的责任不只是给学生们传授各类知识，更重要的是帮助学生找到适合自己的研究方向，并在此基础上给予他们帮助和支持，使之能够在适合自己的道路上发挥全部才能[6]。

《礼记·中庸》中提到："博学之，审问之，慎思之，明辨之，笃行之"。意思是要博学多才，就要对学问详细地询问，彻底搞懂，要慎重地思考，要明白地辨别，要切实地力行。在当前我们面对新阶段、新形势、新任务和新要求时，这句话也非常适用。只有在学生培养的过程中，能够让

---

* 基金项目：黑龙江省高等教育教学改革项目"思创融合促进航天卓越人才培养新模式的探索与实践"（基金号SJGY20210318）；哈尔滨工业大学第五批课程思政教育教学改革项目"探索浩瀚星空世界深空探测发展史"

学生将所学习到的理论知识学透弄懂,并将其转化为推动实践应用的实际能力,将"学思践悟"应用于知识获取和工程应用之中,做到勤于学习、善于思考、勇于实践、用心感悟,才能不断增强学生的战略思维、系统思维、辩证思维、创新思维能力,全面提高其学习本领、创新本领、实践本领[7,8]。

对于航空航天专业的学生,其未来所从事的研究工作既包括前沿的学术研究,更包括高精尖的工程实践研究。如果学生在学校中所掌握的知识仅仅停留在课本上的基础理论、公式推导等内容,当其真正进入工作中,是无法快速将所学理论应用于实践之中的。学以明理,学以强能,但同等重要的是学以致用、用以促学、学用相长。因此,为了让学生更加深入细致地学习到专业知识,又能够全方位地培养学生的创新实践能力,通过对教学模式的优化和丰富,对"学思践悟"的培养模式进行探索与实践。

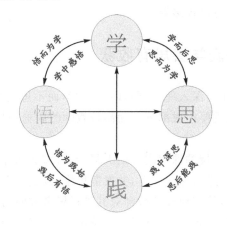

图 1　"学思践悟"的培养模式

1　学为行始——课堂教学是基础

课堂教学是学生获取专业知识的主要途径,因此如何突破传统教学模式,将专业知识更加生动、细致地传授给学生,则是高校教师们最需关注的问题。

以航天专业课程为例,这类课程一般以航空航天应用为背景,然而此类课程多涵盖较为复杂、晦涩的数学描述,学生仅仅从公式推导中难以清晰地理解其理论概念,更无法将其与实际的应用有较为明晰的连接,这也就导致学生在进行大量课程内容的学习之后,却不知道这些知识未来要怎么用以及用在哪里。而且传统的课堂教学内容略显枯燥,无法快速将学生的注意力完全吸引到教学内容之中。此外航天专业课程之间的联系密切,对学生构建完备的知识体系有较高的要求,此时若要求本科生在较短时间内实现对课程体系和课程内容有较深入的理解,将会是一个非常困难的过程。同时,随着航天科技的高速发展,传统的教学内容也需要根据当前科技发展进行相应地更新迭代,使教学内容中既包含传统重要的基础知识,也囊括当前最新颖前沿的科学知识,给学生未来的发展指明一定的前进方向。

以作者所在的教学团队讲授的航天器轨道动力学课程为例,该课程自 1992 年开课,距今已经有三十年,在此期间,课程一直采用自编讲义进行授课,2011 年将该讲义出版为教材《航天器轨道动力学》。30 年的授课过程中,此教材在课堂讲授课程中起到了非常大的促进作用,教学效果优良。但是,随着航天器轨道设计的进一步发展,原教材中的内容就略显陈旧,且教学内容过于单一,难以满足现今启发式教学、翻转式教学的需要。因此,依托黑龙江省高等教育教学改革项目,对该课程所使用的教材及讲授内容进行了大规模的革新。在对原教材内容进行大幅更新的基础上,加入编著人员在指导各类轨道优化竞赛方面的心得。根据教学任务和学习内容,从学生的角度出发,以启发学生的思维为核心,调动学生的学习主动性和积极性,促使他们自主学习,实现启发式教学,使学生由被动式听课转变成主动思考。

然后,该课程除采用传统纸质教材之外,还会通过云共享平台实现教学实践内容动态更新,并将此教材与 MOOC 实现联动,提升教材使用效果。让学生的学习过程不仅仅局限在课堂之上,课后的任何时间均可以通过网上的教学内容自主学习。线上学习既是对课堂教学内容的进一步巩固提升,也是对已有学习内容的额外拓展训练,线上线下结合学习,将学习时间扩展,使学习内容丰富,令学习过程多彩。

2　学而后思——勤学善思有收获

学是基础,但勤学善思才能深入理解所学内容。"学而不思则罔,思而不学则殆",学与思都是学习过程中不可或缺的重要组成部分。而高校教师的职责则是如何引领学生思考以及为其指明正确的思考方向。

由于在高校的教育中所教授的课程内容庞大复杂,许多内容学生在课堂之上无法完全理解,这就需要学生在课后对其进行深入思考,并发散思维,以点带面,见微知著。然而并非所有的学生都能做到这一点,此时就需要授课教师对其进行思考方向的引领,通过设置合理的课后环节,让学生在课上学习理论知识,在课下思索理论本质,学与思相结合,才能让其真正理解教学内容。

依然以作者所在的教学团队讲授的航天器轨道动力学课程为例,为了增强学生的自主思考能力,在每节课堂教学结束之后,授课教师都会给学生们留下一个与课程相关的开放性问题,让学生们课后自己思考,并在下节课进行交流讨论。通过课程的引领,让同学们对复杂的问题展开思索,并得到自己的体会。而且由于本门课程所讲授的内容无法在课堂上让同学们有更加切身真实的体会,每当完成一部分教学内容之后,都会给学生共享一些的轨道动力学仿真算例,并留下一些仿真实践问题,让学生们利用课堂所学的知识思考解决相关的仿真问题,让其实践性更强地体会航天器轨道动力学的魅力。

3　思后能践——知行合一明真理

"纸上得来终觉浅,绝知此事要躬行",思而后践、知行合一才能检验所学所思的正确性,并将所学所思切实地转化为实际行动。尤其对于航空航天这样的工程领域专业,如果没有实践动手验证,只是空谈分析,那么不会产生任何意义。只有通过实践验证的知识和技术,才是真正可行、值得信赖的。

在教学过程中,为了让学生能有机会将自己所学的知识真正地使用出来,将理论密切地联系到实际,授课教师要鼓励学生参与各类创新实践活动和创新设计竞赛。以航空航天领域为例,国内外有许多顶级的创新设计竞赛,如教育部研究生未来飞行器创新设计竞赛、全国未来飞行器设计大赛、国际大学生飞行器创新设计大赛等。这些竞赛具有鲜明航空宇航科学与技术学科特色,得到国内外航空航天领域顶级学者的广泛关注。为了让学生学有所用,在学中用、在用中学,同时拓展视野、增强能力,作者所在教学团队鼓励学生从本科开始参加各种创新设计类竞赛,打造了一批批教师引领、博士生指导、硕士生领衔、本科生骨干的创新竞赛团队。让各年级的学生们在竞赛中,促进交流、相互学习,增强自主学习能力、自主思考能力、自主创新能力、团队协作能力、综合实践能力和感悟总结能力,切实培养和发掘各类高素质拔尖创新人才,同时也为学生们未来面临的工程实践开展早期的体验和探索。

通过一次次的创新实践,学生们的学习能力和创新能力也在不断地提高,与此同时他们获得的奖项也在逐年提升,从国际大学生飞行器创新设计大赛优胜奖、教育部中国研究生未来飞行器创新大赛三等奖,到教育部中国研究生未来飞行器创新大赛二等奖、最佳实物演示奖,再到全国未来飞行器设计大赛特等奖,学生们在锻炼中变得更加优秀,教师们也在指导学生的竞赛中不断优化指导流程、提升指导能力。

在这个过程中,学生们有机会将自己所学的知识用于解决实际问题,用理论指导实践,用实践来验证理论,学用结合,相辅相成。通过这些比赛,无论他们的最终成绩怎样,能力都得到了极大地锻炼,也加深了他们对航空航天领域的兴趣,同时开阔了眼界,让学生们有机会站在国内外顶尖的竞技舞台上展示自己,提升自信。

4　践后有悟——学深悟透获经验

践后有悟,才能获得经验和进步。在进行创新实践过后,同学们会有成功,有失败,会获得突破,更会遇到困难。但是无论结果如何,实践之后的总结过程永远都是最重要的,也是同学们再次起航奋斗的基石。如果实践后没有总结,总结后没有获得经验和教训,那永远只会原地踏步,不会获得真正意义上的进步。

但是,实践过后的思索和感悟过程却总是被学生们忽略,教师的职责则是引导学生在每次实践过后,无论成功和失败,都要进行总结,将优点发扬,将不足提出,为后续的实践过程提供充分的指导。

在面对国际和国内顶级赛事时,由于赛题较困难、竞争非常激烈,导致很多学生难以坚持下来并取得较好的成绩。其主要原因可以总结如下:

1) 学生自主思考的积极性不高,自身动力不足,尤其当看到其他人短时间内做出非常好的成果时,极易失去信心,丧失了面对困难、解决困难的信心和勇气,经常会在竞赛实践的中途就失望放弃。

2) 学生动手能力、创新能力欠缺。尤其对于第一次参加这类前沿领域的高端竞赛的学生,由于平时没有经历过这类创新实践的锻炼,在首次参与其中时会出现无从下手的情况,平时掌握的知识不知如何应用于实践之中,没有实践动手能力,更没有创新能力,这也就导致在实践过程中起步慢、动手难,赛程过半还在补充理论知识。

3) 学生参与创新实践的机会较少,且前期没有获取任何经验。由于高端创新竞赛每年或者每两年举办一次,所以学生能参与到的竞赛机会有限,而且高年级学生参与竞赛之后,不对竞赛经验进行总结,也就无法向低年级的同学传递,这也就导致每次参赛过后,无论获奖与否,这个实践过程就算作结束。对参与的学生来说,过程中的经验教训都没有获取到,对后续参与的学生也没有任何经验可供学习参考。

上述这些问题均可以通过竞赛实践后的总结感悟环节解决。学生们参与实践后,由老师带领团队进行赛后感悟,总结此次实践中的收获,分析自己的不足,尤其在和同领域的高手竞争比较过后,分析产生差距的原因,为后续的再次挑战积蓄力量,同时激发学生们燃起永不服输、再接再厉的信念。在总结过后,也能将获得的经验和教训传递给低年级的同学,让他们提前了解前沿创新的方向,未来创新实践的道路上会有哪些困难,以及在面对困难时如何寻求突破的方向。只有这样代代地将经验总结传递下去,才能构建一个完整的创新实践体系。

5　结　论

通过"学思践悟"相结合,探索促进创新型人才培养模式。

1) 学为行始——课堂教学是基础。通过优化和拓展课堂教学的方式和内容,以启发学生的思维为核心,调动学生的学习主动性和积极性,促使他们自主学习。

2) 学而后思——勤学善思有收获。高校教师通过引领学生思考,并为其指明正确的思考方向,让学生更为深入地理解学习内容。

3) 思后能践——知行合一明真理。利用创新实践检验所学所思的正确性,并将所学所思切实地转化为实际行动。通过指导学生参加各类创新竞赛,锻炼其自主学习能力、自主思考能力、自主创新能力、团队协作能力、综合实践能力和感悟总结能力。

4) 践后有悟——学深悟透获经验。在进行创新实践过后,由老师带领团队进行赛后感悟,总结此次实践中的收获,分析自己的不足,并未下次创新实践竞赛积累信心,积蓄力量。

参 考 文 献

[1] 车阿大,夏春雨,王艳平.国防军工行业特色高校创新型人才培养研究[J].西北工业大学学报(社会科学版),2022(04):56-64.

[2] 朱培培,赵阳.新时代背景下的高校创新型人才培养与引进研究[J].现代盐化工,2020,47(02):81-82.

[3] 董一巍,殷春平,李效基,等.麻省理工学院创新型人才的培养模式与启示[J].高等教育研究学报,2018,41(01):79-86.

[4] 张世忠.以培养创新型人才为目标的高校化学实验教学改革[J].化工设计通讯,2022,48(09):121-123,126.

[5] 徐文成.科研驱动式教学在高校创新型人才培养中的探索[J].创新创业理论研究与实践,2022,5(13):176-178.

[6] 杨梅.地方高水平大学本科生科研能力培养的探索[J].吉林化工学院学报,2021,38(12):20-23.

[7] 朱先强,丁兆云,朱承,等.创新型人才培养中的成长型思维教学方式[J].高等教育研究学报,2020,43(01):104-109.

以学员为中心的启发式教学的探索与实践
——以"航空机械设计"课程为例

张晓露　姚东野　林梅

(空军工程大学 航空工程学院,西安　710038)

摘　要: 以学员为中心的启发式教学是启发引导学员主动学习的一种创新教学法,本文给出了几种主要的启发式教学方式,并以"航空机械设计"课程为例,论述了怎样在教学中应用启发式教学。教学实践表明,采用启发式教学,学员的学习能力和分析、解决问题的能力都得到了提高。

关键词: 学为中心;启发式教学;实践

引　言

传统的教学方法是教员采取灌输式的教学方法,学员参与教学活动的机会少,绝大部分时间处于被动的接受状态,没有更多独立思考的空间,学习的主动性和积极性很难发挥,不利于培养学员的学习能力和分析、解决问题的能力。启发式教学是指教员在教学过程中根据教学任务和学习的客观规律,从学员的实际出发,采用多种方式,以启发学员的思维为核心,调动学员的学习主动性和积极性,促使他们生动活泼地学习的一种教学指导思想[1]。它是启发引导学员主动学习的一种创新教学法,强调学员是教学活动的主体,它能启迪学员思维,激发学员的兴趣和求知欲,有效地调动学员学习的积极性和创造性。"航空机械设计"课程是一门理论性和实践性都很强的专业基础课,要想提高课堂教学效果,使学员牢固掌握课程知识,提高分析、解决问题的能力,最基本的一条就是在教学过程中采用启发式教学,突出"学为主体、教为主导"的理念,遵循学员认知和能力生成规律,引导学员学习、思考、研究问题,激发学员批判、探究、创新等意识。

1　启发式教学在理论教学中的应用

理论授课是课程的基本组织方式,由教员利用合适的教学方法在课堂上讲授课程的基本概念、重点、难点。理论教学采用启发式的一般程序是:教员启导—学员探究—证明结论练习巩固—总结提高。通过创设启发性问题,启迪学员思维,激发学员的兴趣和求知欲,有效地调动学员学习的积极性和创造性。采用启发式教学的方式很多,在"航空机械设计"课程教学中主要使用以下几种。

1.1　直观启发

"航空机械设计"课程的特点是信息量大,与工程实际结合紧密,且很多内容较为抽象,难以用语言描述,而学员对于绝大多数机械特别是装备中的机械还缺乏直观、形象的认识,不仅学起来枯燥乏味,对于抽象的知识点也难以真正理解和消化。在课堂教学中,应充分考虑学员的认知困难,根据课程中各部分内容的不同特点,灵活采用多媒体课件、模型、三维动画、视频等教学手段,营造出图、文、声、像并茂的视听氛围,变抽象为具体,化静为动,帮助学员直观的获取信息,激发学习兴趣,加深思考,促进学员对知识的理解和掌握[2]。例如,在讲授四杆机构"死点"的应用时,先播放一段飞机放下起落架着陆的视频,再由 Flash 动画演示起落架收放机构(四杆机构)的工作情况,最后提出"怎么保证起落架在地面巨大作用力的作用下不会自动收起"这一问题,学员对这一装备实例问题产生了兴趣,很容易想到应用机构在"死点"位置时将不能运动这一特性,使起落架机构在放下状态处于"死点"位置。利用"死点"这一"不好"的特性实现了特定的功能,加深了学员对于"死点"特性两面性的认识。接着,再引导学员运用"死点"这一特性分析某型飞机上舱门锁等机构的工作原理,展示该大国重器从提高可靠性保证飞行安全的角度出发所做的设计改进,体现我国航空工业的巨大进步,激发学员的民族自信以及学好本领为将来维护好先进装备的使命感和责任感。

1.2 设疑启发

教员在课堂教学中要注意从"疑"入手,巧设悬念,通过创设启发性问题,引导学员积极开拓思路和主动探索问题。从而获取知识,培养能力。例如,在讲授周转轮系传动比计算时,引导学员利用"反转法"把周转轮系转化为定轴轮系是解决问题的关键。首先向学员提出第一个问题:能不能直接利用定轴轮系传动比计算的公式?让学员去进行尝试,结果得到了与事实相矛盾的结果,学员自然知道了不能直接利用定轴轮系传动比计算的公式求周转轮系的传动比。接着提出第二个问题:不能用的原因是什么?学员知道周转轮系与定轴轮系的区别在于周转轮系中存在轴线位置不固定的行星轮,不符合定轴轮系传动比计算公式的适用条件。这时再继续问:可不可以让周转轮系的行星轮轴线固定下来变成一个定轴轮系?学员前面已经熟练掌握了"反转法",自然地想到可以通过取周转轮系中系杆为机架转化为定轴轮系。学员在教员启发与点拨下,积极主动的思考,最终采用"反转法"把周转轮系的传动比计算问题转化为定轴轮系传动比计算问题,利用已有知识解决了新问题,获取了新知识,教员的主导地位、学员的主体地位得以实现。而且这样获取知识,不但利于保持,而且易于迁移到其它问题情境中去,提高学员的学习能力和分析、解决问题的能力。

1.3 故谬启发

教员在讲授知识的重点、关键时,故意出现错误,吸引学员注意力,启发学员思维。例如,在讲授平面运动链自由度计算时,讲完计算公式和机构存在条件后做课堂练习,故意不对存在的特殊情况进行处理,得出了错误的结论,从而引起学员的警惕和重视,激发探究的兴趣,进而分析出存在的特出情况。

1.4 类比启发

类比启发式教学就是教员运用类比手法以旧引新,启发学员分清异同,加深理解。在教学过程中,要注意新旧知识的联系,并在适当时候把新旧知识加以归纳综合,有利于启发学员的思维,有利于学员对知识的掌握和理解。例如,在讲授凸轮轮廓曲线设计这一内容时,已知从动件的行程与凸轮转角之间的对应关系,这与四杆机构设计中已知两连架杆对应位置这一情况类似,通过类比启发,学员很容易理解应用"反转法"进行凸轮轮廓曲线设计的思路。又如,在讲授蜗轮蜗杆传动转向关系判断方法时,可与螺旋传动进行对比,把蜗杆比作螺栓,蜗轮比作螺母,学员有螺栓螺母转向关系的生活常识,自然也会判断蜗轮蜗杆转向关系了。

2　启发式教学在实践教学中的应用

"航空机械设计"课程是由基础课向专业课过渡的桥梁课,多门课程均交汇于该课程上,且课程实践性较强。因此,应对学员进行一次综合性训练,通过综合实践使学员将本课程和相关课程的知识融会在一起,利用手册、资料自行设计简单机械,培养学员运用所学理论知识分析解决工程实际问题的综合实践能力。在综合实践中,以紧贴装备应用或工程实际的设计项目为题,要求学员完成给定设计任务的原理方案设计、结构设计、绘图及建模、设计说明书编写,最后进行答辩考核[3]。

为提高学员解决实际问题的能力和团队协作能力,实践教学采用项目式教学法,通过实施一个完整的设计项目,把理论和实践有机结合起来。为突出学员的主体地位,采取教员分组指导与学员自主探究相结合的组织方式。学员可以自由组成 3~5 人小组,经小组成员民主选出组长全面负责设计工作,小组各成员按照自己的学习优势进行合理分工,每人各负其责,独立完成,但要数据共享,步调一致。为解决理论与实践脱节的问题,采用理实一体教学模式,在开课之初就让学员选定综合实践的题目,将设计工作贯穿到理论教学的整个过程,而不是等到理论教学完成后才统一布置题目,即将传统的集中式设计模式,变为先分散再集中的设计模式,理论设计计算跟理论教学同步进行。在教学过程中,讲授机械设计的流程,详细讲解各环节的主要工作,使学员了解每一环节所需知识,从而引导学员有目的地学习相关知识。学员在课程理论知识学习的同时,以综合实践为牵引,探究解决工程实践问题的理论与方法,进行自主学习和自主攻关完成设计工作,提高解决实际问题的能力。同时,充分发挥教员的引导作用,为学员厘清机械设计的正确思路。注重告诉学员"做什么"和"为什么做",放手让学员通过查询资料去"如何做",指导教员通过监督和指导,及时发现问题或不合理的设计,并督促学员及时改正。

3　结束语

启发式教学的方式还有很多,比如暗示启发、情景启发、激励启发等[4],在课程教学中可根据具体情况选择合适的启发方式启发引导学员,定能产生事半功倍的效果。教学实践也表明,理论教学采用启发式教学,学员们的学习积极性和课堂参与度很高,能够主动去思考并发现问题,创新性意识也得到了提高,对知识点的理解程度高,能够快速的掌握知识点并能举一反三。实践教学采用以学员为中心的项目式教学,学员们能够灵活的将所学到的理论知识应用到实践当中,极大的锻炼了学员综合运用所学理论知识解决实际问题的能力,同时培养了团队协作精神。

参 考 文 献

[1] 宋德云.教师教学决策研究[D].重庆:西南大学,2008.

[2] 张晓露,武卫,郭晓峰.基于创新能力培养的"机械设计基础"教学改革[J].教育教学论坛,2014,(10):36-37.

[3] 张晓露,姚东野,林梅,等.基于CDIO工程教育模式的"航空机械设计"综合实践教学改革[C].第三届全国高等学校航空航天类专业教育教学研讨会论文集,2022.

[4] 李静,邹广德,陈学星.教师教学指南[M].山东:山东大学出版社,2007.

创新型民航空管智慧学习模式设计与实践

刘永欣　宋祥波　赵元棣　遇炳昕　张健

（中国民航大学 空中交通管理学院，天津　300300）

摘　要：为促进民航空管专业课程中知识学习与能力培养的有机结合，围绕"以学生为中心"思想，在总结经典教育理论与现代教学方法的基础上，结合教育领域中基于能力教育和国际民航组织基于能力培训的概念，创新提出"能力至上（Competency）、深耕细做（Cultivation）、学以致用（Conduction）、知识建构（Constructivism）"的 4C 教学理念。在此理念下，构建形成"尝试（Attempt）—探索（Explore）—研究（Research）—操作（Operate）—复盘（Rethink）—评估（Assessment）—质疑（Challenge）—创新（Innovate）—生成（Generate）"的 Aero - Racing 学习模式。基于 Web 3D 技术设计开发空管专业课程智慧学习平台，对 4C 理念和 Aero - Racing 模式进行实践与应用。以民航空管核心课程《管制规则与程序》为例进行了教学实践与验证，通过对体验组和对照组学习数据的对比分析，采用 4C 理念与 Aero - Racing 模式可以有效提高教学效率与学生能力。可以对民航空管专业相关课程的教学改革和发展提供一定的借鉴与参考。

关键词：空中交通管理；学习模式；以学生为中心；基于能力教育；建构主义；智慧学习平台

2018 年，教育部、财政部、国家发展改革委联合制定的《关于高等学校加快"双一流"建设的指导意见》中指出，要促进知识学习与能力培养的有机结合。因此，21 世纪的高等教育要以能力教育为基本，培养学生主动获取知识能力、独立思考能力以及实践创新能力。

对于学生知识学习及能力形成的相关机理及建构过程，布鲁姆教学目标分类理论、建构主义理论[1]以及做中学教育理论[2]等经典教育理论已从根本上对其进行了解释。随着教学观念的不断革新，教育专家们也通过任务式[3]、探究式[4]以及翻转课堂[5]等一些教学方法对实现学生知识建构及能力形成的途径做了更进一步探索。但这些理论与方法的实施在一定程度上仍然依赖于传统的"教室＋教师"模式，没有给学生创造一个"建构知识"的环境。而且由于没有解决如何激发学生学习动机这个问题，无法使学生从思想上产生主动学习的意愿，因而也就无法形成"以学生为中心"的知识与能力的自主建构。

为此，本文在"以学生为中心"思想指导下，以提升学生能力培养为目标，从解决"自主学习环境＋激发学习动机"两个问题入手，探索一种能与教育理念发展相一致，以学生为中心、面向学生能力培养、符合学生学习认知规律的创新型"4C"教学理念与"Aero - Racing"学习模式。同时，融合所创新的"4C"理念与"Aero - Racing"模式设计开发用于学生自主学习的智慧学习平台，在教学活动中开展实践与应用，以对民航空管专业相关课程的教学改革和发展提供一定的借鉴与参考。

1 "4C"理念与"Aero‐Racing"模式的含义

1.1 "4C"理念的概念及组成

在以学生为中心的教育体系中,以学生为中心的学习主要由两个相关的理念构成:个性化学习和基于能力的学习[6]。因此,对于民航空管专业课程教学的核心就要以"能力至上‐Competency"为目标,全面培养学生的能力,使其能够具备胜任未来岗位并取得优秀成绩所需的知识和技能。

为了达成这一目标,首先,教师需要为学生提供相应的学习资源,学生通过自行寻找、探索与辨识,主动找到对应学习资源后进行自主学习,以"深耕细作‐Cultivation"的方式建构形成完整的知识体系。其次,对于培养学生"能力至上‐Competency"来说,仅有对知识的学习是远远不够的,还必须要有对知识的应用环节,即需要让学生将所获得的抽象知识具体化、应用知识去解决实际问题,通过对知识意义与作用的体验进而反馈、调动下一阶段自主学习的自觉性与积极性,这个过程也即"学以致用‐Conduction"。学以致用与深耕细作交互作用、相辅相成,共同支撑起学生"能力至上‐Competency"培养的核心目标。

同时,为了让学生可以在没有外界帮助的情况下完成"深耕细作‐Cultivation"与"学以致用‐Conduction"的过程,还需要在研究知识学习与能力形成之间关系的基础上,事先为学生打造一个"以学生为中心"的"自主建构‐Constructivism"学习环境。通过环境的支持,让学生在兴趣驱动下自主学习,真正呈现出"学生自主学习、自主实践、自主获取能力"的深刻内涵,进而实现由"知识是教师教出来的"向"知识是学生自己建构起来的"彻底转变。

综上,如图1所示,"4C"教学理念的含义指的就是:围绕胜任能力指标(Competency),在自主建构(Constructivism)的学习环境下,以任务式学习激发学生学习动机,通过设计学习路径使其深耕(Cultivation)学习资源,并将学到的知识展开应用(Conduction),最终达成学生品格技能素养和创新能力的有机融合。

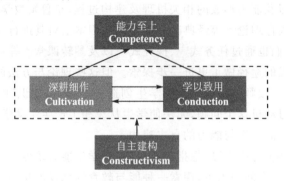

图 1 4C 理念的组成

1.2 "4C"理念的理论体系

在高等教育质量保障体系中,工程教育认证是国际通行的工程教育质量保证制度,其核心为确认工科专业毕业生达到行业认可的既定质量标准要求。从工程教育认证的视角改进教学理念和教学模式,不仅可以培养学生的实践能力,更能进一步培养学生分析、解决问题的能力。

为此,通过遵循工程教育认证以学生为中心、目标导向和持续改进的三大理念,在布鲁姆理论、建构主义及做中学等经典教育理论的基础上,吸收任务式教学、探究式教学及翻转课堂等现代教学方法中的优势,融合教育领域中基于能力教育(CBE,Competency Based Education)和国际民航组织基于能力培训(CBT,Competency Based Training)的概念,构建形成"4C"教学理念的理论体系,如图 2 所示。

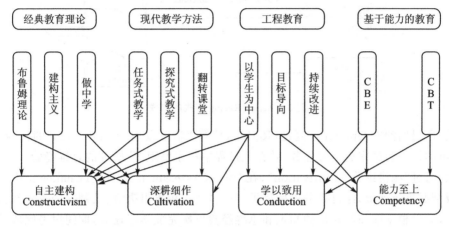

图 2　4C 理念的理论体系图

1.3　"Aero - Racing"模式的含义及构成

要实现学生对知识的自主建构并形成相应能力,需要让学生在学习过程中产生高阶思维,并且高阶思维的类别越多、持续时间越长,知识建构与能力形成的效果就越好。而对于学生高阶思维的发展则需要相应的实践支持,让学生投入到需要运用高阶思维的学习活动中[7]。

因此,在"4C"理念指导下,围绕"以学生为中心",构建出一种由一系列高阶思维过程所组成的学习模式,让学生在"尝试(Attempt)—探索(Explore)—研究(Research)—操作(Operate)—复盘(Rethink)—评估(Assessment)—质疑(Challenge)—创新(Innovate)—生成(Generate)"的思维过程,即 Aero - Racing 模式中,通过查找资料、分析问题、动手操作、完成任务等的一系列实践行为发展高阶思维,最终达成胜任能力目标,如图 3 所示。

2　"4C"理念与"Aero - Racing"模式的实践与应用

2.1　"4C"理念与"Aero - Racing"模式的实施路径

围绕"4C"理念与"Aero - Racing"模式的运行需要构建相应的实施路径,从而通过该路径激发学生的学习动机,引领学生思维过程的发展。

如图 4 所示,在"自主建构- Constructivism"的学习环境下,以"任务＋试错"作为诱发条件:

首先,学生根据学习任务,在"尝试(Attempt)—探索(Explore)—研究(Research)"等"深耕细作- Cultivation"的过程中产生查找资料、学习知识的学习行为,通过初始学习对需要完成的任务、构建的知识形成初步认识。

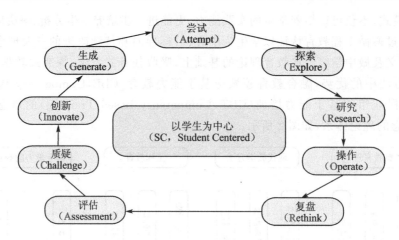

图 3 Aero – Racing 模式的构成

其次，通过"操作（Operate）-复盘（Rethink）"等"学以致用-Conduction"的行为，应用检索、辨析出的知识尝试完成学习任务，并在此过程中积累发现、分析等的思维经验。

再次，通过"深耕细作-Cultivation"，在"评估（Assessment）-质疑（Challenge）"中对任务初始完成情况进行评价，经自我分析后反思、概括，从而积累出决策、批判等的思维经验。

最后，学生根据前面所获得的知识和思维经验再次完成学习任务，期间思考完成任务的创新性方案并提出新问题，通过"学以致用-Conduction"在"创新（Innovate）-生成（Generate）"的过程中掌握问题解决策略，从而实现问题解决、创造性思维能力的发展。

在整个实施路径中，学生经过"深耕细作-Cultivation"与"学以致用-Conduction"的持续往复与动态循环，最终完成知识建构、形成岗位能力，从而达成"能力至上-Competency"目标。

2.2 基于"4C"理念与"Aero – Racing"模式的空管专业课程智慧学习平台

在"4C"理念指导下，以空中交通管制员岗位能力要求为切入点，对空管专业课程的课程目标与整体结构进行研究，对课程所培养的学生认知能力和应用能力进行总结与分析，研究课程与管制员能力之间的衔接点，形成空管专业课程能力目标。围绕以学生为中心，将基于能力教育应用于课程内容中，以"Aero – Racing"模式为基础，探究达成课程能力目标的模式与路径。融合课程思政教育，设计开发出空管专业课程智慧学习平台，通过智慧学习平台对"4C"理念与"Aero – Racing"模式开展实践与应用，如图 5 所示。

智慧学习平台以虚拟场景为载体，以利用虚拟仿真技术开发的学习任务为抓手，将"知识"赋予"生命"，建立学习动机诱发机制，从根本上解决了"学习环境""学习动机"这两个问题。可在任务式教学模式下打通学生高阶思维路径，实现学生对知识的自主建构，形成岗位能力。

根据使用角色的不同，智慧学习平台用户类型分为三类，每类分别具有不同使用功能。

1）学生端：学生端为学生提供完整的在线自主学习环境。系统自动为学生分配学习任务及资料数据，学生可以通过资料库学习专业知识，并通过交互式的虚拟仿真任务巩固学习成果，完成知识的建构与能力的形成。如图 6 所示。

2）教师端：教师端用于管理及查看学生学习数据。其中的数据分析功能可记录学生在平台学习过程中的学习行为，将采集跟踪得到的任务绩效数据、学习行为数据等与评价指标体系

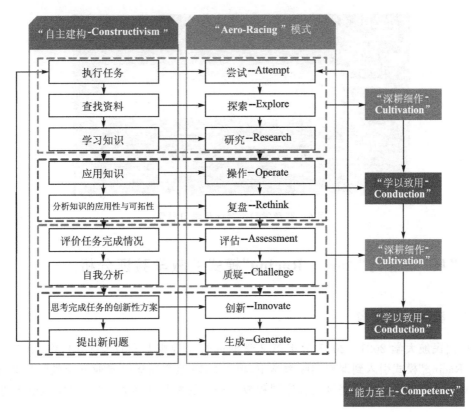

图 4 4C 理念与 Aero‐Racing 模式的实施路径

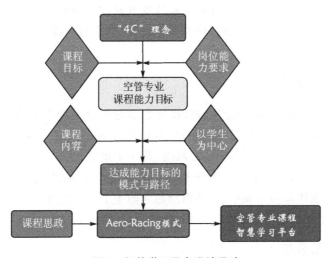

图 5 智慧学习平台设计思路

进行精准关联和深入分析,形成个性化的学生学情分析报告和教师教学改进建议,并可对学生未来的学习结果趋势进行科学地预测。

3) 后台管理端:后台管理端具有最高使用权限,可查看所有数据,编辑分配教师端权限。

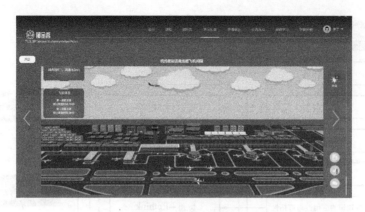

图 6　智慧学习平台课程学习界面

3　"4C"理念与"Aero‑Racing"模式的教学验证分析

3.1　教学验证对象

在中国民航大学 2021—2022 学年第 2 学期的管制规则与程序课程中,将"4C"理念与"Aero‑Racing"模式引入到课程实际教学中,根据 2019 级交通运输专业 9 个教学班共计 361 名学生对智慧学习平台管制规则与程序课程教学任务的参与和体验结果,对实施效果进行总结分析。

管制规则与程序是民航空管专业核心课程,同时也是专业培养方案指定的专业主干课程,课程共包含八章教学内容,32 学时。根据课程各章节知识结构和教学内容的分布情况,通过智慧学习平台事先开发设计出 8 个虚拟仿真实验任务,分别对应课程中学生需要掌握的重点知识、民航规章以及运行标准等。

3.2　教学方案设计

基于"4C"理念与"Aero‑Racing"模式,在智慧学习平台支持下使用新型的线上/线下混合教学模式,即教师课堂讲授与智慧学习平台学习相结合的方式完成课程的授课。

为了对比分析,将 8 个任务分成甲、乙两组,其中甲组共包含编号一、三、五、八等 4 个任务,乙组共包含编号二、四、六、七等 4 个任务。相应地,将 361 名学生按照教学班分成 A、B 两个大组,每组学生分别体验和完成甲、乙两组所包含的 4 个平台任务。

平台任务与学生分组匹配关系如图 7 所示。

3.3　教学效果分析

在传统教学模式下,平台任务对应内容的课堂讲授时长累计达 240 分钟,具体到每组学生为 120 分钟,以每 45 分钟 1 学时计,可折算为 2.7 个学时。而通过使用智慧学习平台自主完成对应知识内容的学习,每组学生便可节省下这 2.7 个学时。在课堂教学课时不变的情况下,教师利用所节省的学时可以充分开展规章创新性研讨、管制模拟演示等拓展性教学,显著提高了课堂教学效率和学生课堂参与热情。

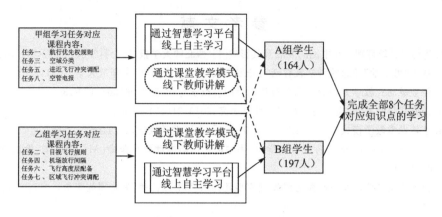

图 7 智慧学习平台任务与学生分组匹配关系

为了对比传统课堂教学模式与新型教学模式的学习效果,针对 8 个任务对应知识点进行了随堂测验,将使用智慧学习平台学生作为体验组、接受传统课堂教学学生为对照组,使用 SPSS 对两组学生的测验成绩数据进行独立样本 T 检验。

通过检验,除"飞行高度层"任务以外,其余 7 个任务的测验成绩均有显著差异,且体验组成绩均高于对照组,检验结果表明了学生通过智慧学习平台自主学习的有效性。以"空域分类"任务为例,体验组成绩平均值 4.27 明显高于对照组成绩平均值 3.86(满分 5 分),且标准差 0.90 明显低于对照组 1.27;根据 F 检验,体验组与对照组测验成绩方差不相等,$t = 3.410$,$p = 0.001 < a = 0.05$,即体验组与对照组测验成绩有显著差异。

4 结 论

1)面向民航空管专业教学改革,通过对以学生为中心、经典教育理论、现代教学方法、工程教育认证理念以及基于能力教育理论等相关理论和相互关系进行分析、研究,创新形成了完整的"4C"理念及"Aero - Racing"模式。

2)为"4C"理念及"Aero - Racing"模式的实施设计出运行路径,可以使学生在任务驱动下自主学习,在一系列高阶思维过程中完成知识的建构及能力的形成,达成了以学生为中心、面向学生能力培养的新时代高等教育人才培养目标。

3)设计开发出了民航空管专业课程智慧学习平台,平台所构建的虚拟仿真场景和学习任务从根本上解决了学习环境与学习动机两个问题,可有效促进学生由被动学习向主动学习的转变,为空管专业课程教学模式革新提供了解决方案。

4)通过在管制规则与程序课程中的应用,以"4C"理念及"Aero - Racing"模式为指导的这种学习模式可以激发学生的学习兴趣和探索欲望,提高了教学效率的同时实现了学生知识掌握和综合能力的同步提升,而且也契合了新时代学生对新型学习方式与手段的心理诉求。

参 考 文 献

[1] 樊改霞.建构主义教育理论在中国的发展及其影响[J].西北师大学报(社会科学版),2022,59(03):87-95.

[2] 段谋鑫.基于"做中学"理念的科学教育活动开发与设计[D].济南:山东师范大学,2021:5-7.

[3] 杨洪雪.任务驱动式教学方法的特点及过程设计[J].教学与管理,2006(30):129-130.

[4] 丁邦平.探究式科学教学:类型与特征[J].教育研究,2010,31(10):81-85.

[5] 郭建鹏.翻转课堂教学模式:变式—统一—再变式[J].中国大学教学,2021(06):77-86.

[6] Michael B. Hor,Heather Staker.混合式学习:用颠覆式创新推动教育革命[M].聂风华,徐铁英译.北京:机械工业出版社,2015:34-40.

[7] 姜玉莲.技术丰富课堂环境下高阶思维发展模型建构研究[D].长春:东北师范大学,2017:68-72.

新维修执照体系下"航空发动机"课程教学改革探索[*]

侯甲栋

（中国民用航空飞行学院 航空工程学院，广汉　618307）

摘　要："航空发动机"课程是民航机务维修类专业的必修课程。为了解决该课程在以往教学过程中存在的内容抽象庞杂、学生学习积极性不高以及教学效果不佳等问题，依据新的机务维修执照相关法规的要求，提出了"双线并行、知能兼顾"的教学模式，将原有内容重构为"发动机原理"和"发动机结构"两部分，分别采用线上和线下同步学习的方式进行混合式教学改革，并增加课程思政的内容以及英文专业术语的学习，同时完善课程的考核体系，增加课程的过程性考核内容。对该课程进行教学改革后，学生的积极性和参与度明显增强，课程反馈良好，教学效果提升。

关键词：民航；机务；维修执照；航空发动机；教学改革；轻度混合

最新版的《民用航空器维修人员执照管理规则》（CCAR－66R3）已经于 2020 年 7 月 1 日起正式实施。R3 版执照管理规定较上一版本而言，提高了准入条件，强化培训，取消考取执照必须有至少两年工作经验的限制，允许理工科大学毕业生在校期间完成执照学习。同时简化了执照分类，增加了英语等级测试[1-2]。这样，对于航空类院校理工科专业的在校大学生，并且就读的学校具有 CCAR147 法规规定的维修理论和基本技能的培训能力，就可以在毕业前通过所有培训课程后，在取得毕业证的同时申请机务维修基础执照。这必将对民航院校机务类专业学生的课程设置产生较大的影响。为了能让学生在毕业的同时拿到"双证"，各个学期的课程安排将更加紧凑，以留有足够的时间完成执照培训。学生需要在更短的时间，完成相关课程的学习，达到一定的知识和能力要求，才能顺利完成执照培训，取得民航机务维修基础执照。

航空发动机课程是大部分机务类专业的必修课程，同时也是通过机务维修执照考试取得涡轮发动机飞机（TA）和涡轮发动机旋翼机（TR）基础执照的必考科目。如何在有限的时间内，让学生尽量掌握航空发动机的工作原理以及复杂的结构组成，并且具备一定的故障分析判断能力，是机务专业"航空发动机"课程教学改革需要主要探讨的问题。

1　课程现状分析

中国民用航空飞行学院（以下简称"中飞院"）的航空发动机课程依托飞行器动力工程专业，由航空工程学院飞行器动力工程教研室开设。2009 开始在飞行器构造专业开设，2012 年向电气工程及其自动化专业开设，2013 年向飞行器适航技术专业开设，课程内容基本形成。

---

　* 本文受中国民用航空飞行学院中央高校教育教学改革专项资金项目（E2021013）支持

2016 年课程组参与编写新版教材,由清华大学出版社出版,民航局飞标司推荐使用。2019 年开始建设网络课程资源,2020 年初步建成,形成"双线并行,知能兼顾"的线上线下混合式教学模式。

在课程建设初期,采用传统的教学方式进行教学,课程存在的一些问题逐步显现。首先,航空发动机内容庞杂,而学时相对较短,学生难以在有限的时间内掌握航空发动机相对全面的知识,对发动机结构认识不清。其次,航空发动机原理抽象,结构复杂,学生对教学内容理解困难,对教师讲解依赖性高,且课堂讲解不可重复,难于课后学习,导致学习积极性低。最后,由于理解困难,学生专注于知识理解,而难以兼顾知识的应用和能力的提升,缺乏质疑精神和创新能力,难以满足民航维修行业对技术应用型高级人才的培养需求,教学效果不佳。

2　教学改革措施

2.1　重构课程内容

航空发动机课程主要涵盖了航空发动机原理、结构和系统等方面的知识。通过对课程内容进行梳理分类,重构课程内容,将原有章节的内容分为发动机原理和发动机结构两类,再将两类内容重新整合为具备相对完整体系的发动机原理和发动机结构课程,提出了"双线并行"的教学模式,如图 1 所示。重构完成后,两部分内容既自成体系相互独立,又相互关联相辅相成,原理方面和结构方面的知识同步学习,有助于加深学生对航空发动机原理知识的理解,强化学生对航空发动机结构组成的认知。

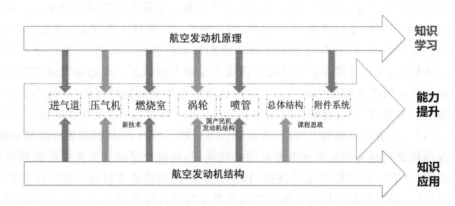

图 1　"双线并行"的教学模式

2.2　革新教学模式

改革后的课程,采用混合式教学的模式。混合式教学,即将在线教学和传统教学的优势结合起来的一种"线上"+"线下"的教学模式。相关研究表明,混合式教学能够显著提升学生的学习积极性[3-4]。混合式教学并不是简单的把原有课程的内同一部分线上学习,一部分线下学习,而是线上线下有机结合,互相补充和提高,线下学习必须要对线上部分进行总结和训练。同时,通过两种教学组织形式的有机结合,可以把学习者的学习由浅到深地引向深度学习。根据教育部对混合式课程的要求,线上学时占总学时的 20%～50% 的课程定义为混合式教学课程[5]。那么,当线上学时比例为20%~35%时可以定位为轻度混合,线上学时比例为35%~50%时为深度混合。如果课程内容前后关联度比较高,整体性完整,学生的自学能力和自律性比较好,就可以采用深度混合,把更多的内容留给学生线上自学,线下更多的是教师引导学生训练和提高。相反,则可以采用轻度混合的模式。

航空发动机课程将内容重构为发动机原理和发动机结构两部分,原理部分理论性比较强,侧重概念计算和公式推导,可以放在线下的课堂教学进行。对于发动机构造部分,需要对发动机部件的结构特征和相互关系清楚展示,这部分可以放在线上学习,如图1所示。根据课程特点和学生的情况,航空发动机课程采用轻度混合的方式,将发动机结构部分约30%学时的内容放在线上学习,通过视频讲解和实物展示的方式,让学生对发动机部件的结构关系有比较清楚的认识。并且这部分内容可以反复观看,加深理解。同时,通过线上学习平台,提供更多的学习资料,可以让学习能力较强的同学自学提高,避免了传统课堂教学难以照顾到不同层次学生的情况。

2.3　挖掘思政元素

习近平提出了"大思政课"的概念,并指出:"'大思政课'我们要善用之,一定要跟现实结合起来。"在讲述航空发动机原理和结构知识的同时,将课程与我国大飞机以及航空发动机的发展历史和现状相结合,充分挖掘课程中的思政元素,将思政案例融合于教学环节,切实与民航实际维修工作相结合。同时结合我国航空技术发展的实际案例,讲解我国航空发动机技术发展状况。例如,在课程之初,可以结合国家"两机专项"等重大项目,让学生认识到航空发动机在国民经济和国家安全方面的重要作用,增强行业荣誉感和认同感。学习航空发动机的结构组成和技术特点时,可以结合我国"太行"系列、"长江1000"系列军、民用航空发动机在设计生产过程中的典型案例,让学生认识到航空发动机是高新技术的集大成者,是工业技术皇冠上的明珠,是工业强国的标志。通过我国大型客机C919发动机"断供"风波,让学生认知到自主研发、自立自强的重要性,激发学生的学习动力和投身行业的热情。同时结合2016年某航空公司波音737飞机发动机整流锥脱落事件,培养学生诚实严谨的工作作风。通过挖掘课程的思政元素,将思政工作贯穿教育教学全过程,让思政教育与课程内容紧密结合,一方面夯实学生专业理论基础,另一方面培养学生诚实守信、爱国爱岗的工作作风。

2.4　提升英语能力

新版执照管理体系下增加了对申请者专业英语能力的要求。目前所知的航空英文测试内容,涉及航空维修活动的各个方面。其中航空维修基础知识—机务维护专业词汇,也是非常重要的考核内容之一。专业英语的学习,需要一定的积累,无法一蹴而就。针对这个方面,航空发动机课程采用了课件中英对照的方式组织教学活动,在上课过程中重点讲解一些课程的专业词汇,相同的词汇和英文术语会在课程教学过程种不断出现和强化,将专业词汇的学习,融入到平时课程的学习过程中,贯穿始终,这样才能起到日积月累的效果。最终在课程学完之后,学生基本能够基本掌握航空发动机课程所涉及的专业词汇和术语,为之后的专业英语测试打下良好的基础。

2.5 完善考核体系

课程最终的考核评价方式,从原来的终结性评价(结业考试)为主,调整为终结性评价和过程性评价相结合的方式。其中,结业考试占总成绩的 70%,而过程性评价占 30%,这其中包括学生的日常考勤、线上学习情况、分组实践评分以及课堂互动得分。在课堂互动和分组实践环节,着重考察学生独立思考,分析问题解决问题的能力,以及团队意识的培养。通过考核方式的调整,迫使学生更加注重学习的过程以及平时的积累,并跟随混合式课程的教学节奏和方法制定学习计划,而不是以往平时比较放松,考前靠突击复习的方式准备期末考试。

3 教学活动的组织

混合式教学,不是简单的把部分内容放在线上学习,而是要最大程度的发挥学生的主观能动性,让学生成为教学活动的主体,而教师要对整个教学的全过程进行把控,通过不同形式的线下教学对线上学习的内容进行总结,对学生进行训练和提高。

对于理论教学部分,课前要提前发布预习内容计划,学生根据计划内容学习知识要点,完成课前预习或视频学习任务,发现问题,提出问题;课中教师讲解,通过线上部分重难点串讲、故障案例分析或者小组讨论等形式对线上学习内容进行总结和练习;课后学生要完成线上测试,并归纳总结所学章节的重难点知识以加深印象。

为了更好的达到"知能兼顾"的课程目标,需要将实践环节加入到教学活动中。在混合式教学中引入实践环节,有利于激发学生的学习兴趣,培养学生的专业技能,增强学生的动手能力,弥补理论教学的不足[6]。对于实践教学部分,课前教师要提前发布实习计划,根据计划内容复习知识要点。课中将学生分组,各小组分别针对不同的发动机实物,根据实践任务书要求,观察、分析、讨论其结构和系统特点,形成共识后进行小组汇报,教师再进行讲解和点评。每个小组任务明确,每个成员既有独立的思考,又要团队互相配合。这样通过实践环节,让每个学生的独立思考能力和团队协作能力都得到了锻炼和提高。

4 教学改革总体评价

课程教学改革的效果,一方面表现在学生成绩的提升,另一方面表现在学生对课程教学方式的认同。最近一期航空发动机课程的平均成绩为 70 分,比前两期采用传统教学模式的 67 分平均成绩有小幅提升。在学生对课程教学满意度方面,通过学生对课程评分的形式进行统计,评分分为 4 挡,分别为:一般(60~69 分)、较好(70~79 分)、良好(80~89 分)和优秀(90~100 分)。最近一期的问卷调查结果显示,有 10% 的学生对航空发动机课程的总体评价较好,有 68% 学生对课程总体评价良好,22% 的学生对课程总体评价优秀,良好以上评价占学生总数的 90%,没有一般评价的情况,如图 2 所示。通过对该课程的成绩分析和课程满意度的调查分析可见,新的教学方式能够发挥学生的主观能动性,提升学生的参与度,提高学习兴趣和学习效果,学生对教学改革后的航空发动机课程普遍反馈良好。

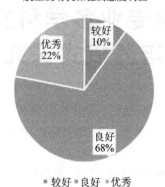

航空发动机课程满意度调查

■较好 ■良好 ■优秀

图2　最近一期"航空发动机"课程教学满意度

5　结　论

1) 针对教育部有关混合式课程的相关要求,提出了"轻度混合"和"深度混合"的概念。根据课程特点和学生的情况,航空发动机课程采用了"轻度混合"的教学模式。

2) 针对民航维修专业航空发动机课程的特点,提出了原理与结构并行,线上与线下并行的"双线并行、知能兼顾"的教学模式。新教学模式的实施,有效的解决了原有课程存在的问题,提高了学生的学习兴趣和学习效果,受到学生的认可。

参 考 文 献

[1] 中国民用航空局.CCAR-66-R3民用航空器维修人员执照管理规则[S].2020.

[2] 中国民用航空局.CCAR-66-FS-010航空维修技术英语等级测试指南[S].2020.

[3] 鲁峰."航空发动机控制原理"课程混合式教学方法研究[J].工业和信息化教育,2021(06):39-43.

[4] 陈友媛,辛佳,杨世迎,等.混合式实验教学提高学生主动学习能力的探讨[J].实验室研究与探索,2019,38(4):205-208.

[5] 中华人民共和国教育部高教司.教育部关于一流本科课程建设的实施意见[Z].2019.10.24.

[6] 周利敏.基于实践项目的发动机课程混合式教学研究[J].实验技术与管理,2020,37(04):234-237.

航空航天工程专业多学科交叉创新人才培养模式探究

周青华　黄崇湘　高志华　周广武　高磊　孔米秋　张健鹏

（四川大学 空天科学与工程学院，成都　610065）

摘　要： 航空航天产业是一种高新科技产业，如今航空航天产业蓬勃发展，急需大批具有创新力的高级工程技术人才，而这对航空航天专业教育质量有更高的要求。社会步入快速发展的信息时代，以互联网为代表的"新工科"结构逐渐占据主导地位，航空航天产业要适应时代需求，培养紧跟时代步伐的高素质人才。以往的传统知识结构则不再适用，这对航空航天工程专业教育的改革与发展提出了新的要求。结合当今航空航天工程对于高素质人才需求，本文通过对四川大学空天科学与工程学院航空航天工程专业的师资、资源投入、教学体系等进行全面分析，在此基础上对适用于航空航天工程专业的多学科交叉融合创新人才培养模式进行探究，提出一些针对性的对策，期望对各高校的航空航天工程专业的人才培养开展做出参考。

关键词： 航空航天工程；多学科交叉；融合创新；人才培养；课程建设

如何进行人才培养是高校的根本任务，而怎样将培养的人才质量不断提高是其永恒的追求[1]。航空航天产业是一种高新科技产业，航空航天技术一直是国际竞争的焦点，同时，航空航天产业的发展显示了一个国家的科学技术水平，更是一个国家综合国力的体现。面对蓬勃发展的航空航天产业，急需的是大批具有创新力的高级工程技术人才，这对航空航天工程专业教育的改革与发展提出了新的要求[2-5]。航空航天工程高级专业人才培养在世界先进工业国家的高等教育中占有重要地位。大力推行航空航天工程专业高等教育改革，要把培养有能力参与未来国际竞争的人才摆在及其重要的地位上。

培养大批具有创新精神和实践能力的高素质航空航天工程专业本科生，将决定我国未来航空航天产业发展进程和质量。在航空航天工程为代表的工程高等教育课程方面，世界各国都投入了大量的精力。在欧美发达国家，工程教育正成为专门的研究领域，并不断寻求工程与教育的紧密结合[6]。航空航天工程教育课程体系改革和教学方法改革，受到重视和关注。国内对于国外航空航天工程专业人才培养模式的研究主要是对美、法、德、日、英等国的课程体系进行研究[7]，总结其优点长处，以求对我国的航空航天工程专业课程改革提供参考借鉴[8-10]。

国内与国外高校最大的差异是通识教育平台课程，也就是人文课程领域和跨学科相关课程领域的设置。特别是跨学科相关课程设置，国外在多学科交叉融合方面开设的跨学科课程，体现了多学科交叉的关联性。强调知识与能力的关联，强调数学、科学、技术与工程知识的关联，这样的关联和交叉，既培养了能力，又加深了对知识的巩固，反过来促进了能力的提高。作为课程改革发展与创新的新范式，跨学科课程的出现受到原有的学科价值观念、组织机制等方面问题的约束和挑战，面临教学组织变革和未来发展前景等新的问题。

1　现有专业培养模式分析

四川大学航空航天工程系于 2017 年开展了该系 2018 级本科教学计划及课程体系修订工作,开设学科基础课和专业核心基础课 73 学分,占总学分比例达 43%。方案(见图 1)一定程度体现了多学科交叉,课程体系涵盖设计类、力学类、控制类、动力类等几大类课程,充分培养和锻炼学生综合素质。方案结合所在系所科研优势,增设 9 门基础及专业特色课程。方案更加突出实践课程教育,实现实践教学环节的最大覆盖,占全部课程学分比例超过 30%。所修订培养方案坚持通识教育基础上的宽口径专业培养,保障基础够扎实、专业有特色。

通识课 (44, 25.9%)	基础课 (50, 29.4%)	专业核心课 (16, 9.4%)	个性化教育课 (32, 18.8%)	实践课 (28, 16.5%)
大学英语	微积分/线性代数	飞行器总体/结构设计	飞行器结构振动理论	工程训练/大学物理实验
马克思主义基本原理	概率统计/大学物理	空气动力学/飞行力学	可靠性工程/传热学	飞行器模型设计与制作
中华文化	理论力学/材料力学	飞行器结构/流体力学	航空航天复合材料/表面工程	基础力学实验/电路实验
军事理论	机械制图/机械原理	推进原理与技术/航空发动机构造	空间环境工程学/空间等离子体推进	创新创业教育
跨专业选2门	电路分析/电工技术	弹性力学与有限元算法	航空航天构件3D打印	无人机设计与实践
……	……	航空航天材料工程	飞行器制造技术基础	专业实验、实训
23门	11门	12门	20门	14门

图 1　航空航天工程现有专业培养方案结构

经历 3 年的教育教学实践,特别是随着该系教职工数目的不断扩大,以及学生规模的增长,四川大学航空航天专业专任教师从 12 人到目前的 25 人,学生也从 30 人到如今的 60 余人。上述人才培养方案无法进一步有效实现多学科交叉融合,"大而全"课程体系已不再适用,且课程连贯性、逻辑性也存在不足,与学科方向衔接存在缺陷。因此,有必要对航空航天工程人才培养方案进行修订优化,探索开设课程组模块,以跨学科为载体,建立多样化的研究和教育范式。本文对航空航天工程多学科交叉融合创新人才培养模式开展研究,对航空航天工程人才培养进行顶层设计,以联接跨学科合作关系,从促进跨学科科研的发展到跨学科教学内容组织变革,探索开设课程组模块,以跨学科为载体,建立多样化的研究和教育范式。在人才培养过程中体现航空航天工程专业的综合性、系统性,注重培养复合型和创新型人才,致力于给学生打下牢固的科学、技术和人文知识基础,培养创造能力、发现及解决问题的能力。

2　多学科交叉融合创新人才培养方案探究

2.1　调　研

为把脉问题,进行了精准调研。三个年级的 27 位同学参与,其中 2017 级有 8 人,2018 级 11 人,2019 级 8 人。问及对现行航空航天工程专业本科培养方案(也即课程安排)是否熟悉时,74.07%的参与调研同学表示熟悉,25.93%的同学表示一般熟悉,没有同学表示不熟悉。问及对现行本专业培养方案(课程安排)总体是否满意时,满意、一般、不满意的同学分别占比14.81%、81.48%、3.7%。现行本科培养方案,课程难度问题上,22.22%的同学表示难度偏高,66.67%的同学表示难度合理,11.11%的同学表示难度偏低。现行本科培养方案中,由本院教师讲授的课程,总体授课效果问题上,70.37%的同学表示授课质量高,22.22%的同学表示授课质量一般,还有7.41%的同学表示授课质量待改进。

广泛调研的结果主要围绕课程衔接及分布、课程面宽度以及个性化需求这几个方向。同学认为专业课实践环节太少、难以了解专业前沿方向,可供选择的专业选修课程较少,专业可选课程方向不全。根据以上调研情况,亟须探索出针对性的改革方法与措施。

2.2 研究目标

根据"新工科"和航空航天工程创新人才培养的要求[11],将传统的"学科型"知识结构,转化为"设计创造型"结构,以"模块课程+特色课程"为设计思路,实现航空航天工程多学科有效交叉融合以及科研优势特色互补,建立多样化的研究和教育范式,阶梯式培养航空航天工程专业人才专业能力,构建航空航天工程多学科交叉融合创新人才培养模式。

对现有专业培养模式分析,目前的专业学科培养模式来看,还存在一些问题,可大致概括一下几点:首先是人才培养方向不聚焦,这是该专业前期师资队伍不足以及研究方向分散所造成的。其次是课程的衔接逻辑弱,授课老师基本是该专业的青年教师,而该专业师资队伍不足及科研方向分散,因此也会造成课程的衔接逻辑会弱。最后是目前的专业培养模式不符合本领域对高层次研究型人才培养的需求,归结原因还是前面两个问题所造成的。因此针对这些目前存在的问题,需要提出相对的解决方法与措施。

2.3 方法与措施

如图2所示,首先是模块化课程建设,将单纯的力学、机械、材料、控制、动力知识脉络,发展为力学基础、飞行器设计、推进与动力一体化并行的设计思路,推进"知识模块化"教学构建系列核心课程群,培育精品课程强调学生个性化学习,强化研究型课程,鼓励学生自主学习,主动学习,谈论学习,加强课堂讨论。同时,在各个模块内采用基于项目的学习、案例分析学习以及实践教学方式,让学生有自身参与的体验,培养学生的综合能力和创新精神。

其次是特色课程建设,在四川大学空天学院建设机器人卫星特色学科方向引领下,充分将学院在机器人卫星领域科学研究特色和优势融合到教育教学中。以机器人卫星特色创新实践能力提升为目标,以机器人卫星非结构化应用场景为导向,拟建设包括机器人卫星总体设计概论、机器人卫星创新实践、航天器动力学与控制、空间机器人视觉导航控制、空间柔性与电磁隐身材料导论等机器人卫星特色教学课程,构建结合基础理论互动实践创新应用前沿探索层次递进的机器人卫星特色创新教学课程体系。

通过模块课程+特色课程的人才培养改革思路,将"基础+专业+特色"的课程模块与实践相结合,发挥四川大学在航空航天工程领域的基础和特色,使得学生能够打捞基础,突出特色,又具备基本的科研素养。对专业学生就业统计情况,深造率基本在80%以上,因此结合该专业的科研特色,注重高年级学生的科研衔接能力的培养。

具体改革思路为三步走。第一步是培养航空航天专业同学的通识能力,在一、二年级通过

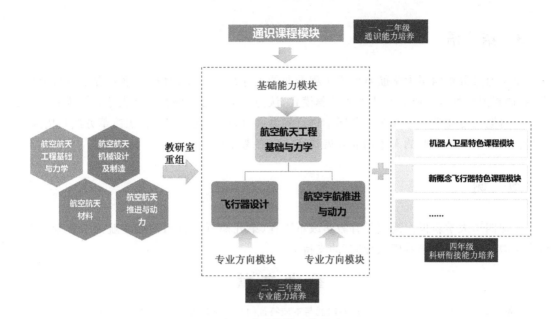

图 2　人才培养改革思路

通识课程模块提升同学的通识基础能力，为后面的专业能力培养打下基础。第二步是在二、三年级注重同学的专业能力的培养。该专业将原先的航空航天工程基础与力学、航空航天机械设计及制造、航空航天材料及航空航天推进与动力四个教研室进行重组，形成新的航空航天工程基础与力学、飞行器设计及航空宇航推进与动力三个教研室，负责培养学生专业能力的专业方向模块，提升学生的专业素养。第三步主要是在四年级对学生开展科研衔接能力的培养，包括有机器人卫星特色课程模块和新概念飞行器特色课程模块等。通过课程模块梳理（课程及逻辑关系）以及特色课程模块梳理，结合实践课程体系构建进行培养方案的修订与实施。

2.4　保障措施

对上述提出的多学科交叉融合创新人才培养的方法与措施，需在进一步的分析其将来落地实施的可能性，即方法与措施的相应保障措施。

在组织保障上，四川大学空天学院成立航空航天工程多学科交叉融合创新人才培养模式建设小组，理顺教学、科研和实践条件之间关系，协调工作，建立起良好的分工合作关系。在人员保障上，加强实验教师队伍结构建设，建设结构合理、人员稳定、具有较强创新能力的航空航天工程师资队伍，并加强培训学习选派老师去国内外一流大学进修学习提高教学水平。最后是实践实验条件的保障，空天学院 2020 年 11 月整体入驻四川大学江安校区多学科交叉创新研究大楼，在新大楼目前已经建设完成有 10 间本科生教学实验室，占地面积约 1500 平方米。此外，学院考虑未来发展，充分预留了实验场地，包括大中型实验室 5 间，占地约 2000 平米。大楼 6 楼目前还处于闲置状态，场地面积超过 1500 平米。依托于四川大学空天科学与工程学院的特色资源与优势，结合针对于多学科交叉融合创新人才培养的相应保障措施，达到全方位的航空航天工程专业人才培养新模式，充分完善人才培养新体系的建立。

3 结 语

本文通过分析四川大学航空航天工程专业的人才培养工作,对现有培养方案进行梳理建设,并调研国内外航空航天专业人才培养模式,认为多学科交叉融合创新人才培养模式更加适用于新时期的专业学生。并对专业同学进行问卷调研,对存在的问题提出改革方法与措施,对各高校的航空航天专业的人才培养开展具有一定参考作用。

致 谢

感谢四川大学新世纪高等教育教学改革工程(第九期)研究项目"航空航天工程专业多学科交叉融合创新人才培养模式探究"的支持。

参 考 文 献

[1] 张建祥.高等学校人才培养绩效评估的内涵与本质特征[J].教育研究,2018,39(3):55-61.

[2] 倪国栋,高兰,王文顺,等.我国创新人才培养研究的现状、热点与趋势——基于 CSSCI 来源期刊文献的可视化分析[J].高等建筑教育,2022,31(01):51-60.

[3] 徐惊雷,俞凯凯,吕郑,等.航空发动机创新创业人才培养机制——以南京航空航天大学能源与动力学院为例[J].工业和信息化教育,2021,(06):2-6.

[4] 林开杰.高等院校航空航天特色人才培养模式探究[J].智库时代,2018(43):83,85.

[5] 吴庆宪.坚持创新驱动 促进人才培养质量提升——南京航空航天大学本科教学改革的实践成效及人才培养思路[J].南京航空航天大学学报(社会科学版),2012,14(03):8-12,24.

[6] 沈敏.高等教育国际化背景下航空航天人才培养模式的探究[J].中国科教创新导刊,2013(07):19.

[7] 吴限德,曾繁丽,范红梅,等.航空航天类专业本科培养方案设计实践[J].黑龙江科技信息,2017(03):33.

[8] 何兵,刘刚,刘志强,等.欧美航空航天专业人才培养模式研究[J].学理论,2015(30):145-146.

[9] 武志文,孙国瑞,李航.国际一流大学航空航天类专业人才培养体系分析启示[J].教育教学论坛,2020,(15):1-3.

[10] 杜作娟,王春齐,岳建岭,等.航空航天学科创新型人才培养教育课程体系对比研究[J].文化创新比较研究,2018,2(07):136-139.

[11] 许艳丽,张钦.智造时代新工科人才培养模式变革的诉求、困境与选择[J].黑龙江高教研究,2022,40(09):47-52.

"空气动力学"课程全英文教学实践与探索

张健鹏　高磊　陈伟

(四川大学 空天科学与工程学院,成都　610207)

摘　要：通过总结空气动力学(全英文)的课程建设情况,分享了全英文教学课程建设的经验,辅以教学效果问卷调查结果的分析,探讨了理工科专业课全英文教学改革中可能存在的问题以及解决方式。基于师资配置、课程内容安排、教学资料、课程练习、教学板书、课后作业、考核方式以及教学成效反馈的多方面教学设置的考虑,打造全过程考核的全英文教学方式。强调了教学资料和教学板书的重要性,并发现全英文授课的一个关键在于打破学生中文授课的学习惯性,在学生认可全英文授课的方式后,其学习成绩和学习效果能达到较好的水平。相关分析与结果可为理工科专业课全英文教学改革提供参考。

关键词：全英文教学;空气动力学;航空航天;板书;学习习惯

随着世界各国对于空天资源的重视不断提升,太空探索在全球范围受到的关注也在不断增加,我国航空航天事业在近二十年也取得了巨大的进步。航空航天的发展,离不开相关专业人才的培养,空气动力学是航空宇航科学与技术专业的一门核心基础课程,其教学效果对航空航天飞行器气动设计、推进动力等方面的技术发展有着长远的影响。另一方面,2015年国务院发布的《统筹推进世界一流大学和一流学科建设总体方案》表明,大学教学的国际化将成为必不可少的部分,也是培养国际化人才和吸引高水平留学生的重要举措。在"双一流"建设方案的指导下,国内众多高校开展了试点的国际化教学改革[1],部分课程实现了全英文授课及中外学生混合授课的教学成果[2]。2022年,教育部、财政部、国家发展改革委发布了《关于深入推进世界一流大学和一流学科建设的若干意见》,指出"十四五"时期深入推进"双一流"建设的其中一个工作重点是"推进高水平对外开放合作,提升人才培养国际竞争力"。在这些背景下,空气动力学全英文课程教学的建设显得尤为重要,空气动力学课程的国际化教学,既可以培养航空航天领域具有国际化视野和交流能力的专业人才,也是我国航空航天事业走向国际化、建设航空航天一流学科的必然要求。此外,空气动力学有许多经典教材和论文资料均采用英文撰写,采用全英文授课,有利于学生完成课程后在相关领域的学习和研究与国际接轨,一定程度上能避免语言障碍,并可让学生了解该学科的基础知识体系和国际教学思维差异,帮助学生建立多角度思考问题、理解问题本质的思维能力。本文拟通过总结空气动力学课程全英文授课实践过程中的问题与思考,分享相关的课程建设经验,以探讨适用于我国大学理工科基础专业课全英文教学的有效方式。为了做好空气动力学全英文教学的课程建设,本课程教学组针对2018和2019级两届学生发放了调查问卷,总共发放126份,回收93份,相关数据于下文中进行展示和讨论。

1　空气动力学全英文教学建设

四川大学空天科学与工程学院的空气动力学(全英文)为本科生核心专业必修课,面向航空航天工程和飞行器控制与信息工程两个专业的学生,共两学期,每学期48学分,每周3学时。空气动力学是航空航天专业的一门基础理论课,学习过程中涉及大量的数学模型建立、公式推导、新的物理量或物理现象解释,即使以中文授课,学生依然认为该课程难度较大,部分学生甚至产生消极的学习态度,采用全英文授课,无疑会使得上述情况雪上加霜。实际上,参考网络上国外空气动力学的公开课视频及相关评论,可以看出即使是以英语为母语的国家,其学生也认为该课程学习难度较高。现有的资料表明[3],文献案例中空气动力学的全英文授课满意度并不高,主要还是由于语言问题和授课方式的差异导致知识点无法及时掌握和贯穿,从而影响学习进度和效果。此外,由于语言问题衍生的课堂氛围问题也会严重影响教学效果。在全英文授课过程中,由于学生习惯于中文授课,全英文的听讲在短时间内无法适应,从而会导致学生听课过程中容易出现走神、焦虑的情况[4],使得课堂变得沉闷,学生无法与授课教师形成良性的学习互动。因此,空气动力学的全英文授课教学建设总体上存在不少的困难。针对上述问题,在教学建设初期在以下方面采取了一些措施来改善教学效果和教学质量:

1) 师资配置。两名长期从事相关领域研究的副高职称教师作为课程负责人,负责人具有两年以上海外留学或工作经历,并具备较好的英语口语能力和相关课程的学习经历,很大程度上保证了课程基础知识和重点的完整、准确讲授。

2) 教材和课程内容安排。采用难度适中的经典空气动力学英文教材 *Fundamentals of Aerodynamics*(John Anderson 著)[5]作为主教材,按照不可压和可压缩流动分为两个学期进行教学,使得教学内容衔接和进度安排更为合理,降低课程的学习难度。根据调查统计在本课程中,超过 70% 的学生最终选择了直接阅读英文教材或者英文教材为主,中文教材为辅的方式进行学习。

3) 教学资料。重新打造与教材相匹配的 PPT、多媒体素材和教学辅助资料,进一步降低全英文学习的难度,又扩展阅读材料的广度或深度。教学 PPT 的打造思路是该资料可供学生用于理解相关基础概念、知识重点,包含了重点概念、重要公式推导过程的关键思路或步骤,以及知识点的练习题,如图 1 所示,可用作最基本的课程学习资料和英文教材的阅读辅助材料。多媒体素材既包含了历史上著名的飞行器或气动设计,又与时俱进新增最新的商用飞机、战斗机、高超声速武器甚至是电影作品中出现的气动外形,以及最新科研成果,从而增加课堂的趣味性和前沿性。教学辅助资料主要让学有余力的学生进行更深入的理论学习,包含了教材中关键公式略过的理论推导过程,以及相关理论的最新进展等。

4) 课前预习、习题讲解与课堂练习。预习和练习都是学生掌握知识点、巩固学习成果的有效手段,尤其是全英文教学,课前预习将极大促进教学过程的顺利开展,为此,每次上课前两天,授课教师会将 PPT 提前上传至课程群,并提醒同学们阅读。课前的习题讲解是有效提高学生对上一堂课内容理解的手段,由于学生在解答习题的过程中会出现各种各样的解法和答案,通过修改作业,统计总结学生的不同解题思路,并共同探讨这些解题思路错误或者可取之处。每节课均设有一两道典型的练习题用于知识点的应用,学生利用 5 分钟时间进行自由讨论、思路整理和答案求解,教师在这个过程中加入不同的讨论组进行提示或者纠正,然后通过

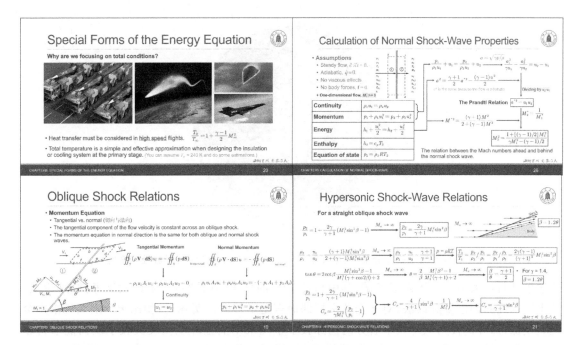

图 1　教学 PPT 示例

抽查回答掌握学生对知识点的掌握情况,再进行弹性地选择重新讲解或进入下一部分内容。据课程调查统计,超过 85% 的学生认为,采用课堂练习的方式对于掌握课堂重点是必要的。

5) 教学板书。空气动力学课程涉及的大量概念和公式,单纯通过全英文讲解的确存在学生无法及时理解的问题,然而,正由于存在大量的公式推导,很多内容和重点实际上是由数学语言进行传输。因此,只要学生熟悉了相关数学推导过程的英文说法,在板书推导的过程中,很多学生通过读懂数学推导而进一步明白了所讲内容重点,一旦学生有此体会,对于全英文授课的接受度也会增加。因而在本课程授课过程中,即使 PPT 上已经罗列了相关公式的关键推导过程,授课教师依然会一步一步地通过板书重新推导,让学生通过数学语言掌握核心知识,可有效改善英文语言导致的理解障碍。

6) 课后作业的布置。课后作业的布置是学生进行知识巩固和应用的重要环节,在本课程中,课后作业一般有 4～5 道基于课堂内容编写的全英文计算题,前两道更注重考核学生对基础概念和公式的应用,后两道注重考核学生对知识点的综合应用。此外,还设有加分题,主要是教材中某些公式的理论推导或扩展,供学有余力的学生进行练习,加强学习的理论深度。

7) 考核方式。根据目前不同文献中的全英文教学探索,全英文课程的考核方式应与传统的中文授课有所区别[6,7],以更好地激发学生的学习兴趣、综合培养和考核学生能力。因此本课程的评分考核包含了课堂讨论及问答表现,如图 2 所示,同时,在期中和期末考试中,均设置 20% 分值开放性答案的题目,学生可以根据自己学习过程中对任意一个知识点或者日常生活中的相关现象进行原理性的阐述,而不限制学生对某个知识点或者概念进行死记硬背。本课程的评分考核中,实际上有约 45% 的权重属于"多元化"考核。

8) 课程教学问卷调查。在学期中和学期末,通过两次发放问卷的形式,收集学生在学习过程中遇到的障碍,学生对教学形式和教学内容安排的满意度,以及对教学过程的意见或建议等,更好地掌握学生的学习状况,并对教学手段进行微调。例如,学习这门课之前,超过 90%

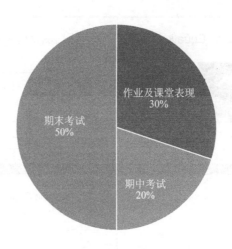

图2　课程考核方式及分值（期中及期末考试均设有 20％分值的开放性答案题目）

的学生已通过大学生英语四级考试，其中超过 50％的学生同时通过了英语六级考试，理论上，学生所掌握的词汇量和语法，对于全英文授课而言是足够的。实际上，相比于个别课程采用全英文授课，部分高校与国外大学合办的国际教学学院采用的全环境全英文教学反而能取得较好的教学成果[8]。通过问卷调查，发现大部分同学对全英文授课是处于"不习惯"的状态，而少部分同学确实英语水平较差，难以跟上教学进度。为此，对于英语能力达标但不习惯的同学，主要以心理建设为主，以四川大学匹兹堡学院的全环境全英文培养为例，鼓励学生前期多花一点时间和经历克服这种不习惯；而针对英语水平较差的学生，在实际教学过程中，对于非常重要的知识点，在不打断教学连续性的情况下，授课教师会以中文的方式简要重复知识点，同时在课后和考前会更关注这部分学生的学习情况。根据教学过程中发放的问卷统计，上课处于"完全听不懂"的学生不超过 3％。

2　空气动力学教学成效分析

通过上述教学设置，经过两年多的教学，课程建设取得了一定的成效。虽然由于授课语言的不习惯，导致学生在空气动力学（全英文）课程学习和复习时间增加，但学生对课程的最终满意度仍处于较高的水平。根据课程的问卷调查，学生每周在该课程作业和复习上平均花费的时间约为 3.5 小时，期末考试复习时长平均约为 4.2 天，对于空气动力学这门内容多、公式偏难的理论课的学习其实处于正常的水平，但超过 70％的学生认为全英文授课使得学习时间显著增加，与此同时，学生对授课效果的满意度实际上超过 70％（见图 3）。因此，让学生摆脱对全英文课程的"偏见"，仍需要做额外的工作。

按照上述教学模式，近两年学生的总评成绩分布如图 4 所示。可以看出，将近一半（48.18％）学生的学习总评成绩在 80 分以上，不及格率在 1.5％左右，另有一半（50.37％）的学生总评成绩处于 60～79 分的区间，考虑到空气动力学课程的难度，该成绩分布基本符合正常教学水平。可见，一旦学生习惯了全英文授课，在学习效果上与中文授课相比，并不会出现显著差别。

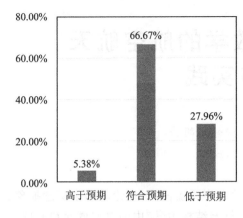

图 3　学生对学习效果的满意度统计

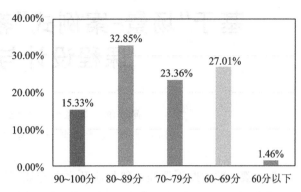

图 4　2018、2019 级本科生的"空气动力学"成绩分布

此外,通过调查问卷可知,学习过空气动力学(全英文)的学生,在一门课程同时开设中文、双语、全英文授课的情况下,有超过 65% 的学生倾向于选择双语(47.31%)或者全英文(22.58%),认为通过双语或者全英文授课,使得自己掌握了更多的专业词汇,同时锻炼了听力,自身的英语水平有所提升;能感受到全英文授课与中文授课思路的不同;同时表示全英问课程的学习对自身的学习思维产生了正面的影响,扩展了思维方式,甚至有学生表示接触全英文讲授专业课的机会比较少,希望能一直保留空气动力学的全英文授课。由此可见,真正阻碍学生学习的并不是全英文的授课方式,而是学生学习的惯性,一旦学生打破了自身的学习惯性,走出自身的舒适区,他们将能收获更多的专业知识和能力提升,而这也是开设全英文授课,让学生接触更多教学方式的初衷。

3　结　论

1) 对于空气动力学等偏数学物理的理工科专业课,可通过充分准备的教学资料和教学板书来降低全英文授课产生的语言障碍。

2) 发现全英文授课的一个关键在于让学生打破中文授课的学习惯性,在认可全英文授课的方式后,其学习成绩和学习效果能达到较好的水平。

参 考 文 献

[1] 郭培荣,侯俊. 国际化视野下研究生高水平全英文课程建设的探索与实践——以西北工业大学为例[J]. 大学教育,2019(4):32-34.
[2] 张洁,黄宏伟. "双一流"背景下全英文课程建设案例分析及建议[J]. 研究生教育研究,2021(3):57-61.
[3] 刘菲. 本科专业课全英文授课教学改革实践与分析——以空管专业《空气动力学》为例[J]. 课程教育研究,2015(13):238.
[4] 杨思佳,张贵晓,王冰. 新工科背景下全英文课程教学研究[J]. 高教学刊,2021,7(S1):88-91.
[5] Anderson J D. 空气动力学基础. 杨永,宋文萍 等译注[M]. 第 6 版. 北京:航空工业出版社,2020.
[6] 邓国亮,杨雪,计玉娟,等. 全英文专业课程改革及思考[J]. 大学教育,2020(12):117-119.
[7] 肖曼玉,孔杰,聂玉峰. 数学基础类课程的全英文教学的一些体会[J]. 高等数学研究,2020,23(1):29-34.
[8] 赵可. 大学物理全英文教学中学生学习情况的分析及思考[J]. 物理与工程,2021,31(6):148-152.

基于"场景–案例式"教学的航空航天课程设计与实践

黄崇湘　郭凤娇　程乾　陶婷　胡静

（四川大学 空天科学与工程学院，成都　610065）

摘　要： 航空航天课程一般都涉及多个专业，教学内容覆盖面广，理论教学中概念抽象、原理复杂，理解较为困难。本文以"航空航天概论""飞行器结构力学"中的典型概念和原理为例，探索了关键概念和重要原理的"场景–案例式"课程设计，充分运用课堂案例研讨、课后调研学习和非标准答案试题等方式，将"场景–案例式"教学贯穿课程学习全过程。通过多年教学实践，取得了较好的教学效果，能够有效培养学生的学习兴趣，强化概念和原理的理解，提高独立思考能力，并激发创新意识和协作学习精神。

关键词： 课程设计；场景设计；案例教学；非标准答案试题；航空航天

引　言

传统课堂教学主要以单向知识传授为主，老师可以把知识点讲得清清楚楚，但在知识爆炸的时代，学生学习起来往往枯燥乏味，知识接收程度低。为适应现代高等教学的要求，提升课程教学质量，从传统的应试和灌输式教学转变为以思维方式和独立思考能力的提升为主的授课方式，必须对课程教学进行改革，包括改变原有教学理念、重塑课程教学与学习模式、拓展教学广度与深度[1-2]。

航空航天是现代物理、力学、控制与信息等多学科交叉融合而形成的学科。航空航天课程一般涉及的多个专业领域，教学内容广。例如，航空航天概论课程涉及了飞行原理、动力系统、机载设备、构造以及地面设备等多方面的概念、原理和技术。对于一名"零"基础的航空航天类新生，学习如激波、波阻、气体伯努利原理等"没见过、没接触"的概念和原理，往往理解困难。再如，航空航天材料工程课程中的材料断裂韧性是飞行器结构设计、损伤容限和寿命评估中的关键指标，是一个涉及力学、材料和物理的综合综合性概念，非常抽象。如何将这些抽象、复杂的概念准确地表达出来，同时学生也能快速理解其内涵，是当代教育改革的重点。

在众多教学方法中，案例式教学是被广泛采用而行之有效的一种教学方法。案例教学法，系指教师在教学过程中，选择最本质的知识，以真实生活中情景或发生的事件为题材，通过案例的分析与讨论达到掌握同一类知识的规律和方法[3-4]。案例教学是一种启发式、讨论式、互动式和开放式的新型教学形式。航空航天的课程内容是在现代物理、力学等学科基础上发展起来的，但由于其场景相对特殊，因此探索以案例为基础的"场景－案例式"教学对于改革和重塑航空航天课程教学就十分必要。

1　教学方案设计与探索

1.1　教学案例设计

根据航空航天基本概念和基本原理的本质内涵,案例设计可以按照"并列式"和"递进式"两种方式进行设计。同时,结合特定场景,再赋予案例多角度、多层次的内容与解读,以深化概念和原理的理解。

(1)"并列式"案例设计

对于一些共性强的概念名词和原理,可以通过设计多场景、多案例的方式进行讲授。

例如,不可压缩气体的相对性原理、连续性要定理和伯努利原理,是航空航天概论里最主要的"三大"基本原理。气体"三大"基本原理在生活中的很多现象或措施中均有体现,因此可以通过大量等效案例来讲解。如图 1 所示,在讲授连续性原理时,可以列举自然现象中两座山之间的山口或两栋高楼之间的气流速度明显要快很多。同时,可以设置明确场景,如冬天走到两栋楼之间会明显感觉冷很多,或风力发电安置选址问题。当讲解伯努利原理时,可以例举足球或乒乓球比赛中的弧线球,或日常乘坐地铁或火车时能看到一米的安全距离黄线等。这些自然现象或防范措施与学生的日常生活紧密联系,因此能够快速想象其中的场景,结合高中已学习的物理知识,能够准确的抓住这些现象和措施的共同点,从而达到讲授空气"三大"原理内涵的教学目的。

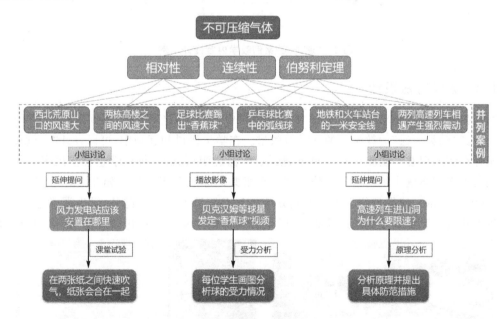

图 1　"并列式"案例教学内容设计示例

(2)"递进式"案例设计

对于物理概念本身内涵相对单一,但涉及较多前置基础概念的教学,可以采用由"感性"—"理性"逐渐递进的方式来设计案例。例如,"飞行器结构力学"中的"断裂韧性"概念是涉及材料、力学和物理多个学科的名字。"断裂韧性"的概念非常抽象,内涵也很难准确把握,是结构力学教学中的一大难点。为准确讲授其概念内涵，并运用飞行器设计中的寿命问题，本文设计了"递进式"案例教学，如图2所示。首先，通过日常可以看到不同结构裂纹的形态，引入裂纹"韧"与"脆"的感性认识。然后，通过在裂纹尖端打孔以防止裂纹进一步扩展的工程实践引入断裂韧性概念中的裂纹尖端应力强度因子的"次概念"。最后，再以机翼上出现小裂纹为例，解决"是否还能使用？""在什么载荷下可以使用？""可以使用多长时间？"等问题。通过逐渐递进的案例，将断裂韧性概念及其意义准确传达给学生。

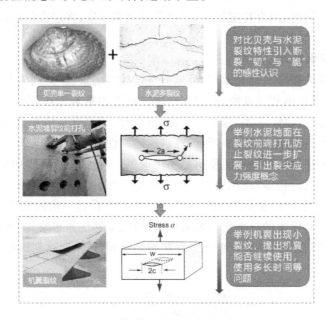

图2　"递进式"案例教学内容设计示例

1.2　教学方法设计

案例教学的基本要求是学生必须参与到研讨中，通过与老师、同学之间的相互讨论达到"举一反三""触类旁通"的教学目的和学习效果。在学生研讨和互动中，可以设计"案例小组研讨—延伸举例—课堂小实验""案例小组研讨—影像说明/分析—每位学生独立思考—学生相互提问与回答""案例小组研讨—延伸举例—小组共同原理分析—学生相互点评"等课堂研讨形式(如图3所示)，使得每位学生都能充分参与到案例学习当中。此外，学生课堂汇报、翻转课堂等形式也有利于案例教学的实施，让学生转换角色主动对案例进行思考、讲解和分析，可

图3　小组讨论与翻转课堂

以达到事半功倍的效果。

2　教学实践

2.1　教学实例

在讲授不可压缩气体的连续性定理与伯努利原理时,采用了足球比赛中的"香蕉球"的案例教学方式。课堂中,先播放一段足球比赛中提出"香蕉球"的短视频,让全体学生都有直观的认识。之后,将学生按 4～6 分成一组,先以小组研讨的方式进行约 3 分钟的讨论;形成一致意见后,再随机点名两位同学到黑板上画出足球的受力情况,同时其他同学也各自画图分析;其后再由其他小组学生对黑板上的受力分析进行点评。在这一过程可以充分促使每位学生都参与到对"香蕉球"讨论和分析中,同时还可以倾听其他学生的点评,并对照自己的结果进行检查。最后,在播放一段小视频,通过专家对足球受力分析讲解,把空气的连续性定理与伯努利原理讲授出来。该案例教学过程持续约 15 分钟。

2.2　教学效果与存在的问题

(1) 教学效果

① "场景–案例式"教学丰富了教学内容,拓展了课堂教学的广度与深度,可以最大限度的将理论讲授内容准确的传授给学生;

② 通过案例的"举一反三"和"触类旁通",学生在独立思考与研讨交流中,能够准确把握知识点的共性和本质。

③ 在案例式教学中贯穿启发式讲授、探究式讨论可以提升了课堂教学氛围,增强学生参与性与学习兴趣,同时还可以培养学生协作学习的精神。

(2) 存在的问题

在目前的"场景–案例式"教学还停留在初级阶段,案例多为实际生活中的现象和事例,与航空航天的联系性还有待加强。同时,教学手段相对单一,缺乏如虚拟实验室的教学资源与教学技术,课程教学高阶性还需进一步提高。

3　结束语

本文针对航空航天课程中的典型概念和原理,通过设计特定的场景和案例进行了"并列式"和"递进式"的案例教学设计和实践,以特定飞行器和场景驱动概念、原理和实践教学。在实际教学过程中,运用启发式讲授、探究式讨论和翻转课堂等课堂教学放大,达到了良好的教学效果。

参 考 文 献

[1] 叶澜. 教育概论[M]. 北京:人民教育出版社,2006.
[2] 陈厚德. 有效教育[M]. 北京:教育科学出版社,2000.
[3] 孙军业. 案例教学[M]. 天津:天津教育出版社,2004.
[4] 张守波. 案例教学法在法学实践中的应用[J]. 教育探索. 2014(2):51-52.

飞机蒙皮装配的仿真实验设计

朱延娟　李军　袁国青

(同济大学 航空航天与力学学院,上海　200092)

摘　要: 飞机制造过程包括毛坯制造、零件加工、装配安装和试验四个阶段。对于飞机设计与制造的教学,飞机典型零部件的装配工艺是需要掌握的核心知识和能力,但是大型结构件的制造工艺复杂,设备昂贵,开展真实的实践教学难度较大。以飞机蒙皮的装配为例,采用虚拟仿真技术构建飞机蒙皮装配的实验教学平台,实现蒙皮的自动装配演示、手动装配等功能的设计与开发。在使用过程中,同学们可以用鼠标拖动视角变换,从而实现以不同的角度观察装配模型。同时,在手动装配场景下还研发了通过鼠标拖动来实现零件移动从而完成装配的功能。和课堂教学相结合,增强同学们的实践能力,提升教学效果。

关键词: 飞机;制造工艺;蒙皮;装配;仿真

在飞机制造过程中,装配环节约占飞机制造总劳动量的 $30\%\sim45\%$,在时间上往往占据全机制造周期的 40% 以上,对飞机的产品质量和制造准确度都有着重要的影响。飞机装配所涉及的工艺较多,传统的实物教学方式难以实现教学资源的快速更新,无法达到较为理想的教学效果。同时,直接的飞机装配实验代价高昂,实验室里难以实现,相关实验须通过仿真实验完成。

为将虚拟仿真和教学实践相融合,众多学者展开了广泛的研究。涂继亮等人[1]利用全数字航电实验平台提供的软硬件资源,设计开发了航空电子与控制虚拟仿真实验教学系统。浙江大学万华根等人[2]以虚拟现实技术为基础,设计了可以直接采用三维操作来进行交互的虚拟设计与虚拟装配系统 VDVAS。任博等人[3]基于 Unity 3D 引擎构建了航空事故案例的虚拟场景,解决了传统安全培训难以进行实践教学的难题。上述案例主要是基于虚拟现实与增强现实技术,获得了较强的真实感与交互性,但是实现这些功能往往需要专业的硬件设备,且价格较为昂贵,难以在学生中推广使用。

基于虚拟仿真技术所开发的桌面实验系统,通过鼠标、键盘与显示器便可实现输入输出的交互,无需专门的设备支持。中国民航大学张清等人设计的航空发动机虚拟装配培训实验平台[4]和中北大学赵熹等人设计的记忆装配虚拟仿真实验平台[5]均采用了上述方式搭建,因此可以在单台计算机上运行,改善了教学方式与实验环境,提升了教学效果。

飞机蒙皮装配是飞机装配过程中的关键环节,其装配方式具有一定的代表性。基于飞机蒙皮的装配工艺,采用 Unity 3D 引擎创建了飞机蒙皮虚拟仿真装配的实验系统。系统包含了具有较高拟真性的仿真实验场景,在该场景下分别开发了用于演示教学的自动装配功能和用于实践教学的手动装配功能,后者通过鼠标的交互实现了对模型中零件的移动安装。与传统的教学方式相比,使用该系统可以改善教学手段、丰富教学资源,同时,通过这种方式还可以提高学生动手能力,让学生熟悉飞机制造环节中一些传统的工艺流程和工程技术,促进学生理论知识和实践能力的有机融合。

1　技术基础

1.1　3Ds Max

3Ds Max 是三维动画渲染和制作软件,其在广告、影视制作、工业设计、建筑设计、三维动画、多媒体制作、游戏开发、以及工程可视化等诸多行业和领域都有着广泛的应用。在虚拟仿真装配实验平台的开发中,3Ds Max 主要用于辅助三维模型的建立,并对装配场景以及三维模型进行优化。

1.2　Unity 引擎

Unity3D 是由 Unity Technologies 开发的一个可以让开发者创建三维游戏、建筑可视化、机械仿真模拟、实时三维动画等内容的多平台综合型开发工具,是一个对编辑器、跨平台发布、地形编辑、着色器、脚本、网络、物理、版本控制等特性全面整合的专业引擎[6]。Unity3D 作为虚拟仿真实验开发平台,它提供了丰富的虚拟现实开发所需的 API。Unity3D 支持各种脚本语言,其中包括 Java Script、C♯、Python,项目可编译发布到多平台运行,如 PC、WebGL、Android、iOS 等,兼容各类操作系统,越来越多地被应用到三维场景的开发工作中[7]。

Unity3D 平台是飞机蒙皮虚拟仿真装配实验平台的主要开发工具,起到了三维图形场景驱动和系统功能开发的作用,是虚拟装配实验系统开发的高层 API,利用它可以开发出功能完善的虚拟现实应用程序。

2　系统设计

2.1　系统开发流程

首先根据飞机蒙皮的几何数据,建立蒙皮装配体的三维模型,如图 1 所示。将数字化模型导入 3Ds Max,删除模型上多余的隐藏面,加入灯光、摄像机等组件,完成对装配场景的布置与渲染,并导出 FBX 文件以供 Unity 使用。

图 1　飞机蒙皮装配体
的三维模型

将 FBX 文件导入 Unity 之后,使用 C♯ 语言针对场景内的组件编写脚本,完成对系统的自动装配演示、手动装配等系统功能的设计与开发。系统流程如图 2 所示。

首先是主界面的开发,主界面主要包含各种功能界面,包括不同功能的入口和程序的退出按钮。其次是手动装配功能的开发,基于导入 Unity 的三维场景,使用 C♯ 语言开发了包括视图旋转和视图缩放的视角变换功能,然后基于 Unity 内射线碰撞检测函数以及向量运算实现场景内零件的拖动,根据相应零件之间的碰撞检测完成该零件的最终装配,最后在场景内加入 UI 并进行相应的功能开发,主要包括场景的退出功能以及标题栏随装配阶段实时切换的功能。在开发自动装配场景时,以上述手动装配场景为基础,修改拖动零件移动功能的 C♯ 脚本

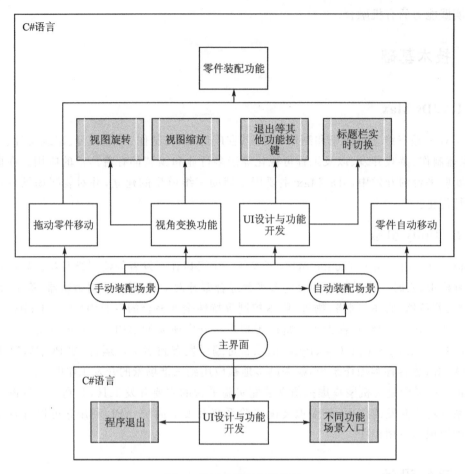

图 2　系统功能的开发流程

代码,直接进行向量运算,使对应零件实现自动移动,完成装配。

2.2　主界面和功能设计

　　飞机蒙皮装配虚拟仿真系统的主界面如图 3 所示,基于模块化的设计理念,在主界面的基础上分别开发了自动装配演示和手动装配两项主要功能,这两项功能是由两个单独的场景组成,因此主界面还承担了不同功能所对应场景的入口作用。

2.3　自动装配界面和功能设计

　　自动装配功能主要用于向同学们提供装配实验基本流程和工序的展示与介绍。通过系统主界面进入自动装配功能的场景界面,如图 4 所示。在演示进行时,当前正在进行装配的零件轮廓会标红显示,同时在模型上方还会显示正在装配的零件的名称。在该场景中,主要的交互为点击鼠标右键进行拖动和鼠标滚轮的滚动实现视角的变换,从而方便同学们在操作过程中从不同的角度观察模型的各个细节,以达到更好的学习效果。

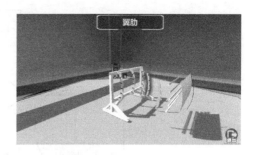

图 3　系统主界面示意图　　　　　　　　　　　图 4　自动装配界面

2.4　手动装配界面和功能设计

手动装配为飞机蒙皮仿真装配实验的主体内容,提供了通过鼠标输入实现对各个进行零件装配的功能。在装配进行时,当前需要进行装配的零件轮廓会标红进行高亮显示,并且上方标题栏会同时显示零件名称。在该场景中,交互操作除了鼠标右键与鼠标滚轮所控制的视角变换以外,还包括按住鼠标左键拖动高亮零件进行移动,通过视角变换和零件拖动的相互配合,从而完成飞机蒙皮的整体装配。

3　主要功能的实现

3.1　主界面场景加载功能

主界面的交互实现原理如图 5 所示。主界面中包含了自动装配和手动装配两个按钮,通过场景加载脚本对主界面进行控制实现进入不同场景的功能。SceneManager 场景管理类中的 LoadScene（sceneName）函数是实现场景加载功能的主要函数,其中参数 SceneName 是所需要加载场景的名称。当单击手动装配或自动装配按钮时,系统便会调用 LoadScene 函数,同时手动装配场景或自动装配场景的名称将作为参数传入 LoadScene 函数,然后系统便会加载并渲染对应的场景信息,进入对应的场景界面。

3.2　装配过程的实现

零件装配的实现原理如图 6 所示,在装配过程中,首先脚本会记录当前正在进行装配的零件名称和下一个需要装配零件的名称,通过脚本 Highlighter 来控制当前零件的属性,实现高亮显示。

对于特定物体的移动,主要用到了 Ray 射线类和 RaycastHit 碰撞体信息类,使用 Ray 类创建一条从摄像机发射至鼠标所在位置的射线,使用 Physics.Raycast 函数来判断从摄像机发射的射线是否与物体碰撞,如果射线碰撞到任何零件,则使用 RaycastHit 记录下当前射线所碰撞零件的信息,主要包括零件名称和位置等,如果未碰撞到任何零件则返回 Null。

当点击鼠标左键后,便不再进行射线的碰撞检测,以防止在拖动零件移动过程中射线与其他零件发生碰撞造成错误,此时检测程序开始时所记录的当前零件名称是否与射线碰撞的零件名称一致,如果一致的话则对该零件的位置坐标进行向量运算。在对零件坐标进行向量运

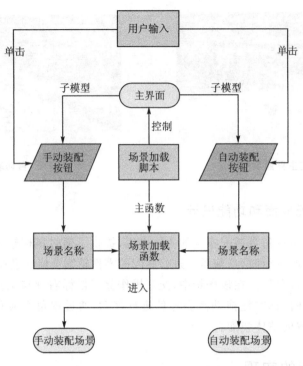

图 5   主界面交互原理示意图

算之前,获取当前鼠标所在位置的屏幕空间坐标,然后基于场景内部摄像机的位置坐标将鼠标的屏幕坐标转换为空间坐标,最后将鼠标的空间坐标赋值给当前零件,从而实现零件空间位置的变化,即当前零件的移动。

为了将零件装配到正确的位置,采用碰撞体的 Collider 类来检测正在移动的零件是否已经到达了其在装配体上所对应的位置。在整个场景中,放置一个已经装配好的整体模型,不对所有待装配零件进行渲染,将其隐藏,但是所有隐藏零件的盒碰撞器(Box Collider)仍然处于激活状态,可以检测出不同零件之间的碰撞状态。

在拖动零件移动与其他零件发生碰撞时,便会激活碰撞检测事件,使用 Collider 类获得所碰撞的零件信息,并与当前正在移动的零件进行对比,如果二者一致则说明已经达到了正确的装配位置,完成装配,并更新当前正在进行装配的零件名称,若信息不一致,则该零件可以继续移动,直到到达正确位置。

4   总   结

基于 Unity 3D 引擎设计并创建了一套飞机蒙皮虚拟仿真装配的实验系统。使用鼠标作为主要交互设备,实现了自动装配演示、手动装配等功能的设计与开发。在使用过程中,同学们可以使用鼠标拖动视角变换,从而实现以不同的角度观察装配模型。同时,在手动装配场景下还研发了通过鼠标拖动来实现零件移动从而完成装配的功能。

飞机蒙皮虚拟仿真装配的实验系统在满足实验教学需求的同时,实现了实验方式的创新,解决了实验教学资源不足的问题,使得教学不再受到设备与场地的限制。此外,该系统还具有

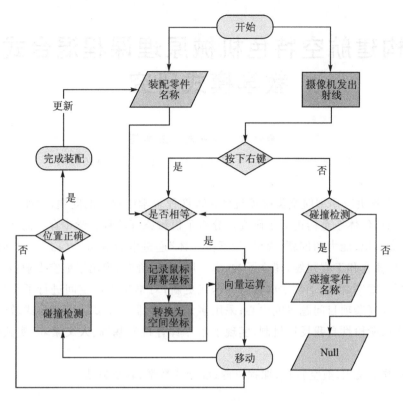

图 6　手动装配零件移动原理

较强的可移植性,通过更换新的实验场景,并将装配原理应用于新的模型,便可以实现教学资源的更新,实现虚拟仿真实验的广泛应用。

参 考 文 献

[1] 涂继亮,陶秋香,刘辉.综合航空电子与控制虚拟仿真实验教学系统设计与开发[J].实验技术与管理. 2019.36(08):106-110.

[2] 万华根,高曙明,彭群生.VDVAS:一个集成的虚拟设计与虚拟装配系统[J].中国图象图形学报.2002 (01):29-37.

[3] 任博,刘昊,王强,等.基于 Unity3D 的航空安全虚拟培训系统设计与实现[C].中国航空学会第九届中国航空学会青年科技论坛论文集.2020:775-780.

[4] 张青,赵洪利,郭庆,等.航空发动机虚拟装配培训实验平台的构建与实现[J].实验室研究与探索.2016. 35(05):97-100,109.

[5] 赵熹,陈凯,郭拉风,等.飞行器制造工程机翼装配虚拟仿真试验[J].教育教学论坛.2021(12):65-68.

[6] 相茂英,马纯永,韩勇等.基于 Unity3D 的化工设备虚拟培训系统研究[J].计算机技术与发展.2014.24 (07):196-200.

[7] 魏莉洁,蔡厚平,施利娟.船体装配仿真实训系统的设计与开发[J].船海工程.2014.43(06):48-51.

[8] 孙琴,肖书浩,何为.基于 Unity3D 的机械类虚拟仿真实验评分系统开发[J].自动化与仪器仪表.2021 (07):80-83,88.

构建航空特色机械原理课程混合式教学模式研究*

李红双　潘五九　王志坚

(沈阳航空航天大学 机电工程学院,沈阳　110036)

摘　要: 为解决应用型航空类院校机械原理课程教学中存在的问题,对课程资源、教学模式、学习空间和评价体系重构进行了研究。分析了机械原理课程教学中存在的痛点因素,融合信息技术,围绕知识、能力和创新,提出了"五位一体"递进混合式教学模式。教学内容引入了科研项目、学科竞赛和工程问题,建立了"八库一网"课程资源,突出了航空专业特色,融入了师生"共同构建"的案例,促进了教学内容持续迭代更新;对学生学习空间进行了重构,创建了课程教学俱乐部和复杂项目问题研究中心;采用多元化、多维度和多阶段过程式教学评价体系,帮助了学生形成阶段性自我反馈机制,实现了培养具有科学基础、人文素养、实践能力三位一体创新人才。

关键词: 教学模式;航空特色;课程资源;混合式教学;教学方法

机械原理是高等学校本科机械类专业教学计划中的一门必修学科基础课,是机械类专业基础核心课程。课程是以机器和机构为研究对象,主要研究各种机械的一般共性问题,即研究机构的组成原理、机构运动学及机器动力学等;研究各种机器中常用机构的运动及动力性能分析与设计方法和机械系统运动方案创新设计问题。学生通过本课程的学习,学会机构学和机器动力学的基本理论、基本知识和基本技能,并初步具有拟定机械运动方案、分析和设计机构的能力。在培养高级工程技术人才的全局中,具有增强学生对机械技术工作的适应能力和开发创造能力的作用,为学生今后从事机械工程方面的设计、制造和开发工作奠定重要的基础。目前,绝大多数高校课程教学模式和教学方法还是在传统教学模式下进行,课堂上以教师讲授为主,教学方法单一,很难调动学生的兴趣,教学效果不理想[1-5]。

教育部高等教育司司长吴岩指出,课程是人才培养的核心要素,课程教学要因校制宜、因地制宜的特色发展和多样化创新。用课程改革促进高校"学习革命",用学习革命推动高等教育"质量革命",形成浓郁的质量文化氛围,实现高等教育以提质创新为核心的高质量发展[6-8]。可见,课程教学改革除了课程内容进行改革,重要的是教学模式与方式的改革。

1　机械原理课程教学痛点分析

如图 1 所示,以我校机械原理课程为例,课程在教学中存在的问题:学生课上参与度低、课

* 辽宁省 2022 年普通高等教育本科教学改革研究项目(202210143 - 21 - 6 - 2):全方位融合信息技术应用型本科院校机械类课堂教学模式改革与实践研究

程知识专业性强并且枯燥、解决工程问题的能力弱、学生创新设计意识单薄和课程评价体系比较单一等诸多问题。为解决教学中存在的问题,对每个问题进行分析,找出对应解决问题的方法,提出从教学内容、教学空间、教学模式、教学方法和评价体系五个方面进行教学重构,解决教学中存在的问题。图 1 为教学问题解决方法。

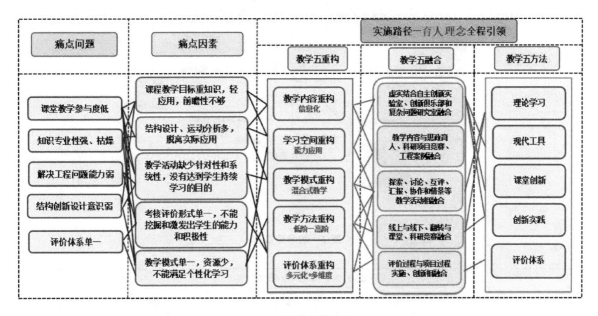

图 1　教学痛点分析

2　课程教学模式改革研究

2.1　课程教学内容与资源重构

将课程目标由注重知识技能培养向注重能力培养转变,实现能力培养与育人协同。根据课程目标,将教学内容凝练成多个模块,通过 MOOC＋SPOC 引导学生深度学习,满足学生的广度需求。利用"共同构建法",引导学生主动构建案例,自主学习。课上让学生讲案例,评案例,促进学生对知识的整合与思考。每年都将学生的创新成果将纳入教学内容中,使内容不断迭代更新,实现优质资源本校化。

利用优质的大学 MOOC 资源,根据我校的办学特色与专业特点,建立了课程特色化、个性化和本校化 SPOC 课程资源,满足了我校学生的需求。同时,为实现不同专业对课程需求,对 SPOC 知识点进行细化。将航空案例、科研和竞赛项目等融入教学,构建了"八库一网"课程资源(见图 2),为学生自主学习和个性化学习提供了丰富的资源。

2.2　教学模式与方法重构

从知识、能力、创新三个维度,构建了将理论探究、现代工具、案例与虚拟仿真、创新实践和评价体系五位一体七层递进式混式合教学模式(见图 3),形成了学生"乐学、愿学、会学",教师"乐教、愿教、会教",提高了学生解决工程问题和创新设计的能力。

图 2　教学资源

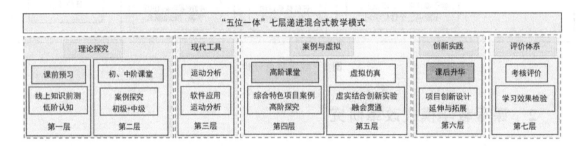

图 3　五位一体教学模式

（1）理论探究

线上预习：设定线上学习目标和任务，让学生带着问题线上学习，设定线上自测试题，不限次数的迭代测试，使学生对线上知识点有更好的理解和掌握。为每个重要的知识点制作相对应的微课或语音课件，对不懂的知识点自学提供条件。设定线上学习考核方式，系统自动记录学生的学习成绩。线上预习的模式，满足学生个性化学习，保证学习效果，实现了知识的内化。

线下课堂教学：每次上课前各小组组长要提交一总结两疑问，即上次课知识点总结和上次课本小组学生提出的疑问、本次课线上预习的疑问。上课时随机选取小组代表进行知识点总结，对于上次课小组学生存在的问题，公布以后，要求其他小组给与解决，教师进行补充，这样学生之间就会产生深入的互动交流。课上设定作业加油站环节，对作业集中问题进行点评。

线上完成基础性问题学习后，第一次线下课程进行初中阶案例探究。机械原理课程课程中，比如在讲解四杆机构时利用神州十三号发射架引出内容，同时让同学们意识到我国科技的强大，育人潜移默化贯穿始终。在讲授的过程中小组讨论教师参与学生小组中，及时发现学生在讨论过程中出现的疑问，给予引导，对小组有新的创意给与赞扬。通过这种方式引导学生要在学习与讨论中及时发现问题，主动提出问题，让学生们体会到学习的成就感。

知识在工程实际中的应用,课下事先联系企业或科研院所技术人员,安排录制相关视频给予讲解,比如,邀请中国科学院自动化研究所技术员讲解杆机构在机器人中的最前沿应用情况,实践证明上课效果很好。课堂真正的实现了时空融合、多师课堂,解决了一次课一位教师一站到底的模式。

(2)现代工具

第一次课程结束以后,开始对学生现代工具使用能力进行培养。对学生进行分组,按组给学生下发题目,让各组同学利用现代工具 ADMS\MATLAB 等软件进行模拟运动仿真分析,并对小组成员分工协作做出具体说明,同时也培养了学生小组团结协作的能力。如学生利用 Adams 和 SolidWorks 软件完成机构运动的位移线图、速度和加速度线图,如图 4 所示。

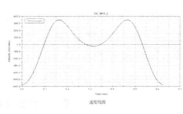

图 4　机构运动分析

2.3　高阶课堂

引入教师科研、工程问题以及学生竞赛作品。同时邀请企业技术人员提前录制好高阶知识点的应用,比如在讲解杆机构时,引入月球车玉兔二号,邀请参与此项目研制的团队研究人员讲解月球车的研究过程,激发学生的好奇心.

引导学生用四杆机构完成月球车行走机构的创新设计。小组之间对设计进行质疑,讨论,开展高质量的互动教学,帮助学生用质疑引导深入探究。教学过程中月球车的案例思政内容无声的熏陶着学生,同时案例体现了我校的航空特色。课程结束后会给学生详细的阅读文献,给出为什么要读这篇文献,他解决了什么问题,对于有能力的学生后续的学习很有帮助。

2.4　虚拟仿真实践

依托国家级虚拟仿真课程,利用数字信息技术,按照低阶和高阶"两阶段""三层次"(基础型、专业型和创新型)和"三能力"(基础能力、综合能力、创新能力)的虚拟仿真实验教学模式,有效地解决了实验条件与实训效果之间的矛盾。"沉浸式+互动式+情景式"课堂实践教学,实现了物理空间与虚拟数字空间交互映射,融合共生,构建出具有"全面感知、师生互动、智能预测"等特征的课堂教学模式。真正的实现了学生从"要我学—我要学—兴趣学—乐意学",全面提升学生自主学习能力、解决复杂问题能力、团队协作能力。

3　学习空间重构

建立了本科生复杂问题研究中心和空间机构创新俱乐部以及开放的实验室,让学生随时随地,想学就能学,不同专业学生在一起学习,实现知识跨学科资源联动推送,促进学科之间的关联、支持和渗透,让思维的碰撞有了着力点、针对性和暴发性,激发出新的孪生学习空间。当协作、沟通、交流成为学生习惯的时候,学生学习积极性才能达到顶峰。学生参与教师科研,解决实际问题,提高了学生创新应用能力,实现了课程的高阶教学目标。

4　课程评价体系重构

从能力培养出发,构建了基于"知识+能力+价值"结合、定量与定性结合、形成性与结果性结合的多元化、多维度和多阶段"学生自评,生生互评,师生互评"过程式考核评价体系。成绩由多个模块构成,对每一项成绩都进行细化,见表1。设立了非常规范的评分标准。在每次结束及时的公布这个环节的成绩,对学生学习效果进行阶段跟踪反馈。

表 1　成绩组成

学生期末综合成绩100%																			
线上考核 8%				线下考核 12%				综合大作业 10%		实验成绩 10%		个人创新项目 10%		期末成绩 50%		综合训练 参考加试100%			
线上预习测试	小组提文问题	视频资源学习	线上课件预习	学习作业考核	线下单元测试	小组翻转课堂	小组创新项目	六杆机构运动分析	系统方案创新设计	学习实验过程	学生实验报告	功能原理设计	项目答辩考核	卷面期末成绩	无标准答案题	计算机应用能力	机构分析能力	动手实践能力	创新设计能力
2%	2%	2%	2%	3%	2%	3%	4%	5%	5%	5%	5%	5%	5%	30%	20%	25%	5%	30%	20%

5　课程改革成效

新的教学模式经过四年的实践检验,取得了很大的成效,数据分析如图5所示。通过对试验班级和普通班级对比,发现:1)学生的课程考试平均成绩提高了25.86%;2)学生参与大学生创新计划训练项目数量增加了91.12%;3)学生参加大学生科技创新创业大赛人数增加89.22%;4)学生小组创新团队数量提高例了92.5%。学生不仅仅是成绩上提高了,在科技创新方面和团队协作能力都有了显著的提升,新教学模式的提出,为工科类机械原理课程教学提供了依据。

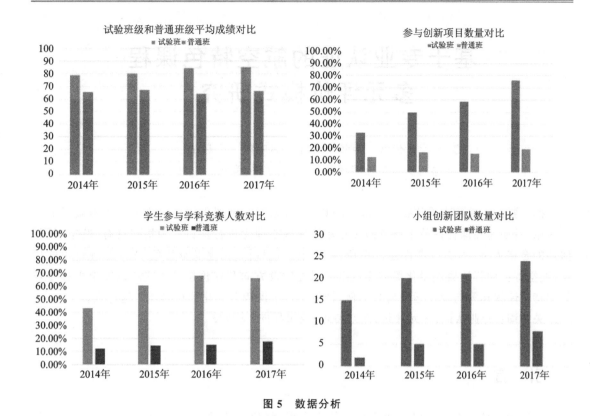

图5 数据分析

参 考 文 献

[1] 王志坚,王明海,张景强,等.产教融合、虚实结合培养航空特色机械类应用型人才改革与实践[J].现代商贸工业.2021,42(25):72-73.

[2] 李红双.基于航空特色应用型高校机械类教学改革研究[J].科技视界.2019,(15).

[3] 黄志诚,潘金波.王兴国.工程认证背景下"机械原理"与"机械设计"课程设计教学改革研究[J].科技与创新.2020,(23):46-47,50.

[4] 韩校粉,李志尊.程兆刚.瞄准"金课"标准的机械基础课程教学改革研究[J].中国现代教育装备.2022,(13):147-149.

[5] 李红双.新工科开放式创新实验室体系建设研究[J].江苏科技信息.2022,39(18):30-32.

[6] 韩笑,王超,罗玲."双万计划"背景下双创教育混合式金课建设探索[J].高教论坛.2021,(08):25-30,37.

[7] 吴岩.吴岩:实现中国高等教育"变轨超车"[J].中国教育网络.2020,(05):12-13.

[8] 贾秀廷.信息化背景下高校线上金课建设探索与实践[J].中国新通信.2022,24(13):227-229.

基于专业认证的航空特色课程多元评价模式研究*

彭伟功　李镇　付帅　郭昕曜　牛林清

（郑州航空工业管理学院 民航学院，郑州　450046）

摘　要：文章简述了开展专业认证的意义，讨论了开展课程评价对于人才培养质量的促进作用，对如何在课程评价中贯彻落实专业认证核心理念进行探讨。为培养具有"航空报国"情怀的合格人才，本文以课程建设视角，从设定课程目标、构建航空特色、多元化评价模式构建、航空特色课程达成度量化等方面提出了课程建设方向和评价思路。文章以安全工程专业航空特色课程运筹与航空运输管理为例，详细阐述了课程多元化评价具体实施过程。

关键词：专业认证；多元评价；航空特色；成果导向；达成度

引　言

开展专业认证有助于树立能力培养核心意识、强化实践教学环节、提升毕业生综合竞争力，从而保障人才培养质量，向行业输送合格人才。专业认证的核心理念在于以学生为中心、以产出为导向和持续改进提高。以学生为中心主要体现于紧紧围绕培养目标，依照目标来设计对学生的期望和教学内容，评价聚焦于学生综合表现。以产出（目标）为导向主要表现为达成度评价，毕业要求能否达成和支撑培养目标，目标及毕业要求须引领日常教学活动，需要通过对学生学习过程中的全程跟踪与进程式评估来分析评价毕业要求的达成度。持续改进主要体现于以教师采取改进措施后的学生对比表现来衡量持续改进效果，强化责任意识。

专业认证提倡教学设计和评价实施都应立足于毕业要求，能够有效促进毕业要求的达成；专业认证自评报告中较为重要的内容之一就是毕业要求达成度的评价；开展对课程目标的达成度评价是有效开展毕业要求达成度评价的坚实基础。对于具体课程而言，教学活动设计应服务于课程目标，教学评价重在考察课程目标是否达成；任何课程都应按其服务的毕业要求来反向确定具体的课程目标体现这种映射关系，该课程目标须便于评价[1]。

因此，课程教学评价是专业认证中成果导向的直接呈现，贯穿教学活动全程，起到了非常重要的作用。为了突出专业认证的引领作用，加强专业品牌建设，突出郑州航空工业管理学院航空航天办学特色，紧跟国内航空航天类专业人才需要，提升人才培养质量与专业竞争力，拓

* 2022年教育部产学合作协同育人项目"新工科背景下民航强国战略融入安全工程专业特色课程实施路径研究"（项目编号：220902910080152)、"基于专创融合的安全工程专业课程教学改革实践研究"（项目编号：220902910082206)、"消防安全类专业课程思政实施路径计评价方法"（项目编号：220902910081919)，2023年郑州航院课程思政专项"新工科背景下'民航强国'战略融入安全工程专业特色课程实践研究"（项目编号：zhjy-138)、创新创业示范课程"运筹与航空运输管理"（项目编号：202306)，2023年郑州航院课堂教学改革专项"专创融合背景下民航安全类课程课堂教学改革与多元化评价模式研究"（项目编号：zhjy-116)

宽外部生存空间,本文以超星泛雅平台自建在线课程的融合式教学实施过程为契机,积极探索基于工程教育专业认证的航空特色课程评价模式改革,以教学过程中沉淀数据为驱动,对学生的学习行为及形态挖掘分析,基于建构主义和普适原则,反向教学设计,采用多元化教学方式及评价方法,并适当渐进高阶,尽力激发学生潜能,让其获得感和幸福感不断涌现,促进知识在能力和素养提升中不断升华,从而实现学生的全面健康发展。本文旨在介绍航空特色课程建设的做法,构建多元化评价模式以符合专业认证的核心理念,及时总结经验,并提出未来航空特色课程建设及课程多元化评价的方向和思路。

1　基于专业认证的航空特色课程多元评价

闭环的课程教学活动主要是由课程目标确定、教学设计及组织实施、课程考核与评价等环节实施完成。其中课程的考核评价则是工程专业认证标准中产出导向的直接呈现,其贯穿了整个教学活动环节,有着举足轻重的作用。本文以面向安全工程专业和交通运输专业(空管与签派)开设的运筹与航空运输管理航空特色课程为例,介绍航空特色课程的建设及多元化评价实施经验。面向产出的课程质量评价是评价课程目标的达成情况。课程目标的确定是首要关键点,是课程评价的根本出发点。一门课程开设的目的是为了能够支撑毕业要求的达成,进而支撑其所服务的专业培养目标的达成。因此,课程目标一定要依托其映射的毕业要求,最终确保为培养目标达成提供支撑。当然,课程目标也并不是毕业要求的简单重复,面向产出的课程目标要同时体现毕业要求对课程的内在要求和课程自身特色[2]。

1.1　设定课程目标和航空特色

结合安全工程专业和交通运输专业培养方案,运筹与航空运输管理课程所能支撑的毕业要求如图 1 所示,主要包括:① 毕业要求"2 - 问题分析":能够应用公共基础课程和安全科学与工程的基本理论,辨识、阐述,研究分析复杂安全工程问题,以获得有效结论。② 毕业要求"3 - 设计/开发解决方案":能够应用系统安全管理、系统安全分析等手段,针对交通运输、产品制造、服务等领域复杂安全工程问题,设计满足特定需要的安全系统,在设计环节中体现探索与创新意识,考虑安全、健康、社会、文化、法律以及环境等因素。③ 毕业要求"4 - 研究":能够基于安全科学原理并采用规范方法对安全工程领域复杂工程问题进行探究,包括自主设计方法、统计分析数据、并通过数据综合得到合理合法的结论。④ 毕业要求"5 - 使用现代工具":能够针对航空运输、航空制造、社会公共服务等领域的复杂安全工程技术问题,选择与使用针对性的技术、资源、现代信息综合分析技术工具,对复杂安全工程技术问题进行仿真分析,并能够进行合理解释。⑤ 毕业要求"9 - 个人和团队":能够在跨专业的项目团队或组织中承担项目成员以及各级主管的角色。基于上述课程所覆盖的毕业要求和课程自身特点,课程组凝练了 9 条"运筹与航空运输管理"课程目标,具体为基础知识、方案设计、建模分析、进度管理、成本管理、运筹决策、分工协作、表达沟通、能力提升。其中方案设计支撑毕业要求 3,建模分析支撑毕业要求 2 和 5,进度管理、成本管理和运筹决策支撑毕业要求 4,分工协作与表达沟通支撑毕业要求 9;基础知识和能力提升是运筹与航空运输管理课程特色要求,主要是指具有扎实的数学基础并掌握运筹学基本原理,具备运用运筹学知识解决实际问题的能力,在此基础上能够潜移默化,将运筹学相关理论应用于航空运输生产组织的各流程环节,从飞机和机组排班、飞机维修计划、停机坪作业管理到航线网络优化、空中流量控制、航空公司收益管理和机场运营效率评价等，都体现了对有限的资源进行优化配置，以求系统最优的科学决策方法在实际航空运输生产领域的拓展应用，是一种能力迁移，这是本课程的特色要求。

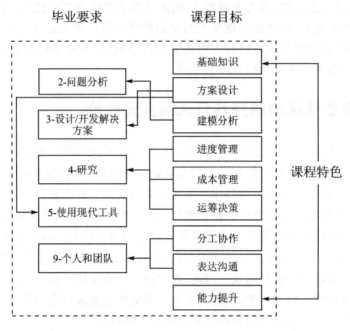

图 1　课程目标与毕业要求支撑关系

1.2　课程多元化评价实施

基于工程教育专业认证建设的课程评价绝不能仅依靠课程的期末卷面考试形式，而应该丰富完善课程考核方式，适当增加授课过程中师生互动情况、线上自主学习完成情况和团队互助学习表现等过程性考核的比重，使考核方式更加多样化，从多个维度去衡量学生的综合能力，课程评价的形式及结果应能充分彰显促进学生综合能力提升的导向作用；该课程学习结束后，学生应达到课程目标规定的素养与能力。如何反映或者判断学生是否达到课程设定要求，就需要开展课程目标以及毕业要求的达成度分析，并根据分析结果深入挖掘原因，在此基础上，基于闭环的 PDCA 循环思路，提出持续改进的整改方案，必要时可实施单独辅导帮助学生满足工程教育专业认证要求[3]。另外，实时对已毕业学生进行抽检回访，听取已毕业学生在专业建设和工程教育方面的意见和建议，以便于课程组后续采取合理措施进行持续改进。

要做好课程目标达成分析，首先要设定课程考核评价模式。评价模式不仅用于检验教学效果，更要映射教学过程中暴露出来的问题，及时反馈形成闭环，以便于采取及时有效的处置措施，提升教学质量，从而实现课程育人目标。基于专业认证的航空特色课程评价模式融合知识、能力与素养评价为一体，开展对课程教学进行全面、科学、深入地综合评价。具体来说体现出以下三个多样化特点：课程评价内容多元化、课程评价方式多元化、课程评价主体多元化。

（1）课程评价内容多元化主要体现在将知识、能力与职业素养评价有机融合，重在考查综合应用能力，以卷面测试为主的终结性考核主要考查学生对于基本知识掌握情况，而基于学生学习过程的过程性考核重在考查学生的学习效果，是对能力与素养的全面综合测评，通过过程性考核便于授课教师了解学生的个体差异,有利于学生自我审视检验,同时也有助于教师做好持续改进提高。

(2) 课程评价方式多元化主要是结合航空运输业特色,以职业生涯发展为导向,以"情景-任务-能力"模式为驱动,坚持以学生为主体,遵循职业发展和人才成长规律,弘扬和践行当代民航精神,为民航运输业培养和输送敬畏生命、敬畏职责、敬畏规章、具有高度安全意识和大局意识、严谨求实科学精神和崇高职业道德的合格人才为己任,结合"航空为本、管工结合"的办学特色和坚持"立足航空产业、服务区域经济"的人才服务面向,以民航运输行业典型的作业场景分析为起点,设置若干知识点,采取以任务完成或项目实施为驱动的课程评价方式,把散列于传统课程中的知识内容和行业技能要求进行深度融合,进行课程项目设计,实施能充分彰显民航特色的课程任务。项目考核通过营造职业场景,有效调动学生的积极性和创新性,学生通过项目式体验,既增强了就业意识,又能够提高其行业认同感和归属感,为今后高品质就业创造了基础。

(3) 课程评价主体多元化重在强调课程评价主体不再仅限于教师,更要包括学生以及行业专家或用人单位。教师评价学生重在考查学生的学习态度和学习达成效果等,可以闭卷考试和实验报告等形式实施。而学生作为评价主体,主要是进行匿名互评,教师可在超星学习通发布在线作业或测试,并提供详细评分标准,学生完成后可进行互评,系统会随机指派2～3份其他同学作业给每生进行匿名评价,学生根据系统设置的标准答案和评分标准,不仅完成了互评任务,同时还能强化课程的重要知识掌握。在有条件情况下,可邀请行业专家以及用人单位作为第三方评价主体,对于学生的学习目标达成情况进行评价,第三方评价重在强调履约能力即职业胜任情况,即毕业生能否适应行业需求,职业发展前景如何,这是从社会需求方面来评价人才培养质量,折射了课程目标对人才培养目标的有效性评估;适当情况下也需要对毕业生进行回访,根据他们在职业成长过程中的体会及感悟对课程建设提出意见和建议,对课程评价进行适当改进。

1.3　航空特色课程的目标达成度分析

在课程多元评价的基础上,课程组要做好课程目标达成度分析。课程目标达成度评价由课程组教师首先按照评价依据和评分标准给出每名学生对应课程目标下相应的得分,然后计算课程目标达成度。根据该课程各个课程目标的达成度,然后计算平均值,生成散点图[3];根据生成的散点图可非常直观地对学生的课程目标达成情况进行诊断,并采取必要的改进措施。具体而言,要完成纵向对比和横向对比分析。要将某学年课程目标的达成度评判数值与上一学年的结果进行纵向对比分析,课程组教师将针对课程目标达成度数值变化的原因,着重分析并提出有效的针对性后续改进措施。通过横向对比,对于多个课程目标达成度数值低于平均值或预设临界值的个别同学,需由授课教师对其展开重点帮扶,使其最终能够达成该课程目标的要求。如存在一人多门课程均为达成,则需要由该生所属学业导师根据该生具体情况进行一对一重点学业帮扶,必要时候需请家长积极配合。

普遍而言,课程目标的达成度分析需综合考虑多个评价项目,主要对应为课程所包含教学环节。教学环节与课程目标之间为一对一或一对多关系,两者相互支撑,反之亦然。对某一确定课程目标 p 而言,支撑该目标的各教学环节 q 的权重 ω_{pq} 之和为1。

最终课程目标达成度的计算需要课程组综合考虑所有设计的教学过程(环节)在实际教学

考核中所占权重,而任何一个教学环节可能只是支撑部分课程目标;教学环节实际所占权重 ω_{pq} 可通过下面式子计算。

$$\omega_{pq} = \left\{ \omega_q \Big/ \sum_{q=1}^{n} (\omega_q * L_{pq}) \right\}, p = 1, 2, \cdots, m \tag{1}$$

其中, ω_q 为教学环节 q 总评成绩的比重; L_{pq} 表示教学环节对课程目标的支撑状况,如果第 q 个教学环节支撑第 p 个课程目标,则 $L_{pq}=1$;否则 $L_{pq}=0$, $\omega_{pq}=0$。

设教学环节 q 对应的目标分值为 F_q,某学生该环节考核成绩为 C_q,则该学生此门课程的课程目标 p 达成度 D_p 为

$$D_p = \sum_{q=1}^{n} \left\{ (C_q * \omega_{pq} / F_q) \right\}, p = 1, 2, \cdots, m \tag{2}$$

当某课程目标 p 达成度 D_p 平均值 D_{pmean} 大于某评价合格标准 $S^{[4]}$,即 $D_{pmean} > S$ 时,表明该课程目标 p 已达成,否则未达成。当各课程目标达成度的平均值 D_{ave} 大于 S 时,表明该门课程的课程目标已达成,否则未达成。

2　方法的实践应用

本文对郑州航空工业管理学院安全工程专业 2018 级 3 班运筹与航空运输管理课程进行评价分析,2018 级 3 班有 39 名学生选修该课。课程总体目标达成度＝所有学生总体达成度的平均值。

课程组首先根据课程目标设定对各教学环节对的依托情况,并咨询教学指导委员会明确其考核占比,详细情况如表 1 所列。其中分组任务 PBL 模块提供了学生自我评价、生生互评和组间评价,逐步实现评价主体多元化趋势。

表 1　各教学环节对课程目标支撑情况及其对应的考核权重

教学环节	视频	作业	章节测验	在线考试	课程互动	分组任务	实验	期末考试
课程目标 1	支撑	支撑	支撑	支撑				支撑
课程目标 2						支撑	支撑	支撑
课程目标 3		支撑	支撑	支撑			支撑	支撑
课程目标 4		支撑						支撑
课程目标 5			支撑	支撑				支撑
课程目标 6				支撑	支撑		支撑	支撑
课程目标 7		支撑				支撑	支撑	
课程目标 8	支撑					支撑	支撑	支撑
课程目标 9					支撑	支撑	支撑	支撑
考核占比%	5	5	5	10	5	10	10	50

在此基础上,课程组按照前述公式(1)计算出各评价项目的支撑权重和分值,具体如表 2 所列。

表 2　各评价项目对课程目标支撑权重及其对应的目标分值

教学环节	视频	作业	章节测验	在线考试	课程互动	分组任务	实验	期末考试
课程目标 1	0.067	0.067	0.067	0.133				0.667
课程目标 2						0.143	0.143	0.714
课程目标 3		0.0625	0.0625	0.125			0.125	0.625
课程目标 4		0.091						0.909
课程目标 5			0.077	0.154				0.769
课程目标 6				0.133	0.067		0.133	0.667
课程目标 7		0.2				0.4	0.4	
课程目标 8	0.167				0.167	0.333	0.333	
课程目标 9					0.067	0.133	0.133	0.667
考核占比 %	5	5	5	10	5	10	10	50

然后,课程组整理 2018 级安工 3 班学生的各考核环节成绩,并按照前述公式(2)分项计算各目标达成度,详细情况如表 3 所列。

表 3　该班学生在各教学环节的对应成绩

序号	学生信息		视频	作业	章节测验	在线考试	课程互动	分组任务	实验	期末考试
	学号	姓名								
01	201805090301	＊＊＊	100	80	91	79	68	92	70	73
02	201805090302	＊＊＊	100	100	96	83	75	93	70	67
					……					
39	201805090339	＊＊＊	100	98	96	92	58	91	75	64

最终,根据式(2),结合上述表 2 及表 3,该班学生对应本课程的各课程目标达成详细情况,如表 4 所列。由表 4 可知,该班本门课程的各课程目标达成度平均值均大于设定标准 $S = 0.67$[4],本门课程的课程目标综合达成度 D(取所有课程目标达成度的平均值)为 0.769826,最终结论为目标达成。但不能忽视的是,虽然总体目标达成,但是各课程目标的最小值普遍低于设定合格标准,尤其是课程目标 4 对应全局最小达成度为 0.54003,反映了个体差异较大,部分课程目标达成不够理想。为便于进一步挖掘其深层原因,课程组绘制了课程目标达成度散点分布图(班级全体学生)以及课程分目标达成图[5]具体如图 2 和图 3 所示。

表 4　该班学生对应各课程目标达成度

序号	学生信息		目标 1	目标 2	目标 3	目标 4	目标 5	目标 6	目标 7	目标 8	目标 9
	学号	姓名									
01	201805090301	＊＊＊	0.77355	0.75288	0.749375	0.73637	0.7531	0.73064	0.808	0.82002	0.74793
02	201805090302	＊＊＊	0.7556	0.71147	0.7325	0.70003	0.71697	0.70063	0.852	0.83504	0.71393
					……						

续表 4

序号	学生信息		目标 1	目标 2	目标 3	目标 4	目标 5	目标 6	目标 7	目标 8	目标 9
	学号	姓名									
39	201805090339	＊＊＊	0.74622	0.69434	0.73	0.67094	0.70776	0.68785	0.86	0.81664	0.68652
课程目标达成度平均值(Dave)			0.765836	0.735358	0.753061	0.711118	0.734187	0.737407	0.867385	0.879544	0.744535
课程目标达成度最小值			0.63279	0.57864	0.6175	0.54003	0.58777	0.59055	0.764	0.77505	0.58523
课程目标达成度最大值			0.93694	0.93857	0.93375	0.94273	0.92845	0.94269	0.968	0.97336	0.94269
课程目标达成度			0.769826								
课程目标的达成结论			大于等于评价合格标准 S 表示"达成";反之,表示"未达成"。该班结论为课程目标达成。								

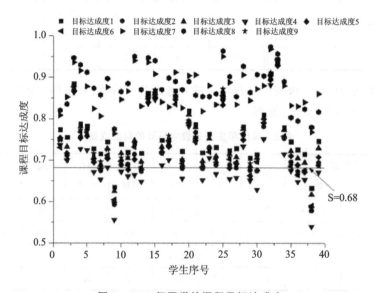

图 2　2018 级同学的课程目标达成度

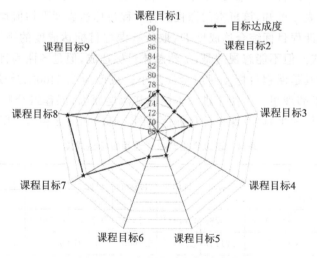

图 3　2018 级课程分目标达成度

从图 2 可以看出,该课程的课程目标达成不理想是由极少数学生的课程目标未达成所造成的,其中:有 2 位学生(占比 5.13%)课程目标未达成,尤其是课程目标 4、2 和 5 远未达成。为了使本门课程目标能够顺利达成,结合专业认证核心理念,课程组必须要进行持续改进,采取针对性整改措施,效果明显并且可测度。可采取如下措施:围绕未达成课程目标 2、4 和 5,策划灵活有效的教学实施形式及内容,如模拟民航运输作业流程的不同环节进行方案设计与论证,给出航空企业不同运维方案和收益对比,给学生就同一问题布置不同维度的大作业或分组研讨,让学生从不同角度去理解成本控制以及进度管理等运营管理意义,以提高其职业意识和应变能力,并以适当方式与对应学生耐心沟通,为他们的成长提供引导、保驾护航。

当然,经过一个周期的教学实践,基于评估认证之持续改进基本理念,深入贯彻 PDCA 循环实施策略,需要对课程目标以及考核方式等都进行适当调整完善。为此,课程组在重新审视毕业要求与课程映射关系基础上,基于专业教学指导委员会和部分毕业生的反馈意见,对课程目标进行了系统梳理,将课程目标调整为基础知识、建模优化、运营管理、交流沟通、行业素养(航空情怀及素养)等 5 个目标(篇幅所限,不再详细阐述);考核方式也进行了调整,考虑到作业与章节测验有重复之嫌,保留了视频学习、在线考试、课程互动、分组任务、实验和期末考试等 6 种考核方式。然后对 2019 级安全工程专业 1 班学生进行了课程评价,权重计算结果如表 5 和表 6 所示,目标达成情况如图 4、图 5 所示。由图 4 可以看出,该班学生基本上都能实现课程目标,只有 1 位同学(占比 1.92%)有 3 个目标未能顺利达成,后期需要授课教师进行重点帮扶;从图 5 可以看出,课程各分目标全部达成,而由表 7 计算结果也表明,该班课程目标总体达成度为 0.82,这说明经过课程组采取改进措施后,各教学环节较好地实现了课程目标,能够支撑毕业要求,有效落实培养目标。

表 5 各教学环节对课程目标支撑情况及其对应的考核权重

教学环节	视频	在线考试	课程互动	分组任务	实验	期末考试
基础知识	支撑	支撑		支撑		支撑
建模优化		支撑		支撑	支撑	支撑
运营管理		支撑	支撑	支撑	支撑	支撑
交流沟通			支撑	支撑	支撑	
行业素养	支撑		支撑	支撑	支撑	支撑
考核占比%	10	10	10	10	10	50

表 6 各评价项目对课程目标支撑权重及其对应的目标分值

教学环节	视频	在线考试	课程互动	分组任务	实验	期末考试
基础知识	0.125	0.125		0.125		0.625
建模优化		0.125		0.125	0.125	0.625
运营管理		0.111	0.111	0.111	0.111	0.556
交流沟通			0.333	0.334	0.333	
行业素养	0.111		0.111	0.111	0.111	0.556
考核占比%	10	10	10	10	10	50

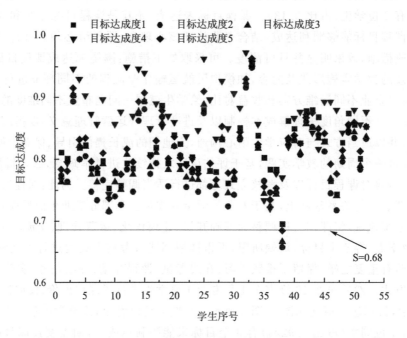

图 4   2019 级同学的课程目标达成度

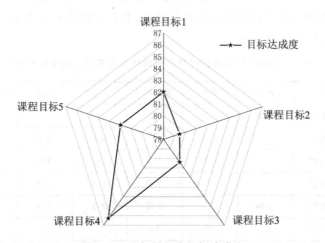

图 5   2019 级课程分目标达成度

表 7   该班学生对应各课程目标达成度

序号	学生信息		目标 1	目标 2	目标 3	目标 4	目标 5
	学号	姓名					
01	201905090101	＊＊＊	0.81125	0.77375	0.76332	0.76682	0.7833
02	201905090102	＊＊＊	0.80125	0.76375	0.76219	0.79347	0.78106
......							

续表 7

序号	学生信息		目标 1	目标 2	目标 3	目标 4	目标 5
	学号	姓名					
52	201905090152	＊＊＊	0.85375	0.83375	0.83664	0.87672	0.85329
课程目标达成度平均值(Dave)			0.820361	0.794639	0.803971	0.862809	0.8195748
课程目标达成度最小值			0.695	0.6575	0.66657	0.72019	0.68433
课程目标达成度最大值			0.955	0.94875	0.95445	0.97331	0.96333
课程目标达成度			0.820271				
课程目标的达成结论			达成				

3 结束语

综上,根据我校安全工程专业毕业要求和质量标准,课程组确定了课程目标以及课程特色,提出了基于专业认证的多元化评价模式,并以安全工程专业 2018 级某班和 2019 级某班为例,详细阐述了课程多元化评价过程及其达成度计算方法。课程组提出的多元化评价思路和达成度量化计算方法,能够综合测度学生在所有教学环节的表现,客观表征授课对象的学习效果和航空情怀及素养能力,真正体现"以评促改以评促建"思想,而且容易实现。这对我校安全工程专业人才培养质量提高提供了思路,也可供其它专业认证建设作为参考。

总之,基于专业认证的航空特色课程建设是一项持续改进提高的连续性工程。这既牵扯到课程建设及评价本身,还需要时刻关注航空业发展以及技术进步、人才市场需求预测等。随着国家和行业"十四五"规划的逐步实施以及国家"双循环"格局和"碳中和""碳达峰"战略的实施,航空业将迎来新的发展机遇,唯有不断完善航空特色课程,凝练课程目标,高质量达成毕业要求和培养目标,才能面向航空业输送德才兼备的合格人才,满足区域经济和行业发展的需要。

参 考 文 献

[1] 俞颖,达新宇,游玲,等. 数据驱动的课程多元化评价体系探索与改革[J]. 软件,2021,42(07):008-009,044.

[2] 施大宁,梁文萍. 航空航天特色新工科建设的思考与探索[J]. 中国大学教学,2018,9:26-28.

[3] 王国珍,祝振洲,等. 面向工程教育专业认证的食品工程原理课程改革探讨[J]. 轻工科技,2021,37(09):140-141.

[4] 李志义,朱泓,刘志军,等. 用成果导向教育理念引导高等工程教育教学改革[J]. 高等工程教育研究,2014,(2):29-34,70.

[5] 闫力,李宏民,魏勇,等. 基于工程教育专业认证的课程目标达成度定量评价研究[J]. 科技视界,2021,14(30):72-74.

民航安全事故案例分析课程专创融合
教学改革实践[*]

李镇 彭伟功 郭昕曜 牛林清 付帅

（郑州航空工业管理学院 民航学院，郑州 450046）

摘　要：为促进课程教学中专业教育和创新创业教育的深度融合，以民航安全事故案例分析课程为例，系统阐述了课程教学现状及存在的问题，以专业教育和创新创业能力教育融合教学模式为研究目标，梳理了课程专创融合教学改革目标、教学内容改革和考核方式优化的内容，对专创融合背景下的课程改革实施路径进行了探索，以培养和提高学生在专业背景下开展各类创新创业实践活动的能力，实现专业教育和创新创业教育的有机融合，可为创新创业教育在安全工程专业课程教学的实施提供参考。

关键词：专业教育；创新创业教育；民航事故；案例分析；教学改革

近年来，在国家大力倡导创新驱动发展战略的时代背景下，"大众创业，万众创新"已成为全国各地促进经济社会发展的新势态和新浪潮，创新创业教育不仅是社会发展和经济结构调整时期对人才需求的必然要求，也是推进创新创业的有效途径[1]。2015 年，国务院出台《关于深化高等学校创新创业教育改革实施意见》，对高等学校的创新创业教育工作提出了明确目标和要求[2]，创新创业教育在高校人才培养中的作用和目的更加清晰，也就是将学生未来可能遇到的问题与挑战跟现有的专业知识与技能结合起来，以提升学生的综合素质和专业能力[3,4]。因此，在学生进入社会和工作之前，就应让创新创业素养深刻融入学生的思维活动，而运用探究式学习、实践式学习的手段，培养学生创新创业的思维与能力，以满足学生知识和技能培育需求为主的专创融合课程就成为了创新创业教育发展的必然趋势[5,6]。

1　课程概述

民航安全事故案例分析作为安全工程专业的核心课程，是学生在完成本专业学科基础课程之后，开设的以安全科学理论与工程实践相结合的综合性专业课程，目的是使学生能够系统掌握民航事故原因分析的方法和事故调查处理程序，培养学生民航事故调查分析及防范的综合应用能力。同时，本课程也是安全工程专业学生走向工作岗位之后，与其工作内容最为密切相关的课程之一，将创新创业教育融入专业教育，不仅能够巩固和增强学生专业知识能力的培养，也可有效提升学生毕业之后在民航安全领域和岗位创新意识和创业能力[7]。因此，为促进专业教育和创新创业教育的深度融合，针对民航安全事故案例分析课程教学目标、教学内容、

---

* 2022 年郑州航院创新创业示范课程"民航安全事故案例分析"(202209)，教育部产学合作协同育人项目"基于专创融合的安全工程专业课程教学改革实践研究"(220902910082206)，教育部产学合作协同育人项目"新工科背景下民航强国战略融入安全工程专业特色课程实施路径研究"(220902910080152)，教育部产学合作协同育人项目"消防安全类专业课程思政实施路径及评价方法"(220902910081919)，2023 年郑州航院教育教学改革研究与实践项目"专创融合背景下民航安全类课程课堂教学改革与多元化评价模式研究"(zhjy23-116)，2023 年郑州航院教育教学改革研究与实践项目"专业认证背景下安全管理类课程体系质量建设提升路径研究——以'航空安全管理'课程为例"(zhjy23-168)

教学形式的融合方面进行专创融合建设改革,对于高素质、复合型民航类专业人才培养具有重要的现实意义。

2　课程教学现状分析

民航安全事故案例分析课程教学采用任务驱动下的线上线下混合式教学方法,主要从线下课堂教学、网络教学平台和线下自主学习等方面开展教学活动,其中课堂教学是线下授课的主要方式,同时采用网络教学平台作为线上、线下教学之间的桥梁,以教学视频、课件、案例资源库和试题库等资源为载体保障学生线下自主学习的顺利开展。

课程教学知识体系设计有 9 个专题,包括民航安全事故调查理论基础、飞行事故原因分析、跑道安全、跑道侵入、飞机相撞事故、火灾事故、鸟击事件和机场外来物等内容,各专题均设置有案例分析与讨论的内容,各章节具体内容见图 1。

从课程教学过程和教学反馈来看,现有的教学模式虽可满足一般教学任务的要求,但学生的创新能力培养并未得到较大提高,只有少数同学通过参加挑战杯大学生课外学术科技作品竞赛、大学生创新创业训练计划和安全科技创新大赛等各类创新创业类竞赛项目得到了一定程度创新创业方面的锻炼。根据课程教学现状和教学团队创新创业指导教师总结反馈发现,民航安全事故案例分析课程在创新创业教育融入方面存在以下主要问题。

2.1　侧重专业能力培养,缺乏创新实践教育

课程现有教学目标定位于使学生了解民用航空器事件调查的目的和基本原则,建立民航安全事故分析的知识框架,掌握民航事故发生的一般规律、预防理论、预防技术和威胁与差错管理等知识;熟悉民用航空器事件报告、调查和分析的内容和步骤,培养学生开展民航事故调查分析及防范的专业综合素质能力。更倾向于对学生专业素质能力的培养,而对创新创业教育的融入局限于教师日常督促,缺少系统化的教学设计。

2.2　教学内容理论性较强,课程实践性不足

根据案例分析课程的特点,民航安全事故案例分析课程讲授内容主要以专题讲座的形式为主,各专题均安排有相应案例讲解内容,通过课堂案例教学引导,课下在网络教学平台发起讨论话题,以达到提高学生的积极主动性和自主分析问题能力的目的。虽然课程前期建设围绕着任务驱动下的线上、线下融合式教学做了大量工作,学生的积极性和问题分析能力得到了一定提高,但由于民用航空器事件突发性、高危险性及不可逆性的特点,课程教学内容存在着理论性强、实践性不足的问题,进而难以促进学生创新能力的培养。

2.3　课程考核内容局限,难以激发学生创新意识

根据课程教学目标和案例分析课程的教学特点,课程考核采取线上和线下融合、过程评价与课程论文评价结合的多元化考核评价模式,以促进学生自主性学习、过程性学习和体验式学习[8]。从以往课程考核情况来看,虽然能较大提高学生的积极性和参与性,但对于案例分析课程而言,考核内容缺少多样性,学生受专业课程内容思维定势的影响,课程论文质量不高,内容缺少创新性,难以激发学生的创新意识。

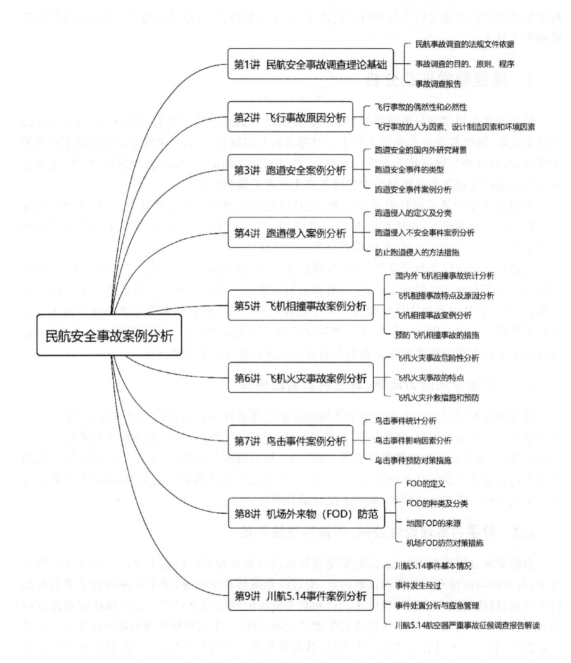

图 1　民航安全事故案例分析课程教学知识体系

　　综上,民航安全事故案例分析课程虽然教学形式灵活、内容安排丰富,能够满足日常教学的需要,但在学生创新创业能力培养方面,仍存在较大不足,难以有效激发学生的创新意识,为满足培养具有较强创新意识的高素质、复合型应用人才的目标,在课程教学过程中,为增强对学生创新创业能力的培养,应及时更新教学目标和内容,探索专业教育和创新创业能力教育有机融合的教学模式研究与应用,明确课程专创融合的教学改革策略和方法,为创新型民航专业人才的培养提供有力支撑。

3　教学改革内容

专创融合课程作为高校创新创业教育的重要组成部分,是大学生创新能力和创业意识的培养重要途径,与一般创新创业类课程不同,因课程的专业属性特点,使得课程建设质量的高低直接影响学生在专业领域开展创新创业活动的综合素养,因此,民航安全事故案例分析课程教学改革应从教学目标、教学内容和考核方式等方面开展,课程专创融合教学改革的总体思路如图 2 所示。

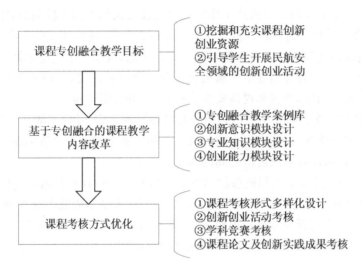

图 2　专创融合教学模式改革思路

3.1　课程专创融合教学改革目标

在民航安全事故案例分析课程教学内容中增加创新创业教育的比重,以现有探究式教学为基础,深入挖掘和充实课程创新创业资源,积极组织学生参加各级学科竞赛、创新创业活动,为学生在竞赛、项目申报、论文发表、专利和软件著作权申请等创新实践方面提供指导。

通过课程学习,培养学生的自主学习和思考能力,培养学生的批判性思维,以及多方位思考、解决问题的能力,培养学生的市场调研和项目策划能力。同时提高学生对创新创业环境认知,并具备一定的领导能力和决策力。

3.2　专创融合背景下教学内容改革

民航安全事故案例分析课程教学内容改革方面,注重民航安全理论知识到创新创业实践过程的扩展,将专创融合教学案例库、创新意识、专业知识和创业能力等模块进行深度融合,以促进学生创新创业意识的养成,扩大学生受益面,达到专创融合课程改革的目标。

1)专创融合教学案例库。收集汇总本专业各类创新实践成果,结合课程内容相关性,挖掘创新创业典型成果,建立专创融合教学案例库,将创新创业教育深入融合进课程专业教育,培养和提升学生的创新实践能力[9]。

近年来本专业学生取得的代表性成果如下。

　　① 大学生创新创业训练计划项目:通用航空飞行事故统计分析与调查方法研究(2019);面向智能化无人机的火灾风险监测与救援功能设计(2020);基于神经网络的民航事故征候预测模型构建及应用研究(2020);基于适航的工业级无人机安全性评估系统开发研究(2020);微型旋翼式无人机空中失控声光预警级防控装设计等(2021)等。

　　② 学科竞赛类成果:基于鱼刺图与主成分分析的民航事故征候影响因素研究(2021,挑战杯省赛三等奖);X 射线辐射剂量在线检测报警装置(2019,全国高校安全工程实践创新作品大赛三等奖)等。

　　③ 创业类成果:Smart Safety –智慧公共安全产品践行者(2020,互联网＋大学生创新创业大赛校级三等奖);中航郑州全安科技工作室(2019,校级众创空间入驻项目)等。

　　2) 创新意识模块。教学内容融合各类安全科技创新大赛、挑战杯大学生课外学术科技作品竞赛和大学生创新创业训练计划等民航类相关作品案例,鼓励学生前期选修飞行器制作、创新思维方法类通识课程,提倡和引导学生从民航安全实际需求出发,发现并提出问题,利用创新方法和专业技术解决问题,改善和提高安全管理水平,并付诸实施。

　　3) 专业知识模块。在民航安全事故案例分析各专题内容中,及时巩固和引导学生对安全学科基础课程的理解和掌握,以促进学生能够灵活运用专业基础理论开展创新创业活动,加深在创新方法、专业知识和民航事故防范之间的深度融合。

　　4) 创业能力模块。鼓励学生积极参加学校组织的 GYB,SYB 创业培训,以培养学生创业思维能力,引入"互联网＋"大学生创新创业大赛、"创青春"大学生创业大赛等创业大赛典型案例,循序渐进引导学生将创新与专业知识相融合,寻找创新创业切入点,撰写相关作品说明书或商业计划书,为学生开展各类创新创业活动提供指导,增强学生从民航安全专业角度开展创新创业活动的能力。

3.3　课程考核方式优化

　　课程考核评价采取融入创新实践考核的多样性考核方式,优化现有考核评价体系,增强学生创新意识,其中过程性评价包括课堂表现、网络教学平台作业与讨论、创新实践三个部分,课程论文考核拓宽选题范围,充分调动学生的创新思维。具体评价方式和内容如下:

　　① 课堂表现:15％,主要考察到课情况、遵守纪律情况以及利用平台实施的课堂教学活动;平时分数结合网络教学平台作业与讨论情况综合得出。

　　② 网络教学平台作业与讨论:20％,主要考察网络教学平台章节学习情况、作业完成情况、讨论发言情况和课堂讨论情况,分数结合"课堂表现"由平台自动生成。

　　③ 创新实践考核:15％,主要考察学生在专业知识范围内容的创新实践情况,包括各类创新创业竞赛、项目、创新方法应用、论文发表和知识产权成果等。

　　④ 课程考核论文:50％,论文选题限定与课程相关主题,题目自拟,并设置选题课堂评价环节,以提升考核论文质量。

4　课程教学改革实施路径及资源建设

4.1　课程教学改革实施路径

结合课程现有的教学知识体系结构，为将创新创业教育有机融入课程教学，根据课程专创融合教学目标，制定专创融合课程的实施路径如图 3 所示。

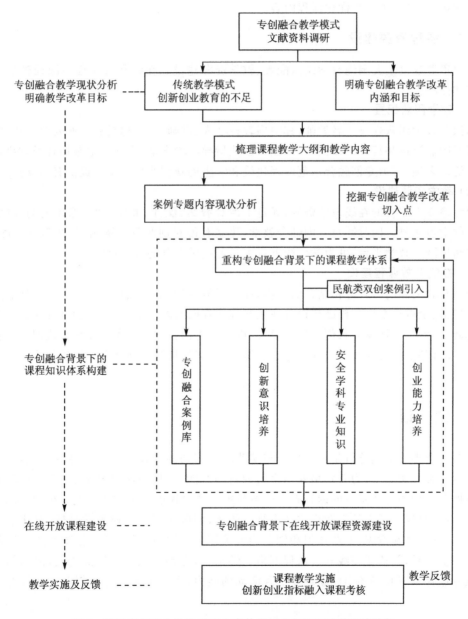

图 3　基于专创融合的民航安全事故案例分析课程改革实施路径

首先，围绕专创融合教育模式开展文献资料调研工作，凝练总结传统教学模式在创新创业教育方面存在的不足,深入把握专创融合的内涵和课程改革目标。

其次,梳理民航安全事故案例分析课程教学大纲和教学内容,结合各章节案例专题内容的设计,挖掘课程体系中创新创业教育的切入点。

然后,构建专创融合教学案例库、创新意识、专业知识和创业能力四个知识模块,将创新创业教育深入融合民航安全事故案例分析课程体系,并优化调整课程教学内容设计。

最后,结合专创融合课程体系内容的设计,整合民航安全事故案例分析在线开放课程的资源建设,完成专创融合背景下专业课程教学改革,并应用于实际教学工作,优化课程考核方式,根据教学效果反馈,进一步优化课程内容。

4.2 课程资源建设

课程资源建设主要围绕教学团队配置、教学资源建设和在线开放课程为课程教学改革提供支撑和保障。

(1)教学团队配置

本课程教学团队现有 4 名教师,其中副教授 2 人、讲师 2 人,均具有注册安全工程师、安全评价师等职业资格和行业工作经历,且创新创业指导经验丰富,指导学生参加各类省级以上创新实践活动多项,可为专创融合示范课程建设和学生创新创业指导工作提供有力支持。

(2)教学资源建设

课程建立有完善的在线教学资源,涵盖了课程教案、课件、事故案例、思政案例、教学视频等相关的学习素材。同时针对专创融合教学,建立有创新创业教学案例库、文献资料库,同步上线在超星网络教学平台,可为学生线下自主学习提供充分的资源保障。

(3)在线开放课程建设

作为互联网和高等教育相结合的产物,在线开放课程已成为高校课程建设和改革的发展趋势,民航安全事故案例分析已建设有在线开放课程网络教学平台,在专创融合课程教学体系优化基础上,各章节增设创新创业教育模块,进一步将创新创业教育与在线开放课程进行有机融合,不仅有利于提升在线开放课程建设质量,还可有效扩展专创融合课程教学改革的影响和受益范围。

5 结 语

民航安全事故案例分析是一门理论与实践联系密切的课程,是学生在修读完学科基础课程后的专业必修课之一,为有效培养学生的创新实践能力、提高课程教学质量,课程教学团队积极开展了专创融合背景下的课程教学改革研究。通过民航安全事故案例分析课程的专创融合教学改革,对现有课程教学知识体系进行了优化,明确了创新创业教学目标,构建了专创融合教学案例库、创新意识、专业知识和创业能力等知识模块,形成了融入创新实践考核的多元化学习评价体系,并依托在线开放课程网络教学平台,完善了课程的资源建设,以培养和提高学生在专业背景下开展各类创新创业实践活动的能力,实现专业教育和创新创业教育的有机融合。

参 考 文 献

[1] 乔维德.高校创新创业教育评价体系构建研究[J].南京广播电视大学学报,2021(1):28-36.

[2] 徐焕青.高校创业教育生态系统构建及评价研究[D].长江大学,2018.

[3] 牛贞福,国淑梅.专创融合背景下专业课程内容重构研究——以食用菌栽培学为例[J].安徽农业科学,2021,49(05):265-267.

[4] 杨晨霞.应用型高校专业教育与创新创业教育融合的研究与探索[J].豫章师范学院学报,2022,37(01):57-61.

[5] 赵志红.专创融合课程教学设计与实践研究[J].北京宣武红旗业余大学学报,2020(Z1):60-64.

[6] 郭金金,徐红,程道平.高校"专创融合"特色课程建设研究——以《房地产开发管理》课程为例[J].创新创业理论研究与实践,2022,5(10):75-77.

[7] 郭梨,王筱梅,杨震.基于专创融合的高校专业课教学改革探析[J].大学,2021(43):95-97.

[8] 李彦,边国栋.基于线上线下混合教学模式的"网页设计"课程的改革探讨[J].微型电脑应用,2021,37(01):83-85.

[9] 王旭磊.创新创业教育与专业课程教育融合的实践[J].黑龙江教育(理论与实践),2021(10):70-72.

议题 4

航空航天类专业
创新实验实践教学的建设与研究

航空航天类工科专业毕业设计环节的改革与实践

王新龙　宋佳　王可东

（北京航空航天大学 宇航学院，北京　100083）

摘　要：毕业设计是本科教育的最后一个重要的综合性教学环节，如何做好本科毕业设计（论文）工作，使学生在技能和素质等方面得到明显地提高是高等教育工作者重要的研究课题。该文针对近年来航空航天类工科专业毕业设计过程中存在的主要问题，结合多年的指导实践和经验，提出了明确的改革思路和具体的实施方法，对提高本科生毕业设计（论文）工作的教学质量和效率具有重要的意义。

关键词：毕业设计；教学改革；创新性；自主性

毕业设计（论文）是高等学校培养本科生的一个关键阶段，也是航空航天类专业本科教育计划的最后一个重要环节，是落实本科教育培养目标的重要组成部分[1-3]。其主要目的是培养学生综合运用所学知识和技能，理论联系实际，独立分析，解决实际问题的能力，使学生得到从事航空航天类专业工程技术和科学研究工作的基本训练[4-6]。这个环节对于培养学生的实践能力、创新能力和创业精神具有重要作用，对培养学生的探求真理、强化社会意识、科学研究的基本训练、提高综合实践能力与素质等方面，具有不可替代的作用[7-9]。

因此，如何有效地利用半年左右的时间，做好航空航天类专业本科毕业设计（论文）工作？是本科教学工作亟待解决的一项关键问题，对提高本科教学质量具有重要的意义。

根据我国《十三五国家战略性新兴产业发展规划》，空天海洋领域是国家未来四个战略性重点产业之一，也是未来科技创新发展新的重要增长点[10-12]。针对国家对航空航天类专业高素质人才的迫切需求，结合目前航空航天类工科专业毕业设计环节存在的问题，本文分析了航空航天类专业目前毕业设计环节存在的主要问题，提出了具体的改革思路和实施方法。

1　目前毕业设计环节存在的主要问题

目前，航空航天类工科专业毕业设计工作存在的主要问题有以下几点：

① 选题方面针对性不强，没有将毕设论文工作内容与航空航天专业本科期间所学的主要专业知识结合起来，加之时间较短，使学生对课题理解不透、很难深入；

② 学生对毕业设计的积极性、主动性不够高；

③ 指导教师对学生毕业设计的指导与监督不够，对学生启发、激励与引导不够；

④ 毕设的"开题-中期检查-答辩"这些关键环节的督促与把关作用不够。

2　毕业设计教学环节的改革思路

为了有效地解决毕业设计环节存在的问题，通过笔者多年的探索与实践，逐步形成了几点对目前毕业设计环节的改革思路和措施：

第一，选题上注重能够使学生的专业技能得到全面训练和提高。无论是来源于航空航天科研院所合作项目的毕业设计题目还是自拟的研究题目，都应该具有较强的航空航天特色背景，这有利于学生对所学基本理论和专业知识的训练和综合应用。

第二，激发学生的积极性和主动性是提高毕业设计环节教学质量的根本。在确定毕业设计题目和具体研究内容时，还要注重学生的个性和特长发挥，在细节问题上又要大胆放手，以充分调动学生的积极性和创造性。

第三，发挥教师的指导作用是提高毕业设计环节教学质量的关键。指导教师要加强对学生的指导工作，保证每周有固定、足够的时间与学生交流与讨论。这不仅对毕业设计整个过程起到监督与把关的作用，而且能够引导学生对毕设工作的责任感、主动性和创造性。

第四，在培养方式上，紧密围绕行业需求，与航空航天科研院所、企业紧密合作。让学生接触、参与到科研院所、企业的生产实践第一线，使学生能够充分了解工程实际，培养航空、航天报国情怀。同时，及时了解航空航天企业对人才的需求情况，并将这些需求及时融入到学生的培养过程中，使学生迅速成长为企业所需的专业人才。

3 毕业设计改革思路的具体实施方法

根据上述毕业设计教学环节的改革思路，在具体指导过程中可通过加强以下几方面的措施来实施。

3.1 做好选题工作是提高毕业设计质量的前提条件

选题质量的好坏直接决定着毕业设计工作的质量，指导教师在制定毕设题目时应从专业的培养目标出发，注重学生对所学专业知识的综合应用与深化提高，围绕航空航天工程实际问题，结合学生特点，在选题时应注意以下几点：

一是将毕业设计选题与专业实习、专业课程设计、专业综合实验课程的学习结合起来。本科生第四学年第一学期通常是专业实习、专业课程设计和专业综合实验阶段，如果将选题工作提前到第七学期进行，则可以使学生在专业课学习中目标明确、更具有针对性。

二是在选题工作中充分发挥学生的主动性，设置具有一定挑战度的题目。通过学生和指导教师的双向互动、鼓励学生在科技活动和工程应用实践中自立题目。

三是应尽可能多地选择与科研、生产、实验室建设等任务相结合的工程实际题目，鼓励与航空航天科研院所、企业单位进行各种形式的合作培养。

来源于航空航天科研院所项目的毕业设计具有自拟题目无法替代的作用，科研项目内容转化为毕业设计的内容可为学生提供具体的知识应用对象，能够理论联系实际，具有较强的专业综合性，有利于对学生工程实践能力的培养等。但科研项目往往受研究对象的限制，这就要求指导教师不应仅局限于项目课题任务本身的内容上，而应从育人角度出发，对项目研究内容、研究深度与广度做适当延伸，使选题有利于全面培养学生的工程实践能力、创新意识和专业综合素质。

3.2 培养如何激发学生的积极性、主动性和创造性是提高毕业设计教学质量的根本

毕业设计涉及到本学科的基本理论与基本操作,应启发性地让学生通过独立思考来完成,以培养独立分析问题和解决问题的能力,防止学生过分依赖于指导教师;而在遇到技术难点时,这时就要发挥指导教师的启发引导作用。

学生的角色转变:使学生从接受、填充式的被动学习转变为研究、探索式的自主学习。

指导教师的角色转变:教师不仅传授知识,而应以学生为中心,设计教学过程,对整个学习过程进行监督和指导,在关键环节上对学生进行启发、激励和引导,及时对毕设进展情况进行点评与总结。

3.3 毕业设计过程中将一般指导与启发式指导作用相结合,注重学生创新能力的培养

创新能力培养是时代发展的要求,毕业设计要达到与创新能力培养相一致的目的,就需要通过科研训练培养学生的创新能力。毕业设计过程指导老师将一般指导与启发式指导相结合,是培养与激发大学生创新能力的重要途径。

毕业设计的一般指导就是指导教师与学生一起制定毕业设计环节的研究方向与研究内容,制定实施路线,确定预期成果。提前告知学生所选毕设题目的关键点、可能的创新点。这样有利于学生迅速进入角色,找到毕业设计的切入点,激发学生的兴趣,为创新提供必要理论准备和条件。

启发式指导就是在整个毕业设计过程中,指导教师重点对毕设研究内容的关键环节起到引导和把关作用,学生在课题研究中遇到的一些问题,老师不要直接帮助解决或给出答案,而要从研究解决问题的方法上引导学生独立思考,以发挥学生的主动性和创造性。教给学生掌握、寻找解决问题的途径和方法。遇到问题,让学生要勤于思考,查阅相关文献资料,借鉴前人的成果和经验。整个过程以学生为主体,教师适时给予启发性指导,使学生的独立性和创新能力得到很好的培养和发挥。

3.4 教会学生快速查阅国内外相关文献资料是深化毕业设计论文工作的途径

在进入毕业设计阶段之前,学生的学习是以指定的具体教材、教案为主,而学生很少自己通过主动查阅文献来获取知识。从最初的选题,研究内容的制定,研究方案的确定,直至最后毕设论文的写作,整个过程均需要检索、阅读大量的文献。因此,毕业设计期间教会学生如何有效利用图书馆及高校互联网计算机进行资料及文献的快速检索和阅读,使学生对所选题目国内外的研究背景和最新进展有比较全面系统的了解。这对方案的制定和毕设的顺利完成无疑有很大的帮助,同时也培养了学生通过检索资料快速获得信息这一重要途径,来自主探寻问题的解决办法。

3.5 充分利用与加强毕业设计阶段的"开题—中期检查—答辩"三阶段培养模式

在学生选好题目后,一般要求学生能在 2 周之内通过检索与阅读国内外相关文献,制定毕业设计论文的研究内容和实施方案。学生通过查阅相关文献,会有一些想法与思路,然后通过

指导教师的引导,以制定出合理可行的毕设课题研究方案和计划。

开题后,任务明确,定期检查与讨论。导师在每个阶段要及时对学生提出要求,使学生明确各阶段的目标任务及解决问题的基本思路,强化师生交流讨论。

中期检查能够帮助检查论文的研究进展情况,发现问题,为更好地开展下一步工作起到承上启下的重要作用。

中期检查后,这时学生对整个课题的研究思路与方法已比较清晰和明确了,应加快进度并完善前阶段的工作,并尝试探索一些新思路、新方法,培养学生的创新意识。

书写完毕设论文初稿,通过指导教师的审阅,发现问题再进一步进行补充与完善。

3.6　鼓励与航空航天科研院所、企业联合指导学生的毕业设计

积极探索与航空航天科研院所、企业合作培养的方式,改革单一的传统毕业设计环节的教学模式。加强校内外合作,借助于社会力量联合指导毕业设计工作,以满足高素质、复合型人才培养的需求。

航空航天科研院所、企业和学校联合指导毕业设计过程,不仅可以大大缩短学校培养目标与科研院所实际需求之间的差距,而且对于企业、学校和学生来说,可以达到三方共赢的效果。对于科研院所和企业单位而言,一方面科研院所可以通过毕业设计能够考察学生的实际能力(包括发现问题、分析问题、解决问题的能力以及协作精神),为企业选拔合格人才提供了很好的机会。

对于学校而言,学生在航空航天科研院所或企业进行毕业设计,一方面可以缓解指导教师的压力,另一方面通过联合指导,可以加深学校和企业之间的技术交流与合作,在学校和企业之间建立起更紧密的合作关系,以推动产、学、研一体化办学模式的发展与进一步深化。

对于学生而言,在航空航天科研院所或企业进行毕业设计,可以把寻找就业机会和毕业设计统一起来,能够发挥学生对毕业设计环节的积极性、创造性和主人翁责任感。通过毕业设计环节的锻炼,一方面学生对科研院所和企业会有更深入的了解,为最终就业打好基础,无需再花费大量的时间去寻找就业机会;另一方面学生在科研院所或企业进行毕业设计,能够获得更多的锻炼机会,尤其是在实际动手能力方面,这为毕业后参加工作可以进行针对性的训练与准备。另外,面对激烈竞争的就业压力,学生为了能够在竞争中胜出,就会非常珍惜在科研院所或企业进行毕业设计的机会,力争给单位留下好的印象,这也使毕业设计的质量最大程度得到保证。

4　结束语

毕业设计是本科教学计划中的一个重要组成部分,是培养与检验本科生在大学四年中所学知识和技能的有效途径和手段。为了提高航空航天类工科专业本科生的毕设质量,为社会培养更优秀的人才,通过对毕业设计培养过程不断进行探索、改革和实践,总结并提出了毕业设计过程中具体的实施方法:所选题目注重能够对学生进行全面训练;培养过程注重将教师引导与激发学生的积极性、主动性和创造性相结合,加强一般指导与启发式指导相结合,注重学生创新能力的培养;加强"开题—中期检查—答辩"三阶段培养模式,严格把关;鼓励将毕业设计培养环节与科研院所和企业相结合等。

　　多年来通过不断探索与实践,使得学生通过短短四个月左右毕设阶段的锻炼,学习的积极性、独立解决问题的能力、创新能力以及综合素质都得到了明显提高。因此,相信只要在毕业设计环节把握住以上几点,毕业设计工作的质量一定会得到很大的提高。

参 考 文 献

[1] 任伟成,翟羽佳,李富平,等.工程教育专业认证背景下毕业设计(论文)培养模式探索[J].华北理工大学学报(社会科学版).2022,22(2):40-42.

[2] 王迎.基于创新创业人才培养的本科毕业设计改革研究[J].哈尔滨学院学报,2022,43(3):135-138.

[3] 孙瑞霞,李炜,余诺.以实践创新能力培养为导向的毕业设计立题和选题系统研究[J].中国现代教育装备,2021,287:89-91.

[4] 陈志君.在毕业设计中培养大学生创新能力的途径探讨[J].常州工学院学报,2017,30(6):86-88.

[5] 李文磊,林卫星,刘士荣.在提高毕业设计质量中发挥指导教师的作用[J].实验室研究与探索,2005,24(增刊):411-413.

[6] 王毅,李爱菊.校企合作进行工科毕业设计的优劣分析及应对措施[J].大众科技,2005,7:109-110.

[7] 王久芬,杜拴丽.论工科院校本科毕业设计(论文)工作的教学改革[J].中北大学学报(社会科学版),2005,21(3):88-89.

[8] 李刚.关于本科生毕业设计(论文)的几点思考[J].黑龙江教育学院学报,2005,24(1):45-46.

[9] 付保川,徐宗宁,董兴法.工科电类专业毕业设计教学环节的改革探讨[J].高等建筑教育,2004,13(4):71-74.

[10] 李伟,张科,鲁宁.航天专业团队毕业设计模式改革与实践[J].实验室研究与探索,2019,38(6):168-170,205.

[11] 胡志坤,孙克辉,盛利元,等.毕业设计(论文)中科研创新能力的培养[J].理工高教研究,2005,24(2):113-114.

[12] 张恒,卜春文,贾建波,等.毕业设计改革与创新之尝试[J].淮阴工学院学报,2005,14(2):71-72.

基于数字孪生技术的飞行控制实验平台改革

宋佳　陈志鹏　王殿伟

（北京航空航天大学 宇航学院，北京　100191）

摘　要： 针对目前"探测制导与控制技术"专业课程缺乏有效的实践环节的问题，我们结合实际工程经验，优化课程理论体系，强化实验实践环节，研发了一套复合翼无人机（Vertical take off and landing，VTOL）数字孪生系统。本次实验平台的改革融入"以学生为主体"的教学理念，可以有效的带领学生参与课堂实践活动中来，能在一定程度上锻炼学生的动手实践能力和自主探究能力，为建设航空航天特色一流本科课程奠定了基础。

关键词： 飞行控制技术；数字孪生；PX4；创新平台；虚拟仿真

引　言

当今世界世界新一轮科技革命和产业革命正在推动新经济的形成和不断发展。因此，高等工程教育的改革受到了前所未有的重视和普遍的关注[1-2]。

课程是人才培养的核心因素，是高校学生学习中最有效的资源之一，高等工程教育的改革离不开课程的改革[3]。就飞行控制技术这门课程而言，在教学开展过程中存在理论与实践难以有效结合的难点。因此，我们研发了一套基于PX4的无人机数字孪生教学平台，可有效的实现从理论到实践的递进，变以往仅由教师传授的被动式教学为以学生为主体，帮助学生主动参与课堂实践中来[4]。

数字孪生系统，与传统的数字仿真不同，其概念要点为精确的模型和实时的数据更新，如图1所示。数字孪生可以刻画和反映物理系统的全生命周期过程，实现飞行器健康状态、剩余使用寿命以及任务可达性的预测。同时，可预测系统对危及安全事件的响应，通过比较预测结果与真实响应，及时发现未知问题，进而激活自修复机制或任务重规划，以减缓系统损伤和退化[5,6]。

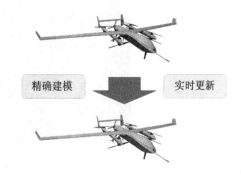

图1　数字孪生的概念图示

设计本教学平台旨在利用数字孪生技术来设计和实现飞行控制系统，和利用实物进行实验相比，大大节约了实验成本，又提高了实验过程的安全性。并且由于不受无人机硬件的制约，虚拟实验可以非常方便地进行各种环境的仿真，使无人机应对各种复杂环境[7]。

1 基于 PX4 的无人机数字孪生系统教学实践平台

1.1 实验平台的功能设计

基于 PX4 的无人机数字孪生系统教学实践平台如图 2 所示。

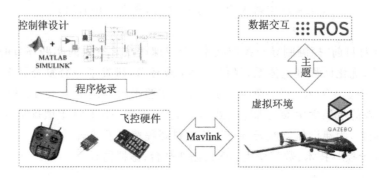

图 2 教学平台结构

将 MATLAB/SIMULINK 生成无人机的控制指令进行编译，生成 PX4 固件。通过烧录程序，可以将固件烧录进飞控硬件中。飞控硬件与数字孪生系统虚拟环境的信息交互主要依靠 Mavlink 协议完成，数字孪生系统将无人机的状态、环境的状态、传感器数据等信息以 ROS 主题的方式发布，通过发送或修改仿真环境中的数据，可以进行相关实验与算法验证。

如图 3 所示，平台选取的仿真模型为复合翼无人机，一种同时具有旋翼和固定翼结构的无人机。实验中采用的飞控硬件为 Pixhawk 自驾仪，其具备一系列传感器模块，包括 GPS、陀螺仪和和惯导系统，分别用于获取无人机的位置、姿态角以及姿态角速度信息。这些信息用于设计控制律从而实现对无人机的控制。

图 3 仿真平台 Gazebo 中的复合翼无人机模型

Gazebo 作为一款机器人仿真软件，能用来构建各类机器人及现实世界中各种场景的仿真模型[8-9]。因此在实际教学中可以根据需求对相应的机体进行建模，可对于不同的机型在不同的环境中进行仿真，这极大地增强了本实验平台的灵活性和适用性。

1.2　系统实验样例

本平台面向航空航天飞行控制的相关课程,是一种可推广、适用性强的虚拟仿真教学实践平台,现依托复合翼无人机模型设计实验样例,对平台的主要功能展开说明:

本实验采用的是硬件在环的仿真模式(HITL),在该模式下标准的 PX4 固件在真实的硬件上运行,这种模式的优点是可以测试代码在实际处理器中的运行情况。

MATLAB 官方为 Pixhawk 自驾仪提供了 Pixhawk Support Package(PSP)工具箱,其用于将 MATLAB/Simulink 中设计的控制算法生成代码并编译下载到 Pixhawk 自驾仪硬件。

实现软硬件之间的信息交互主要依靠一种用于小型无人载具的通信协议(Micro Air Vehicle Link,Mavlink)完成,实现虚拟环境与其余部分的信息交互主要依靠机器人操作系统(Robot Operating System,ROS)系统完成。

通过 Mavlink 协议,虚拟环境将传感器信息发送给飞控硬件,飞控硬件把控制指令发送给飞控硬件。除此之外,复合翼无人机的状态信息也会通过 Mavlink 协议传递。

数据交互主要通过 ROS 完成。数字孪生系统将复合翼无人机的状态、环境的状态、传感器数据等信息,以 ROS 主题的方式发布。通过发送或修改仿真环境中的数据,可以进行相关实验与算法验证。除此之外还可以挂载相机等传感器,与图像处理等技术进行联合仿真,进行相关算法的验证。本平台以 Gazebo 硬件在环仿真的虚拟环境,提供可视化的仿真场景,学生可以基于此将设计的控制算法在 Gazebo 的仿真环境中进行可视化模拟,直观地感知算法的效果。

1) 复合翼无人机控制实验样例。如图 4 所示,为无人机模型在 Gazebo 虚拟场景下模拟飞行的可视化仿真结果。无人机飞行控制的实验中,采用了 PID 的控制算法,其算法简单,易于软硬件实现,不需要维护[10],对无人机的传感器数据进行实时处理并回传控制指令即可完成无人机的飞行控制。

图4　无人机起飞过程的仿真画面

如图 5 所示为无人机起飞后飞行轨迹曲线,图 6 所示为遥控器输入随时间变化曲线,图 7 所示为起飞后无人机坐标随时间的变化,图 8 所示为起飞后无人机姿态随时间的变化,图 9 所示为无人机四旋翼指令随时间变化曲线,图 10 所示为无人机固定翼指令随时间变化曲线。

本实验样例采用 PID 控制律,演示了复合翼无人机在起飞后根据遥控器的输入指令做出的一系列响应,从仿真结果上来看,本数字孪生系统能够很好的完成无人机的硬件在环仿真。学生在学习控制算法开发的过程中,可以利用本平台对其设计的算法进行硬件在环的验证,并根据仿真结果对算法作进一步优化与改进,方便学生深入理解控制算法在实际飞行中的应用。

2) 无人机故障检测实验样例。传统的仿真环境都默认观测是非常理想的。但是实际飞

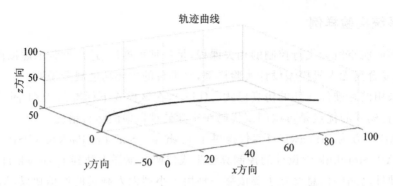

图5　无人机起飞后的轨迹曲线

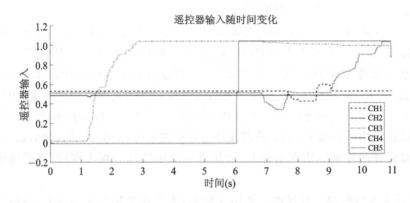

图6　遥控器输入随时间变化曲线

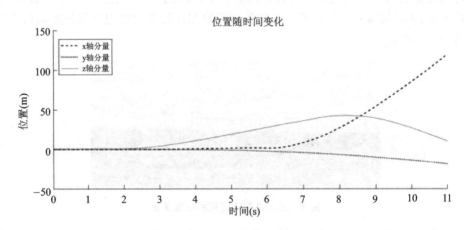

图7　无人机坐标随时间的变化

行过程中经常会遇到噪声、延迟等各种干扰。

　　本系统采用的 Gazebo 仿真平台支持用户自定义仿真环境,因此可以实现在系统中加入不同类型的干扰来对无人机的故障情况进行分析。

　　本实验样例中以复合翼无人机为例对飞行过程中可能遇到的一些故障进行了仿真并做出了分析。

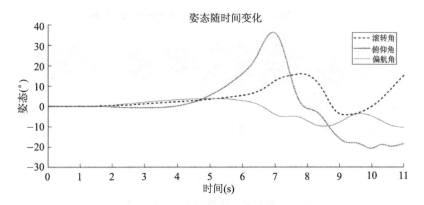

图 8 无人机姿态随时间的变化

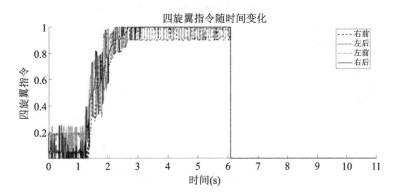

图 9 无人机四旋翼指令随时间变化曲线

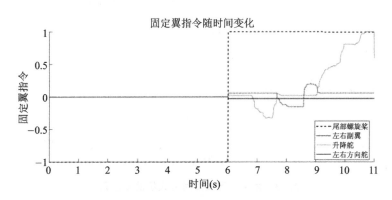

图 10 无人机固定翼指令随时间变化曲线

如图 11 所示,首先对于四旋翼未发生故障时的飞行状态进行分析。为模拟四旋翼的故障情况,将右后电机的功率衰减为原来的 70%,仿真结果如图 12 所示。

如图 13 所示,首先对于固定翼未发生故障时的飞行状态进行分析。为模拟固定翼的故障情况,分别将右侧副翼和右侧升降舵的作用移除,仿真结果如图 14 和图 15 所示。

为模拟传感器故障,在滚转角传感器中加入了平均值为 2° 的噪声,仿真结果如图 16 所示。

学生可以根据需求对包括通信故障、模型故障、飞控软件故障、传感器故障等故障进行全面建模,将故障注入数字孪生系统中进行硬件在环仿真,获取故障对无人机飞行的影响数据。

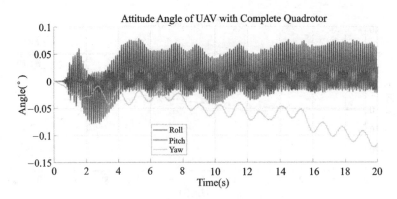

图 11　四旋翼无故障时无人机的姿态角

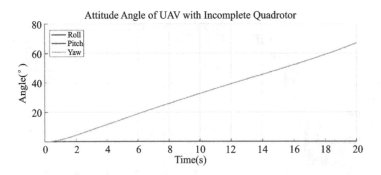

图 12　四旋翼故障时无人机的姿态角

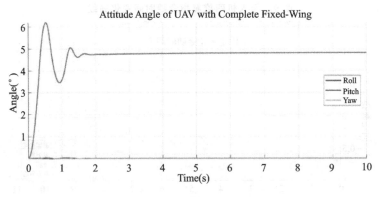

图 13　固定翼无故障时无人机的姿态角

在测试结果的基础上，建立无人机飞控系统的安全性评估框架，针对故障与测试结果分析出被测飞控系统的安全指标。

　　上文所设计的实验样例从数字孪生系统的构建到飞控系统的故障诊断，直观地展现了该数字孪生系统的通用功能。由于本平台在控制算法的编写部分采用的是 Simulink 中 PX4 工具包进行开发，省去了繁琐的代码编写过程，因此学生可以快速上手，将自己设计的飞控算法直接通过 Simulink 生成所需代码，随后进行仿真验证。

　　此外，学生还可根据所学的课程知识方便自由地对该系统的功能进行拓展和改进，创造性地设计更多仿真实验，这有效的实现了课程理论知识与实践内容的联系。

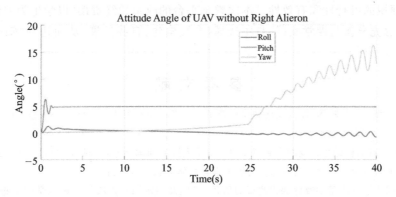

图 14　无右侧副翼作用时无人机的姿态角

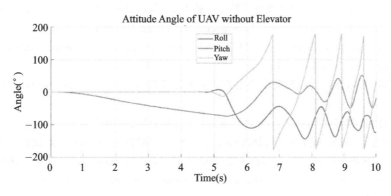

图 15　固定翼故障时无人机的姿态角

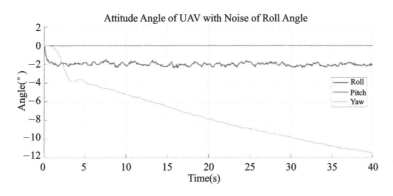

图 16　滚转角存在噪声时无人机的姿态角

2　结　论

　　飞行控制系统是航空、航天领域中最核心的部分之一,先进的飞行控制系统就是航空器和航天器最聪明的"智慧大脑"。因此,培养高层次一流飞行控制专业人才既是我国国防现代化建设的迫切需要,也是我国经济发展向创新驱动转变的必然要求。因此,我们设计了一种课程贴合度高、上手难度低、拓展性强、适用性广的飞行控制教学实践平台,充分展现了将科研成果应用于教学领域的可行性和有效性。本次教学平台的改革始终贯彻"以学生为主体"的教学理念，让学生能够充分参与课堂实践，自主选择，自我构建，自我发展，从而达到"知行合一"的学习效果。

参 考 文 献

[1] 吴爱华,侯永峰,杨秋波,等.加快发展和建设新工科主动适应和引领新经济[J].高等工程教育研究,2017(1):1-9.

[2] 教育部关于一流本科课程建设的实施意见[J].中华人民共和国国务院公报,2020(5):57-62.

[3] 钟登华.新工科建设的内涵与行动[J].高等工程教育研究,2017(3):1-6.

[4] 赵婷.新中国成立以来基础教育课程改革的历程、经验及启示[J].重庆第二师范学院学报,2021,34(6):100-104.

[5] 刘大同,郭凯,王本宽,彭宇.数字孪生技术综述与展望[J].仪器仪表学报,2018,39(11):1-10.

[6] Ai,S.,Song,J.,and Cai,G.:Sequence-to-Sequence Remaining Useful Life Prediction of the Highly Maneuverable Unmanned Aerial Vehicle:A Multilevel Fusion Transformer Network Solution. In:Mathematics,vol. 10,pp. 1733 (2022).

[7] 沈如松,徐焕翔,矫永康,吴俊峰.数字孪生及其在飞行器领域应用[J].指挥与控制学报,2021,7(03):241-248.

[8] 滕步炜.基于 ROS 和 Gazebo 的 Hector 四旋翼仿真[J].电脑知识与技术,2020,16(08):259-260.

[9] 曾蕾,李豪,林宇斐,张帅.基于异步机制的 Gazebo 仿真优化研究[J].计算机科学,2020,47(S2):593-598.

[10] W Tennakoon,S R Munasinghe. Design and simulation of a UAV controller system with high maneuverability[A]. in Proc. 4th IEEE International Conference on Information and Automation for Sustainability ICIAFS,Colombo,2008.

基于通专融合的工科专业实践教学体系建设探索

刘倩楠　邵英华　马小兵

(北京航空航天大学 可靠性与系统工程学院,北京　100191)

摘　要：高校实践教学一般指社会实践、生产实习、毕业设计等教学环节,是巩固理论知识和加深对理论认识的有效途径,是培养具有创新意识的综合型人才的重要环节。现阶段高等工科教育的各个阶段对学生实践能力的培养还不均衡,大学四年的实践教学与专业背景融会贯通还不充分。本文从教学理念、教学思路、教学环节等方面着手,搭建了从大一到大四阶梯式实践教学模式,形成了通专融合的四年一贯式工科专业实践教学体系,通过实践取得了一定的人才培养成果。

关键词：实践教学;通专融合;四年一贯;体系建设;工科专业

为应对新一轮科技革命和产业变革的挑战,对我国高等教育提出了更高的要求,急需培养具有较强动手能力、实践能力的人才[1]。近年来,"应用型人才培养""新工科建设"等研究热点也都强调以能力为中心,当前的高校的实践教学体系并不能完全对社会生产的现实需求提供有效衔接支撑,大学生的实践技能得不到有效训练,院校实践课程体系亟待优化与统整[2]。因此,作为工科专业人才培养综合提升的重要一环,开展实践教学改革尤为迫切。

在新形势,新要求的趋势下,国内高校纷纷开展实践教学体系建设。以北京航空航天大学为例,近年来提出要打造新时代北航高质量人才培养模式,通过构建社会课堂,培养航空航天领军领导人才,而实践教学是"社会课堂"的重要支撑和构建人才培养"北航模式"的重要途径。本文对标国家卓越工程师教育培养重大战略要求,结合北航大类培养教学改革和"社会课堂"建设,基于"通专融合"的理念,从本科四年的教学需求、培养目标、教学思路、教学环节等维度,系统设计"四年一贯、通专融合"的工科专业实践教学课程体系,实现有组织、规范化的实践教学。

1　高校学生实践能力培养现状及存在问题

近年来,国内高校也开展了一系列实践教学的探索,总体看来,国内传统工科专业已经认识到了实践教学的重要性,并进行了一定探索,但存在以下问题:第一,对实践教学重视程度不足、目的不够清晰,存在以实验教育代替实践教学的现象;第二,实践教学体系设计欠缺,各环节独立开展,各环节不同部门负责,没有形成连贯的人才培养的协同机制;第三,在组织实践教学时,不能与人才培养方案进行有益的结合,与理论教学环节衔接滞后,实践往往只是针对大三年级1~2门专业课的实践;第四,实践教学"走形式",多参观、少动手,缺少激发学生自主开展知识应用和职业规划的自主探究环节,缺少实践产出,学生缺少参与感和获得感。

随着时代发展与变革,人才培养多元化,自由化,当前新工科人才培养也对实践教学提出了新需求,急需优化当前实践教学的模式,适应新的社会需求[3]。实践教学应当更重视学生能力的培养:一方面,培养学生实物实操能力,新时代下各专业人才需求领域迅速拓展,专业人才的培养应紧贴国家战略和行业发展需求,人才培养应更重视以产品为载体的实物实操能力;另一方面,培养学生综合素质能力,随着信息化、工业化、智能化等发展趋势,企业和行业对专业人才综合能力提出了更高的要求,高校更应注重培养企业需要的人才。

2　工科专业实践教学培养目标

培养目标是人才培养的核心。科学合理的人才培养目标是实现人才培养至关重要的一步,也是高校高质量培养社会所需人才的关键[4]。传统的工科人才培养模式在发达国家已逐步实现调整与转型,更加注重以工程实践为核心的能力培养,实践教学管理有序,保障有力[5]。

从表1可以看出,国外工科院校注重学习与工程实践的融合,注重学校与企业间的结合,注重分阶段渐进式培养,培养学生具有坚实的理工基础、开拓创新科的实践能力,以及正确的价值观和优秀的人文素养,能够从书本走向社会。

表 1　国外工科院校对实践教学的研究和实践热点

国家	核心思想	具体内容
美国	麻省理工大学 实践是工程专业的根本	强调对师生的工程实践训练
	斯坦福大学 学生参与科研实践为主	改革学制、教学管理和课程体系,加强学校与企业的合作。
英国	"三明治"教育模式	实行"课程教学、工业训练"的组合模式,学生选择不同学制的组合。 在整个课程及其教学过程中渗透通识教育的理念。
德国	工程类课程高度关注工业界实际需求	分为基础学习阶段和专业学习阶段,实践的内容、方式和考核由学校和工业界共同完成。
新加坡	南洋理工大学 采取"工业实习"形式	学生在专业技术人员和教师的指导下,参加工厂企业的实际生产技术工作,推出"全球教育计划""海外实习计划",提供海外实习平台

借鉴国内外高校思想,本文提出了通专融合的四年一贯式工科专业实践教学体系结合教学实践,以期望实现培养目标是提升学生能力和素养:一是锻炼学生以产品为载体的实物实操能力,依托建设的实践教学基地,实现"看得见-摸得着-能操作-会应用";二是激发学生的创新实践能力,通过实践课程学习,使学生创新实践能力各项指标整体提高;三是增强学生的专业认同感和责任感,提升了学生的行业认知度,引导学生投入空天报国事业。

3　工科专业实践教学体系构建

为适应人才培养新需求,北航实行大类招生政策,将30多个专业学院的70多个专业整合成航空航天、信息、理科、文科四个大类和 7 个示范学院试验班专业,实行"大类招生、大类培养、通专融合、书院管理"的人才培养改革,大一学生全部进入北航学院大类培养,大一结束分流进入各个学院专业培养。本文以某典型工科专业作为实践教学改革试点,开展"通专融合,四年一贯"的工科专业实践教学(见图 1)。

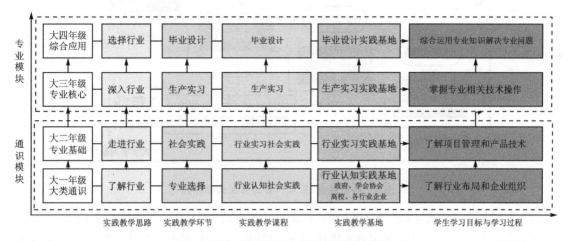

图 1　通专融合、四年一贯式实践教学体系

3.1　实践教学理念

实践教学的核心是求真求实,实施"实践真问题、真实践问题"的教学理念。实践真问题,即学生实践的内容,源自于企业科技创新的真问题,纳入实践教学环节;真实践问题,即通过社会课堂微课题、企业实习实训,加强实践教学过程考核,培养学生真本领。

3.2　实践教学思路

如图 2 所示,实践教学需要由课堂内走向课堂外,坚持校企协同,全方位多角度开发实践资源,从大一至大四,阶梯式递进开展实践教学活动,统筹串起本科生学习生涯,大一大二理解为通识模块,大三大四为专业模块。大一了解行业开展行业实践,厚植报国情怀;大二走进行业浸入项目实践,培养专业科研创新能力;大三深入行业投入专业实践,锻炼专业工程实践能力;大四选择行业深化创新实践,提升专业科技创新能力。引导学生从专业选择到学业发展再到职业追求,进而投身服务国家需求的事业。

3.3　实践教学课程体系

打破"先理论后实践"的教学模式,探索理论与实践融合的教学模式,在实践学习中运用和巩固理论知识,在理论学习中带着实践问题探究式学习。建立实习实践基地,多元实践套餐机制,校企双导师制度,学生从大一到大四,先通过通识模块了解行业和企业,后深入专业模块了解产品和技术。通过循序渐进的课程学习,引导学生响应国家战略,投身国防和国民经济发展一线,在实践中培养社会责任感和实干担当精神。

一年级,以专业选择为引导,在政府、协会、高校等行业建设认知实践基地,通过"行业认知社会实践"课程让学生了解行业布局和企业组织;二年级,以社会实践为抓手,在研究机构、创

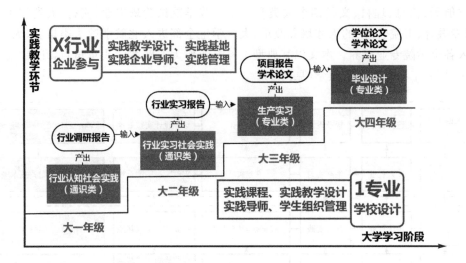

图 2　通专融合、四年一贯式实践教学思路

业企业等行业建设实习实践基地,通过"行业实习社会实践"课程让学生走进行业,了解项目管理和企业技术;三年级,以生产实习为依托,在研究院所、产品研发企业等建设生产实习实践基地,通过"生产实习"课程让学生深入行业,掌握产品专业相关技术操作;四年级,以毕业设计为载体,在产品研发企业的具体项目部门建设毕业设计实践基地,通过"毕业设计"让学生能够综合运用专业知识解决专业问题,从而选择行业。

(1) 大一实践课程——"行业认知社会实践"

大一阶段利用大类通识性教学,补充行业调研,让学生了解行业现状,将模糊的行业印象转换为生动活泼的线下交流,以实例促理解。这一阶段的学生已经完成理工科的基础知识学习,引导学生在大学一年级夏季学期(暑假)开展社会实践,通过行业调研,接触社会。在实践中,学生主动去接收自己感兴趣的行业发展现状、企业未来前景,激发学生对专业学习的热情和兴趣,进一步明确专业选择方向。

(2) 大一实践课程——"行业认知社会实践"

大二由专业基础入手,走进行业,专业知识与行业发展相结合,促进学生认知。这一阶段的学生已经基本确定专业方向,在基础的专业背景下,通过行业实习社会实践,使学生在行业实践中获得行业发展知识、管理知识、巩固和扩大所学专业的理论知识。同时,也开拓学生视野,了解航空航天类专业知识在所在行业中的发展与应用情况,开展职业生涯规划,为未来就业做准备。

(3) 大三实践课程——"生产实习"

这一阶段,学生理论课程中穿插大量核心专业课程,在掌握专业核心知识后,通过生产实习,深入企业生产一线。学生需要在实践基地(例如某一典型企业),掌握产品专业相关技术操作,主要从机械产品、电子产品和软件产品项目三方面实践入手,校企双师指导,企业需求为牵引,学校设计为核心,学生自主为动力,培养学生的工程实践及综合应用所学知识在相关专业领域开展工作的能力。

(4) 大四实践课程——"毕业设计"

大四阶段的学生具有较为完备理论知识,毕业设计是本科教学计划的最后一个重要实践课程,其主要目的是培养学生综合运用所学知识和技能,理论联系实际,独立分析,解决实际问题的能力。作为最后也是最重要的实践教学环节,实践教学工作需连接毕业设计实践基地和专业课题,专业课题来自于企业生产一线,以专业课题作为切入点,学引导学生进入工作一线,进行探索研究实践,解决企业工程实践的真问题。

4　工科专业实践教学体系建设成效

本文提出的通专融合、四年一贯式实践教学体系在北京航空航天大学飞行质量与可靠性专业开展实施,建设"社会课堂""科研课堂",人才培养效果取得了一定提升。近 3 年,大一学生完成行业调研报告 100 余份,大二学生完成行业实习项目近 30 项,大三学生完成生产实习项目 180 余项,大四学生毕业设计完成校企合作项目 238 项。通过循序实践课程学习,学生创新实践能力各项指标整体提高,其中实验设计能力和操作能力提高最为突出,专业知识和综合知识的掌握也得到较大提升(见图 3)。

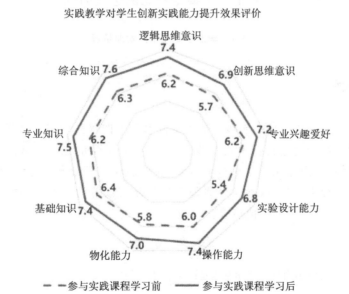

图 3　学生创新实践能力提升效果评价

此外,学生专业责任感和行业认知度极大增强。试点实行本项计划的专业近几年来本科升学率稳定在 80% 以上,就业率居高不下,保持在 100%。同时就业方向同专业方向相结合,积极投身专业领域发展,自身专业认可度大大提升。在实践过程中,学生积极同已就业前辈沟通、参观实践,企业也全方位介绍宣讲,让学生更早地了解行业、走进行业、深入行业、选择行业。从毕业生选择就业领域数据分析,毕业从事本专业领域学生从 79% 提升至 91%(见图 4),有力支撑学生就业发展,行业生态建设。

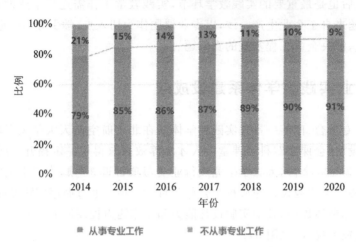

毕业生从事专业比例达到91%

图4　毕业生专业相关就业情况

5　结束语

基于通专融合的四年一贯式实践教学体系将本科生四年的学习生涯看为一个整体,循序渐进引导学生对专业行业进行探索式实践,一方面提升学生的专业实践能力,引领学生成为"应用型人才",另一方面加深学生对行业认知,实践教学与职业规划结合,培养"有用"的人。在近几年的实践过程中,本实践教学体系使学生创新实践能力提升,增强了学生的专业责任感,有助于塑造学生空天报国价值追求。

参 考 文 献

[1] 吴洪艳,王润涛.大学生校外实践教学基地建设探索[J].科技风,2022(09):25-27.DOI:10.19392/j.cnki.1671-7341.202209009.

[2] 程茜,王艳,吴睿,等.应用型高校数据科学与大数据技术专业实践课程体系建设[J].大学教育,2022(01):158-160.

[3] 王翠娟,胡永彪.全日制专业学位研究生实践课程体系建设研究——以长安大学机械工程领域为例[J].教育教学论坛,2018(35):210-211.

[4] 桂淑华.机械类全日制专业学位研究生实践教学方法探析[J].吉首大学学报(社会科学版),2018,39(S1):217-218.

[5] 欧斌.高等院校创新创业实践课程体系建设研究[J].中外企业家,2018(14):176.

[6] 滕智源.高校"两融四合"创新创业实践课程体系建设[J].社会科学家,2021(02):143-147.

飞行器动力工程专业课程设计创新教学研究[*]

方杰[1]　潘喆[2]　罗婷[2]　郭静怡[3]　刘畅[1]

（1. 北京航空航天大学 宇航学院，北京　100083

2. 北京航空航天大学 人文社会科学学院，北京　100083

3. 北京航空航天大学 人文与社会科学高等研究院，北京　100083）

摘　要： 针对北京航空航天大学宇航学院飞行器动力工程专业本科生的专业课程设计，以一流本科课程的"两性一度"为标准，从创新教学理念和模式、丰富教学方法和手段、优化教学评价体系等方面进行了教改实践；然后采用扎根理论访谈分析的方法开展了教学评估，构建了专业课程设计现存问题模型；最后根据该模型对进一步提升专业课程设计教学质量提出了问题导向的改革思路，从而为持续推进一流本科课程建设奠定了良好基础。相关教改举措和研究方法可以为航空航天领域专业课程设计的创新教学提供有益参考和借鉴。

关键词： 专业课程设计；飞行器动力工程；教学改革；一流本科课程建设；扎根理论；访谈分析

一流本科教育、一流人才培养是高等学校的根本任务；而一流本科课程建设则是提升本科教学质量和人才培养质量的主战场[1]。专业课程设计作为重要的实践类本科课程，强调工程观点、设计能力、定量计算和综合分析的训练，是多学科基础理论联系工程实际的桥梁；相对于课堂理论教学，它具有直观性、实践性、综合性、探索性和启发性等特点[2-4]。飞行器动力工程专业课程设计，是高年级本科生完成有关火箭发动机原理和设计课程学习后，在教师指导下进行火箭发动机设计计算、结构设计、工程设计、绘制图纸以及编写设计说明书等工程实践的一门综合性课程；课程目标为培养学生综合运用飞行器动力工程专业知识和技能分析解决实际问题的能力，使学生获得从事本专业工程技术和科学技术工作的基本训练，为学生后续的毕业设计、进一步深造和从事航空航天科研工作打好专业基础。

在当前全国高等学校全面建设一流本科课程的发展背景下[5-7]，作者所在的教学团队针对北京航空航天大学宇航学院飞行器动力工程专业本科生的专业课程设计，以一流本科课程的高阶性、创新性和挑战度为标准，从教学理念和模式、教学方法和手段、以及教学评价体系等多方面进行了教学质量提升研究。本文首先介绍了飞行器动力工程专业课程设计的前期教改实践，然后通过扎根理论访谈分析对专业课程设计现存问题进行了模型构建，最后根据该模型对进一步提升专业课程设计教学质量提出了改进对策，从而为持续推进一流本科课程建设奠定了良好基础。

＊ 基金项目：北京航空航天大学教学改革项目"面向一流本科课程建设的专业课程设计教学质量提升研究"（4305036）

1 飞行器动力工程专业课程设计教改实践

1.1 创新教学理念和教学模式

在深入调研与本课程相关的教学内容和培养模式的基础上,坚持以学生发展为中心,合理提升了飞行器动力工程专业课程设计的教学目标,增加了"培养学生使用发动机设计和绘图软件的能力"的要求;调整了教学重点,在设计指导和评价的全过程都注重将学生的发动机设计理念由"传统的性能设计、可靠性校核"切实提升为"面向全寿命周期的多学科优化设计";增加了课程难度,在保持原有设计任务的基础上,增设了绘制三维发动机实体模型的统一要求、以及自主开发设计程序或进行仿真/虚拟试验验证的选做加试要求;更新丰富了设计对象及任务,将教学与科研进行有机结合、相互促进。

积极创新教学模式,借助互联网和第三方小程序,构建了基于微信公众号的飞行器动力工程专业课程设计教学平台;通过该平台可实时提供实用、丰富的教学资源和信息,也可以随时开展关于教学教改效果的问卷调查。

1.2 丰富教学方法和教学手段

通过推广使用发动机专用设计软件和相关绘图软件,将学生的专业课程设计作业全面实现了电子化,便于成果的管理、保存和展示。在此基础上,通过收集、整理学生的优秀设计方案及其三维实体,为课程教学和设计指导积累了优质的演示素材。

开发了适用于本课程的液体火箭发动机设计软件,如图1所示,在设计任务书分析和学生自主设计等环节推广应用。鼓励学生根据设计需求进行软件功能的多样化开发和设计系统集成;通过前期教改实践中学生的自主开发,新增了固体火箭发动机设计、传热结构设计校核和密封圈设计等多个实用的设计模块。

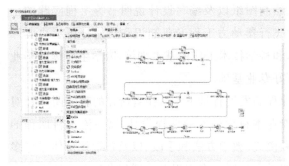

(a) 液体火箭发动机设计软件　　　　　　(b) 密封圈设计模块

图1　发动机专用设计软件

引导学生在完成发动机结构设计的基础上,进一步开展仿真验证和虚拟实验。在前期教改实践中,学生针对自己的设计方案分别开展了推力室和喷管流场仿真、固体药柱燃面变化过程及内弹道模拟、电推力器虚拟实验等多种类型的加试工作,实现了设计、仿真与虚拟实验的深度融合。

1.3　优化课程教学评价体系

将专业课程设计原有的各指导教师小组分别答辩考核模式优化调整为分液发组和固发组（含电推组）两大组的集中答辩考核模式，便于统一评价标准和答辩要求。根据专业课程设计的教学日历安排特点和教改需求，增设了阶段性评价的环节，构建了包括开题检查、中期检查和课设答辩的专业课程设计教学评价体系。

1) 开题检查：由学生通过多媒体展示前期设计计算方法、过程和结果以及初步确定的设计方案，包括总体形式、关键件的选型、冷却方法的选取等（3 分钟），然后由教师提出问题，学生进行回答。本次检查不评定成绩，但未完成规定任务将会影响最终成绩的评定。

2) 中期检查：①保研学生通过多媒体展示三维实体并简要介绍设计方案（3～5 分钟），然后由教师针对设计说明书、二维总装图纸、手绘零件图等提出问题，学生进行回答。②非保研学生通过多媒体展示设计方案和三维实体的绘制情况，然后由教师针对设计说明书、二维总装图纸、手绘零件图等提出问题，学生进行回答；并对完成进度做出评估，提出建议和要求。本次检查不评定成绩，但未完成规定任务将会影响最终成绩的评定。

3) 课设答辩：①保研学生通过多媒体展示针对中期检查提出的问题对三维实体、二维总装图纸、手绘零件图、设计说明书等进行的改进并以个人或团队形式介绍自主开发的设计程序或者仿真计算验证流程，然后由教师提出问题，学生进行回答。②非保研学生通过多媒体展示三维实体并简要介绍设计方案（3～5 分钟），然后由教师针对设计说明书、二维总装图纸、手绘零件图等提出问题，学生进行回答。专业课程设计成绩按照"优等、良好、中等、及格以及不通过"五级评分。

2　基于扎根理论访谈分析的教学评估

2.1　研究方法与研究对象

扎根理论由格拉斯和斯特劳斯两位学者共同提出[8]。该理论将实证研究和理论建构紧密联系起来，提供了一套从原始资料中归纳、建构理论的方法和步骤，使研究人员可以通过系统的分析方法对实证资料进行分析归纳、发展概念和建构理论[9]。

本研究针对飞行器动力工程专业课程设计的前期教改实践，采用扎根理论，遵循分析程序，基于 105243 字的师生访谈资料，依次进行了开放性、主轴和选择性三级编码，从而构建了宇航学院飞行器动力工程专业课程设计现存问题的模型。

研究共选取了 14 名访谈对象，其中 10 名为参与专业课程设计的学生，4 名为课程设计指导教师。为了更广泛和全面地反映学生对该课程的看法，通过课程成绩和调查问卷反馈的信息来选取学生访谈对象，以便使其在分组、学业状态、课程成绩以及对本课程难度认知等方面具有多样性，样本描述如表 1 所列。

表 1　学生访谈对象样本描述

访谈人员编号	分组	学业状态	课程成绩	课程难度认知
XS011	液发组	保研	通过及以上	无困难
XS012	固发组	保研	通过及以上	无困难
XS02	液发组	保研	通过及以上	有困难
XS03	液发组	考研	不通过	有困难
XS041	液发组	计划就业	通过及以上	有困难
XS042	液发组	考研	通过及以上	有困难
XS043	固发组	考研	通过及以上	有困难
XS051	液发组	保研	通过及以上	有困难
XS052	固发组	保研	通过及以上	有困难
XS053	电推组	保研	通过及以上	有困难

2.2　开放性编码

开放性编码是以充分阅读理解文字材料为基础，对访谈记录中的关键词句进行概念化处理，从中抽象出初始范畴。对 14 份师生的访谈资料进行编码、逐字逐句分析；选取师生对该课程的建议语句并提取概念，形成初始范畴；最终获得 21 个初始概念和 10 个初始范畴，如表 2 所列。出于篇幅考虑，表 2 所列仅呈现部分原始语句。

表 2　开放性编码结果

初始范畴	初始概念	原始语句示例
缺少参观实践	增加直观感受	希望说学院能够提供一下装配呀，或者说这种方面的一些知识，然后让我们多一些直观的感受……
	缺少实际工程经验	停留在一个理论上的理解，就觉得这些理论可能比较简单，然后因为我们是实际上设计，意思就是说可能缺少实际的工程经验……
	增加发动机实物参观	更多地去看一看发动机的实物。沙河校区有一个，但是它这个是完全的一个整机模型，它没有剖开……
	缺少实际知识	按照课本上的一些数据设计。但是实际加工就是从实际情况出发，一些细节的地方需要改正……
缺少与学长学姐交流沟通	增加学长讲座	需要一些一定的这个经验的吧，建议能够有学长讲座……
缺少同学间交流沟通	学生间交流少	同学之间的交流变少，和书院的改革有关……

续表 2

初始范畴	初始概念	原始语句示例
缺少与指导教师交流沟通	多指导教师的交流会	建议有交流会,可以让指导老师聚集到一起,因为会出现最后答辩,不是自己的指导老师提出设计有问题……
	固定的时间和交流地点	然后也是希望可能之后如果有机会的话。有一个固定的交流时间固定的地点可以去交流……
	现场答疑	我觉得可能对我来说,最有效率的,应该就是去那个他们办公室,有问题当场得到答复……
	定期提醒	解决这个问题就比我觉得要定期检验或者是指导教师定期的一个进度提醒之类的……
	回复周期长	是一个周期比较长的事情,就是我按照他们当时提出来的一个意见,改了一遍之后,然后再给他看,又发现一些新的问题,一轮一轮回复可能就已经是一个比较长时间……
	加大交流频率与力度	建议老师,这边就是加大一下交流的频率和力度,保证一下这个质量是问题得到快速的反馈……
硬件支持不足	软件功能不完善	学长或者是老师推荐的一个软件,就是它其实实用性不太高,功能不完善……
	绘图要求不详细	因为就是手绘的环节,然后当时就是那个公众号上也没有明确的说,草图要用什么制……
课程时间安排不当	考研同学时间紧张	考研同学只在三周内要完成其他同学有六周之内的任务。并且考研之后,心就是新生还是有点疲惫的,距离课设答辩,大概就是有个 15 天左右的时间,时间比较紧,然后要去赶进度……
缺乏主动性	自主性不强	现在的学生不主动,相对来说自主性不强,现成地进行参考……
缺乏思考	不深入思考	学的东西很表面,不思考关系,只是用电脑把它画出来,会流于表面……
优化课程评价体系	评价有分歧	组分的小,一个老师只带两三个学生。评价指导方面有分歧……
	应统一答辩标准	有必要优化课程教学评价体系,特别是标准,每个老师让学生做的内容有差异,如何统一一标准有些困难。参与答辩的老师应该对标准进行沟通……
缺乏创新	很难创新	然后我就按部就班的,来做这个那个,是很难创新……
	往年作业约束思想	就是会觉得这些参考的优秀案例,会约束会有局限一些想法……

2.3　主轴编码

主轴编码是将开放性编码从材料中所提炼出的命题和概念按照一定的逻辑进行排列与组织,并构建出各种概念之间的类属关系,进行初步的概念模型构建,将开放性编码得到的概念进一步归类组织,得到若干主范畴,如表 3 所列。

表 3　主轴编码结果

主范畴	初始范畴
交流效果与反馈	缺少与学长学姐交流沟通
	缺少同学间交流沟通
	缺少与指导教师交流沟通
课程设置	课程时间安排不当
	优化课程评价体系
学生主观	缺乏创新
	缺乏主动性
	缺乏思考
教学手段	硬件支持不足
	缺少参观实践

2.4　选择性编码

选择性编码是使多个具有统领性的核心类属建立起系统性的联系,从而构建一个抽象化实质理论框架的过程。本研究在开放性编码和主轴编码的基础上,将"宇航学院飞行器动力工程专业课程设计现存问题"选定为核心范畴,相应构建的模型如图 2 所示。

从基于扎根理论访谈分析构建的现存问题模型可以看出,师生对于专业课程设计创新教学的意见和建议,主要集中在课程设置、教学手段、交流效果与反馈、学生主观情况等四个方面。这为进一步提升专业课程设计的教学质量提供了明确的改革切入点和创新方向。

3　专业课程设计教学质量提升改革思路

3.1　优化调整课程设置

充分挖掘专业课程群之间的协同效应,将专业课程设计需完成的热力计算和相关设计计算任务分别结合发动机原理课和发动机设计课的大作业环节同步开展实施,在生产实习环节增设对专业课程设计对象的实物认知、以及面向发动机工程设计、制造和试验的多学科优化设计需求的认知要求,激发学生对开展专业课程设计的自主学习兴趣和潜在的创新意识。

重点关注考研学生群体参与专业课程设计的时间安排。在完成火箭发动机设计课等先修课的前提下,可以考虑把专业课程设计的开课时间提前;另一方面,也可以探索在考研结束后的寒假给学生提供专题指导和二次答辩的机会,从而弱化专业课程设计与考研的时间冲突。

3.2　丰富完善教学手段

在总结多年教学实践经验的基础上,针对不同类型的发动机设计对象,编写形成相应的专业课程设计教案、讲义和参考素材库,为学生开展设计提供详细、准确、实用的指导依据。

完善发动机专用设计软件模块的开发、集成和维护,及时关注和响应学生在软件使用过程

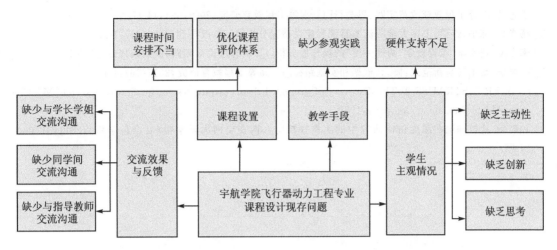

图 2　基于扎根理论访谈分析构建的专业课程设计现存问题模型

中遇到的问题反馈,提升专业课程设计软件的实用性和功能完备性。

构建融合微信公众号、网络会议室和绘图教室的线上线下混合式教学平台,灵活适应多种教学应用场景,满足常态化疫情防控时期的实践类教学需求。

3.3　实现高效交流沟通

指导教师通过增设定期提醒、固定小组答疑时间和地点、加大交流频率和力度、及时回复问题、优先面对面沟通等多种手段,提高交流沟通和答疑解惑的效率,从而使学生少走弯路,切实提升设计质量和效率。

在专业课程设计的开课动员会、开题和中期检查、以及课设答辩等环节,可以采取朋辈学长示范、多导师模式的答疑、以及学生之间的交流等形式,为学生提供全过程、多角度的交流沟通机会。

4　结　论

面向一流本科课程建设,对飞行器动力工程专业课程设计进行了教改实践、教学评估和进一步提升教学质量的改革思考。相关教改举措和扎根理论访谈分析方法可以为航空航天领域专业课程设计的创新教学提供有益参考和借鉴。

1) 通过创新教学理念和模式、丰富教学方法和手段、优化教学评价体系等方面的专业课程设计教改实践,方法可行,措施有效,为持续推进一流本科课程建设奠定了良好基础。

2) 采用扎根理论访谈分析方法,可以有效构建关于课程建设的现存问题模型,从而为进一步提升该课程的教学质量提供明确的改革切入点和创新方向。

参 考 文 献

[1] 吴岩.建设中国"金课"[J].中国大学教学,2018(12):4-8.

[2] 杨丽曼,沈东凯.机械电子专业课程设计的教学改革[J].实验室研究与探索,2012,31(08):117-120,133.

[3] 刘小康,余洁冰.工科学生课程设计与综合素质培养[J].高教探索,2009(05):133-134.

[4] 李志义. 高等工程教育改革实践:思与行[J]. 高等工程教育研究,2008(02):44-47.

[5] 杨光辉,陈平,许倩. 中国大学一流本科课程建设情况分析[J]. 科教导刊,2022(21):1-3.

[6] 宋专茂,刘荣华. 课程教学"两性一度"的操作性分析[J]. 教育理论与实践,2021,41(12):48-51.

[7] 顾佩华. 新工科与新范式:概念、框架和实施路径[J]. 高等工程教育研究,2017(06):1-13.

[8] GLAZER B,STRAUSS A. The discovery of grounded theory:strategies for qualitative research[M]. Chicago:Aldine Publishing Company,1967.

[9] 孙晓娥. 扎根理论在深度访谈研究中的实例探析[J]. 西安交通大学学报(社会科学版),2011,31(06):87-92.

"无人机群智能技术"课程教学设计与实践

汪子君[1,2]　孙彬[1,2]　陈彦[1,2]　邓科[1,2]　黄健[1,2]　张天良[1,2]

(1. 电子科技大学 航空航天学院,成都　611731

2. 飞行器集群智能感知与协同控制四川省重点实验室,成都　611731)

摘　要：随着计算机技术和人工智能的发展,智能信息技术正逐渐进入各行各业。"无人机群智能技术"以专业课程体系和课程目标为依据,研究人工智能、集群智能在无人机群智能课程中的设置,阐述课程理论部分涵盖内容,并给出课堂实践教学设计思想和与之相应的实践教学内容,探索无人机群智能课程理论与仿真实践相结合的教学模式。本文所提出的教学设计,能够综合专业基础理论知识,提升学生对本专业课程的学习兴趣和创新能力,促进理论与应用相结合。

关键词：无人机系统；无人机集群；智能决策；群体智能；课程设计

引　言

近年来,众多高校开设的无人机专业课程主要研究无人机的硬件平台、通信与测控及飞行操作实践等方面,针对无人机系统的智能决策问题研究尚未深入,而自动化、信息化和智能化是现代飞行器发展的必然趋势[1]。无人机专业最初在老牌航空航天背景院校中开设,如西北工业大学、北京航空航天大学和南京航空航天大学等,近年来小型无人机及无人机群的应用日益广泛,各高校逐步申请开设了无人机专业。

1　生物群体智能在无人机系统中的发展

在环境日益复杂、任务日渐多样的趋势下,多架无人机往往通过共享信息以及优化调度,共同完成一个或多个任务。执行任务的复杂性和不确定性决定了无人机系统势必朝着集群化、自主化和智能化的方向发展。近年来,机器学习、多智能体理论的热潮将无人机智能水平推到了一个前所未有的高度[2-4]。集群智能基于自然界生物群体通过独特的机制形成协调有序的群集,发展为典型的鸟群、狼群群体机制,典型的生物群体行为机制,如：鸽群行为机制、雁群行为机制和狼群行为机制。将智能算法概念引入到课堂教学中,引导学生阅读科技论文,使学生对技术前沿有所了解[5]。理论建模是理解集群运动发生机理、研究个体行为与群体特性之间关系的手段。集群建模的研究开始于 20 世纪 80 年代对鱼群和鸟群运动的计算机仿真,在模拟鸟群飞行过程建模中,提出了分离、聚集、速度一致的三个基本原则,这三个原则是对集群模型建立的基础。生物群集和无人机集群在组织结构的分布、行为主体的简单性、作用模式的灵活性和系统整体的智能性上存在诸多相似之处。无人机集群具有更好的鲁棒性和适应性,无论生物群体运动模型和仿生物群体行为的自主集群模型,在"无人机群智能技术"课程教学中具有重要地位。

2　"无人机群智能技术"课程教学总体设计

电子科技大学依托航空航天学院开设了"无人驾驶航空器系统工程"专业方向,培养具有控制、信息与航空航天交叉融合的学生。

2.1　教学目的与课程设计总体思路

无人驾驶航空器系统工程专业的"无人机群智能技术"课程是一门专业核心课程,"在无人驾驶系统基础""飞行控制原理"以及"无人机系统设计实验"等基础课程和实验课程的基础上展开的,将智能技术与无人机相结合的综合课程,培养学生解决复杂工程问题的能力。课程目的是使本专业学生掌握部分智能化技术,有效解决复杂工程问题。

2.2　课程教学主要内容

群智能技术是课程教学的核心内容,主要覆盖进化算法、遗传算法、粒子群优化算法、神经网络算法等基本智能算法理论和方法;在智能算法基础上,讲解生物集群及仿生物集群、自主集群智能,主要讲解如何将其运用于无人机群编队保持、避障和重构;无人机集群任务分配,无人机集群目标跟踪和无人机集群动态资源分配是课程的拓展部分,主要涵盖集群协同目标跟踪和群体智能合作进化。扩展部分内容结合课堂讲解,学生分组进行资料查新、融合算法实现、结果对比分析等。

3　"无人机群智能技术"教学实践环节设计

3.1　无人机课程实践的现状

无人驾驶航空器系统工程专业从 2017 年起在全国开设[6],属于工学类中的航空航天类专业,本专业为学生开设与理论课程相结合的实验课程,使学生在学习理论知识和基本原理的同时,结合实验与实践,具备应用理论知识解决实际问题的能力。本专业为学生开设飞行器控制系统实验、无人机系统设计实验、多智能飞行器协同综合创新实验、无人机飞行控制及地面站实验、无人系统人工智能开发实验和多无人机编队控制实验,教师利用理论课时给学生在课堂上演示智能算法在 Matlab 上的仿真与应用,通过实践学生基本可以掌握如何应用智能算法,并能根据实际举例对算法进行修改和扩展。课程为"多智能飞行器协同综合创新实验"提供理论和仿真支撑。

3.2　课程实践教学内容设计

通过对教学大纲的分析,针对课程特点和培养方案前期课程理论体系和教学内容的理解,设计涵盖典型智能算法验证、基于 Matlab/Simulink 的系统建模方法、多无人机轨迹规划建模编程、仿真与调试等内容,使学生能够了解、学习并掌握无人机系统仿真常用的基本仿真工具、编程语言,能够使用对应仿真平台搭建系统数学模型,完成仿真程序的编写与调试,对仿真结果可进行处理和分析。

课程实践教学内容包括:

(1) 智能算法的 Matlab 实现

在智能算法介绍中,课程对常见遗传算法、进化算法、粒子群算法、蚁群算法及人工神经网络进行了介绍。在算法实现中,设计包括初始值设定、迭代规则、评价函数等,在 Matlab 平台编程实现基本粒子群优化算法及其改进算法,实现蚁群算法建模及编程。

(2) 集群智能算法的 Matlab 实现

经典的生物群体运动模型有 Vicsek 模型、Couzin 模型,在 Vicsek 模型中每个个体可全方位感知全角度视场角。结合典型的 Viscek 模型算法实现(见图 1),理解并掌握生物群体运动模型概念及参数意义,实现基于 Viscek 模型的改进模型,如基于随机视线方向的 Viscek 模型。

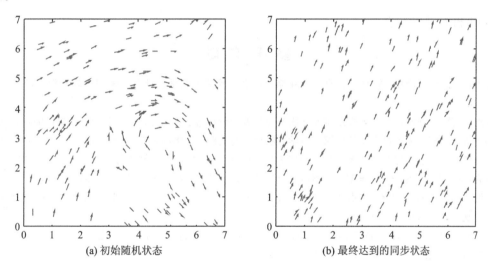

(a) 初始随机状态　　　　　　　　　　　　(b) 最终达到的同步状态

图 1　Viscek 模型算法实现

(3) 小型无人机飞行场景仿真演示

结合"飞行控制原理"基础课程所学习的理论知识,学生查阅小型无人机动力学理论[7],了解 Matlab/Simulink 中模块参数及意义,尝试修改空气动力、推力、扭力及干扰风模块的参数,观察参数改变对小无人机仿真的影响,设置飞行场景,完成小型无人机仿真演示。

(4) 多无人机集群编队仿真演示

给学生演示 5 架无人机按照给定路径轨迹、速度的仿真(见图 2),在了解 Matlab/Simulink 关于无人机仿真的基础上,尝试修改多架无人机路径和速度,对无人机群进行编队仿真演示。

4　结　论

结合学校"双一流"高校建设和"新工科"背景,本文介绍无人驾驶本科专业高年级课程"无人机群智能技术"课程基础知识和教学设计,学生在课程设计环节对智能算法在解决无人机集

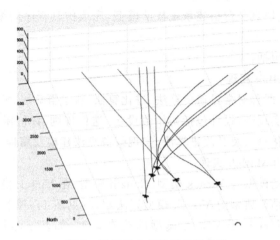

图 2　五架无人机路径规划仿真

群问题上得到锻炼。

参 考 文 献

[1] 陈杰,马存宝,张晓化,等.航空信息类专业综合仿真实验课程教学设计与探索[J].高教学刊,2021,(7)：82-90.

[2] 李杰,王菖,牛轶峰,等.无人机系统智能决策课程教学设计与实践[J].计算机教育,2016,(10):11-14.

[3] 郑翌洁,齐晓慧.无人机专业基础课程教学方法讨论与实践[J].中国教育技术装备,2020,(18):78-81.

[4] 邰玲伟,雷必成,林志明,等.无人机课程理论与实践教学改革研究[J].科教导刊,2021,(9):56-57.

[5] 贺光,赵述龙,李杰,等.智能无人机领域课程思政教育实践[J].科教导刊,2020,(36):147-148.

[6] 岳源,马尧.面向"新工科"需求的实验室建设方法探索——以民用无人机集群应用技术实验室为例[J].教育观察,2021,10(5):74-49.

[7] RANDAL W. BEARD,TIMOTHY W. MCLAIN.小型无人机理论与应用.王强,沈自才,伍政华,等,译[M].北京:国防工业出版社,2017:31-46.

"飞机飞行动力学"虚拟实验教学探索与实践[*]

苏新兵　王超哲　赵罡　张登成

（空军工程大学 航空工程学院，陕西西安　710038）

摘　要：为提高"飞机飞行动力学"课程实验教学效果，针对目前实验教学过程中实践资源匮乏、实操成本高昂、危险系数大等问题开发了飞机飞行动力学虚拟实验系统，优化了涵盖课程主要知识点的实践教学内容，实践了重能力培养的"线上线下"融合式教学，采用了形式多样的课程实验考核方式，取得了良好的实践教学效果，可为装备原理类课程开展实践教学提供融入线上教学的解决方案和参考。

关键词：虚拟实验；实验教学；飞行动力学

飞机飞行动力学是我校飞行器动力工程专业一门装备通用原理类核心的专业基础课程。课程主要研究低层大气内固定翼飞机受力后，在空间的姿态与轨迹的运动规律并改变其运动特性的力学与控制等内容，贯穿飞机设计、飞行与使用的全过程，是学员认识、熟悉和应用飞机的桥梁，在人才培养中占有十分重要地位[1]。但这门课程理论抽象、不好理解，长期以来一直存在实践资源匮乏、实验条件简陋、实操成本高昂、危险系数大等教学难题，产生"教学内容重课堂教学轻实践环节、教学过程重知识传授轻创新意识培育、人才培养重理论知识轻工程研究能力培养、学员普遍缺乏针对工程问题的思考能力"等诸多问题，与当前部队对人才需求强调专业性、工程性和综合性的现状形成明显矛盾[2]。

当前，随着虚拟实验技术的发展，虚拟实验教学已经成为加强实验教学，提高教学质量的重要手段，成为传统实验教学的一种有效的补充[3]。虚拟实验的应用突破了现场实验教学的限制，更直接地将实验系统组成、实验原理、实验流程展示出来。可以为学生的实验操作创造良好的条件，更有利于培养学生的实际应用能力和综合素质[3]。为适应高素质、专业化新型军事人才培养要求，本课程也紧跟新时代国家高等教育和军事教育发展趋势，非常重视课程内涵建设和教学改革实践，在完善教学资源、优化教学内容、创新模式方法、建强优秀团队等方面进行了系统的探索实践，有效提高了课程教学效益和人才培养质量[3]。特别是在实践教学资源方面，构建了"虚实结合，以虚补实"的飞行动力学虚拟仿真实验系统，并结合实际装备，形成了虚实互补的实践教学条件，满足理论与实践并重的全时空、多维度"线上线下"混合式自主学习需求，解决传统实物实验"做不到、做不上"的难题和军校专业课程与信息技术结合不紧的问题。

---

[*] 本文是陕西省高等教育学会 2021 年高等教育科学研究项目（XGH21249）、陕西省第二批新工科研究与实践项目"飞行原理类专业基础课程群及教材体系建设与实践"项目的阶段性成果

1　构建了课程虚拟实验系统

为解决"飞机飞行动力学"课程实验教学资源的不足，提升学员认知水平、培养动手实践与深入探究能力、激发创新意识和培育战斗精神等，破解"飞机飞行动力学"课程理论抽象、难以理解，实践操作成本高昂、危险系数大等教学难题，结合信息技术采用三维建模、VR、人机交互等技术开发了飞机飞行动力学虚拟实验系统（http://hkgc. afeu. owvlab. net/vlab/fxdl. html），虚拟仿真实验项目架构如图 1 所示。

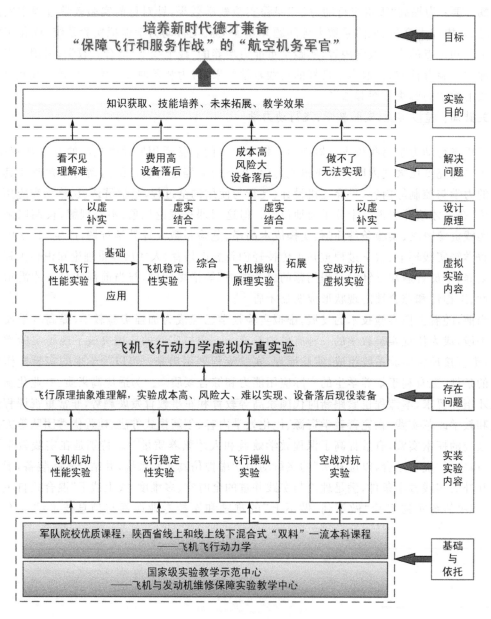

图 1　实验项目架构

本虚拟仿真实验系统对传统教学进行延伸与拓展,以分析飞机飞行性能、操稳特性、作战能力为目的,将抽象的飞行理论和空战对抗用形象化方式呈现出来,化无形为有形,将难以实现的实验以易于操作的形式展现,变不可能为可能。使学员沉浸式体验飞行原理与空战对抗,解决了先进战斗机飞行实验无法实际展开的难题,实现全时域、全空域、全受众的"智能"学习。

2　优化了课程实践教学内容

为有效支撑课程教学目标的达成,课程组按照"飞行原理指导作战运用、虚拟仿真结合实装训练、基础理论对接工程实践"的教学思想,以"飞行性能服务作战运用、飞行品质保证飞行安全、飞行控制提升总体效能"为主线,设置了与课程内容相对应的虚拟仿真实验内容,进一步增强了课程实践教学的适应性。实验内容主要包括"起飞性能实验、着陆性能实验、机动性能实验、纵向静稳定性实验、横航向静稳定性实验、驾驶操纵实验、空中对抗实验、空中攻击高价值目标实验"等 8 个实验模块(如图 2 所示),具体如下。

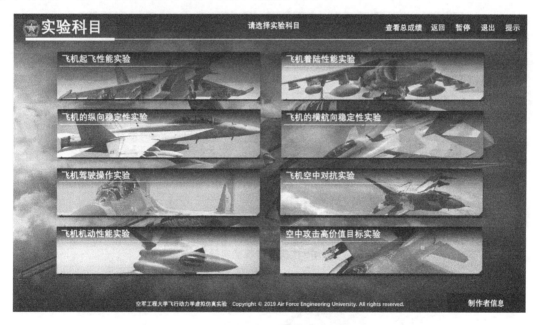

图 2　飞机飞行动力学虚拟实验项目

1)飞机起飞性能实验。如图 3 所示,通过设置不同的起飞条件及环境参数,系统计算出飞机的离地速度、地面滑跑距离与时间、上升前进距离与时间、起飞距离与时间等性能参数,并实时显示飞行姿态变化,帮助学员理解飞机起飞过程并掌握其关键性能指标。

2)飞机着陆性能实验。如图 4 所示,通过设置不同的着陆条件及环境参数,系统计算出飞机的接地速度、减速下滑距离与时间、着陆滑跑距离与时间、着陆距离与时间等性能参数,并实时显示飞行姿态变化,帮助学员理解飞机着陆过程并掌握其关键性能指标。

3)飞机机动性能实验。如图 5 所示,设置飞行速度、法向过载等参数,系统计算出飞机的盘旋半径、周期、角速度、滚转角等参数,同时从俯视、正视、侧视等不同角度观察飞机的姿态和飞行轨迹,帮助学员掌握飞机机动特性及其关键性能指标,了解典型过失速机动。

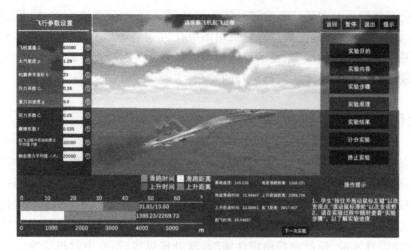

图 3　飞机起飞性能实验

图 4　飞机着陆性能实验

图 5　飞机机动性能实验

4）飞机纵向静稳定性实验。如图 6 所示，设计不同飞行情景，调整重心位置和飞行马赫数观察飞机姿态变化规律，研究重心、马赫数、迎角对纵向稳定性的影响，帮助学员掌握纵向静稳定性判定及其影响因素。

图 6　飞机纵向静稳定性实验

5）飞机横航向静稳定性实验。如图 7 所示，点击"横向运动、航向运动、侧滑"，分别展示飞机对应的运动情况，通过添加扰动对飞机横航向静稳定性进行分析判断，也可对"蹬舵反倾斜"等操纵反常现象进行研究，帮助学员掌握横航向静稳性影响因素、理解操纵反常现象。

图 7　飞机横航向静稳定性实验

6）飞机驾驶操作实验。如图 8 所示，根据提示使用鼠标或键盘操纵飞机驾驶杆、脚蹬和油门杆，控制飞机的飞行姿态和速度。也可进行自由飞行模式，由学员自主操纵飞机的姿态，帮助学员理解飞机姿态变化与操纵面偏转的关系，掌握飞机机动飞行的操纵方法。

7）飞机空中对抗实验。如图 9 所示，选择不同飞机种类、武器种类、武器数量、作战区域、作战任务、敌机种类、敌机数量，生成空中对抗场景进行空战模拟对抗，帮助学员更加深入地理解飞机的操纵，掌握基本的空战机动动作。

8）攻击空中高价值目标实验。如图 10 所示，选择飞机空中对抗实验，再选择单人对抗模式、设置并生成作战场景，自主操纵飞机俯仰、滚转、减速、偏航等机动飞行，自主切换武器、开火，演练单机空战对抗，帮助学员加深对空战动力学等知识的理解与应用。

学员根据不同实验模块的具体步骤要求利用键盘、鼠标进行实验操作，通过人机交互和飞行参数调节来模拟飞机的姿态变化，将难以理解的理论变得形象直观，使得教学过程变得生动

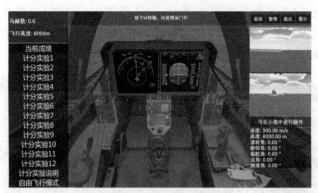

图 8　飞机驾驶操作实验

图 9　飞机空中对抗实验

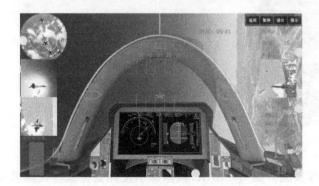

图 10　飞机攻击空中高价值目标实验

活泼。虚拟实验进一步夯实学员对飞机飞行原理、操纵原理和空战动力学等基础理论知识的掌握程度,理论充分联系工程实际,加快学员理论知识应用与转化能力的提升。

3　实践了重能力的教学组织

(1) 运用以学员为中心、自主学习为基础的"线上线下"相结合的混合式教学方法

飞机飞行动力学课程研究飞机的空中运动特性,理论性强、知识点多、概念抽象。飞机飞行动力学特性需要真正驾驶飞机体验,属于现实中无法开设的实验;在飞行模拟器上开展仿真飞行费用高昂,且对飞行动力学原理反映不突出,难以对大批量本科学生进行开放教学。为此,我们遵循"学为中心、问题导向、创新实践"的实验教学理念,采用以自主学习为基础基于网络化的开放式"线上线下"相结合虚拟实验教学方式,运用"四式导引"(沉浸式、交互式、自主式、反思式)四位一体的实验教学方法,突破时间和空间的限制,让学员在沉浸式体验、交互式练习、自主式设计、反思式评价的实验过程中,理解飞机飞行原理,掌握飞机飞行性能、稳定与操纵特性的相关理论,培养学员问题意识、创新精神、主动学习和自我反思能力,增强学员对知识获取的兴趣,提高学员解决实际问题的能力。

(2)虚拟实验按"课前、课上、课后"和"线上+线下"组织实施达成虚实结合目的

采用"理论验证、虚拟操作、设计创新、装备维护、作战训练"逐步递进的方式组织实验教学活动。课前,学员根据分组和任务,利用网络资源进行自主学习,并对实验所需掌握的基本知识、基本方法和实验基本流程进行测试。课中,通过虚拟实验,学习实际任务场景下的飞机飞行的各类基础理论知识及完整的作战机动飞行实验流程,掌握相关基础理论和战术战法。课后,学员利用考核模块进行相关的水平测试,复习采用基于网络的远程教学方式,充分利用"虚拟仿真实验"的现代信息技术优势,避免人力财力的大量消耗。此外,在课后学员也能够进一步根据虚拟仿真实验所学,利用实验教学中心提供的软硬件平台进行实物实验,做到"虚实结合",进一步提高学员工程实践与装备应用能力。

(3)通过虚拟实验取得"激发学习热情、培养探索精神、提升教学效率"教学效果

传统式教学体现在实验教学上是针对单一实验任务的学习和操作。本虚拟仿真实验教学的实施,旨在改变教员传统的注入式教学方式,强调"以学生为中心"的实验教学理念,将学习资源和学习空间开放,在可逆的虚拟环境中,以学员自主学习为主,教员指导与答疑为辅,教员尊重学员的想法。通过项目牵引,以能力培养为导向,鼓励和引导学员主动学习和开展实验,教员与学员通过虚拟实验平台融合成一体,共同完成实验项目。在实验过程中,学员要不断解决实验中出现的问题,才能最终完成实验。这些均有助于激发学员的学习兴趣,挖掘创新潜能,培养主动探索精神和学习热情,提高他们的工程素养,达成从知识学习到知识应用能力培养。

4 采用了多样式的实验考核

飞机飞行动力学虚拟实验以信息化教学管理共享平台为载体,采用多维度、多元化的考核方法对学员进行全方位、系统的考核与评价。注重学员对飞行原理、数学建模、性能分析、作战运用等基本知识掌握,突出逻辑思维、探究辨析和实践能力达成,既考查基本概念、基本原理和基本方法,又考查学员利用飞行动力学基本理论解决实际战训问题的能力,并对实验的全过程进行记录和评价。教员在线可进行实时实验指导,对学员各方面的建议、评价与反馈信息进行全面系统的统计分析,为改进和完善实验提供参考。

具体通过实验预习(15%)、实验操作(40%)、实验结果(15%)、实验报告(30%)"四位一体"全面考核和评价学员的学习成效。对学员基础理论的掌握情况、实验动手的操作情况、问题分析的处理情况、学术素养及语言表达等情况进行综合考量,具有较高的挑战度。本虚拟仿真实验包含的八个实验模块均设计有成绩统计,满分 100 分,记录学员操作情况,根据实验步骤完成度与实验结果进行量化评估。实验结果可进行对比分析,实验数据可以导出,也可以生成 WORD 版的实验报告。教员根据线上的仿真测试情况及时掌握学员的学习动态和学习效果,利于进一步督促学员提高学习积极性。

5　基于虚拟实验系统教学效果

飞机飞行动力学虚拟实验系统不仅能够单机稳定可靠运行,而且可置于 Internet 开放教学管理平台上。互联网实验次数统计 931 人次,评价 110 人次,学习者真实点评 4.98 分(满分 5 分)。本虚拟实验不仅供本校学员使用,还基于互联网面向社会开放运行,提供给多家单位共享,为整体提升航空专业技术人才培养提供了丰富的资源。目前共申请了软件著作权 7 项,自线以来,为学员提供了泛在化的网络虚拟实验室和 24 小时在线的"空中课堂",利用该虚拟实验系统,学员可反复"试错"性地开展实验原理研究、模拟操控练习,既降低了实验风险和实验难度,又极大地节省了实验经费和实验时间。在本校已累计开设实验课 94 学时,有 720 余名学员下载该系统并开展了虚拟实验,普遍反映虚拟实验体验良好并取得了较为理想的实验效果,大大提升了学员对课程内容的掌握程度和动手操作能力。学习者留言评价"实验能更加直观理解理论知识,让晦涩难懂的文字变得通俗易懂""实验内容丰富多样,质量高,教学意义重大,操作步骤难易相结合,仿真程度高""在实验里感觉自己在驾驶战斗机,感受到飞行的感觉"……

6　结束语

虚拟实验有效提高了学员进行实验的可操作性,节约了时间,提高了参与度;通过改变参数进行更多的对比实验,加深了学生对理论知识的认知和飞机操纵与飞行的理解,激发其创造性思维。此外,虚拟实验是实验类课程提高线上线下融合教学的必要手段,而且更安全、更灵活、更可靠,利于提高实验类课程线上教学的教学效果[6]。本课程经过多年系统的建设,构建了一套完整的课程教学体系,丰富了课程教学手段和方法,拓宽了教学时空,为学员岗位任职能力的提升夯实了基础,这些均为飞机飞行动力学课程被评为陕西省线上线下混合式一流本科课程和线上一流本科课程提供了必要的支撑。但课程建设与教学永远在路上,需要每一位参与者献言献策、戮力前行,为培养德才兼备的高素质、专业化新型人才贡献力量。

参 考 文 献

[1] 苏新兵,张登成.飞机飞行动力学[M].西安:空军工程大学出版社,2020.

[2] 周越,潘翀,刘沛清,等.航空工程创新型实验实践教学体系探索与实践[J].第二届全国高等学校航空航天类专业教育教学研讨会论文集,2021.01,351-356.

[3] 王卫国,胡今鸿,刘宏.国外高校虚拟仿真实验教学现状与发展[J].实验室研究与探索,2015,34(05):214-219.

[4] 李平.推进虚拟现实技术应用提高高校教育教学质量[J].实验室研究与探索,2018,37(01):1-4.

[5] 苏新兵,周章文,张晓露.飞行器动力工程专业课程思政建设探索与实践[J].南京航空航天大学学报,2020.12,66-69.

[6] 俞南嘉,李天文.液氧甲烷发动机系统虚拟实验教学[J].第二届全国高等学校航空航天类专业教育教学研讨会论文集,2021.01,614-618.

三全育人思想下立体化社会实践课程资源建设

马超　武耀罡　彭志广

（中国民航大学 航空工程学院，天津　300300）

摘　要："三全育人"的思想是基于我国新时代中国特色社会主义教育事业规律性认识下，指导和推进高等教育事业发展的主体思想。"无人机系统设计与开发"为中国民航大学航空工程学院特色类社会实践课程，课程的建设过程中，在"三全育人"全员全过程全方位要求的指导下，建设融入型、过程型、通识型三类型的课程资源，打造功能层面立体化课程资源平台。课程平台涵盖资源内容功能明确，相互提质增效，通过课程实践教学反映出了课程资源平台的合理性与有效性。

关键词：三全育人；社会实践课程；立体化；课程资源；无人机系统

2017 年，中共中央、国务院在《关于加强和改进新形势下高校思想政治工作的意见》中提出了"三全育人"的要求，"三全育人"的思想是要求教育在立德树人为中心的根本任务下，实现全员全过程全方位育人，这是基于我国新时代中国特色社会主义教育事业规律性认识下，指导和推进高等教育事业发展的主体思想。

高等教育中实践教学与理论教学是有机结合的教学内容，两者互补增效，实践教学以问题探讨、深度体验和批判反思为基本特征[1]。实践教学作为高等教育内容中重要的组成部分，是高等学校本科教学工作水平评估的关键指标之一。因此，2019 年，教育部出台《关于一流本科课程建设的实施意见》，明确了要将社会实践课程化，实现与社会需求、科学研究、专业教学以及思政育人的有机融合[2]。中国民航大学航空工程学院在实践教学过程中，深入贯彻"三全育人"思想，围绕实践教学内容，通过课程的形式将实践教学予以应用，开发社会实践精品课程"无人机系统设计与开发"，基于该课程，建设融入型、过程型、通识型三类型的课程资源，打造立体化课程资源平台。

1　立体化课程资源平台组成

课程资源是完成教育的基本保证，广义的课程资源指有利于课程目标实现的各种因素，涵盖文字、音像、网络多媒体、虚拟实训课件等多种媒体资源[3]，狭义的课程资源则指教学内容的直接来源。课程资源可以分为素材型课程资源与条件型课程资源[4]。随着网络与信息技术的不断进步，课程资源向着立体化方向发展，除了围绕理论课堂的传统课程资源外，网络课程、视频公开课和精品资源共享课等资源也越来越丰富。现有的各类型的课程资源从技术层面体现了较好的立体化维度，但是，从功能层面依然是基于知识与技能的平面化的延展。

为了更好地贯彻落实"三全育人"思想，实现功能层面课程资源的立体化建设，以社会实践课程"无人机系统设计与开发"为依托，提出融入型、过程型、通识型三类型的课程资源，打造功能立体化课程资源平台。

1.1 融入型课程资源

在信息与知识大爆炸的时代背景下,学生在高等教育各环节中的社会角色已经发生了很大的改变。学生从被动的知识接受者已经演变成为了教师传授知识的接受者、自我能力提升的诉求者和团队协作的参与者等。融入型课程资源即指这种能够培养学生角色能力,培养学生在教育过程中形成全局思维、极限思维和历史思维能力的教学内容[5]。"无人机系统设计与开发"课程要求实践学时不少于总课时的 70%,充足的实践学时要求学生能够在实践教学中充分发挥主观能动性,鼓励学生能够以主动探索与诉求的方式获取知识。融入型课程资源设计过程中,组建各类型学生团队,依托教师科研项目、大学生创新创业项目与学科竞赛等建设课程资源内容,锻炼学生在各类型社会角色中的能力。依托具体的实践项目,为学生构建明确的目标载体,鼓励学生围绕实践项目在全局观、极限度和历史感等角度去形成一种融入型的学习体验。

1.2 过程型课程资源

传统高等教育过程中,知识与技能存在一定的信息壁垒,随着教育思想的改变,这个壁垒正在不断地被打通,形成了学以致用的教育理念。但是,社会中不断进化的人才定位对于高校培养的学生提出了更高的要求,这个壁垒将会长期存在。过程型课程资源旨在实现知识与技能的贯通。任课教师依托在中国民航大学航模队的实践教学经验,打造品牌特色课程,申报获批天津市社会实践一流本科建设课程与创新创业教育特色示范课程"无人机系统设计与开发",形成体系化的课程资源内容,包括完整的教材、教案、电子教学资源等。另外,构建完整的实践教学大纲,打通校内课堂教学与实践教学,实现校内贯通式教育,培养学生形成逻辑思维、形象思维和抽象思维的能力。同时,通过企业调研,在实践教学中实施安全管理技能、6S管理技能等培养环节,强化学生文字表达、图形表达与语言表达等一系列技能的培养,将职业教育阶段前移至高等教育环节,实现学校与企业之间的贯通式教育。

1.3 通识型课程资源

通识教育一直是国际高等教育领域中重要的研究课题,是人才培养的一种模式。通识教育旨在培养具备远大眼光,通融识见能力,拥有完整专业知识,认识了解社会,具备全面的人格素质的人[6]。通识型课程资源旨在实现实践教学过程中的通识教育内容,强调在素质与能力层面的培养,从长期的角度来看,这对于学生的培养将会起到非常重要的作用。"无人机系统设计与开发"实践教学过程中,强化学生在领导实践、团队实践和自主实践等方面的通识能力的培养。培养学生形成自我概念,主要体现在学生对于专业认知和自我价值实现方式的教育方面,培养学生对航空航天事业的热爱,让学生深刻领会工匠精神;培养学生形成特质元素,主要表现在培养学生 6S 管理意识、科学精神与团队协作能力等方面;培养学生求知动机,使学生形成一种具有内在学习动力与终身学习能力的习惯。

2 立体化课程资源平台组成关系

基于社会实践课程"无人机系统设计与开发"而提出融入型、过程型、通识型三类型的课程资源与"三全育人"思想中全员全过程全方位的要求做到了相互呼应的映射关系,如图1所示。

融入型课程资源是实现全员育人的重要手段,通过合理地设计教学环节,使得学习者能够融入角色之中,完成课程资源给予的教学过程。

过程型课程资源作用于全过程育人的各个环节,也是最能够体现传统教育方法特点的教学资源,但是,随着网络与信息技术的不断发展,开发线上配套课程资源、虚拟教学资源、移动教学资源等成为构建技术层面立体化教学资源的发展趋势。

通识型课程资源强调教育的人本主义思想,针对教育过程中的隐性元素开展一系列的教学,将课程资源从功能层面提升到了更加立体化的程度,体现了全方位育人的思想。

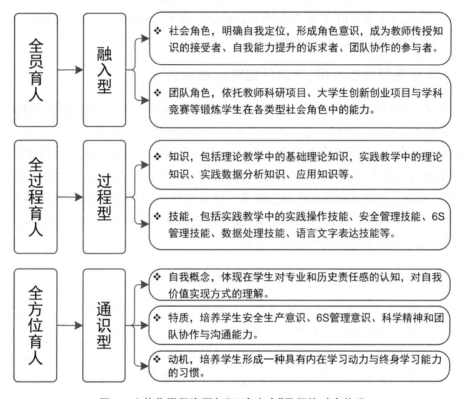

图 1　立体化课程资源与"三全育人"思想的对应关系

除此之外,三类型的课程资源之间还存在相互提质增效的作用。融入型课程资源能够促进过程型与通识型课程资源发挥其最佳的效果,过程型课程资源是基础,保障了融入型与通识型课程资源的贯彻落实,通识型课程资源能够反哺融入型与过程型课程资源,助力两者发挥更加良好的效果。

因此,三类型课程资源之间存在的这种互利共生的关系,有效地促进了整个功能层面立体化课程资源的良性发展,在中国民航大学提出的"强基础,分阶段,多途径"两类人才培养体系实施过程中,为实现战略、战术、表达、实践四类型通用能力提供了强有力的基础保障。

3　立体化课程资源平台应用成果

航空工程学院自 2019 年起,由学院大学生创新创业实践基地负责老师开始构建"无人机系统设计与开发"社会实践课程,经过近三年的不断探索、应用与完善,取得了较好的效果,主要体现在以下三个方面。

3.1 学生明确自我定位,内在学习动力显著增强

融入型课程资源强化学生对于自身社会角色与教育角色的思考与理解,通过设计具体的引导学生思考的课堂讲座和实践团队职责分工角色等方式,使得学生能够明确自我定位,形成角色意识。在整个实践教学过程中,教师设计多样化的角色体验教育环节,发挥学生角色的主导作用,并及时通过正向反馈完成教学过程的评估。通过这种方式,学生内在学习动力显著增强,这其中不仅包括了对知识、技能等显性层面的学习动力,还包括了多样化的隐性层面内容的学习,如团队意识、组织能力、沟通能力等。

3.2 学生重视学以致用,知识技能有效融合贯通

过程型课程资源实践过程中,其主要涵盖的知识与技能的培养具有较好的可测量、可评估的特点。实践教学是建立在理论学习的基础上而开展的更为有效的学习体验过程,学以致用是实践教学的最终目标。课程能够为学生提供一个将航空航天理论知识得以应用的平台,学生在课程中通过亲手设计、构图、加工、制作、调试、试飞一架无人机,体验工程设计制作与实现的整个过程,实现了知识技能的有效融合贯通。除此之外,学生基于实践课程所学内容,依托学校大学生创新创业项目、国内外学科竞赛、成果转化创业实践等机会,感受了更高层次的实践教学体验,为学生的多元化发展提供了机会。

3.3 学生素质全面发展,形成自我成长良性生态

通识型课程资源教学实践过程中,通过对自我概念、特质与动机等隐性因素教学环节的设计,学生素质得到了多元化的全面发展。围绕明确的自我定位,形成了学生自我成长的良性发展生态模式。课程通过6S管理制度、科学精神、团队协作等教学内容的推广与应用,打造学生多方面特质要素,将企业需求的职业素质教育前移至高等教育阶段开展,为学生进入企业后更快适应做好准备。其中6S管理制度与航空公司、航空工业企业保持一致,形成了良好的延续性,形成的6S管理制度标准文件如图2所示。学生在通识教育的影响下,感受了以终身学习能力为代表的通识教育基本过程。

4   结   论

"三全育人"思想对于指导高等教育的实施具有重要的思想引领作用,依托社会实践课程"无人机系统设计与开发",将"三全育人"思想与社会实践课程资源的构建有机结合,形成了具有一定特色的课程资源内容,并通过实际教学的实践验证,证明课程资源的应用达到了良好的教学效果。

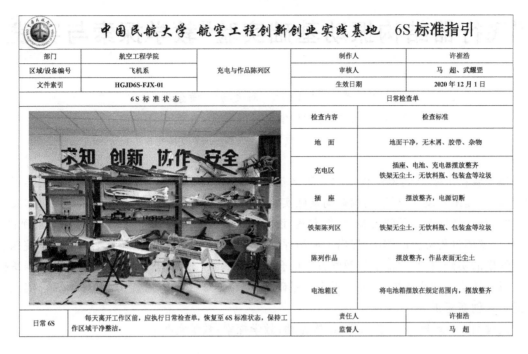

图 2   6S 管理制度标准文件

参 考 文 献

[1] 时伟.论大学实践教学体系[J].高等教育研究,2013,34(07):61-64.

[2] 何桂娟,林巍民,王晓梅,等."护理美育"社会实践课程的构建与实践探索[J].中国高等医学教育,2021 (02):121-122.

[3] 赵样,罗骥.开放大学立体化课程资源体系构建[J].现代远程教育研究,2014(04):89-96.

[4] 吴刚平.课程资源的理论构想[J].教育研究,2001(09):59-63,71.

[5] 丁水汀.打造"六力"叠加创新生态 培养一流民航人才[EB/OL].(2020-12-31)[2020-12-31].http://edu. people.com.cn/n1/2020/1230/c1006-31984538.html.

[6] 陈向明.对通识教育有关概念的辨析[J].高等教育研究,2006(03):64-68.

"飞行器结构振动基础实验"教学探索与实践

周广武[1] 马亚静[2] 刘飞扬[1] 黄崇湘[1]

(1. 四川大学 空天科学与工程学院,成都 610065
2. 四川大学 教务处,成都 610065)

摘 要：针对"飞行器结构振动及测试基础"课程理论性强、公式繁多、内容抽象、学习枯燥等特点,提出开设"飞行器结构振动基础实验"课程并开展其实验教学探索和实践。本文探索了"飞行器结构振动基础实验"课程方案,设计了常规实验项目10项和学生自主实验项目6项,充分发挥过程考核的作用,提出了成绩评估方案。通过四川大学空天科学与工程学院四届本科学生的实践教学,验证了该教学方案的合理性,取得了较好的教学效果,使学生基本掌握了飞行器结构振动测试技术,强化了理论基础知识,培养了主动思考能力,锻炼了综合实践动手能力和创新意识。

关键词：振动教学;实验教学;结构振动;教学探索;教学实践

引 言

振动是机械系统中的固有现象。飞行器结构中的振动加速结构的疲劳破坏、降低仪器仪表的精度、影响使用者的舒适性,严重情况下可导致结构的破坏、飞行控制系统故障。因此,结构振动问题是飞行器结构设计中不可避免的问题。"飞行器结构振动及测试基础"是航空航天工程专业的一门主干课程。深入理解和掌握飞行器结构振动相关专业知识对于从事航空航天工程领域的机械设计,有着毋庸置疑的重要意义。然而该课程理论性强、公式推导多、内容较抽象、学生学习枯燥乏味。如何培养出既有渊博的理论知识,又有较强的分析问题、解决问题能力的学生,是教育工作者们努力思索和亟待解决的问题。因此,为提升基础理论教学效果,四川大学增设一门"飞行器结构振动基础实验"课程,并开展了实验教学的探索和实践工作。

国内关于振动实验课程教学改革与实践探索的单位主要有上海交通大学、天津大学、哈尔滨工程大学、东北大学等。蔡国平[1]通过"理论—工程软件应用—实验"的全方位学习,培养学生利用振动的基本理论和分析方法处理工程振动问题的能力。芦颉[2]等针对振动实验课程特点和应用型创新人才培养需求,运用案例剖析教学、科研与毕业设计成果转化、现场实验演示等方法,对课程进行了改革与探索,有效地调动了学生参与实验的热情,并提高实验教学质量和学生专业素养。刘习军[3]采用龙洗、古编钟以及车桥耦合动力学等趣味性实验教学方式,激发学生的学习兴趣,提高教学质量。袁苏洁[4]等在实验中提供多套设备和多种方法,用多条途径完成同一实验,且开设综合性实验等手段,提高学生学习兴趣和振动课程教学质量。此外,在教学实践中引入工程案例的模型实验化教学,能提高学生自主学习能力和培养创新思维[5]。让学生自主设计实验项目或者改进实验装置,取代实验教师的演示者方式,也是最大限度地调动学生的学习兴趣和主观能动性的有效手段[6,7]。利用 MATLAB Simulink 软件工具对振动实验教学进行创新,对培养学生创新意识和探索精神颇具意义[8,9]。总的来说,振动力学基础实验教学目前主要以所属课程的辅助教学形式呈现,大部分实验内容较为单一,且验证性实验居多。作为培养学生创新能力不可或缺的重要一环——实验教学,它的改革越发迫切。

1　教学方案设计与探索

1.1　教学目标

"飞行器振动基础实验"是高等工科院校航空航天类专业的一门专业选修基础课程,也是对"飞行器结构振动及测试基础"理论课的有力补充。针对飞行器结构振动特点,丰富"飞行器振动基础实验"课程实验教学内容,以锻炼学生综合实践动手能力和创新意识、培养学生具备分析和解决实际工程振动问题能力为目标。深入掌握振动基础理论知识,能够运用振动测试技术为将来从事航空航天工程振动相关的科学研究奠定坚实基础。

1.2　教学内容设计

结合飞行器结构振动基础理论知识本科教学内容和四川大学大学生创新创业训练计划项目,将本课程实验教学内容设计为常规实验项目和学生自主实验项目,见图 1。针对性地删减,保留具有川大科研特色、代表性的实验项目,设计技术含量高、综合性强的实验项目,有助于启发学生的工程意识和科研意识。常规实验教学内容设计为简谐振动幅值测量、振动系统固有频率的测量、无附加阻尼单自由度系统强迫振动特性、有/无附加阻尼对单自由度系统自由衰减振动、索力测量、锤击法简支梁模态测试、被动隔振实验、转轴轴心轨迹及轴心位置测定、发动机转子启停机三维谱阵分析、转子不平衡的故障机理研究与诊断等 10 项。学生自主实验项目 6 项,教学内容设计为教研室提供被测对象如发动机叶片、空间机器人关节减速器、太阳翼薄壁结构、天线连接杆构件、减振高分子复合材料试件、转子等,要求学生自行设计实验项目开展模态、振型、阻尼系数、隔振效率、动静件摩擦故障诊断等实验测试。学生自主实验项目 6 项,供学生自主选择 2 项开展相关实验,其实验报告包含实验方案设计、操作流程和实验结果分析作为该课程实验考核报告。

1.3　教学过程设计

理论和实验教学模式是解决航空航天工程振动问题两大不可分割的手段,两者相辅相成,缺一不可。实验教学过程在学生实践动手和创新思维能力培养方面,显得尤为重要。在实验教学过程中,不在实验讲义中对实验步骤做过多阐述,只给出各步骤的实验流程,让学生边动手边学习,在实践过程中逐步培养学生领悟和操作能力。本课程实验教学硬件基础平台(见图 2)采用江苏东华测试技术股份有限公司 DHVTC 振动测试与控制实验教学系统、DHRMT 教学转子实验台共计 21 台,各类工装和传感器 21 套。第一次实验课以熟练掌握仪器设备使用方法为主。常规实验项目教学过程中,借助实验教学平台,按照实验目标和具体要求,完成相关实验。期间要求学生以拍照和录制视频方式全程记录实验过程。学生自主实验项目教学过程,由任课教师和实验员助理重点考察学生在实验项目方案设计、执行情况、项目变更过程、实

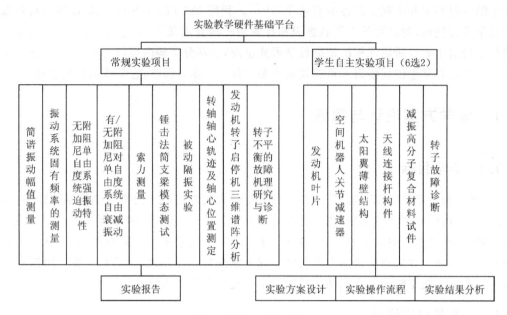

图 1 教学内容设计方案

验结果重复性、报告撰写质量等方面的实践能力。实验教学过程中,发挥学以致用,鼓励学生借助振动测试仪器设备开展大学生创新创业训练计划项目相关的实验研究。

图 2 实验教学硬件基础平台

1.4 成绩评估方案

飞行器结构振动基础实验是实践性很强的一门课程,在评定学生成绩时,必须注重实践操作过程、观察实验现象、分析和处理遇到的各种问题。因此,如图 3 所示,将学生成绩分为课堂表现成绩(20%)、常规实验报告成绩(50%)、学生自主实验考核报告(30%)。课堂成绩主要根据学生的考勤情况、学生课堂活跃程度、设备操作规范性做出评价。常规实验报告成绩主要考察常规实验项目的实验报告完成情况,对实验项目测试结果的合理性、规范性、回答问题方面做出评价。学生自主实验考核报告针对学生自主选择的两项实验项目,从学生实验项目设计方案、实验目标完成情况、实际问题分析和处理能力等方面进行考察评价。

图 3　成绩评估方案

2　教学实践

2.1　教学实例

四川大学航空航天工程系 2016 级～2019 级各有教学班 1 个,35 人左右,分为 2 人一组,同时邀请教研室 3～4 名硕士研究生担任实验员助理,协助教师对本科生进行实验指导和评价。

(1) 常规实验项目教学实例

以"锤击法简支梁模态测试"常规实验项目为例(如图 4 所示),实验目标:学习测力法模态分析原理,掌握锤击法模态测试及分析方法。教学过程包括实验原理、实验操作、实验结果和分析三个阶段。

① 实验原理学习阶段。教师讲解模态分析基本原理,将线性定常系统振动微分方程组中的物理坐标变换为模态坐标,使方程组解耦,成为一组以模态坐标及模态参数描述的独立方程,以便求出系统的模态参数。

② 实验操作阶段。给出锤击法简支梁模态测试实验流程图和实验步骤,让学生动手操作。首先,连接振动测试仪器设备。然后,在软件的实验模态测试界面绘制模型,划分等份,分别标注测点号。进一步,进行参数设置,设置通道输入方式、采用频率、传感器灵敏度、工程单位等。设置触发条件,开始预采样、正式采样。最后进行模态参数识别和验证。

③ 实验结果和分析阶段。拍照和录屏方式记录整个实验过程,记录各阶模态参数(频率和阻尼比)并绘制出各阶模态振型图,分析 N 阶模态振型特征和节线数目。

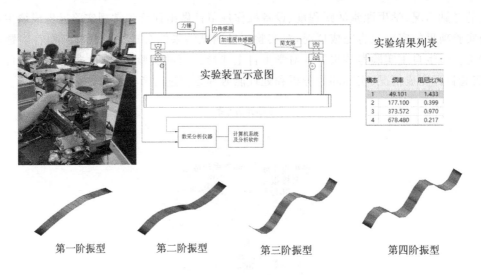

第一阶振型　第二阶振型　第三阶振型　第四阶振型

图 4　常规实验项目教学实例

(2) 学生自主实验项目教学实例

以四川大学大学生创新创业训练计划项目"空间机器人关节减速器"学生自主实验项目为例,设置实验目标:测试空间机器人关节减速器核心零部件齿轮固有频率和振型。请学生自行设计实验方案,并完成测试任务。某学生设计的齿轮固有频率测试实验方案如图 5 所示。采用橡皮筋悬吊齿轮方式,利用锤击法开展齿轮模态测试,获得相应测试结果,并与 ANSYS 有限元结果对比,误差为 3.9%。究其原因是传感器增加了齿轮的质量,导致固有频率有所降低。

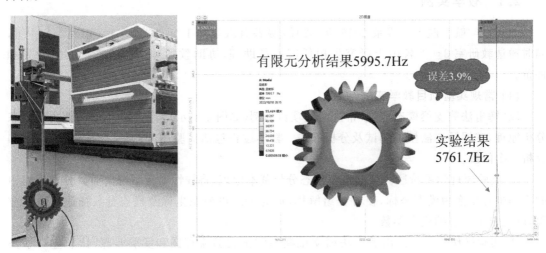

图 5　齿轮学生自主实验项目教学实例

2.2　教学效果和存在的问题

(1) 教学效果

① 通过理论到实验环节的学习,学生们对严谨的理论公式有了切身的实践体验,在工程

实践中再现并强化了理论基础知识;

　　② 拓宽了学生视野和思路,让学生逐步走近实验室参与相关科研项目活动;

　　③ 培养了学生主动思考和实践动手能力,提高了学生发现问题和解决问题的能力;

　　④ 锻炼了团队协作能力,突出了学生相互学习的重要性。

(2) 存在的问题和解决办法

　　飞行器结构振动基础实验项目较多,时间安排紧凑。但由于学生们动手能力参差不齐,课程进度难以协调,课后补做实验现象突出。针对该问题,后续将在教学过程中期视情况动态调整学生分组,充分利用学生间的相互协作和帮扶作用。

3　结束语

　　1) 设计了飞行器结构振动基础实验课程教学方案,设置了常规实验项目和学生自主实验项目,提出了基于过程考核的成绩评估方案。

　　2) 通过四川大学空天科学与工程学院四届本科学生的实践教学,验证了教学方案的合理性,为提升飞行器结构振动实验教学质量,强化飞行器结构振动基础理论知识提供了保障。

参 考 文 献

[1] 蔡国平.上海交通大学"振动力学"课程的改革与实践[C].第十四届全国振动理论及应用学术会议(NV-TA2021)摘要集.天津,2021.10.22-24.

[2] 芦颉,张学义,潘信吉.工程力学专业振动实验课程教学改革与实践探索[J].中国现代教育装备,2015(19):40-42.

[3] 刘习军,张素侠.关于振动力学教学中的趣味性与科学性[J].力学与实践,2012,34(05):63-66.

[4] 袁苏洁,官邑.改革振动测试实验教学方法,提高教学质量[J].实验技术与管理,2007(10):336-337.

[5] 禹见达,张湘琦,彭剑.振动力学中工程案例模型化实验教学的特点与实践[J].当代教育理论与实践,2017,9(12):66-69.

[6] 庞新宇,江旺旺,任智军.高阶振型振动实验装置研制与教学应用[J].实验技术与管理,2019,36(02):119-122,126.

[7] 董钢.基于工程能力导向的基础力学实验教学[J].中国冶金教育,2018(06):72-73,76.

[8] 李建康,肖同亮,蔡东升,等.多自由度系统模态振型创新型教学实验的设计与实现[J].实验技术与管理,2006(02):16-18.

[9] 刘晓波,洪连环."机械振动学"实验教学创新与实践改革[J].南昌航空大学学报(自然科学版),2020,34(03):106-110.

航空航天类工科专业实践基地建设思考

李炜　杨梦龙　程鹏

（四川大学 空天科学与工程学院，成都　610000）

摘　要：实践基地是学生进行创新实践活动的重要场所，如何加强高校实践基地的建设，联合企事业单位和社会的力量，增强大学生服务经济建设和社会发展的实践能力，促进学生创新创业能力的提高，是当前高校实践教学亟待解决的问题之一。本文首先分析了实践基地建设的重要性，总结了实践基地建设中存在的一些问题。结合四川大学空天学院的实践基地建设的实践，从实践基地的课程体系建设、发挥校办企业的作用、增加基地建设投入和师资队伍建设等方面提出了相应的建议。

关键词：实践基地；创新能力；教书育人；校办企业；师资队伍

提高大学生的创新能力，将课堂上学到的理论知识如何应用到实践，如何通过实践活动加深对于课堂教学知识的理解，需要建设好教学实践基地。实践基地是学生进行创新实践活动的重要场所，是学生走向社会、了解社会、服务社会的桥梁；是实现产学研结合，培养全面发展的高素质人才的重要途径；对促进学生综合素质的提高、促进学生就业择业创业，激发学生探索未知领域的兴趣，提高学生的创新意识、团队协作精神、自主学习能力、实践动手能力等发挥着重要作用。实践基地的建设对于高校学生的培养，尤其是工科专业学生的培养有着非常重要的促进作用。

如何加强高校实践基地的建设，联合企事业单位和社会的力量，增强大学生服务经济建设和社会发展的实践能力，促进学生创新创业能力的提高，是当前高校实践教学亟待解决的问题之一。

1　实践基地建设的重要性及存在的问题

早在 2012 年教育部就颁发了《关于进一步加强高校实践育人工作的若干意见》[1]。在这个意见中，充分阐述了实践育人工作的重要性。坚持教育与生产劳动和社会实践相结合，是党的教育方针的重要内容。坚持理论学习、创新思维与社会实践相统一，坚持向实践学习、向人民群众学习，是大学生成长成才的必由之路，对不断增强学生服务国家服务人民的社会责任感、勇于探索的创新精神、善于解决问题的实践能力，具有不可替代的重要作用。教育部在《关于深化本科教育教学改革全面提高人才培养质量的意见中》[2]强调进一步强化实践育人，深化产教融合、校企合作，提高学生的实践能力。

事实上，实践教学是将知识内化为能力的过程，是学校培养实践理念，启发创新思维，提高综合素质的重要教学环节[3]。实践教学基地是学生了解社会和接触生产实践的重要窗口，不仅给学生提供实习场所和参加社会实践活动平台，融会贯通，激发创新意识，还为教师提供教学案例及素材,为专业课程知识补充和更新提供可能,丰富专业课程体系[4]。

但是,目前高等学校中校内外实践基地存在很多亟待解决的问题:一是与学校实践教学的实际需求相比,教学实践基地数量仍显不足,建设质量、层次不够高。二是现阶段企业接收高校学生进行的实践活动的优惠政策不多,优惠力度也不大,所以企事业单位与高校合作建立实践基地的积极性也不高[5]。三是部分教师对实践工作重视不够,高校实习经费投入不足,实习效果难以保证。

2 加强实践教学基地建设的几点建议

完善课程体系设置。校企联合实践基地一般都是以项目、课题为依托从事的实习实践的简单形式,大多缺乏实践课程的体系设置,没有建立实践教学课程和培养目标,校企双方无法长期、深入地合作,从而使得合作表现单一。没有实践课程作为指导,实践环节就没有考核标准,实践质量就无法保证。因此,高校应积极与企业联合,因地制宜制定具有本领域特色的实践课程,制定完备的实践流程、实践内容、实践目标、考核办法等,加强质量监督体系,保证学生的实践质量,提高学生的实践能力和动力能力,从而激发创新意识和创新思维。

充分发挥校办企业在教书育人中的作用。校办企业依托高校,成为了汇集诸多顶尖人才的科研创新高地,是将学校的将科研成果转化、将高新技术产业化的重要基地。虽然现在校办企业改革逐渐回归市场,与学校脱钩,让学校回归教育本位,专心办学搞科研,但是校办企业在人才培养上仍然可以发挥其独特的优势。依托校办企业建立实践基地,一方面企业的创新活动与自身高校的优势学科优势研究方向密切相关,这样就与学生本身所学的知识更契合,学生在校办企业的实践中就可以获得更有针对性的实践锻炼。例如四川大学与川大智胜联合建立学生的实践创新基地,其主要的实践应用领域围绕着智能空中交通管理方向。在常规的教学中,川大开设了飞行模拟、空管新技术、飞行仿真原理、导航原理等相关的专业课程。而在具体的实践中,学生参与到空管自动化系统的开发、智慧机场系统的建设、飞行模拟器的开发与应用中,将课堂上学到的知识充分地与实践相结合,更有利于加深学生对理论知识的掌握。另一方面企业也可以在学生实践中获得更多的灵感,甚至是新产品研发的思路。例如近些年,随着人工智能技术的飞速发展,人工智能的相关课程也逐步进入各工科专业的培养方案中。在学生的实践中,机器学习、人工智能相关技术的应用,催生了很多新产品的出现。例如空管安全防护系统,就是利用人工智能技术对空地通话进行语音识别,然后依据相关的管制规则,来判断空管指令的安全性。此外,依托校办企业还可以建立较为长期和稳定的合作关系。

高校要进一步加大对工科专业实践基地的投入。一方面增加校外实践基地的数量扩大规模,另外一方面制定合理的经费使用方法,使有限的资金发挥更大的效益。现在普遍的经费管理方式是学校每年划拨一定的专项经费用于基地维护、建设和发展。基地建设的各项经费一般由高校或者是高校和企业共同组建的管理机构统一管理。这种经费投入和运行方式势必会造成企业单位在经费使用上缺乏灵活性,企业参与实践基地建设的积极性不高。实际上来自高校的实践基地建设投入,对于企业来说能解决的实际问题也比较少,所以更多的应该从政策上或者机制上给与企业更多的自主权或者灵活性。例如可以在政府层面设立相应的实践基地建设基金项目,通过申请中的高校和企业的联合策划,制定科学合理的建设目标和方案,通过项目验收中的第三方考核,检查基地建设成效。此外,从收益比较的方面来看,学校应该是实践基地的推动方,企事业单位不一定有非得建立实践基地的动力。所以,高校应该转变自己的定位,积极争取社会、政府、企业的大力支持,调动各种社会资源,多方共同努力来保障学生校外实践教学。学校要加强校企合作,构建校企之间互惠共赢的机制。随着经济结构调整,许多企业也面临人才匮乏、研发能力不足等困难。学校要充分发挥自身优势,通过帮助合作企业进行产品研发、成果转化,提供技术支持,为企业进行员工培训,向合作企业优先推荐优秀毕业生,特别是在人才培养等方面深度合作,形成校企双赢的良好局面,促进校企的长期合作,建立稳定的产、学、研基地。

依托实践基地加快双师型教师队伍的建设。一方面,教师利用指导实践的机会深入在企业建立的基地,与企业的技术专家接触交流,参与企业的设计、施工、维修和管理任务;另一方面,将教师送到企业培训一段时间,让教师对企业的各方面进行深入了解,从而把握企业的整体状况,以促进教师队伍实践教学水平和实际动手能力的提高。而在实际的建设过程中,要根据专业对接产业需求,积极建设一批教学科研创新团队,推动教学改革和科技转化。通过创建"双师型"名师工作室、实行"名师带徒"工作制度等方式,发挥名师的示范引领作用,形成学习研究实践共同体和人才成长共同体。同时,建立校内外导师的联动机制,搭建双导师沟通平台,使校内导师充分了解实践进展。在校内师资队伍建设中,着重把实践指导能力作为师资队伍建设的重要内容和考核标准,通过实践基地的实践活动,助力提升校内专任教师实践创新能力。

3　结束语

实践基地是学生进行创新实践活动的重要场所,是学生走向社会、了解社会、服务社会的桥梁;是实现产学研结合,培养全面发展的高素质人才的重要途径;对促进学生综合素质的提高、促进学生就业择业创业,激发学生探索未知领域的兴趣,提高学生的创新意识、团队协作精神、自主学习能力、实践动手能力等发挥着重要作用。本文分析了实践基地建设的重要性,总结了实践基地建设中存在的一些问题。结合川大空天学院的实践基地建设的实践,提出了相应的建议。

参 考 文 献

[1] 中华人民共和国教育部.教育部等部门关于进一步加强高校实践育人工作的若干意见[R/OL].(2012-01-10)[2022-10-21].http://www.moe.gov.cn/srcsite/A12/moe_1407/s6870/201201/t20120110_142870.html.

[2] 中华人民共和国教育部.教育部关于深化本科教育教学改革全面提高人才培养质量的意见[R/OL].(2019-10-08)[2022-10-21].http://www.moe.gov.cn/srcsite/A08/s7056/201910/t20191011_402759.html.

[3] 赵希荣,朱中华.加强校内外实习基地建设,培养学生实践创新能力[J].高教论坛,2010(7):45-47.

[4] 张安富.创新实习基地建设探索学研产育人新机制[J].中国高等教育,2008(20):33-34.

[5] 张千友,王福明,郑飞.应用型本科高校实践教学基地建设:成效、困境与突破研究——基于西昌学院2817名毕业生(三届)的问卷调查[J].职教论坛,2017(12):87-91.

议题 5

❋❋❋❋❋❋❋❋❋❋❋❋❋❋❋❋❋❋❋❋❋❋❋❋❋❋❋❋❋❋❋❋❋

航空航天类专业
青年教师教学能力提升与金师培育体系
的建设与研究

❋❋❋❋❋❋❋❋❋❋❋❋❋❋❋❋❋❋❋❋❋❋❋❋❋❋❋❋❋❋❋❋❋

高校青年教师教学能力培养模式的构建与研究

邸琳子　　杜洋

（北京航空航天大学 教务处，北京　　100083）

摘　　要：百年大计，教育为本，教育大计，教师为本。教师队伍建设是高等学校落实立德树人根本任务、全面提高人才自主培养质量的关键。青年教师是高校教师队伍的生力军和动力源，青年教师教学能力培养模式的研究与实践，是一项至关重要的基础工程。北京航空航天大学经过十余年的探索实践，研究构建出四级递进式的青年教师教学业务培训模式。名师讲座，分组研讨，基础培训锻造教学基本功；助教观摩，实战演练，上岗培训传承优良教学传统；"微课"演练，"说课"辅导，提高培训雕琢教学专业技能；需求牵引，目标导向，专项培训促进教学关键业绩成果达成。同时探索出了教赛相长、校院联动的教师教学竞赛组织模式，在教学研究与改革创新实践中，进一步锻炼和提高青年教师的教学专业能力。北航关于青年教师教学能力培养的实践经验和改革建议，供其他同类高校借鉴与参考。

关键词：青年教师；教学能力；培养模式；教学培训；教学竞赛

教师是立教之本、兴教之源。2022 年 4 月 25 日，习近平在中国人民大学考察时强调，"培养社会主义建设者和接班人，迫切需要我们的教师既精通专业知识、做好'经师'，又涵养德行、成为'人师'，努力做精于'传道授业解惑'的'经师'和'人师'的统一者"[1]。这是新时代高校教师发展的根本遵循，是高校教师队伍建设的努力方向。

2018 年 1 月 20 日，《中共中央国务院关于全面深化新时代教师队伍建设改革的意见》提出："全面提高高等学校教师质量，建设一支高素质创新型的教师队伍。全面开展高等学校教师教学能力提升培训，重点面向新入职教师和青年教师，为高等学校培养人才培育生力军"[2]。北京航空航天大学始终高度重视教师教育教学能力提升体系的研究与建设，特别是对于青年教师教学能力的培养。本文将北航十余年改革实践探索出的青年教师教学能力系统化培养模式，进行总结与分析，供其他同类高校借鉴与参考。

1　高校青年教师教学能力现状

根据教育部发布的《2020 年全国教育事业发展统计公报》[3]，普通高等学校专任教师183.30 万人，其中 40 岁以下青年教师 90.6 万人，占比达到 49.4%。青年教师已经成为高校专任教师队伍的主体和人才培养的中坚力量。

1.1　学术水平高，教学能力弱

近年来，北航每年新进青年教师近百人，全部具有博士学位，其中约三分之一来自海外名校。这些青年教师学术水平高、科研能力强，但普遍缺乏系统的教育理论知识，缺少实际的教学实践经验,在教学大纲的制定、教学日历和教案的撰写、教学内容的设计、教学方法的掌握、教学手段的应用、教学信息素养的掌握等方面都存在不同程度的欠缺,直接影响课堂教学效果和人才培养质量,这也是我国高等学校普遍面临的一个共性问题。

1.2 科研任务重,教学投入少

高等学校教师普遍都要承担教学、科研、公共服务等多重任务,而青年教师又刚刚完成从一名从事科学研究的学生到一名承担教书育人的教师的身份转换。由于科研成果相比教学成果更容易显性和量化等,青年教师在科研工作中主动性更强、投入精力更多。在面临繁重的科研任务的同时,作为一个"新手"教师,如果在教学上不能投入大量时间精力,势必会严重影响教学质量。

2 青年教师教学培训模式研究与实践

教师教学能力培养是全球高校关注的一个核心问题。北航从 2002 年开始举办青年教师教学方法培训班,2007 年升级为青年教师教学业务培训基础班,以"提升教师教学能力水平、完善教师教学发展机制"为目标,借鉴哈佛大学博克教学和学习中心的课前教师培训、微格教学训练、课程录像与课堂观摩等优秀做法,汇聚校内外国家级、省部级教学名师及教育专家等优质师资,设计打造青年教师教学业务基础培训、首次开课教师上岗培训、提高培训、专项培训四级递进式的培训模式,如表1所列,促进青年教师教学专业能力的快速提升。

表 1 教师教学培训体系建设研究

建设重点	思路与举措
健全培训制度	设置针对不同发展阶段教师的培训方案和培养要求,实施学分制管理,将培训学分纳入教师岗位评聘和年度考核内容
升级培训内容	准确把握教师不同发展阶段的需求与目标,分层级设计基础培训、高阶培训、专项培训的内容与结构,引导教师不断提高教学能力
汇聚培训资源	加强与国内国际高校、机构等的合作,组建高水平、专业化、长期稳定的培训师资队伍,建设线上线下相结合的培训课程库和教材
提高培训质量	探索教学培训质量标准和评价方法,实施培训过程质量评估,打造品牌培训课程和研修项目

2.1 名师讲座,分组研讨,基础培训锻造教学基本功

每年春季学期举办青年教师教学业务培训基础班。培训目标是帮助新入校的青年教师树立先进的教学理念、掌握必备的教学技能、了解教学学术研究方法等。制定《基础培训方案》,设计教育理念与规范、教学设计与实施、教学方法与技能、教学学术与研究四个专题讲座模块,并设置优质课、名师课教学观摩、分组研讨交流等教学实践环节,印发《学员培训手册》,帮助教师记录培训过程和心得感受。培训专家团队由多位校内外国家级和北京市级教学名师、教育学专家和教学管理人员组成。培训灵活采用线上线下相结合、理论实践相结合的方式,实行全过程考核和积分制管理,根据培训表现评选出"优秀学员"给与奖励,增强青年教师的参与感和

荣誉感。基础培训班自 2007 年开班,至今已举办 15 届,共有 1281 名教师获得培训合格证书。基础培训传播了优质的教育教学理念和方法,培养了教师的师德风范和职业操守,打磨了青年教师的教学基本功,强化了基本教学要求和教学文档规范,切实提高了青年教师的课堂教学水平和教学研究能力。

2.2　助教观摩,实战演练,上岗培训传承优良教学传统

获得教学业务基础培训合格证书的青年教师,可以参加"首次开课教师上岗培训",培训内容主要是教师走上讲台前应具备的教学能力和基本素质、应掌握的教学基本技能等。青年教师拟开课前必须完成至少一门本学科专业课程的完整助教任务,由责任心强、教学经验丰富的课程主讲教师对青年教师进行传帮带,完成助教后参加试讲。试讲是一次正式讲课的"实战演习",要求青年教师通过自己备一次课、写一次教案、设计完整的一堂课,对课堂教学各环节进行精心设计。试讲后听课专家与青年教师讨论"实战"得失,并进行现场指导和示范,使青年教师教学能力和课堂教学水平实质性地得到提高。试讲通过的青年教师才能正式走上讲台,为学生授课。

2.3　"微课"演练,"说课"辅导,提高培训雕琢教学专业技能

每年秋季学期举办青年教师教学业务培训提高班,培训目标是帮助已经获得基础班合格证书的青年教师提高教学专业能力,培训包括专题讲座、教学观摩、微课演练、教学反思与交流等环节,突出演练与交流,强化培训过程的教学实践性。专题讲座内容主要集中在研究型教学改革、课堂教学质量改进、教学学术研究、教师教学发展、教育信息化等方面。教学观摩环节要求教师自选至少 6 门精品课或名师课进行随堂听课,本学科专业课程和其他学科专业课程各占一半,增强学科间的交叉融合与优势互补。"微课"演练环节将教师按照学科分组,教师准备 10 分钟的现场讲课,同时提交一节课的教案,由北京市教学名师现场"说课"辅导,学员互评交流,并投票评选出"最佳展示效果奖""最佳 PPT 制作奖""最佳口才奖"和"最佳风采奖",充分发挥青年教师的积极性和创造性。提高培训班自 2008 年开班,至今已举办 11 届,共有 519 名教师通过培训,实现教学能力跨越式提升。

2.4　需求牵引,目标导向,专项培训促进教学关键业绩成果达成

紧跟教育教学发展前沿,整合校外内优质培训资源,打造涵盖课程建设、教材建设、教学成果奖凝练、教育教学荣誉申报、教学团队建设、教师教学竞赛筹备、教学改革与研究等方面的系列专项培训,满足教师教学发展的现实需求,帮助教师提高达成教学关键业绩成果的竞争力。联合其他高校,共同选派青年骨干教师参加牛津大学、UIUC 等国际名校线上教学研修项目,帮助青年教师更新教育理念,学习教学方法,开拓教学视野。

3　教师教学竞赛模式的探索与构建

2021 年 3 月,中国高等教育学会发布《全国普通高校教师教学竞赛分析报告(2021—2020年)》[4],指出教学竞赛在提高教师教学能力、教学水平和教学质量方面发挥了重要作用,重点院校的校均获奖数明显高于非重点院校。构建教师教学竞赛体系是教师教育教学能力提升的

有效手段和重要环节。

北航坚持"以赛促教、教赛相长"的理念,以全国高校教师教学创新大赛校内赛作为龙头,串联起多项教学比赛,如表 2 所列。创新性探索校院联合组织教学竞赛的管理模式,校院联合举办国家级重要教师教学竞赛的选内选拔赛,在全校范围进行宣传、培训、遴选与指导,扩大赛事影响力和教师受益面。引导参赛教师及团队,通过参加教师教学竞赛,不断总结教学经验、积累研究成果、开拓教学创新,为产生教学领域的大项目、大成果,奠定良好基础,形成培训、竞赛、奖励的全链条教师能力发展支持机制,为教师的成长、成才提供良好的土壤。

4　实践总结与改革建议

北航在青年教师教学能力系统化培养方面的主要举措是卓有成效的。青年教师队伍的教学能力整体得到保证和提升,培养出了一批政治素养高、教学能力强、国际视野宽、发展潜能大的青年教学骨干,他们有的已经成为校级教学名师、校级一流本科课程负责人、校级教学团队带头人,特别突出的已经成为北京市教学名师、国家一流本科课程核心成员,在全国高校教师教学创新大赛、北京市青年教师教学基本功比赛等多项教学竞赛中获奖。他们为全校教师的教学发展树立了学习榜样,为营造潜心育人、追求卓越的教学文化贡献了积极力量。

习近平总书记在中国共产党第二十次全国代表大会上的报告中指出:"教育、科技、人才是全面建设社会主义现代化国家的基础性、战略性支撑"[5]。面对加快建设高质量教育体系的新时代要求,以北航的实践经验和研究成果为基础,其他同类高校可以从教学培训体系和教学竞赛体系两个方面开展建设与研究,推动分阶段、分层次、分类型的教师教育教学能力培养体系设计与实施,不断提高人才自主培养质量。

表 2　教师教学竞赛体系改革探索

改革重点	思路与举措
开展有组织的教师 教学竞赛活动	建立校院两级教学竞赛管理模式,学校主导、学院主体,全链条开展赛事规划、组织、培训、支持工作,从教师自发参赛转变为有组织的参赛
构建进阶式的教师 教学竞赛群	在做好校外高水平赛事的校内遴选基础上,在混合式教学方法、课程思政、教育信息技术应用等教学创新的重点领域,设置专项赛事,引导和激励青年教师参与校内竞赛,积累经验、提高教学能力
强化教学竞赛与 教学培训的衔接	以教学竞赛激励教师参加教学培训,以教学培训发掘教学竞赛的重点培育对象,形成教师教学能力发展的良性循环

致　谢

本文得到了 2021 年北京高等教育"本科教学改革创新项目"《新时代教师教育教学能力提升的研究》项目支持。

参 考 文 献

[1] 新时代教师要做"经师"和"人师"的统一者[N]中国教育报,2022-04-29(1).

[2] 中共中央国务院关于全面深化新时代教师队伍建设改革的意见[N].中国青年报,2018-02-01(7).

[3] 教育部.2020年全国教育事业发展统计公报[EB/OL].(2021-8-27)[2021-11-30].http://www.moe.gov.cn/jyb_sjzl/sjzl_fztjgb/202108/t20210827_555004.html.

[4] 中国高等教育学会.《全国普通高校教师教学竞赛分析报告(2012-2020年)》发布[EB/OL].(2021-3-22)[2022-1-14].https://www.cahe.edu.cn/site/content/14039.html.

[5] 新华社.习近平:高举中国特色社会主义伟大旗帜 为全面建设社会主义现代化国家而团结奋斗——在中国共产党第二十次全国代表大会上的报告[EB/OL].(2022-10-25)[2022-10-26].http://www.gov.cn/xinwen/2022-10/25/content_5721685.htm.

航空航天专业"以学生为中心"教育理念探究[*]

李雪婷 钟苏川 孙国皓 江秀强

(四川大学 空天科学与工程学院,成都 610065)

摘 要:当今世界正在经历"百年未有之大变局",在这种世界格局之下,教育成为实现中华民族伟大复兴具有决定性意义的事业。中国社会主义教育事业发展的根本问题是:培养什么人、怎样培养人、为谁培养人,"人"是教育的核心。然而,传统的高等教育方法通常是灌输式教学方法,教师会什么教什么,较少关注到学生在教育过程中所充当的角色,这在很大程度上限制了高等教育人才培养质量提升。为了解决这个问题,联合国教科文组织在首届高等教育大会宣言中提出"高等教育需要转向'以学生为中心'的新视角和新模式",而如何做到"以学生为中心"则成为当今世界高等教育事业中一个亟待解决的关键问题。就航空航天专业而言,显然,"以学生为中心"的高等教育基本理念和方法,是培养航空航天专业卓越工程师,实现科技强国、空天报国的必经之路。

关键词:"以学生为中心";课程体系;教学主体;结果为导;以学评教

教育决定着人类的今天和未来,是提高人民综合素质、促进人的全面发展的重要途径,是民族振兴、社会进步的重要基石,是传承人类文明、创造美好生活的重要力量。教育的中心是教育者设计教育活动时的出发点,中心工作围绕目的开展,而教育的目的是学生的发展。因此,学生显然是组织教学工作的中心。就航空航天专业领域来说,教师只有"以学生为中心"开展组织教学,设置课程体系及具体课程,才能最大限度的提高航空航天专业人才的培养质量。

然而,由于中国近代教育实行班级教学制度[1],工业革命时期盛行人才批量化培养,尤其经过近代半殖民地半封建社会时期的影响,导致教育很难做到以学生为中心。首先,班级教学制度的实行,尽管大大提高了高等教育教学效率,但由于班级中通常是一位教师面对几十名学生,因此教师很难充分考虑每位学生的需求,这在一定程度上疏离了师生关系,给"以学生为中心"的教育理念实行带来了困难;其次,受工业革命的影响,班级教学制度获得进一步的推广,人才培养的批量化生产进一步加强,这无疑加剧了师生关系疏离;再次,中国近代有过一段被动挨打的经历,这使得拯救中华的思想渗入到每个中国人的骨髓,这一特殊国情使得我国的学习和教育都带有浓厚的培训色彩,主张"师夷长技以制夷",而忽略了人的基本需求;最后,高校教师大多来自非师范院校,缺少教育学的专门训练,因而,较少关注课程内容之外的教学影响因素研究和对为什么而讲的思考。上述因素无疑增加了"以学生为中心"基本教育理念推行的难度,限制了人才培养质量。

随着高等教育学习理论[2-3]不断发展,伴随国际高等教育的发展趋势[4-5]以及信息技术的

---

* 本文系四川大学新世纪高等教育教学改革工程(第九期)研究项目"航空航天飞行力学跨方向融合教学改革与实践"(项目批准号 SCU9255)、2021 年四川大学研究生培养教育创新改革项目——课程思政示范课程项目、2021 年四川大学研究生教育教学改革项目——思政课程与课程思政建设研究项目研究成果

快速崛起,中国高等教育逐渐重回"以学生为中心"的教育理念。首先,20世纪50年代,构建主义逐渐开始受到人们的关注,它强调学习者的主动性,认为知识不是通过教师传授得到,而是学习者基于原有的知识经验,借助其他人(包括教师和学习伙伴)的帮助,通过必要的学习资料,以意义构建的方式而获得。同时,学习环境中包含"情景""协作""会话"和"意义建构"四大要素,而这四大要素均建立在"以学生为中心"的教学理念上。其次,20世纪50年代,美国人本主义心理学家学者提出了"以学生为中心"的本科教育理念,引发了本科教育基本观念、教学方法和教学管理的系列变革,给高等教育带来了巨大的影响[6]。1998年联合国教科文组织在世界首届高等教育大会宣言中提出"高等教育需要转向'以学生为中心'的新视角和新模式",并预言"以学生为中心"的新理念必将对21世纪的整个世界高等教育产生深远的影响[7]。最后,数字化生存方式使大学教师不仅丧失了对高深学问的集体垄断权,也失去了关于高深学问课程开发的垄断权,教师不再是知识的绝对权威,"三中心"(课堂中心、书本中心和教师中心)的知识灌输型教学模式面临严峻挑战。网络化使教育资源无所不在,学生的信息来源、知识获取和学习选择自由度大幅增加,泛在学习、互动学习成为主流,教师教学必须从"教"转向"导"。"以学生为中心"教育理念逐渐成为中国高等教育的基本教育理念,而能否落实"以学生为中心"教育理念也逐渐成为评价各大高校专业建设的一个重要考核指标。

"以学生为中心"教育理念[8-13]的落实,关乎着高等教育人才培养质量,影响着航空航天专业建设的新征程。因此,只有切实落实"以学生为中心"基本教育理念,才能培养出一代又一代卓越拔尖的航空航天领军人才,实现空天报国的伟大目标。

1　突出学生的教学主体地位

突出学生的教学主体地位,主要强调高校教师需要围绕培养目标和学生学习成果要求(毕业要求)的达成进行资源配置和教学安排。以本科教学为例,四川大学空天科学与工程学院飞行器控制与信息工程专业的本科生培养目标是:培养具有良好的科学、文化和工程素养,具有扎实的专业知识、较强的创新意识、团队合作精神和工程实践能力,能够从事航空航天领域中控制、导航、制导、信息处理、系统仿真等方面的科学研究、技术研发和工程应用工作的高素质专业技术人才。

针对该培养目标,为开展"以学生为中心"的人才培养建设,专业设立以飞行器控制一条主线,飞行器结构及原理、航空航天信息两条辅线的课程体系架构,如图1所示。课程体系主要包括:通识课、学科基础课、专业核心课、专业选修课,实现了学生夯实学科基础、加强专业技能、深入专业研究多位一体的课程体系建设目标。

通识课包括:学科通识课程(微积分、线性代数、大学物理、概率论与数理统计等)、基础通识课程(思想政治理论课、军事理论、体育、外语等)、核心通识课程、交叉通识课程。专业基础课包括:学科基础课程(电路分析基础、模拟电路基础、信号与系统B、数字逻辑设计与应用、微处理器系统结构与嵌入式系统设计等)、学科拓展课程(工程力学、通信原理、自动控制原理、现代传感与探测技术等)。通识课和专业基础课旨在帮助学生构建学科框架基础,夯实学科基础知识,树立正确的思想观念,是整个专业课程体系的根本。

专业核心课包括:专业学科核心课程(系统工程导论、飞行力学基础、导航原理基础、飞行控制原理、飞行器测控通信原理、机载电子系统等)、专业实践类核心课程(军事训练、大学物理实验、电工电器技术实训、电子技术应用实验、飞行器控制系统实验等)。专业核心课旨在帮助学生建立起整个专业学科体系,加强专业技能,为后续进一步深入研究构建起专业学科知识网络,是整个专业课程体系的发展部分。

专业选修课包括:本专业选修课(航空航天概论、机械动力学、数字信号处理、空间光通信原理、雷达原理、空间激光通信实验等)、素质教育选修课(大学生职业生涯规划、科技写作与演讲等)、其他专业选修课(跨专业选修、创新与拓展项目等)。专业选修课旨在帮助学生在掌握一定专业学科的基础之上,为学生后续进入社会工作、进一步学习深造等带来专业技能的进一步提高,是整个专业课程体系的提升部分。

特别的,为结合新工科建设需求,以学生发展为中心,打破老师会什么教什么,转变为国家未来需要什么样的人,我们就培养什么样的人。如图 2 所示,专业设立多项实验实践机会,为学生提供工作单位实习推荐,鼓励学生参与教师科研项目,指导学生参与各种国家级、省级、校级竞赛及相应的项目制课程学习。促使学生了解航空航天专业学科前沿,了解航空航天专业发展现状,促进深化产学研结合,学科交叉、创新、再融合。与此同时,引导学生对航空航天专业领域深入探究,了解社会需求,培养学生团队合作能力。

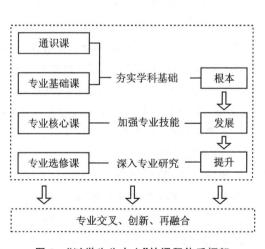

图 1　"以学生为中心"的课程体系框架

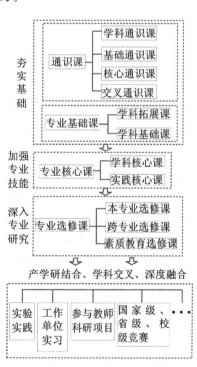

图 2　"以学生为中心"的课程架构

2　开展以结果为导向的教学

开展以结果为导向的教学,主要强调专业教学设计和教学实施以学生通过教育过程,最终所取得的学习结果为导向。也就是说,在航空航天专业教学的三个主要环节(备课、讲课、评课)过程中,任课教师均要能够做到以学生为中心。根据学生具体学情及专业需求,进行课程备课、课程讲授、及教师间评课,如图 3 所示。

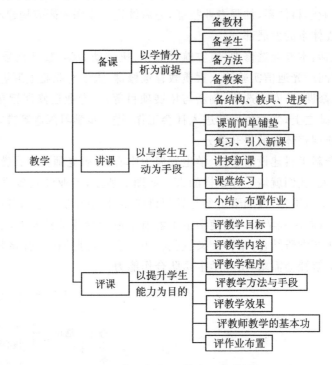

图 3　"以学生为中心"的专业教学过程

在备课环节,教师需要考虑准备适合学生研读和学习的经典教材。同时,熟悉学生的学习能力和已掌握的基础知识,因材施教。教师需要设计适合学生知识掌握的教学方法和教学环节并合理搭配相应的教具。在撰写教案过程中,合理设计教学进度、教学结构,难易结合、快慢穿插。为深化"以学生为中心"的基本教育理念,在整个备课过程中的各个环节,教师均需考虑学生的个人发展及需求,开展学生的学情分析,并利用课余时间充分了解学生的知识掌握情况、是否有其他方面知识拓展需求、是否有意愿加入老师的科研项目中进行深入专业研究,并根据学生具体情况合理调整备课各个环节。总之,在备课过程中,任课教师需要考虑各项教学因素、学生需求,积极准备,以保证课堂教学有序进行,提高教学质量。

在讲课环节,教师需要:① 在开课前进行适当的课前铺垫、组织教学、调动学生上课积极性;② 简要复习之前章节所学内容,过度引入新课内容,关注课程前后内容衔接;③ 在讲授新课过程中,与学生进行充分的互动,活跃课堂学习氛围,同时借助教室多媒体(视频、动画等)全方位展示课堂内容,增加学生学习兴趣;④ 在课程重点、难点内容部分,设置适当的课堂练习,加强、巩固学生对新知识的掌握程度,帮助任课教师了解学生对当堂课程内容的接受程度;⑤ 在当堂课程内容结束时,进行课程小结并布置课后作业,保证作业内容覆盖课堂内容同时具有难度梯度,方便大部分学生进行知识巩固、少部分学有余力的学生进一步攻克难题获得能力提升。同时,任课教师可根据学生具体情况设置开放性探究题目,以小组为单位,鼓励同学自发学习研究,培养学生团队合作能力并获得专业技能提升。

在评课环节,有经验的评课教师会针对任课教师的教学目标设置是否合理,教学程序是否规范,教学方法与手段是否有效,学生课堂表现及知识掌握情况等进行综合评价。与传统评课方式中重点考察专业教师的教学基本功、专业能力不同,"以学生为中心"的评课环节中,除考察上述内容外,还着重考虑学生的课堂表现及知识掌握情况,以学生学会、悟懂、会用为最终目标。特别的,为落实立德树人根本任务,还应对任课教师在授课过程中是否将价值塑造、知识传授和能力培养三者融合为一体,是否帮助学生塑造正确的世界观、人生观、价值观进行考察。高水平的任课教师应该在传授专业知识的同时,培养学生探索未知、追求真理、勇攀科学高峰的责任感和使命感。同时,培养学生精益求精的大国工匠精神,激发学生科技强国、空天报国的家国情怀和使命担当。

3　实行以学评教的评价方式

实行以学评教的评价方式,主要强调以学生的学习成果评价教师的教学质量,并将学生和用人单位的满意度作为专业评价的重要参考依据,见表 1。四川大学空天科学与工程学院飞行器控制与信息工程专业作为国家级一流专业建设点,其建设目标中"以学生为中心"的人才培养任务占有非常大的比重。专业建设目标:把人才培养方案和教学计划切实落实本科专业国家标准要求;人才培养目标符合学校定位、适应社会经济发展,人才培养方案科学合理、动态更新;课程设置支持毕业要求达成;积极建设一流的实验和实践教学平台,提升学生实验和实习条件;积极推动形式多样的国际化教育,努力拓宽学生视野等。以学生就业率、升学率,及用人单位及毕业生意见反馈作为专业人才培养质量的重要评判标准,力求毕业生行业认可度高、社会整体评价好。

具体来看,在学生选课制度上,支持学生对课程进行退补选,并规定如果选课人数不到规定数额不开课,以学生需求作为课程是否设立的重要衡量标准。本科生培养方案充分考虑学生意见,并根据学生意见和想法组织相关教师定时研讨修改。在教师教学方面,把学生对任课教师的评价作为教师课程考核的一个重要考虑因素。

表 1　"以学生为中心"的学生评教指标

评教类型	课堂教学	实验实践
指标 1	你对本课程教学效果的总体评价?	你对本课程教学效果的总体评价?
指标 2	你对本课程学习效果的自我评价?	你对本课程学习效果的自我评价?
指标 3	你对本课程选用教材的整体评价?	教师提供了课程指导手册和丰富的参考资料
指标 4	教师能主动收集学生的教学反馈并持续改进	教师能主动收集学生的教学反馈并持续改进
指标 5	教师组织开展了多种有效的课堂讨论和互动	教师对实验、时间报告进行了开始、认真的批改和反馈
指标 6	混合式教学模式(线上线下教学相结合)能更好地帮助你学习该门课程	教师就实验操作或时间活动的规范性及安全性做了细致要求
指标 7	教师对课程的过程考核环节有清晰说明、设计合理、评价标准公正	教师对该课程进行了很好的教学活动设计,对共同问题进行了有效讨论

以学评教的评价方式,在很大程度上能够帮助优化课程体系及专业课程建设,提高人才培养质量。以"以学生为中心"为出发点,根据学生反馈及社会需求对学科专业进行大幅度调整

也是新工科建设的一个重要内容。同时，坚持以学评教也为任课教师调整课程教授方式、授课思路提供了重要的方向指示作用。

4　结束语

教育事关国家发展、事关民族未来。站在"百年未有之大变局"的世界视野下看教育，人才越来越成为推动经济社会发展的战略性资源，正因此教育的基础性、先导性、全局性地位和作用也愈加突显。与此同时，提高人才培养质量成为当今中国高等教育的重要任务，而"以学生为中心"的基本教育理念是提高人才培养质量的必由之路。就航空航天专业来讲，教师通过"突出学生的教学主体地位""开展以结果为导向的教学""实行以学评教的评价方式"的教学手段，落实"以学生为中心"的基本教育理念，提高专业人才培养质量，为国家培养出一代又一代的航空航天专业卓越拔尖领军人才。

参 考 文 献

[1] 王艳辉，邱美怡，翁子宜，等.虚拟班级教学模式与大学生在线学习绩效：在线学习投入的中介作用[J].嘉应学院学报，2021,39(04):92-97.

[2] 饶芬芳.探索高等教育规律提升思政教学水平——评《新时期大学生思想政治教育理论研究与实践》[J].山西财经大学学报，2022,44(04):132.

[3] 王建华.论"高等教育理论"的建构[J].清华大学教育研究，2022,43(01):12-22.

[4] 别敦荣，易梦春，李志义，等.国际高等教育质量保障与评估发展趋势及其启示——基于11个国家(地区)高等教育质量保障体系的考察[J].中国高教研究，2018(11):35-44.

[5] MARCO A.R.D.，杨习超.国际高等教育发展趋势、问题与建议——联合国教科文组织前高教处处长迪亚斯教授专访[J].苏州大学学报(教育科学版)，2015,3(03):71-80.

[6] 关春华.人本主义心理学对以学生为中心的教育的启示[J].现代交际，2015(06):169-170.

[7] 兰冰.世界高等教育宣言(节选)[J].云南电大学报，1999(4):5.

[8] 张雪阳，肖厦子，夏晓东，等.以学生为中心的阶段化材料力学混合教学探析[J].科教文汇，2022(17):65-68.

[9] 马岩.以学生为中心的混合式教学实施策略——以大学英语教学为例[J].吉林农业科技学院学报，2022,31(04):78-81.

[10] 戴宏亮，戴宏明."以学生为中心"的课堂教学模式探索与实践[J].高教学刊，2022,8(20):108-111,115.

[11] 毛学松.对当前高校人才培养体系的再认识、反思与优化路径——基于"以学生为中心"的视角[J].教育教学论坛，2022(27):41-44.

[12] 龙燕.坚持"以学生为中心"的思政课教学改革创新[J].科教导刊，2022(18):126-128.

[13] 解圣霞."以学生为中心"的混合式教学模式的教学评价设计与研究[J].品位·经典，2022(16):152-154.

青年教师指导大创项目实施过程的特点及策略

左杨杰　陆晓翀

（四川大学 空天科学与工程学院，成都　610065）

摘　要：为了提高大创项目对本科生的培养质量，对高校青年教师群体指导大创项目实施过程的特点和策略进行研究：首先，分析了青年教师在指导大创项目实施过程中的 3 项主要不足和 3 项主要优势；随后，基于实践经验建议青年教师每年指导项目数限制在 2 项以内，且单个项目参与学生人数不超过 3 人，以保证项目实施效率；最后，提出集中时间、集中组员、教师亲自带领大创项目"两集中、一带"实施策略，以提高项目实施质量和教师指导效果。上述分析可为青年教师指导大创项目提供参考。

关键词：大学生创新创业训练计划项目；青年教师；实施过程

引　言

大创项目是培养我国当代大学生创新创业的有效途径，亦是我国高等院校培养符合新时代所需高质量人才的重要过程[1,2]。其中，大创项目的实施过程是保障大创训练效果的关键，研究实施过程的特点、促进方法对于提升大创训练质量具有重要意义。

当前，关于大创项目实施过程的研究已引起了诸多学者关注。在高校层面，杨风开等[3]基于面向过程的项目管理和评价体系，提出了大创项目运行管理模式，并获得了良好的实践效果。同时，李秋萍等[4]指出当下大创项目管理体制不够完善，高校需制定有效的管理制度确保项目实施质量。谭晋钰[5]亦指出高校应保持创新创业教育观念持续更新，为师生在大创项目资源和机会上提供充分的保障。在指导教师层面，王毅等[6]研究了基于成果导向的通过比赛促进实践教学的体系，并在指导大创项目实践中进行了验证。刘宁等[7]针对江苏省的 6 所高校，分析了其中 36 个大创项目，研究发现大创项目指导老师应发挥指导和引导作用，以促进大创项目过程的实施。韩团军等[8]亦指出大创项目在符合专业培养目标的基础上，配备专业素养过硬的指导教师，对于项目的有效实施十分重要。在学生层面，黄垂秀等[9]发现有的学生参与大创项目心态较功利，项目实施过程较消极。许胡笛等[10]调查表明本科同学在大创项目实施过程中普遍参与，但参与项目的多元化和时长均不足。整体来看，当前相关研究已经涵盖了高校、指导教师和学生各个层面，但仍存在不足。典型地，青年教师是指导高校大创项目的主力之一，具有诸多典型阶段特征，其在指导大创项目实施过程中的特点和方法仍有待探索。

综上，本文围绕如何提高青年教师指导大创项目实施过程效果的问题，分析了高校青年教师在大创项目指导中的特点，并基于特点提出了项目实施过程的"两集中、一带"指导方法，为青年教师指导大创项目提供参考。

1   青年教师特点

在大创项目指导过程中,青年教师的典型特点如图 1 所示,主要包括典型的 3 项不足和 3 项优势,后文将进一步阐述。

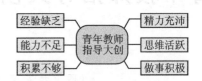

图 1   青年教师在大创项目
指导中的典型特点

1.1   典型不足

针对大创项目指导,本文主要列出了青年教师经验缺乏、能力不足和积累不够 3 项典型劣势特征。

经验缺乏对于大多数青年教师是显而易见的。青年教师刚由学生身份转变为老师,自身仍处于转变过渡期。在任职之前,虽然有许多青年教师具备学生阶段的大创项目参与经验,但没有指导大创项目的经验。参与和指导大创项目存在巨大差异,参与项目经验不足以支撑任职后的大创项目指导。例如,如何与学生相处、学生需要什么、学生通过项目应该获得什么、如何把控项目进展等一系列问题均有待青年教师思考和回答。

能力不足主要指青年教师指导学生的能力不足。青年教师指导的能力大多来自学生阶段经验和实践,属于典型的有限归纳总结,缺乏系统性和广泛适用性。在大创项目实施过程中,需要指导学生思考、试验、建模、写作、分析总结等一系列内容,青年教师前期所掌握的指导能力显然不足。为了提高指导能力,青年教师需要不断的学习、实践和总结系统化。

积累不够此处主要指专业素养和行业认知的积累不够。青年教师毕业时的研究方向通常是一个小的研究分支,自身研究方向的广度和深度需要在后续任职中继续发展。因此,在指导大创项目时,很可能出现项目研究意义不明等问题。同时,亦有可能出现对大创项目研究过程和结果连指导老师自己都不清楚的现象。

1.2   典型优势

相较于典型不足,青年教师在指导大创项目中的典型优势也十分明显。

精力充沛是青年教师的一大优势。因为年龄和所处人生阶段的特殊性,青年教师有精力和时间指导学生。青年教师的活力在一定程度上也会感染被指导的同学,并产生积极作用。

思维活跃是年龄和科研阶段共同作用的结果。因为年轻,同时青年教师一般刚毕业,在科研创造上具有很大的优势,很可能产生很多很新的想法。在指导学生过程中,学生能感受到创新,有利于培养学生的创造性。

做事积极一般也是青年教师的典型特点。一方面,因为自身发展的需要,青年教师一般都较为积极主动地承担各项工作,一般都比较愿意指导大创项目。另一方面,青年教师一般没有自己的研究生或研究生数量较少,会较乐意花时间指导本科同学,并通过大创项目在一定程度上完成自己项目研究。

2   项目指导策略

本文所针对的大创项目实施过程中的问题及其解决的策略如图 2 所示。这些策略主要针对大创项目实施过程中如何提高组员积极性、执行效率低和指导老师指导效果等问题而提出。

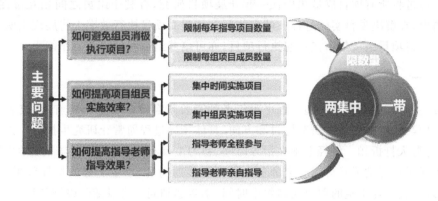

图 2　青年教师在指导大创项目实施过程的 3 种策略

2.1　限数量

　　每年指导项目的数量，一般与高校老师的研究状态和学生相关。学生方面，因为政策和高校的引导，一般都普遍参与到了大创项目中。因此，通常情况下大创项目的学生数量是不太缺乏的。而对于青年教师，自己的研究一般刚起步，同时具有上述的一些阶段性不足，一次指导多组大创项目自身压力可能会较大，同时不利于对同学的指导。一般来说，青年教师每年指导 1 项到 2 项大创项目可能比较合适，这样精力和时间会比较集中，同时可以通过实践积累经验和技巧。

　　每组大创项目的参与人数建议不超过 3 人。首先，在大创项目设计时项目内容通常不会太复杂、太多，一般 3 名同学可以较容易地完成。其次，实践表明，当项目参与人数超过 3 人时，项目分工会较困难。后面几位同学积极性会较弱，而且这种消极情绪会进一步影响其他项目成员，最终导致整个项目实施困难，或者最终项目由少数一两位同学完成，其他同学对项目没有贡献。最后，单个项目参与人较少的情况下，指导老师可以更容易了解学生，可以集中更多的精力和时间有针对性地指导项目实施。

2.2　两集中

　　大创项目实施过程中，集中时间开展项目研究可有效提高项目实施效果和效率。本科同学的学习任务普遍是比较重的，一方面要上各类课程、完成相关作业，另一方面可能还要参加社团、比赛等活动。如果让同学自己安排零散时间完成大创项目，时间不确定性较高、连续性较差，很不利于项目高质量、高效率完成。为此，可以根据同学自己的时间特点，选择固定的、连续的时间实施大创项目，而且每次集中的时间长度最好能在半天到一天。例如，在每周周末中选择一天开展大创项目，或者在寒暑假等假期开展一周连续的大创项目。通过这种策略，不但可以大大提高同学大创项目执行过程中的专注度和效率，同时不会因为大创项目耽误同学们的学业课程。

　　除了集中时间，集中组员一起执行大创项目亦十分重要。大创项目一般由几名同学一起完成，如果各自做自己的分工，项目进度和问题协调会比较困难。而且，对于自律性较差的同学,独自完成分工很可能会十分拖延,最终影响整个项目执行。项目执行过程中,在集中时间的基础上,通过将所有项目成员集中在一起开展项目研究,有利于组员之间相互督促、相互沟通、相互约束,在解决项目实施过程中的具体问题和提高项目执行效率上将展现出明显的促进作用。此外,将项目组员集中在一起执行项目,亦可培养组员间的团队协作能力。

2.3　一　带

"一带"主要指大创项目实施过程中青年老师需要亲自带领学生。当前,高校老师在大创项目指导过程中,有的仅提出研究题目和方向,具体指导过程通常让研究生执行。这使学生指导效果很容易大打折扣。年轻老师在指导时间、精力上具有优势,通过亲自带领学生执行大创项目,学生通过见习的形式可以在老师身上学到更多的内容,产生更好的指导效果。例如,青年教师可以直接参与学生的项目实施集中时间,学生遇到问题可以随时咨询和反馈,青年教师同时也对项目进展具有较好把控。尤其是大创项目撰写相关报告和结果分析中,通过亲自带领学生,学生的写作问题可以得到现场反馈,结果分析可以即刻探讨。

当然,此处的亲自带领学生并不是指替代学生执行项目,或做学生的项目保姆。青年教师应该作为一个旁观者,起到辅助项目执行的作用。典型地,在学生集中执行项目的时候,青年教师只用在学生附近办公室或实验室,当学生需要找他探讨的时候可以立马探讨即可。其时间和精力花费并不会太高。此外,对于一些危险性较高的大创项目,这种策略还可以降低项目发生危险的概率。

3　讨　论

本文主要针对青年教师这一特殊教师群体,在指导大创项目执行过程中的特点和策略进行了分析。作者前期相关实践取得了一定效果,例如获得了一项国家级大创项目优秀结题,大创项目研究内容在《工程科学与技术》获得发表并授权 2 项发明专利,参与项目的两名同学科研实践能力提升明显。然而,相关结论和观点主要来自于经验和实践的有限归纳,其适用范围具有局限性,同时其结论需要通过更多的实践来进一步完善。

4　结　论

1) 分析了青年教师在大创项目实施过程中的主要特点,典型不足之处在于经验缺乏、能力不足、积累不够,但同时又具有精力充沛、思维活跃和做事积极等优势,青年教师指导大创项目实施可根据这些特点制定相应策略。

2) 针对青年教师指导的典型特点,建议每年指导项目数量限制在 2 项以内,同时单个项目参与学生人数限制在 3 人以内,以保证项目指导的精力和时间,并提高项目组成员的积极性。

3) 大创项目实施过程中,集中时间和组员开展项目研究可有效提高项目实施效果和效率,建议选择固定的、连续的时间实施大创项目,而且每次集中的时间长度最好能在半天到一天,如每周周末或寒暑假等假期开展一周连续的大创项目。

4) 大创项目实施过程中年轻老师需要亲自带领学生,参与学生的项目实施集中时间,学生遇到问题可以随时询问和反馈,但青年教师应该作为一个旁观者,起辅助项目执行的作用。

致 谢

感谢四川省自然科学基金青年科学基金项目(编号:2022NSFSC1864)对本文相关研究的资助。

参 考 文 献

[1] 蓝毅,刘伟钦,刘带.理工类"大创项目"质量提升路径研究[J].高教学刊,2022,8(21):49-52.

[2] 李光达.浅谈大创项目对大学生创新能力的培养[J].教育教学论坛,2021(27):9-12.

[3] 杨风开,李红斌,尹仕.基于过程管理的院系级大创项目的运行管理模式[J].创新与创业教育,2019,10(01):82-86.

[4] 李秋萍,罗孟.高等院校"大创计划"项目实施过程的研究[J].教育观察,2017,6(07):65-66.

[5] 谭晋钰.高校供给侧创新创业教育体系构建研究——基于"大创计划"项目师生调研[J].教学研究,2018,41(01):100-104.

[6] 王毅,张沪寅.以赛促学实践教学体系下的穿透式案例设计[J].计算机教育,2021(06):36-41.

[7] 刘宁,贺超凯,张瑞可.基于创新能力提升的江苏省高校"大创"项目管理运行新模式研究[J].教育评论,2019(08):66-72.

[8] 韩团军,尹继武,黄朝军.基于大创项目的电类学生创新能力培养研究[J].黑龙江教育(理论与实践),2021(04):39-40.

[9] 黄垂秀,蔡向阳,董莹.大创项目中法医学本科生科研能力培养的探索[J].基础医学教育,2022,24(08):574-578.

[10] 许胡笛,王睿,杨柳,等.大学生创新训练项目参与情况的调查与研究[J].中国高等医学教育,2019(01):7-8.

议题 6

航空航天类专业
产学研用协同育人机制的建设与研究

竞赛导向下航天专业产学研用协同培养探讨

周鹤　王钰淞　于晓洲　夏广庆

（大连理工大学 航空航天学院，大连　116024）

摘　要：立方星作为开发周期短、研制成本低的航天器，降低了小规模科技企业和高校卫星研发的门槛。立方星相关商业产业兴起为立方星研发提供了高性价比、高成熟度的一体化分系统模块。航空航天领域出现的新形势变化对航空航天人才培养变革创造了新的契机。国内外多所高校组建了由学生组成的卫星研发团队，使航天器教学从单一基础理论层面上升为理论实践综合培养。相关竞赛成为人才培养的交流展示平台和理论实践过渡的桥梁，并促进研究成果向商业应用的转化。

关键词：竞赛导向；产学研用；人才培养；航天专业；评价体系

立方星相关产业的兴起使得小规模科技企业和高校具备了独立研发卫星的能力，降低了卫星设计的准入门槛。立方星以特定的结构特征和高成熟度商业集成硬件为特征，将复杂的卫星设计转变为一体化分系统的组合填充。面对特定功能要求仅需要做出构型和参数上的简单调整便可以投入使用，大大降低了总体设计的难度。在这种条件下，科学载荷成为研发机构的主要攻克目标。且立方星应用范围极广，从近地遥感遥测到深空探月、探火、探测小行星，均可采用立方星设计方式。目前，国外已有多个高校组织学生参与团队研制立方星并发射升空。立方星新兴领域的发展对于人才培养提出了新的挑战，同时也为在校学生提供了卫星设计的实践机会。因此，如何结合立方星新兴领域对教学模式进行再建设，培养多学科交叉的新工科人才是非常重要的命题。

实际卫星设计是一项十分严谨的工程，过早进行实践设计不仅不利于基础理论掌握，还容易造成经济损失浪费。因此以竞赛作为预先实践考核和检验能够有效构建理论计算和实践研发的过渡桥梁。国内外已有多项立方星领域相关赛事，例如由国际宇航联合会和中国宇航学会联合主办的世界立方星挑战赛等。这些赛事为人才培养提供良好的检验场所和交流平台，并对优秀作品提供一定的经济支持以减轻研发负担。这些赛事已被多所国内外权威媒体报道，具备一定的社会影响力。除整星研制外，分系统设计可与商业应用相结合，响应国家"产学研用"相结合的号召，借助大学生创新创业大赛平台进行商业转化并招商投资。从而从技术突破、软硬件研发、商业生产、科技应用等完整环节实现对人才的协同磨练和创作激励，创造开放共享、自主创新的良好学术氛围。

国内关于卫星设计的教学模式基本停留在理论教学的范畴，这种培养模式会造成人才缺乏实践经验，与行业人才需求的不切合，增加行业新入职人才的业前培训压力。在竞赛辅助下开展人才培养和实践磨练的综合教学建设改革将有助于弥补此方面的缺失。

1 航天类学生评价及培养现状分析

航空航天专业作为国家发展急需的人才培养专业,对人才培养教学和培养体系建设还在逐步摸索。尤其在人工智能等多学科交叉背景下,对现有培养体系的更新和发展显得尤为重要。

目前,各高校对于人才培养的评价体系主要以科研成果为衡量标准,科研成果中论文和专利所占的比例远高于竞赛占比。一方面是受到高校整体的评价体系影响,另一方面是部分竞赛组织不够规范或影响力较小。唯论文的评价方式正受到教育教学上的探讨,高校也逐渐提出多方位多方面的评价机制并有意识引导学生在竞赛上有所投入,例如通过科研补助奖励机制和专项奖学金评审机制,但收获还需进一步提升。

论文更多在于对理论钻研、研究方法上得到突破,更适用计划继续攻读更高学位的人才。这一部分人才仅占生源的一少部分,更多学生毕业后归属为企业、事业单位等。对于这部分更倾向于实践应用的人才培养应该与前者有所偏重。竞赛作为对理论创新要求不高、更注重实践应用结合的检验方式更适合作为此类人才培养的重要考核佐证,也有助于企业单位对于高校培养人才的预验收。

航天专业由于涉及实际部组件成本昂贵,高校学生很少具备切身接触机会。课程主要以基础理论学习为主,且各学科内容互不相干,基础教材内容充实但浅尝辄止[1]。然而在航天器实际设计中,大多采用跨学科的设计方法,涉及到多门专业课程的综合应用。单一的课程学习使得学生在应用中产生知识的割裂感,需要融会贯通的学习阶段进行练习。这部分培训在现今培养体系中一般在刚入职阶段安排。竞赛可以将这一阶段提前,与理论学习阶段相融合,在学习阶段即结合工程检验。立方星的普及和产业兴起为这一转移过程提供了基础条件,大幅降低了转移的成本。大连理工大学开设了相关实验课程,进一步构建了大型地面遥感通信一体化设备以服务后续发射卫星遥感应用,为学生提供良好的实践环境。

2 产学研用协同育人思路探讨

"新工科"背景下,学科建设需满足当前市场经济发展下新兴产业的发展需求[1]。深入推进产学研合作,促进人才培养与新兴产业需求紧密结合是新工科建设的迫切需求。通过以下四个角度,对产学研用协同育人的思路进行探讨。

2.1 加强实践建设,致力于产学结合育人体系完善

通过"大类基础课"+"专业基础课"+"核心专业课"+"特色选修课"+"专创融合"+"创新实践"方式,构筑"强化—拓展—升级"阶梯式育人模式,强化创新和实践在能力进阶中的核心地位,通过新模式提升人才培养中高阶性、创新性和挑战度的衔接性和匹配度。以学生为中心、育人为本,以教师为要、学科为魂、责任为重,强调创新意识和实践能力培养理念,形成价值塑造、知识传授、能力培养、实践创新的四位一体人才培养体系,为培养创新型一流人才奠定基础。

组织全院教师参加各类产业教育、教学培训,切实提高产业教学水平;深度挖掘鲜活的产

业元素,以工程实践、科研创新为主旨形成产业教学案例库;引进立方星模型等各类航空航天新兴产业仪器设备拓展实践产业教学;带领同学深入关键领军企业,有效开发整合校内校外实践资源,拓宽实践育人载体;开展特色研讨、专业社团和学科竞赛为依托的互促模式,形成以教学、实践和学科竞赛融合的育人模式,实现产学结合育人的丰富性和贯通性,夯实空天报国精神的传承和践行。

2.2 加强顶层设计,构筑校企开放协同的新工科创新体系

对培养计划进行顶层设计(见图1),面向创新型人才能力需求,提出实践和创新驱动的育人理念,以大类基础课和专业基础课"强化"基础,以核心专业课和特色选修课"拓展"专业知识和兴趣,加强专创融合和创新实践"升级"创新实践能力,构筑"强化—拓展—升级"阶梯式育人模式。

校企结合,在专项基金和资源的支持下,将实践创新引入到"强化—拓展—升级"教学全过程中,强化实践和创新育人核心位置,提高实践教学学分占比,多层次、分阶段培养学生创新实践能力。形成以工程实践能力培养、创新意识激发为目标的案例教学核心模式,以学生为中心,全方位、多角度丰富产学研用协同育人内涵,形成闭环育人新理念,实现教学内容题材的丰富性和贯通性,让学生成为航天精神的传承者和践行者。

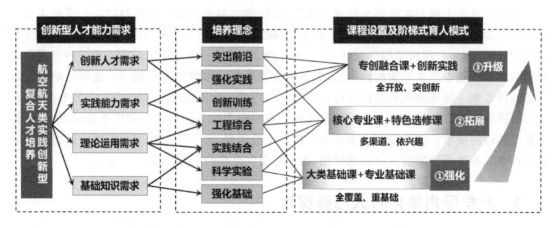

图 1 顶层设计"强化—拓展—升级"阶梯式育人模式

2.3 突出产学结合,创建创新人才培养的多维度实践平台

全方位推进创新实践平台建设,创新专业课程实验实践教学体系,整合校内实验实践教学平台的同时,与相关企业合作拓展校外实践基地。形成学校、企业和科研院所多元化产学研协同模式,贯彻"课堂教学—自主验证—主动创新实践—重点培育"的模式,提高实践创新的系统性和连贯性,有效激发学生的创新意识和提高学生的实践能力。

完善专业特色实践平台,核心专业基础课和专业课全覆盖开设实验内容,将科研资源转化为教学资源;与企业合作搭建产学结合实践教学基地,使学生深入生产、部装、总装车间直接面对零件、部件甚至飞行器,学习设计与工艺流程,让学生近距离、多维度的了解航空航天产业内涵,激发学生强烈的专业兴趣和创新实践能力,形成集科教、产教、赛教融合,国际国内多元化的实践创新平台,使单一的实践环节系统化和阶梯化。

2.4　结合创新竞赛，丰富学生创新实践的特色载体

优秀骨干教师带领大学生成立实践创新小组，形成具有代表性的创新实践小组和社团，与知名企业共建校外联合实验室。依据每个创新小组的侧重点，注重知识交叉，优化交叉学科实践活动，系统地培养学生们的专业工程实践能力，重点培育创新研究成果参加航空航天类科技竞赛。

3　科技竞赛对产教研用育人机制促进作用的探讨

科技竞赛是高校培养创新人才的一个重要牵引机制，在航空航天技术与产业的不断发展以及我国新工科建设的背景下，科技竞赛与产学研用协同育人机制的高度融合是高校教育发展的必然趋势。近年来越来越多的院校、组织与机构利用科技竞赛的方式发掘航空航天人才，推动相关学科及产业的进步与发展。

3.1　中国国际"互联网＋"大学生创新创业大赛

由教育部举办的中国国际"互联网＋"大学生创新创业大赛为代表的创新创业竞赛，为科技竞赛与产学研用协同育人机制的融合提供了重要渠道与平台[2]。

大赛提出"以赛促教、以赛促学、以赛促创"的主要任务，深入推进新工科、新医科、新农科、新文科建设，不断深化创新创业教育改革，引领各类学校人才培养范式深刻变革，形成新的人才培养质量观和质量标准，切实提高学生的创新精神、创业意识和创新创业能力。

2022年开展的第八届中国国际"互联网＋"大学生创新创业大赛专门设立产业命题赛道，目标任务分为三点：

① 发挥开放创新效用，打通高校智力资源和企业发展需求，协同解决企业发展中所面临的技术、管理等现实问题。

② 引导高校将创新创业教育实践与产业发展有机结合，促进学生了解产业发展状况，培养学生解决产业发展问题的能力。

③ 立足产业发展，深化新工科、新医科、新农科、新文科建设，校企协同培育产业新领域、新市场，推动大学生更高质量创业就业。

大赛产业命题赛道有多项航空航天产业相关命题入围。在立方星产业方面，北京未来宇航科技有限公司提出了基于立方星实现全球气候变化监测的命题，希望构建国内首个基于掩星进行气象探测的卫星星座"立方108"星座，推动全球科研机构采用空间科技进行气象探测研究，为行业应用和大众生活提供精准气象服务。来自大连理工大学航空航天学院的微纳卫星团队为命题提出了"基于开源鸿蒙实时操作系统的高性能微纳卫星平台"解决方案，该方案获得未来宇航的高度认可与大力支持。以此为契机，大连理工大学航空航天学院与北京未来宇航科技有限公司达成意向合作协议，计划由大连理工大学学生团队研制符合命题要求的高性能微纳卫星平台，助力卫星星座的构建，从而加速微纳卫星产业的发展。

3.2　世界大学生立方星挑战赛

在立方星领域，世界大学生立方星挑战赛 Space Universities CubeSat Challenge(SUCC)

是科技竞赛应用于产学研用协同育人机制的典范之一[3]。

SUCC 由中国宇航学会与国际宇航联合会联合主办,2021 年,国际宇航联合会空间大学联盟委员会与大连理工大学承办的世界大学生立方星挑战赛正式启动。赛事以挖掘国内外学生创新思维为目的,旨在提升航天创新科研能力、理论联系实际的能力与解决工程实际问题的能力,为航天知识的普及、创新人才的培养做出贡献。在第 73 届国际宇航大会期间,中国宇航学会与国际宇航联合会联合举办世界大学生立方星挑战赛新闻发布会。新闻发布会宣布中国大连理工大学团队"深空探路者"立方星斩获特等奖(全球仅 2 支队伍)。该作品由大连理工大学航空航天学院 5 名同学完成,致力于提出立方星独立月球探测的一种可行方案,为航天器探月导航提供基础,并且作品在实现工程化后择机免费搭载由中国运载火箭技术研究院提供的火箭进入太空。

比赛汇集了来自全球的大学生立方星研究团队,各团队将自己的专业知识运用到立方星各系统的设计与研究工作中,推动了航空航天领域控制、机械、材料、推进等多学科的融合与发展。更重要的是,竞赛获奖作品相关技术的创新与验证对于立方星在航空航天领域的应用具有深刻的指导意义,可以在未来真正应用到国内外航空航天产业当中,这不仅让参赛学生获得宝贵的学习与研究经验,同时可以为航空航天产业培养高水平人才,加速创新技术在产业中的应用与发展。

4　结　论

1) 增强竞赛在人才评价体系中的占比有利于促进就业倾向培养人才增强实践经验,缩短就业培训时间。增强其对国内外相关研究或工程进展的了解,并提供开放共享的交流平台。

2) 竞赛帮助航天器类研究成果的商业转化,提供与企业的接触机会,提高获得资金支持的可能性,促进大学生自主创新创业起步。

参 考 文 献

[1] Fortescue P. 航天器系统工程. 李靖,范文杰,刘佳,等,译[M]. 科学出版社,2014.
[2] 第八届中国国际"互联网"创新创业大赛[EB/OL][2022.10.19]. https://cy.ncss.cn/.
[3] IAF Space Universities CubeSat Challenge [EB/OL][2022.10.19]. https://www.iafsucc.org/.

航空航天类课程思政建设研究

郭晶 李晨亮 高贺群

（哈尔滨工程大学 航天与建筑工程学院，哈尔滨 150001）

摘 要："课程思政"是新时代提高人才培养质量、落实立德树人根本任务的重要举措。针对航空航天特色下力学学位研究生的培养模式，研究判断新时代航空航天行业工程的素质特质，并对航空航天类专业课程在思政建设过程中存在的矛盾问题进行分析，探究思政内容的引入方法，在课程思政建设中强化航天精神铸魂，探索以兴趣—专业—实践—创新为主线的创新实践培养模式，增强学生自主学习意识，建立正确价值观，不断提高人才培养质量。研究内容对航空航天类课程如何推进思政建设具有参考价值。

关键词：航空航天；课程思政；航天精神；教学模式；创新实践

党的二十大指出，要办好人民满意的教育，全面贯彻党的教育方针，落实立德树人根本任务，培养德智体美劳全面发展的社会主义建设者和接班人，加快建设高质量教育体系，发展素质教育，促进教育公平。高校是培育人才的重要基地，高校开展思政教学，对学生的成长和发展提供充足的价值引领，如何将传统文化中的优秀思想道德理念和价值内涵与高校思政课堂紧密衔接是高校思政教师工作创新的重要方向[1]。

航空航天类课程是航天与建筑学院的特色课程，通常是针对该院系学生进行授课，课程体系丰富，涵盖了大量专业概念与力学知识，系统全面讲授了航空航天的原理、技术发展现状等，其主要目的普及航天知识、弘扬航天精神、培养航天人才、发展航天事业[2]。

全面推进课程思政建设，就是要将思想政治教育的价值理念、理论知识和精神追求融入各门课程尤其是专业课中去，落实"立德树人"根本任务，以教师团队为主力，课程建设为中心，课堂教学为途径，重点培养学生的创新能力，使各类课程与思政建设协同共进[3]。统筹兼顾好专业课程与思政建设的关系，引入新式课程创新实践培养模式，有针对性地培养人才，做到无课不思政、课程思政协同共进。

1 课程思政建设过程的问题分析

1.1 课程思政建设内涵

思政课程是指构建全员、全程、全课程育人格局的形式，将各类课程与思想政治理论课同向同行，形成协同效应，把"立德树人"作为教育根本任务的一种综合教育理念。课程思政的基础在"课程"，重点在"思政"，突出价值导向，要求课程教师在传授课程知识的同时注重课程中思政元素的挖掘[4]。课程思政要求将思想政治教育与其他课程融合，协同并进，潜移默化地影响学生的言行，促进学生形成正确的价值观。

1.2　课程思政推行难点

近年来,课程思政实践活动在各高校积极推行,体现了高校领导高度重视和架势对课程思政的普遍认同,但是在推进过程中任然存在诸多问题亟需解决。

(1)课程思政模式尚未成熟

高校课程思政教学改革是提升课程育人成效的重大举措,广大教师要明确其战略意义,增强落实责任意识,在教学实践中逐步积累经验,使课程思政在高校落地生根。近年来,各高校大力推进课程思政教学改革,为规范和指导课程思政建设,出台了关于课程思政的相关文件和专业课课程思政指南。但是,课程思政教学理念并不被所有的教育者欣然接受,转变理念是课程思政建设的关键,思想转变到行为改变是缓慢的过程[5]。首先,思政模式的尚未成熟,表现在高校的课程思政改革正处于初级阶段,各方面的探究不深,且成果零散,很难形成一套完整高效的体系。再者,课程设计课程多、内容广,不同的课程或同一课程的不同章节是否包含思政元素,包含哪些思政元素,没有现成的答案,这使得教师的压力增大,对教师的知识水平和思政教育能力提出挑战。

(2)思政元素没有和专业课程有效协同

全面推进课程思政建设,教师团队是主力。当前课程思政建设的主要矛盾是,各门专业课教师的育人能力和育人意识不能满足课程思政的要求。专业课教师长期从事专业教学,缺乏思想政治理论教育基础,对思政元素的理解不够深人、透彻;也较少关心时事政治,在思想上不能与时俱进,无法精准把握和挖掘专业课中蕴含的思政元素,自然也就无法将思政教育和专业教育有效地结合。专业课教师对课程思政的抵触。部分专业课教师认为思政教育不是自己的本职工作,进行思政教育会占用、挤压专业课程的授课时间,影响客观知识的传授。这种抵触来源于专业课教师对课程思政内涵的误解,没有认识到思政课程和课程思政的目标都是教书育人。在这种错误思想的引导下,专业课教师长期只教书、不育人,不愿意推进课程思政建设。部分授课教师把思政元素机械地融入学科教学,为了课程思政而"思政",甚至把专业课上成了思政课,这样即影响了专业知识的传授,也违背了课程思政的宗旨。

(3)教师课程思政建设需要一个过程

教师承担着知识传授和价值塑造的双重任务。要求教师有爱岗敬业的精神,强烈的自觉育人意识,高度的责任感和提高民族素质的使命担当,而教师素质对提高课程思政教学质量起决定性作用。课程思政在人才培养目标上具有战略地位,在国家教育发展方面具有战略意义,这就要求教师主动在教学中进行价值塑造。但是由于对当代中国的马克思主义理论学习不扎实,理解不透彻,影响教师对思政元素的挖掘;而且有的教师不研究课程思政教学方法,不善于总结课程思政的规律,存在生搬硬套、简单嵌入、流于形式等现象,难以将正确的观念、科学精神和价值观融入课程,更无法全面挖掘专业课程中的思政元素并更好地发挥育人作用。所以说,在推行课程思政建设的道路上,需要结合专业特点提高教师的育人意识、加强教师的育人能力、充分挖掘课程中蕴含的思政元素。可以说,提高教师素质并将课程思政建设内化为育人自觉任重而道远。

2 航空航天类课程思政建设新思路

2.1 建立高效课程思政管理体系

高校在实现立德树人的根本目标过程中,"课程思政"是重要的载体和着力点。课程思政建设是全校各单位、各部门的共同责任,是一项系统性工程。需要从学校、学院和专业三层面的管理体制上,形成全局性的领导体制,建立相应的管理体系。学院应主导推动思政教育的发展与质量提升,不断强化基层党建工作力度,将党建与课思政建设有机联系起来,把唤醒教师课程思政意识、提高教师课程思政能力作为教师支部的功能与任务之一,推动课程思政教育良性发展。

2.2 思政教学方法设计

(1) 构建基于工具理性的课程价值引领体系

为协调课程思政的"引领性"与专业课程的"主体性",需摒弃单向依附关系。教师应在坚持德育目标的基础上,充分把握专业学科特点,吸收专业课程的理论与实践标准,保持课程思政的完整性、深化性和拓展性。在发挥课程思政"领舞"作用的同时,普遍唤醒每门课程"立德树人"的高度自觉。各类课程教师在教研时应充分做到"输入"与"输出"有机结合,要强化思政课教师与专业教师的有效互动。要真正做好课程思政与专业课程在价值方面的融合互嵌,既要坚持课程思政在高校教育中的价值引领,又要挖掘专业课程在检验育人效果中的工具理性,发挥课程思政的引领作用,并引导"课程思政"系列的专业课程建设,发挥专业课程的实践性特征,在实践中嵌入对师生培育核心价值观状况的价值评价机制,以系列课程实践的效果、学生参与社会服务的效果来检验思政育人成果。

(2) 构建基于专业知识的公共文化传播体系

充分发挥高校综合知识传播体系的传播力、影响力、引导力、公信力,从课堂教学形式的改善入手,塑造道德与技能提升互联的课程教学形态。另外,教材是人才培养的重要载体,是知识传播的主要途径。在高等教育教材编制方面,既要保证思政课与专业课教学大纲与教学内容的差异性,又要推动各类课程共同落实教育改革精神。找准思政课与专业课程的共生发力点,在课程建构方面实现交叉共通,构建"大思政"育人格局,贯彻"所有课程都具有育人功能,所有教师都负有育人职责"的要求。不断探索思政课程与各专业课程建设的共性与特殊性,引导院系中其他课程的思政建设实现科学化。

(3) 构建基于综合育人的课程思政评价体系

目前许多高校实施的教师量化评价制度,固然具有具体性、精确性和可验证性,但一定程度上导致事实与价值的分离。因此,评价主体在采用适当的量化评价基础上,应拓展"思政＋专业"的评价途径,如采用分维度编辑评语等形式。评价维度是教育改革形势下综合育人评价体系的重要指向标,应科学地体现育人逻辑,因此,应科学借鉴 OBE 教育理念,构建"一核＋四翼"评价维度。"一核"是指核心素养关照,课程评价要以是否真正发挥教育的立德树人、服务选才功能为核心标准;"四翼"指考察要求具备基础性、综合性、应用性、创新性。基础性,强调全面合理的知识结构、扎实灵活的能力要求和健康健全的人格素养。构建基于综合育人的课程思政体系显得尤为重要。

(4) 构建基于示范引领的教师队伍建设体系

"师德，国之魂范。"教师崇德守信，为人师表，才能对学生起到正向引领作用，因此需强化"以德育师"。为满足课程思政与专业教育同向同行的需求，应坚持"一专多能"的教师发展标准。一专多能，是指教师同时具有专业知识和公共服务能力。其一，教师要不断提升专业知识水平，把握创新前沿，将教学与科研结合，为学生展现"基础"+"创新"的知识结构。其二，专业教师要不断提升感知、了解、服务社会的能力，自觉认识到所授课程与专业、与社会发展需求的联系，并开拓实践平台，引导学生参与课外实践。"德才共育"既是教育自身改革发展的要求，又与高校育人目标、学生自身发展目标有高度的契合性，需构建"德才共育"的全方位教学组织形式。引导各类教师形成教学共同体，探索"思政课教师＋辅导员＋专业课教师"的全方位育人形式。

2.3　课程教学全面优化

基于航天事业与航天技术的不断发展，航天概论课程思政改革的重要方向，是对课程内容的不断优化与完善，实现知识体系和思政内容的"与时俱进"和共同提升。具体举措包括，不断增加当前航天技术的最新进展，分析亟待解决的技术难题和技术瓶颈，根据时事热点调整授课内容的时长比例等。让学生深切感受到，技术的变革和进步就发生在我们身边，感受到个人发展与航天事业的紧密联系，也让课程本身的趣味性更浓，提升课堂教学效果。课程内容的全面优化，还应当包括对教学对象不同专业的区分。根据学生的专业特点，不断对授课方式进行调整，合理地与其专业内容、专业发展相结合。提升学生对课程内容的兴趣，对知识的渴求，以及对专业的认可。

3　课程思政效果预期

3.1　树立正确的价值观

课程思政教学的目标是培养理想信念坚定、全面发展的社会主义建设者和接班人。在课程思政建设过程中，通过中外对比、国际形势研究，结合案例教学的方法，让"航天报国""魂系军工"的情怀深入人心，以提升学生的民族自豪感和使命感。结合学校本身具有航天特色的背景及建设环境，让航天精神在学生心里植根和发展，为行业事业培养更多的优秀人才。通过航天概论课程的思政内容，让学生接受精神洗礼，建立正确的价值观，找准自身定位和奋斗目标，形成钻研精神和坚定意志。增强学生的道路认同、理论认同、制度认同和文化认同，梳理正确的价值观。

3.2　具备扎实的专业功底

课程思政的根本是通过课程思政内容，包括专业知识的引人，技术发展背景，国内外研究热点等问题，使学生充分认识到感受到学习的重要性以及专业的发展空间，从而提升对专业的理解和认可。课程思政内容，不仅包括"情怀"与"精神"更是培养学生对问题的判断以及解决困难的能力和主动性。引导学生主动学习，形成扎实的专业知识，并从学习中获得乐趣，不断自我充实。

4　结　论

1) 课程思政面临问题：课程思政要求将思想政治教育与其他课程融合，协同并进，潜移默化地影响学生的言行，促进学生形成正确的价值观。但是在推进过程中任然存在诸多问题亟需解决。

2) 思政教学方法设计：针对航天概论的课程改革和课程思政建设，研究课程思政元素的设置和切入点，根据思政元素与知识内容建立新的课程体系，以实现立德树人的根本目标，提升教学效果。

3) 效果预期：对课程思政建设提出预期并在实践教学中达到预期的效果，证明本门课程的思政建设路线、内容的正确性。思政建设的成果可以推广应用到其他公共课以及航空航天类的专业课程，实现德育目标的同时，对教学效果的提升具有促进作用。

参 考 文 献

[1] 崔佳卉,祖彤.中华优秀传统文化融入大学生思想政治教育的思考[J].才智,2022(32):25-28.

[2] 张海亮,蔡志为,王秋香,等.航天概论课程思政建设的思考与实践[C]//.第三届全国高等学校航空航天类专业教育教学研讨会论文集,2022:72-77.http://oninelibrary.wiley.com/doi/10.26914/d.y351065.

[3] 张爱荣,杨露,汪洲,等.航空航天类高校推进专业课程思政建设初探[C]//.第三届全国高等学校航空航天类专业教育教学研讨会论文集.2022:88-93.http://oninelibrary.wiley.com/doi/10.26917/d.y351065.

[4] 祁占勇,于茜兰.高等学校课程思政的演化逻辑与生成路径[J].扬州大学学报(高教研究版),2022,26(05):1-10.

[5] 董凤,雷晓兵.高校课程思政教学改革的难点及其解决对策[J].宿州教育学院学报,2022,25(04):26-29.

航空航天领域研究生人才培养现状浅析与探讨

陈伟[1]　张健鹏[1]　牛家宏[1]　赵颖[2]

(1. 四川大学 空天科学与工程学院，成都　610065

2. 北京大学 政策法规研究室，北京　100871)

摘　要：航空航天是典型的知识技术密集和高附加值行业，反映了一个国家的科技和工业发展水平。航空航天的发展对基础研究和人才培养有着重要的引领作用，而人才培养的质量也影响着未来一段时间内航空航天的技术发展水平。作为人才培养的重要环节，研究生教育是建设创新型国家、培养高素质航空航天创新人才的重要支撑。本文针对航空航天领域研究生人才的培养现状开展调研和分析，总结该领域现有研究生人才培养的特点，同时也提出了若干思考。建议在研究生人才培养中应紧跟行业和产业的需求，要紧密结合行业和产业的发展，为航空航天类研究生课程建设及人才培养提供参考。

关键词：航空航天；研究生培养；课程建设；行业背景；产业需求

　　航空航天属于高新技术产业，同时也是典型的知识与技术密集和附加产值高的产业，其发展水平体现了一个国家在世界上的地位。由于其具有军民结合的属性，对于保证国家安全有着极端重要的意义[1]。近年来，虽然我国的航空航天事业取得了令人瞩目的成就，但距离航空航天强国地位还有一定的差距[2]。目前，国家已将航空航天作为战略性新兴产业和优先发展的高技术产业，并进一步加大了研发投入，启动了一批如：大飞机[3]、航空发动机[4]、深空探测[5]等重大专项任务，航空航天事业发展进入了新的阶段。

　　研究生教育属于最高层次人才培养的高等教育，是建设创新型国家、培养航空航天创新人才的重要支撑[6]。目前我国已进入高等教育大众化阶段，研究生规模逐年扩大。对于承担技术研发主要任务的航空航天领域科研院所而言，研究生学历现已几乎成为人员招聘的基本要求[7]。因此，研究生人才培养质量对于航空航天事业的长远发展有着至关重要的作用。

　　在专业需求上，航空航天领域需要的专业范围广，包括：航空宇航、力学、材料科学、制造科学、控制科学、测量科学等。在我国目前的高等教育学科目录中，与航空航天直接相关的就有11个[8]。在技术发展上，航空航天是各学科顶尖技术的集大成者，且技术的进步日新月异，一定程度上牵引着各学科的发展。在行业特点上，航空航天工程复杂度极高，属于典型的系统工程，在基础研究、应用基础研究、技术验证、工程实施等各个环节均需要大量科研人员的团队协作[9]。因此，航空航天事业需要的人才队伍既要有扎实的专业素质，以及跟踪与学习新技术的能力，也要有良好的团队协作能力。

　　在研究生人才培养上，除了北京航空航天大学、南京航空航天大学、西北工业大学等以航空航天为特色的高校外，还有以清华大学、厦门大学、四川大学等综合类高校所成立的航空航天学院。通过调研分析不同院校在研究生培养中的特点，总结经验，提出思考，期望为航空航天类研究生课程建设及人才培养提供一点参考。

1　人才培养应面向与时俱进的行业和产业需求

研究生人才培养应面向行业和产业需求,这是理所应当的。然而,航空航天行业和产业需求在不断发展和变化,尤其是近几年来,前沿新兴学科的涌现和关键技术的进步,以及国家重大项目的需求牵引,对人才的要求也在改变,高校的人才培养策略也应适时进行调整[10]。其中,西北工业大实行以专业教研室为单位,定期走访航空航天科研厂所,对研究生人才培养的不足和建议进行表格式调研。重点了解科研院所对课程设置、专业内容、科研方向的建议。以五年为一个周期,跟踪调研毕业学生在科研院所的工作和职业发展情况,在人才培养方法上"补短板"。南京航空航天大学会根据国家在航空航天领域的重点需求和中长期规划,进行各专业方向招生规模的调整。并根据科研院所的需求,进行订单式人才培养方案设计。北京航空航天大学侧重培养航空航天领域的国际化人才和卓越工程师[11],注重与国内外航空航天企业和院校进行人才联合培养。厦门大学则主要结合自身专业特色和前沿科研布局来进行研究生专业课程的设置和调整。

在如何与行业、产业结合上,西北工业大学采用"校企"协同育人,在培养方案、考核方法和评价标准的制订上,采用学校和企业的双重标准要求,以此来设计专门的卓越工程师与创新人才培养计划。在各级学院与企业的合作中,派出教师常驻企业3～5个月,共同开展研发设计工作,了解航空航天企事业单位的一线科研需求和人才需求,建立合作关系。南京航空航天大学则针对企事业单位的重大、重点项目建立对应的型号支持团队,组织相关专业的师生队伍进行工作对接和具体技术联合攻关。北京航空航天大学一方面针对企事业单位的中长期发展计划,进行针对性的人才培养。同时注重与国内外企业和科研院所设立联合科教中心,通过四方合作关系来同时推动科研合作和人才的联合培养[12]。

2　人才培养应注重爱国情怀与行业情怀教育

尽管航空航天是关系到国家战略安全的高技术领域。然而,当前社会环境下,学生的就业形式更为多样,航空航天企事业单位的薪资待遇竞争力相对较弱,存在着部分航空航天相关专业的学生毕业即转行。而工作一段时间后,从航空航天企事业单位离职转行的技术人员也不在少数。这既是行业损失,也影响了相关单位研发工作的持续性和稳定性。在以课程思政为目标的教学改革大潮中,各航空航天院校纷纷围绕课程思政开展教学改革与实践研究[13-15],高度重视在学生中进行爱国和航空航天情怀教育,积极引导学生投身航空航天主流研制单位。具体包括:定期邀请航空航天企事业单位、军队领域等专家领导来学院开展学者思政课、企业导师思政课,激发学生对"空天报国"的热情;从入学开始,通过共建红色实践基地,大量的科研合作,暑期实践活动,科研见习活动来增进学生对所从事行业的了解和认识,乃至对自己所做研究课题重要性的认识;设立双班主任制度,由航空航天企事业单位的总师担任校外班主任,通过不定期的会面和讲座,提高学生对所学专业的认同感和自豪感,同时也密切了企事业单位与学院的合作关系。

3　重视航空航天课程体系建设和教学改革

教学是高校的重要任务,由于研究生课程学习的时间较短,通常仅为一年时间,以往各个院校对于研究生教学重视程度不如本科教学。近年来,在各级教育主管部门的大力提倡下,也针对本科阶段专业课程内容不够深的问题,各院校都逐渐开展重视研究生教学工作,并与本科教学统筹进行课程建设和教学改革。但各个学校的侧重点有所不同。西北工业大学强调完善航空航天核心课程库的建设,并要求各专业教师及时更新核心课程的教学大纲,避免上课内容和知识点陈旧落伍。同时根据专业发展的需要和航空航天企事业单位的反馈,及时增设跨专业、跨学科的课程,拓展学生知识面。在政策引导上,施行"教授不上课即一票否决"制度,在教学上提出了明确要求。同时,施行教学课时量可等效一定科研经费量的制度来鼓励教师教学。近年来,西北工业大学在分析国内外航空航天类课程体系差异[8],如何培养国际化复合型创新人才上做了探索工作[16,17]。认为需要充分发挥教师教学的自主性,并实施更为系统多元的课程评价。北京航空航天大学则重视课程体系建设,根据不同小专业的学习需求,设置有一般通识课、核心通识课、专业必修课、实验实践课程群。北京航空航天大学还提出,现有航空航天领域部分教材已经严重滞后于本学科的发展,因此高度重视各专业领域的教材编著,推进教材体系化建设,并从职称评定和经费奖励上制订了相关激励政策。四川大学航空航天学院则根据其多学科交叉的特点,在课程设置上既考虑扩展学生知识面。同时以教研室为主梳理各专业课程的上下游关系,明确核心课程,根据小专业方向设置课程群。并在学生选修课程时候根据学生兴趣给予专门的指导。

4　人才培养应具有行业背景下的特色

随着航空航天领域的专业分工越来越细,新型学科的不断出现,一些高校成立了航空发动机研究院、人工智能研究院、无人系统研究院等主要以科研为主的机构。与传统的航空学院、航天学院、机电学院、能动学院等不同,这些研究院依托国家战略需求或新型学科发展而成立,关注领域更明确,主要以培养"专精特缺"的研究生人才为主,既面向航空航天的新需求,又反映出鲜明的专业特色。

另一方面,如:厦门大学、四川大学、西安交通大学等非传统航空航天院校,则主要走多学科交叉的路线,并结合自身优势和行业需要,打造若干特色专业和方向。如厦门大学主要发展空天飞行器及动力,四川大学主要发展空间环境及机器人卫星,西安交通大学则坚持发展工程力学在航空航天中的应用等,其研究生的专业特点和培养质量也获得了航空航天企事业单位的高度认可,为航空航天的技术发展带来了新的活力。

5　结　语

航空航天是永无过时,永无止境的行业,由于其特有的军民结合属性,使得空天报国成为众多航空航天人的矢志追求。作为科学研究的主力军,以及未来企事业单位技术研发的核心后备力量,研究生的人才培养也应具有与时俱进的属性。该领域的高校应紧密结合不断发展的行业和产业需求,完善课程体系建设和教学改革,凝练特色,培养出更多满足航空航天事业发展需要的各类人才。

参 考 文 献

[1] 邓健,尹乔之,胡挺,等.航空航天特色的工程力学专业研究生培养路径探索[J].工业和信息化教育,2022,9:31-35.

[2] 方虹.航空航天业:成就·困境·路径[J].中国科技投资.2008,10:36-39.

[3] 蒋勇,车茹雅.论我国重大科技项目保障制度的构建—以大型飞机项目为例[J].科技管理研究,2010,4:40-44.

[4] 陈贵林,叶枫.航空发动机专家[J].航空制造技术.2016,Z1:39.

[5] 本刊评论员.我国深空探测的新步伐——祝贺"嫦娥二号"卫星成功发射[J].国防科技工业.2010,10.

[6] 马旭卓.基于创新型人才培养的高校研究生管理机制的思考与探索[J].科技风,2022,27:19-21.

[7] 徐惠彬.面向国家需求培养高层次一流人才—基于北京航空航天大学研究生教育的实践和思考[J].大学与学科.2020,1(2):18-23.

[8] 李卫卫,张开富,于辉.中美航空航天类专业本科课程体系的比较研究[J].大学,2022,23:57-62.

[9] 夏晓婧.改进,或是革命—美国反思系统工程呼声渐高[J].大飞机,2013,5:67-69.

[10] 郑永安,孔令华,张建辉.高水平行业特色高校学科建设面临的矛盾关系与应对策略高等教育研究.2021,42(5):55-61.

[11] 叶金鑫,韩钰,张江龙,等.新时代卓越工程师教育培养的校企协同机制构建探究—以北京航空航天大学未来空天技术学院为例[J].中国高教研究,2022,6:50-56.

[12] 郑丽娜,韩钰,叶金鑫,等.未来技术学院人才培养方案的构建—基于北京航空航天大学的实践与探索[J].高等工程教育研究,2022,5:19-25.

[13] 匡江红,张云,顾莹.理工类专业课程开展课程思政教育的探索与实践[J].管理观察,2018,1:119-122.

[14] 蔡小春,刘英翠,顾希垚.工科研究生培养中"课程思政"教学路径的探索与实践[J].学位与研究生教育,2019,10:7-13.

[15] 刘媛华.系统工程课程思政教学实践与探索[J].教育教学论坛,2019,22:147-148.

[16] 王莉芳,苏坤,王克勤,等.工科院校国际化复合型创新创业人才培养新模式——以西北工业大学为例创新创业理论研究与实践[J].2020,3(20):119-122.

[17] 马丹.新国际形势下高校提升研究生培养国际化水平的对策研究——以西北工业大学为例大学[J].2021,46:101-103.

课程思政视角下飞行专业教学改革途径研究[*]

杜丽娟

（上海工程技术大学 飞行学院，上海 201620）

摘　要：在民航强国的战略部署下，我国民航产业发生巨大变化，航校及航空公司对飞行学员职业素养选拔的标准逐年升高。以"机组资源股管理"课程为例，结合飞行技术专业人才培养目标及现状，从课程的教师队伍建设、教学内容和资源、教学组织实施、成绩考核和评价等四个维度进行思政改革，讨论了正确的工程伦理观在教学过程中的体现，探索了增强学生的职业使命感和责任感的有效途径，以期达到强化课程价值引领的思政建设目标。

关键词：飞行技术专业；机组资源管理；课程思政；工程伦理观；教学改革；价值引领

引　言

2018 年 12 月，民航局发布《新时代民航强国建设行动纲要》（以下简称《纲要》），从 2021 年到 2035 年，我国会实现从单一的航空运输强国向多领域的民航强国的跨越[1]。建设民航强国，需要一支全方位、多层次、专业化、国际化的高素质人才队伍[2]，这就为飞行专业学生的培养指明了方向。根据调研，目前飞行学员被退训的主要原因有以下三种：（1）英语基础薄弱，不能满足飞行训练中英语沟通交流的要求；（2）操作技能偏低，不能满足飞行训练中通过科目考核的要求；（3）思想觉悟不高，不能满足飞行训练中确保安全高效飞行的要求。

结合人才培养目标及现状，本文以机组资源管理课程为例，从教学队伍、教学内容、教学组织、教学考核等四个层面探究课程思政的有效途径，旨在解决如何树立正确的工程伦理观、强化价值引领、增强学生的职业使命感和责任感。

1　机组资源管理的育人目标

针对高水平应用型人才的培养要求，结合学生特点及航空公司对飞行员的实际需求，课程制定如下育人目标：

注重工程伦理教育，培育精益求精的民航工匠精神；涵养家国情怀和"航空报国"志向，激发学生的民航职业归属感、使命感和认同感。

2　机组资源管理的思政内涵

深入学习贯彻习近平总书记重要指示精神，提高政治站位，强化政治担当，着力培养堪当

---

* 本文系上海工程技术大学课程思政建设项目（项目号 c202108001）的阶段性成果

民航强国重任的建设者和接班人,认真做到以树人为核心,以立德为根本,坚定青年大学生的理想信念,涵养"准民航人"的家国情怀,教育引导他们将个人命运同祖国和民族的命运紧密连接,在奋斗与奉献中培育社会主义核心价值观,弘扬和践行当代民航精神,诠释对党和国家的深厚情感,笃定对国家富强、民族复兴、人民幸福的不懈追求。鉴于此,本课程思政内涵主要体现在以下三个方面。

2.1　民航强国,飞行学员责无旁贷

党的十九大明确提出要建设交通强国,民航业作为国家重要战略产业,民航强国是交通强国的重要组成部分,是交通强国的重要支撑。

2.2　立德树人,树立航空报国志向

深入学习贯彻习近平总书记重要指示精神,提高政治站位,强化政治担当,着力培养堪当民航强国重任的建设者和接班人,认真做到以树人为核心,以立德为根本,坚定青年大学生的理想信念,涵养"准民航人"的家国情怀。

2.3　家国情怀,确立核心价值取向

教育引导学生将个人命运同祖国和民族的命运紧密连接,在学习和工作中培育社会主义核心价值观,弘扬和践行当代民航精神,诠释对党和国家的深厚情感,笃定对国家富强、民族复兴、人民幸福的不懈追求。

3　课程思政改革的主要问题与教学实践

结合人才培养目标及现状,在成果导向的视域下,课程与教学改革中要解决以下三个重点问题:

① 如何激发学生的学习热情,增加学习投入,切实提高学习效率和英语能力?

② 如何提高学生学习动力,提升学生的飞行决策能力,确保产出高阶性?

③ 如何树立正确的工程伦理观,强化价值引领,增强学生的职业使命感和责任感?

针对这三个重点问题,本课程从教学队伍、教学内容、教学组织、教学考核等四个维度进行了改革,具体内容如下。

(1) 双师型教师团队执教,飞行员参与教学,涵养"航空报国"理想

教师资源中包括有航司工作经验、培训经验的双师型教师及航线机长。其中,教师起主导作用,主要负责组织教学、成绩评估、线上更新材料、线下授课,飞行员通过飞行员助教、机长任务、模拟飞行三个模块参与教学,为学生介绍行业动态,讲解飞行操作,并提出问题启发学生思考。

每一次作业后,教师会与飞行员助教讨论,结合飞行职业素养给出评价,提高学生的学习热情,端正学生的学习态度,培养学生的正确的工程伦理价值观和民航工匠精神。邀请飞行员助教参与教学过程性评价,激发学生学习的自觉性和积极性,培养学生的职业融入感。飞行员的加入,实现了"课堂和驾驶舱"的接轨,激发学生的行业使命感和责任感。

教师团队在育人过程中培养学生"航空报国"宏大志向,在纷繁多变的世界民航发展中抱

有初心,确保学生的国际眼光与政治素养兼备,将"立德树人"落在实处,体现学科内涵,助推专业发展。

(2) 建立思政案例库,用"红色基因"涵养"蓝色使命"

深挖课程思政元素,建立思政案例库,向学生介绍安全飞行标兵人物的先进事迹,提高学生的政治站位,坚定学生的政治信仰,敬畏职责、敬畏规章、敬畏生命。

通过观看《中国机长》《紧急迫降》等影视资料,了解特情处置的基本原则,洞悉优秀机长安全决策的高级思维建构,鼓舞学生"航空报国"的斗志和情怀。

在翻转课堂中加入思政元素,从老师讲到学生找,学生结合课程章节内容寻找优秀机长的案例,并在课上做分享,极大地调动学生的积极性,用探究式教学来提高学生对思政的关注和重视,切实落实课程思政的作用,如表1所列。

表 1　思政元素与知识点的对应关系

序　号	思政元素	知识点	基本能力
1	虹桥机场10.11跑道入侵事件	情景意识	"民航报国"的信念,忠诚担当的政治品质
2	中国国际航空129号班机空难	机组交流	沟通能力;清晰表达,回应指令。胜任国际航线飞行,具备英语思维能力和跨文化交流能力。
3	东方航空401号航班空难	团队协作	团结协作的工作作风
4	邵荣机长:安全飞行无差错模范	安全决策	敬业奉献的职业操守,精益求精的民航工匠精神,解决负责民航飞行问题的综合能力
5	德国之翼撞山事件	危险态度	正确的科学伦理观,不忘初心,敬畏职责,敬畏规章,敬畏生命
6	5·14川航航班备降成都事件	应激能力	严谨科学的专业精神,职业责任感和使命感

(3) 关注个体差异,采用晋级制度,锻造职业品格

坚持以学生为中心,为不同语言能力和不同决策水平的飞行学生提供个性化、多样化、高质量的教育服务,促进学生主动学习、释放潜能、全面发展。

通过布置不同难度梯度的任务,实现因材施教,鼓励学生发挥创造性思维,对复杂飞行问题进行充分分析,制定有效决策,让每一个学生都可以对所学知识进行运用,生成产出,从而感受到学习的成就感。

效仿飞行员职业晋升通道,通过前测考核学生的英语能力和决策水平,将学生分成C类学员和B类学员,C类学员完成基础性任务,B类学员完成拓展性任务。

课程学习进度过半,给出学生晋级通道,小组报名参加"机长任务"挑战作业,由教师和飞行员共同打分,生成A类学员,参加"小飞训练营",完成高阶性任务。

晋级制度实现了个性化学习,可以让学生对自己的学习状态做清晰定位,根据学员类别完成不同难度梯度的任务,提高学生的学习动力和参与性,在学习中得到收获。学习能力比较强的同学有了知识扩展、任务升级、能力提升的空间和平台,学习能力比较差的同学有了夯实基础,把握要点,培养思维能力和决策水平的平台。

采用晋级制度管理模式,给予学优生和学困生不同的任务内容和表现平台,激起人人参与决策演练的勇气和积极向上的信心,激发学生的内驱力,使得学生的精神面貌积极向上,政治觉悟有了显著提高。

（4）强化教学管理，规范学习行为，多维度全过程考核

多维度评价学生，从语言能力、知识认知、操作技能、情感态度四个维度全方位立体化关注学生学习和成长，如图 1 所示，从中树立了正确的工程伦理观，体现课程价值引领。改革后的课程考核能够真实反应学生的学习情况，提升学生的学习收获感和满足感。通过引导学生积极参与有梯度的任务模块学习，提高团队的协作能力，提升学生的领导艺术。

1）语言能力考核

考察学生的记忆理解能力，考察学生将所学知识融会贯通为案例分析储备充分知识的能力和水平，体现了课程的高阶性。

2）知识认知考核

课堂测试的内容是对本章节中专有名词的考核，分为口试和笔试两个部分，可以同时兼顾学生的英文听、说、读、写四方面基本能力的动态变化情况。课程论文的题目设置是给出一个英文表述的空难案例，要求学生用英语完成，过程中考察了学生的语言表达能力及英语思维能力，体现了课程的高阶性。

3）操作技能考核

动手能力、操作实践能力、团队协作能力、思辨能力、评价的能力等。案例分析部分是翻转课堂的主要内容，学生分组完成案例推演，并接受生生互评和教师评价两个方面的打分，平均分计入成绩。机长任务是结合课程的内容发布思考题，题目内容多与民航行业规范、机组资源管理优化方案为主，体现了课程的挑战度。

4）情感态度考核

在学习过程中，结合课程思政，培养学生的职业道德、政治素养，提升人才培养的质量。飞行员应具备规章意识强、时间意识强的素质，作为飞行学员，无故迟到、旷课都是学生职责意识淡薄的表现。课前预习环节中有很多需要完成的任务点，通过学生完成任务点的数据可以从某种程度上评测学生学习的积极性和主动性。

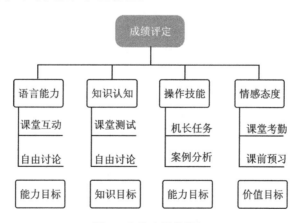

图 1　多维度评价指标

4　结　论

航空安全是航空业发展的永恒主题。作为飞行技术专业特色课程，教师将当代民航精神，即"忠诚担当的政治品格、严谨科学的专业精神、团结协作的工作作风、敬业奉献的职业操守"作为课程思政的指导精神,在潜移默化中培养学生的航空报国情怀,提高职业责任感和荣誉感,养成良好的职业道德意识。课程教学着力激发学生的学习内驱力,让不同能力水平的学生都能获得满足感和充实感。

参 考 文 献

[1] 新时代民航强国建设行动纲要[EB/OL]. http://www.caacnews.com.cn/1/1/201812/t20181212_1262745.html.

[2] 民航业人才队伍建设中长期规划[EB/OL].[2010-2020年]. http://www.caac.gov.cn/I1/I2/201105/t20110509₃9615.html.2011.

[3] 杨晓慧.高等教育"三全育人":理论意蕴、现实难题与实践路径[J].中国高等教育,2018(18).

议题 7

航空航天类专业
发展历史和人才培养历程的梳理与研究

航空宇航制造工程学位论文的文献计量初探

熊威

（重庆交通大学 航空学院，重庆 402247）

摘　要： 为了调查航空宇航制造工程专业的培养现状，为专业建设提供参考，采用文献计量方法对中国知网和万方数库中的航空宇航制造工程专业的学位论文进行了统计分析。分析的项目包括发文量、年度分布、培养单位、高被引论文、高频关键词和关键词突现等。研究发现，航空宇航制造工程学位论文的公开数据库不够完善，对文献计量研究造成了困难，且含有应当归入飞行器设计等专业的论文。模拟仿真是航空宇航制造工程专业的重要研究手段。航空宇航制造工程学位论文中的研究热点有连续变化的趋势。

关键词： 航空宇航制造工程；学位论文；文献计量；研究生；文献数据库

引　言

航空宇航制造工程（专业代码：082503）是一个面向航空航天工业需求，培养高层次制造技术人材的研究生专业。在高校科技研究队伍中，研究生是重要组成部分，他们的学位论文是在导师指导下，独立完成的科学研究文献，在一定程度上可以反映某个学术领域的状况[1]。本研究采用文献计量学方法对航空宇航制造工程专业的学位论文做分析和讨论，以期发现该专业的研究内容和特点，从整体上了解该专业培养与研究的现状和发展趋势，为相关人员提供参考。

1　数据来源与研究方法

1.1　文献数据来源

本研究使用的文献数据来自中国知网和万方学位论文数据库。在中国知网中使用"高级检索"功能，将检索范围固定为"学位论文"，检索条件设定为"学科专业名称"精确等于"航空宇航制造工程"，共计检索到文献 2134 篇。选中文献后，点击"导出与分析"菜单下的"导出文献"子菜单，以 RefWorks 格式导出文献信息到 txt 文件中。在万方数据库中，使用"高级检索"功能，将文献类型设定为"学位论文"，检索信息设定为"学位—专业"等于"航空宇航制造工程"，共计检索到文献 2704 篇。选中文献后，点击"批量导出"，使用 RefWorks 格式导出文献信息到 txt 文件中。

1.2　研究方法

使用文献计量学软件 CiteSpace 以及中国知网的"可视化分析"工具和万方数据库的"结

果分析"工具,对学位论文做定性和定量的分析。

2　结果与讨论

2.1　基本数据分析

中国知网的数据库中共收录了航空宇航制造工程学位论文 2134 篇,学位授予年度从 2000 年到 2022 年,其中博士论文 334 篇,硕士论文 1800 篇(本文所列的网络数据截止到 2022 年 10 月 1 日)。在万方数据中,该专业的学位论文共 2704 篇,学位授予时间从 1984 年到 2021 年。作为比较,相近的机械制造及其自动化专业(080201)在知网数据库中搜索到 26908 篇学位论文,学位授予年度同样为 2012 年到 2022 年;在万方数据库中检索到 27670 篇,学位授予时间从 1996 年到 2022 年。论文数量超过航空宇航制造工程的 10 倍,反映出该专业是一个培养规模较小的专业。

航空宇航制造工程专业的学位论文年度分布如图 1 所示。从图 1 中可以看出,自 20 世纪 90 年代初开始,该专业的学位论文数量呈整体上升趋势,到 2007 年达到峰值。在 2008 年有一个明显的下降,此后又有所回升,从 2010 年到 2019 年十年间大约维持在每年 100 篇的水平。此后,又有明显下降。而且,万方数据库和中国知网数据库导出的曲线的趋势相同。对于近两三年的数据,考虑到数据库收录的滞后性带来的局限,不能做出明确的判断。但对于 2008 年到 2010 年间论文数量的突降,可以从培养单位的发文量中得到解释。

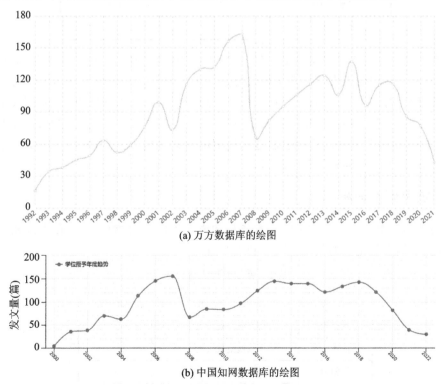

(a) 万方数据库的绘图

(b) 中国知网数据库的绘图

图 1　航空宇航制造工程专业学位论文的年度分布

按照中国研究生招生信息网的数据,航空宇航制造工程在全国一共有 17 个专业点。而中国知网中的学位授予单位共 15 个。对比两方面的单位名称,其中有 12 家单位同时出现。相对于研招网的数据,中国知网中没有北华航天工业学院和若干研究所。考虑到北华航天工业学院从 2019 年才开始在航空宇航科学与技术(0825)一级学科硕士点招生,知网中没有该校的学位论文属于正常现象。但没有中国航空制造技术研究院(625 所)的学位论文信息,说明中国知网的数据还需要完善。万方的数据库同样没有来自 625 所的航空宇航制造工程学位论文。

统计数据库中各培养单位的发文量,学位论文总数在 100 篇以上的单位,万方数据库中有 6 家,中国知网数据库中有 5 家。差别主要在于中国知网只收录了 2 篇北京航空航天大学的航空宇航制造工程专业的学位论文,而万方数据库收录了 365 篇。除去北京航空航天大学之外,两个数据库中发文量前五名的高校次序一致,如表 1 所列。在此之外,其他单位的学位论文数据都少于 50 篇。

表 1　发文量前 5 名的单位(除北京航空航天大学以外)

培养单位	万方数据库中学位论文篇数	中国知网数据库中学位论文篇数
南京航空航天大学	994	839
西北工业大学	666	459
哈尔滨工业大学	360	316
南昌航空大学	134	107
中北大学	105	104

再分析上述单位的学位论文年度分布,约从 2000 年到 2022 年,排除近三年和数据库最早几年的数据,南京航空航天大学的发文量大约是每年 50 篇左右,哈尔滨工业大学的发文量有增加的趋势,约为每年 25 篇左右,南昌航空大学的发文量趋势是"先低,再高,最近又低",在较高的年份每年约 15 篇。中北大学的发文量约每年 10 篇。中国知网数据库中没有西北工业大学从 2008 年到 2013 年间的航空宇航制造工程学位论文数据,这是造成该专业学位论文年度发文量在 2008 年有一个明显下降的原因。

2.2　被引频次分析

文献的被引频次是评价该文献的学术质量和影响力的重要指标[2-3]。在中国知网中被引频次最高的 10 篇学位论文的信息如表 2 和表 3 所列。

表 2　高被引论文分析一

作　者	学位授予院校	发文年份
贺美芳	南京航空航天大学	2006
伍铁军	南京航空航天大学	2001
胡创国	西北工业大学	2007
张臣	南京航空航天大学	2006

续表 2

作　者	学位授予院校	发文年份
张洪涛	哈尔滨工业大学	2014
刘胜兰	南京航空航天大学	2005
谢强	南京航空航天大学	2002
龚星如	南京航空航天大学	2012
胡建	南京航空航天大学	2005
闫雪	西北工业大学	2007

表 3　高被引论文分析二

作　者	论文题目
贺美芳	基于散乱点云数据的曲面重建关键技术研究
伍铁军	数控加工仿真关键技术研究与软件开发
胡创国	薄壁件精密切削变形控制与误差补偿技术研究
张臣	数控铣削加工物理仿真关键技术研究
张洪涛	四旋翼微型飞行器位姿及控制策略的研究
刘胜兰	逆向工程中自由曲面与规则曲面重建关键技术研究
谢强	质量链管理及其若干关键技术研究
龚星如	六自由度工业机器人运动学标定的研究
胡建	产品设计知识管理关键技术研究及实现
闫雪	难加工材料高速铣削切削力研究

从表格中可以发现,被引频次的前十名都来自南京航空航天大学、西北工业大学和哈尔滨工业大学,从数据上反映了这三所大学在该领域的影响力。虽然中国知网数据库中来自北京航空航天大学的航空宇航制造工程学位论文很少,但基于万方数据库的分析结果是相似的。在万方数据库中,被引频次最高的非上述三所院校的学位论文,而是来自上海交通大学,作者是罗蒙[4],排在第 23 位。同样按照万方数据库,北京航空航天大学被引频次最高的航空宇航制造工程学位论文是《基于单一产品数据源的飞机制造信息管理研究》。

另外,飞行器制造一般是包括以下三个部分:第一,零件制造,随着技术的发展从以钣金件为主转变到以数控加工件为主,并正在向以复合材料件为主的转变中;第二,飞机装配;第三,数字化制造技术。从上述论文的题目中可以看出,与数控加工相关的论文有 4 篇,与数字化制造技术相关的论文有 4 篇,但因为数字化制造涉及的方面很多,因而相对的影响力仍不如前者。龚星如的《六自由度工业机器人运动学标定的研究》成果可以应用于飞机装配,并且工业机器人在其他制造业中也有很多应用。张洪涛的《四旋翼微型飞行器位姿及控制策略的研究》显然是关于飞行器控制的,似乎归属到飞行器设计专业更为合理。

2.3　关键词分析

首先对航空宇航制造工程专业学位论文的关键词词频进行分析。将从中国知网导出的文献信息在 CiteSpace 软件中转换格式后,建立分析项目,选择输入输出文件夹,选择以关键词作为分析对象。在 CiteSpace 处理完成后,从菜单栏"Export→Export Summary"中导出数据。一共得到了 585 个关键词,其中出现频次最高的 20 个关键词如表 4 所列。其中"数值模拟"词频最高,达到了 67 次,比频序第 2 的"飞机装配"高了约 70%,如果把含义相近的"仿真""有限元"以及排在第 21 位的"仿真分析"(14 次)合并在内,总频次达到 145 次。可见仿真模拟是航空宇航制造工程的一个重要研究手段。

频序第 2 位的关键词"飞机装配"有着鲜明的航空宇航制造工程特色,但并非该专业所独有。在中国知网上,搜索含有"飞机装配"关键词且专业非"航空宇航制造工程"的学位论文,也可以得到 209 篇的搜索结果。这些学位论文多归属于机械制造及其自动化专业。

高频关键词中有若干反映飞机零件制造技术的词汇,其中能够明确划分到"钣金件—数控加工件—复合材料件"三个类别中的有"复合材料""回弹"和"刀具磨损"。"回弹"是钣金件成形中的一种现象,会导致零件成形后的外形与设计外形的偏差。作为比较,在中国知网上检索同样研究成形的材料加工工程的学位论文,含有"回弹"关键词的论文约占 0.7%。同时从研究主题分析可以得出,数值模拟同样是材料加工工程专业的重要研究手段。而含有"回弹"关键词的航空宇航制造工程学位论文约占 1.2%。由此可见,航空宇航制造工程在研究材料成形时,更看重零件的几何外型。

表 4　航空宇航制造工程学位论文高频关键词

频　序	关键词	词　频	年份
1	数值模拟	67	2003
2	飞机装配	39	2012
3	复合材料	38	2006
4	逆向工程	35	2001
5	仿真	32	2001
6	有限元	32	2003
7	二次开发	30	2005
8	力学性能	28	2009
9	特征	27	2001
10	图像处理	23	2007
11	回弹	21	2003
12	残余应力	21	2007
13	结构设计	21	2011
14	遗传算法	21	2005
15	优化	20	2004
16	刀具磨损	19	2009
17	路径规划	19	2010
18	钛合金	17	2007
19	三维重建	16	2003
20	特征识别	16	2005

使用 CiteSpace 计算得到的关键词聚类图,如图 2 所示。此次聚类分析(Cluster Analysis)得到 585 个节点和 675 条连线。模块性 Q(Modularity Q)=0.7225,平均轮廓值 S(Weighted Mean Silhouette)=0.9168。一般认为,Q>0.3 意味着聚类结构显著,S>0.5 意味着聚类是合理的,S>0.7 意味着聚类是令人信服的[5]。因此,本次聚类分析的结果是显著且令人信服的。

从图 2 中可以看出,关键词的聚类共有 15 种,从 0 到 14 编号,编号越小的聚类包含的关键词越多。对 0 号聚类"数值模拟"进行分析,它和关键词"回弹"有共现,说明"数值模拟"是研究"回弹"问题的一种普遍方法。通过 Show Cluster by IDs 只显示"逆向工程"聚类,然后再通过 Timeline View 显示该聚类的时间线。可以看出该聚类主要在 2000 年到 2005 年兴起,特别是在 2000 稍后几年,此后就少有该方面的研究了。对比时间点,这应当是随着"歼-10"飞机的研制成功,中国航空工业不再依赖于仿制的缘故。

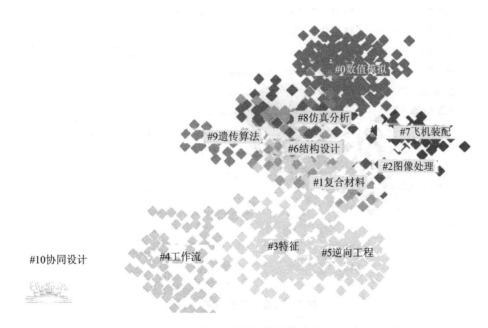

图 2 关键词的聚类分析

使用 Burstiness 选项卡,可得到关键词突现图谱,如图 3 所示。CiteSpace 一共检测到了 26 个突现关键词。如果按照突现的时间排序,26 个关键词的突发时间段没有明显的间断,即,一批关键词的突现尚未结束,就有另一批关键词突现。关键词突现期最长达到 8 年,最短只有 1 年。"力学性能"的突变期仍在持续。

3 结 论

1) 获取完善与精炼的论文数据,是航空宇航制造工程学位论文计量研究需要解决的问题。

Keywords	Year	Strength	Begin	End	2000 - 2022
逆向工程	2000	10.21	2001	2006	
力学性能	2000	9.39	2015	2022	
飞机装配	2000	8.58	2012	2020	
特征	2000	5.82	2001	2006	
复合材料	2000	5.4	2015	2019	
遗传算法	2000	5.11	2007	2010	
路径规划	2000	5.08	2014	2018	
协同设计	2000	4.91	2001	2006	
图像处理	2000	4.77	2007	2014	
叶片	2000	4.75	2004	2006	
参数化	2000	4.55	2002	2005	
钛合金	2000	4.55	2007	2014	
刀具磨损	2000	4.53	2011	2014	
工作流	2000	4.45	2003	2009	
工艺优化	2000	4.26	2016	2018	
中间件	2000	3.95	2001	2005	
板料成形	2000	3.92	2003	2005	
曲面重建	2000	3.91	2005	2006	
机器视觉	2000	3.81	2008	2014	
面向对象	2000	3.74	2000	2005	
残余应力	2000	3.68	2012	2013	
快速设计	2000	3.59	2012	2015	
动力学	2000	3.39	2013	2014	
结构设计	2000	3.34	2011	2014	
二次开发	2000	3.25	2012	2016	
建模	2000	3.18	2005	2008	

图 3　关键词突现图谱

2）在航空宇航制造工程的研究方向中，数控加工是影响力最大的单一领域。

3）仿真模拟是航空宇航制造工程的重要研究手段。

4）航空宇航制造工程学位论文的关键词突现没有明显的阶段性。

致　谢

本文得到了重庆市高等教育教学改革研究项目"高起点航空宇航制造工程学科建设模式探索（项目编号：223194）"的资助。

参 考 文 献

[1] 谭强.我国幼儿园研究发展状况的知识图谱可视化评析——基于硕博学位论文的文献计量统计[J].黔南

民族师范学院学报,2019,39(S01):133-141.

[2] 黄伟,李珺婷.汉语国际教育专业硕士学位论文的文献计量分析[J].汉语应用语言学研究,2019,(1):103-114.

[3] 丁佐奇,郑晓南,吴晓明.科技论文被引频次与下载频次的相关性分析[J].中国科技期刊研究,2010,(4):467.

[4] 罗蒙.金属切削过程中毛刺形成机理及控制方法的研究[D].上海:上海交通大学,2007:1.

[5] 栗孟杰.基于文献计量学的时代精神研究现状分析[J].苏州科技大学学报:社会科学版,2022,39(2):7-14.

议题 8

✿✿✿

其他相关主题

✿✿✿

人工智能专业全程导师制培养模式探索与实践

李亚峰　李擎　王炜烨　姜海龙　李禄　纪毅

（北京信息科技大学 自动化学院，北京　100192）

摘　要：在人工智能（AI）技术与互联网、大数据和实体经济深度融合的大背景下，高素质创新型 AI 人才培养是支撑国家竞争力的重要因素。以北京信息科技大学 AI 勤信实验班开展全程本科生导师制为例，对导师制的育人模式、培养特色、成效、问题和经验进行总结，为进一步完善和促进应用型本科 AI 专业的全程导师制培养提供依据，为兄弟院校提供参考。

关键词：人工智能专业；人才培养；本科生导师制；协同育人；思政育人

人工智能（Artificial Intelligence，AI）已经成为新一代科技变革的核心驱动力。2018 年教育部提出的《高等学校人工智能创新行动计划》对 AI 领域的技术人才培养提出三大要求：加强 AI 领域专业建设、加强 AI 领域人才培养、构建 AI 多层次教育体系。2019 年 AI 产业年会发布了《2019 人工智能发展报告》，主要论述了 AI 重点领域发展现况以及趋势，指出 AI 发展应助力社会产业的发展，为国家战略决策提供支撑[1]。在 AI 技术与互联网、大数据和实体经济深度融合的大背景下，国家建设对高素质 AI 人才的需求迫切要求学校和教师必须适应新技术变革，创新育人思想和育人模式，形成新的育人特色和育人风格[2]。

从掌握知识的角度而言，由于 AI 理论知识点复杂、抽象、涉及面极广，需要的数学基础较多，因此主要注重课程教学的传统培养模式，很难适应高水平 AI 专业人才培养的需求。另一方面，AI 与产业应用联系紧密，与传统行业相反，目前最先进的理论技术往往并不在高校或研究所，而是存在于互联网公司和 AI 企业中[3]。此外，学生的思想教育、心理健康教育、创新创业教育的任务越来越艰巨。针对 AI 产业的发展特点和人才需求，在本科培养阶段采用导师制，通过教师对学生的言传身教和个性化指导，在学业之外，切实加强对学生实践、科研和产业认知等方面的培养和训练，形成"教－学－研"互动的良性机制，是培养高层次 AI 人才的一种有效机制。

为了打造信息特色鲜明、跨学科/专业的应用型创新人才培养模式，北京信息科技大学于 2020 年集中校内优势教学资源，成立了 4 个信息类专业勤信实验班，其中之一为 AI 勤信实验班。在 AI 勤信实验班筹建之初，院系两级即确立了实施全程本科生导师制的育人方案，目的是将专业教学、教育管理、辅导答疑、思想指引和创新创业指导等全面贯穿于整个大学阶段，以期让学生接受全过程、全方位、多层次的个性化培养和综合能力训练，培养符合新时代要求的高层次应用型 AI 人才。在两年探索和实践的基础上，对本科生导师制培养模式的成效、问题和经验进行总结，从而进一步采取措施，完善和促进应用型本科 AI 专业的全程导师制培养模式，并为兄弟院校提供参考。

1　现状和背景分析

本科生导师制起源于 14 世纪的牛津大学,是一种教师对学生的学习、品德、生活等多个方面进行个别指导的教育制度,是美国的学分制与英国的导师制传统相结合的产物。19 世纪中叶,牛津大学、剑桥大学、哈佛大学、普林斯顿大学、麻省理工学院等世界名校,开始将原用于研究生培养的导师制,推广到了本科生培养,从而形成了现代意义上的本科生导师制[4,5]。以牛津大学为例,其本科教学以导师制为核心特征,本科生的学习以发展独立思考能力为核心目标,以师生合作基础上的独立探究为基本学习状态[6]。高质量的本科毕业生使牛津大学的本科生导师制成为全球典范。我国导师制最初主要是针对研究生设置的,本科生主要实行班主任制和辅导员制。2000 年以后,北京大学部分学院开始实行本科生导师制,随后浙江大学、厦门大学等国内一批知名高校,将本科生导师制投入试运行,并制定了相应的规范和实施办法[4]。尽管在不同高校,本科生导师制的具体实施策略和模式都不尽相同,但通常认为这种育人模式行之有效,对于培养新工科背景下高素质人才具有重要意义。

目前,国内众多"双一流"高校已开展本科生全程导师制的探索和实践,部分地方应用型高校随后跟进,但普遍存在以下两方面问题[7]。

1) 导师职责不明确,指导内容不够规范[5]。从全国范围来看,通常由于师生比例偏大、学生配合度差、职责划分不明确,使本科生导师制难以落实而流于形式。此外,本科生导师制在高校实施过程中普遍缺乏规范性、强制性和约束性。具体表现在对本科生导师职责的规定非常笼统,比如本科班级通常配有班主任,对学生的生活、学习全面关心;辅导员则负责学生的心理疏导、日常班级运行事务等。因此,导师与辅导员、班主任、任课教师的职责无法准确进行界定,相互之间存在工作重叠、责任不明的情况。这些问题均会影响全程导师制的实施和成效。

2) 考核评价体系不健全,容易使实施过程流于形式[5]。当前,很多高校的本科生导师制尚未制定科学健全的考核、评价、反馈、激励和督导机制。从学生角度讲,没有对学生的义务进行规定,使导师对学生缺乏约束力,成为导师制有效落实的绊脚石;从导师角度看,尽管很多高校在关于本科生导师制的指导办法、工作细则中,制定了对导师工作的考核机制,但大都规定不够具体,且由于导师指导学生付出的时间、精力很难进行量化,考核并没有得到有效执行。其结果就是,导师对学生的投入更多依靠的是一种源于工作热情和师德良心的软约束,容易导致本科生导师制实施流于形式。

针对以上问题,院系两级(自动化学院和人工智能系)完善了导师聘任制度和考核机制。导师在全学院优秀教师中选聘,每位导师指导两名学生,师生双向选择,并从师德、知识结构与科研能力三个方面考虑。要求实验班导师具有良好的道德修养和严谨的治学态度,具有丰富的教学经验、较高的学术水平和科技创新能力,从而保证对学生深入细致的指导。此外,在实施过程中,明确了导师职责,制定了本科生导师制的执行政策以及管理制度,学院加大监管力度,健全激励与约束机制,将本科生导师制作为一项院级的基本教学制度确定下来,并逐步进行完善和优化。

2　北京信息科技大学 AI 专业全程导师制育人模式

北京信息科技大学 AI 勤信实验班本科生导师制以培养高水平应用型人才为目的,尝试将"教""学"和"研"相结合,学生入校始,给每位学生配置专业指导教师,指导学生课程学习、科技创新、开放性实验和学科竞赛活动等,重点培养学生的实践创新能力。全过程导师制育人主要体现在以下四个方面。

2.1　"研-学"互促的科研育人模式

引导学生参加科研训练,有意识地培养学生的创新意识、实践能力和综合素质。本科生在导师的引导下,从入校即开始准备理论基础知识,并通过直接参与导师科研项目感受科研氛围,培养科研素质及创新精神。这种科研项目制育人模式中导师角色的专一性与目前的辅导员制度、班主任制度有着本质的区别,其导师定位更加清晰,更有利于培养学生的专业技能和思辨能力[2]。

2.2　"跨研究方向指导"的竞赛育人模式

积极组织学生参与创新创业项目竞赛,提高创新创业能力;鼓励不同研究方向的导师,根据竞赛需要开展交叉指导,形成项目导师团队。具体以各类 AI 科技创新竞赛为载体,培养学生的专业创新能力。通过竞赛活动及时对学生成长方向、学业规划、学习方法、创新思维、创业就业等方面进行培养和指导,形成"跨研究方向指导"的导师模式。这既是对学生知识体系的梳理、提炼和升华,也是提高学生参与率、科研成果产出率和获奖率和实现学习成果转化的有效手段[2]。

2.3　"多点合作"的协同育人模式

尝试实施导师培养—国际合作培养—企业联合培养的"多点合作"协同育人模式。首先,导师引导学生参与课题研究,以一人一题的形式引导学生紧跟技术前沿发展,充分挖掘个人兴趣,强化其创新意识和能力的培养;其次,落实国际化培养方案,导师与国外智能机器人和计算机技术相关实验室协调,推动学生积极参与国际合作育人项目;再次,与校内重点实验室和合作企业建设 AI 开放创新平台、应用场景实训平台以及"场景驱动"模块课程,具体包括与拓尔思信息技术股份有限公司、中国大恒(集团)有限公司、星网宇达等著名 AI 领域企业进行合作,引导学生积极参与企业合作的场景化课程建设和实施。

2.4　"协调发展"的课程思政育人模式

促进全员、全程、全课程育人格局的形式,将各类课程与思想政治理论课同向同行,形成"协调发展"的课程思政育人模式。导师作为课程思政的主角,主导知识传授、价值塑造和能力培养的多元培育实施过程。教师在导师制教育中积极融入学生个人日常生活,将教学与学生当前的人生遭际和心灵困惑相结合,有意识地回应学生在学习、生活、社会交往和实践中所遇到的真实问题和困惑,真正触及他们默会知识的深处,从而对其产生积极的影响。

3　北京信息科技大学 AI 专业全程导师制培养特色

结合学校的信息特色、军工特色和行业特色,瞄准高素质应用型创新人才培养的目标,我校 AI 勤信实验班的全程导师制培养初步体现出以下特色。

3.1　突出实践育人特色

AI 勤信实验班的建立为全程导师制的实施提供了良好的实践机会。系里将全程导师制作为一项常态教育教学工作进行落实执行。在执行过程中,针对目前国内导师制实施过程中存在的问题,逐渐完善导师聘任制度和考核机制,将导师制建设与教师考核绩效相挂钩落实。在强调导师责任的同时,也对学生的义务加以明确。这样不仅使导师因学生带来的反馈更有积极性,也使学生在义务的推动下更好地行使自己权利。

3.2　突出协同育人特色

开展国际合作和校企协同育人的多元化培养模式。除了引领学生参与导师科研团队的科研项目外,人工智能系还积极推动国际化联合培养。与美国密苏里大学(堪萨斯市)合作开展暑期项目实践活动和"2+2"国际化联合培养;导师邀请国际知名教授授课,学生通过与导师组队开展项目实战、分组讨论、报告、演讲等形式,在专业实践中,显著提高了英文听说读写各方面的能力,同时也培养了学生的综合素质与创新能力。另外,通过邀请国际知名学者讲解 AI国际前沿,包括专题讲座和专题研讨环节,与学生进行深度互动,学生不仅提高了专业英语水平,还能够理解和把握 AI 基础知识、学科前沿。此外,联合国内合作企业,让学生进入产学研的链条式培养过程。通过协同育人,进行育人理念、合作机制、组织方式、实现路径上不断探索与创新,构建"多点合作"的协同育人模式。

3.3　突出课程思政育人特色

从培养具有一定全球化意识和国际视野的高素质应用型人才的全局出发,全程导师制落实品德与知识并重的培养目标,量身定制地进行个性化培养。在导师对学生的言传身教中积极开展课程思政教育,把政治认同、国家意识、文化自信、人格养成等思想政治教育导向与对学生的知识、技能传授有机融合,实现了显性与隐性教育的有机结合,促进学生的自由全面发展,充分发挥课程思政育人的作用。

4　全程导师制实施成效

北京信息科技大学 AI 勤信实验班自 2000 年开始招生,通过两年全程本科生导师制的探索和实践,实验班在学分绩点、科研成果和学科竞赛方面成绩显著。

以 2000 级 AI 勤信实验班为例,其平均学分绩点明显高于学院内其他 8 个平行班。表 1所列给出了 AI 勤信实验班和学院内其他 8 个自动化类班级在平均学分绩点方面的比较结果。可以看出,AI 勤信实验班的学业成绩明显高于学院内平均水平。图 1 所示给出了 AI 勤信实验班的学分绩点分布情况。

表 1　平均学分绩点比较

班　　级	班级平均绩点	专业平均绩点	年级平均绩点
2000 级 AI 勤信实验班	2.81	2.81	
自动化类 1 班	2.43		
自动化类 2 班	2.34		
自动化类 3 班	2.22		2.44
自动化类 4 班	2.24	2.4	
自动化类 5 班	2.68		
自动化类 6 班	2.31		
自动化类 7 班	2.47		
自动化类 8 班	2.52		

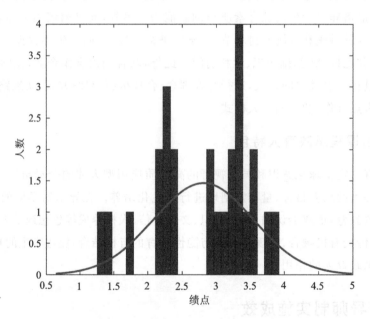

图 1　AI 勤信实验班学分绩点分布

　　在学业成绩优势明显的情况下,2000 级 AI 勤信实验班在科研成果和学科竞赛方面也取得了良好成绩。表 2 所列给出了 2000 级 AI 勤信实验班科研成果和学科竞赛成绩。可以看出,全程导师制培养显著激发了本科生参与科研创新活动的积极性。

表 2　2000 级 AI 勤信实验班科研成果和学科竞赛成绩

科研和学术竞赛成果	数　量	备　注
大学生创新创业训练计划项目	5 项	包含国家级项目 1 项
投稿 SCI 期刊论文	1 篇	学生为第一作者(大创项目支持)
发表 EI 学术论文	2 篇	学生为第一作者

续表 2

科研和学术竞赛成果	数　量	备　注
省部级学科竞赛获奖	10 项	包括"青创北京"2022 年"挑战杯"首都大学生创业计划竞赛主赛道金奖一项
校级学科竞赛获奖	13 项	
国家级学科竞赛获奖	5 项	

5　结　语

本科生导师制以激发学生的独立思考能力为核心目标,实质上是一种个性化和启发性的师徒式传承教育模式[8],将"教–学–研"结合起来,通过深化师生之间的沟通和言传身教,在生活、心理、品德、学业、科研和产业认知等多维度对学生进行指导性和示范性的教育,是在知识大爆炸背景下培养高素质创新型人才的有效途径。北京信息科技大学 AI 勤信实验班在成立之初即采用全程导师制培养模式。经过两年的探索和实践,学生的学业、科技创新和实践能力显著提升,表明在应用型本科 AI 专业采用全程本科生导师制育人模式的成效显著。未来将进一步完善和深化本科生导师制运行机制,为高素质应用型 AI 人才的培养提供可借鉴的经验。

致　谢

基金资助:

1) 2021 年度北京信息科技大学校级教育教学改革项目"人工智能勤信实验班全程导师制培养模式探索与实践";

2) 2022 年度北京信息科技大学校级教育教学改革项目"面向人工智能专业引领的实践教学设计";

3) 2022 年研究生培养思政建设项目"智能自主系统课程思政数字画像构建"。

参　考　文　献

[1] 徐晓晖,吴姗. 人工智能课程差异化多维度教学改革研究[J]. 福建电脑,2020,36(10):36-38.

[2] 方大春,裴梦迪. 本科生导师制功能定位与育人模式研究[J]. 安徽工业大学学报(社会科学版),2019,36(05):78-80.

[3] 顾理,徐栋哲,盛庄. 本硕贯通的人工智能专业人才培养研究[J]. 电气电子教学学报,2022,44(04):11-17.

[4] 吴仁明,徐荣,吴周阳. 本科导师制实施现状、问题与对策建议[J]. 教育观察,2019,8(31):3-9.

[5] 张玉磊,贾振芬. 地方本科院校本科生导师制有效实施的思路对策研究[J]. 牡丹江教育学院学报,2020,2:39-41.

[6] 畅肇沁. 牛津大学导师制下学生学习模式探索及启示[J]. 中国高等教育研究,2018,10:63-67.

[7] 刘鹤宇,李怡婷,马庆骁. 本科教育中导师制现存问题及完善方法的探究[J]. 检验医学与临床,2020,17(11):1623-1625.

[8] 李宇,魏若菡,张瑶. 本科实验班导师制培养模式与制度建设[J]. 航海教育研究,2017,1:98-102.

佐治亚理工学院航空航天类本科课程体系分析[*]

张梦樱[1]　徐秦[2]　吴钰桐[1]　张青斌[1]

(1. 国防科技大学 空天科学学院,长沙　410073

2. 军事科学院 战略评估咨询中心,北京　100091)

摘　要: 佐治亚理工学院(Georgia Tech)航空航天学院被评为2023年全美同领域最佳学院,其为美国航空航天培养了人数众多的优秀工程师。本文以佐治亚理工学院的航空航天工程学科课程体系为对象进行了研究,从课程体系结构与培养目标匹配角度分析其特征,呈现世界一流航空航天学科的本科课程体系设置与办学理念的内生联系,并在此基础上提出了该专业的课程体系设置的成功经验对我国建立世界一流航空航天工程学科的启示和建议。

关键词: 航空航天工程;佐治亚理工学院;课程体系;本科课程;世界一流学科

在2022年9月《美国新闻与世界报道》(U. S. News & World Report,简称 USNWR)公布的2023年全美航空航天工程本科课程排行榜(见表1)中,佐治亚理工学院(Georgia Institute of Technology,简称 Georgia Tech)的丹尼尔·古根海姆航空航天工程学院首次排名第一,与大名鼎鼎的麻省理工学院的航空航天学院并列获此殊荣[1,2]。实际上,在过去20年间,这所理工科特色高校的航空航天工程学科一直在该项榜单中名列前茅,并且在 ZIPPIA 职业网站的统计中是全美诞生最多航空航天工程师的院校(见图1),为美国的航空航天领域培养了大批优秀人才[3]。而从统计数据来看,美国从事航空航天的工程师人群中,有72%的从业者学位是学士,而其中专业人数占比最多的当属航空航天工程(47%)、力学(25%)和工程学(6%),如图2所示。课程体系是通过有序组合课程各要素而构成的动态系统,旨在一定教育价值理念指导下有效实现课程既定目标。因此,对佐治亚理工学院航空航天工程本科课程体系进行分析,对于我国高等院校航空航天本科专业建设具有重要的研究意义和借鉴价值。

表1　USNWR 最佳本科航空航天工程课程(2023 版)[1]

排名	2023 年	2022 年
1	佐治亚理工学院(并列 1)	麻省理工学院
2	麻省理工学院(并列 1)	加州理工学院(并列 2)
3	密歇根大学安娜堡分校	斯坦福大学(并列 2)
4	加州理工学院	佐治亚理工学院
5	普渡大学希拉斐特校区	普渡大学希拉斐特校区
6	斯坦福大学	密歇根大学安娜堡分校
7	伊利诺伊大学厄巴纳香槟分校	伊利诺伊大学厄巴纳香槟分校

* 项目支持:湖南省普通高等学校教学改革研究项目 HNJG－2021－0272

排名	2023 年	2022 年
8	安柏瑞德航空大学代托纳比奇分校(并列 8)	德克萨斯农工大学(并列 8)
9	德克萨斯大学奥斯汀分校(并列 8)	科罗拉多大学博尔德分校(并列 8)
10	德克萨斯农工大学	德克萨斯大学奥斯汀分校(并列 8)

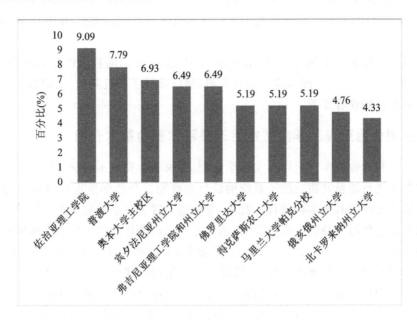

图 1　美国航空航天专业工程师毕业生最多的十大高校[3]

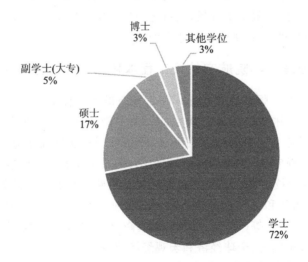

图 2　美国航空航天工程师所获学位分布[3]

1　美国佐治亚理工学院航空航天课程体系的现状

佐治亚理工学院是一所世界顶尖的公立研究性大学,始建于 1885 年。学校总部位于美国佐治亚州首府亚特兰大市。佐治亚理工学院在全球拥有顶尖的学术声望,其代表学科是工程学。学校的校训"进步且服务于改善人类的生存水平"(Progress and Service and improving the human condition),彰显了其运用先进科学技术改善人类生活水平,服务社会、改变世界的办学理念。

佐治亚理工学院的航空航天工程(Aerospace Engineering,简称 AE)学科本科只设一个专业,培养航空航天工程学士。围绕这一重点学科,学院设计了重视基础、强调通用、彰显特色的航天航空工程本科生课程体系。

1.1　美国佐治亚理工学院航空航天课程体系的基本介绍

航空航天工程专业的本科生培养实行学分制,要求学生完成 132 学分的基础课程,帮助学生理解航空航天飞行器及其集成的子系统的设计与性能。当然学生也可以辅修包括人类学、社会科学和卫生方面的其他本科课程。此外,专业还设置了一系列集成和交叉学科实验课程,为学生提供实践操作习得经验。在数学、自选和专业选修课帮助学生培养个体学术志趣,并选择职业道路。研究、实习、特色的 Co－Op(合作教育)和竞赛丰富了学生的教育体验。课程不必在课程表中指定的特定学期内进行,但排课必须满足每门课所需的先修条件。

第一年学习的重点在化学、数学、物理、人文科学和社会科学领域的课程;第二年开设工程学科通用课和航空航天所需的专业课程。之后两年更侧重专业课,包括航空航天工程、飞行器系统集成与设计以及其他选修课,帮助学生因材施教、个性化发展。大四结束后,学生具备了在工业界或政府单位就业的一般学术背景,也可选择进入研究生院继续深造。除此之外,课程还根据学生的能力和职业期望,提供研究和竞赛的机会。

1.2　美国佐治亚理工学院航空航天工程本科课程体系分类课表

图 3 展示了 2022－2023 版本的 Georgia Tech 航空航天工程本科(Bachelor of Science in Aerospace Engineering,简称 BSAE)课程体系的一个示例。值得注意的是,由于选修课可有不同的选择,因此图中只是一个可能的课程安排,学生可根据实际需求进行个性化定制。如图 3 所示,Georgia Tech 航空航天工程本科课程包括:①通用技术与工程学核心课,如微积分、物理和化学等;②AE 专业技术课,如工程图形学、电子电路和数学选修课等;③AE 专业核心课,如航空航天导论、动力学和空气动力学等;④AE 专业选修课,如空气动力学与飞行性能、安全设计导论和人工与自动化等(见表 2);⑤自由选修课;⑥人文类课程,如英语写作;⑦社科类课程,如经济分析和政策问题、全球经济和宏观经济学原等。

经过统计梳理,这些课程可被分为两大类。一类是工程学院对工程专业统一开设的健康卫生、基本技能、工程师计算、人文学科、科学技术、社会科学,以及与专业相关的基础导论课程,共 63 学分,占比为 47.72%,在图中是橙色、绿色和灰色模块,集中在第一第二学年完成。另一类是航空航天专业所需学习的特定课程,分为 AE 专业必修课程(核心课)、AE 专业技术课程、AE 或非 AE 专业选修课。专业课涵盖内容颇多,包括专业导论类、基础类、实验类课程等等,且不局限于航空航天类本身,电子类等非航空航天工程专业的课程也被涵盖其中,并作为专业所需的技术课程要求修满一定学分[4]。其中,航空航天课程核心课(又称必修课,图3中为浅蓝色模块)约16门,共51学分,占总学分的38.6%,为所有模块之首。

说明:
1.总学分132;
2.第一、二学年的数学类和物理类课程需要达到C或以上等级,成绩为D或F的需要在下一学期重修;
3.修习"静力学""热力学与流体基础"课程需要GPA2.0及以上;
4.第二学年所有专业核心课成绩需达到C或以上;
5.在第三、第四学年,专业核心课和专业选修课中最多允许2门课程成绩为D,其他成绩为D的课程需重修;
6.仅自由选修课程的成绩可以表示为"通过/不通过",其余课程成绩均以字母等级表示;
7.毕业的GPA最低要求为2.0.

图3　美佐治亚理工学院航空航天专业本科(BSAE)课程体系(示例)[5]

2　美国佐治亚理工学院航空航天课程体系的特征

课程结构是某个课程系统中的组成要素、及其要素间的组织、排列形式与比例关系。分析图4所列课程,BSAE课程总体设计与国内许多高校相比所选课程种类较为类似,拥有以下共性特点[6]:

其一,学时安排方面,适中的总学分数配合较长的单科课时数,确保了知识体系的系统性和专深性;

其二,专业课开设方面,从理论到实践,先开工程导论,再学习专业导论课,最后开设专业基础和实验课,搭建层层深入的课程逻辑体系,脉络清晰;

其三,课程设置方面,"专业素养"+"通用能力"双主线特色鲜明,数学、工程概论、工程计算和工程伦理要素贯穿主线始终;

其四,课程结构方面,充分体现了 Georgia Tech 的办学实力,各课程的结构化安排,展现了航空航天工程学院的学科结构,各学科师资队伍的水平,以及航空航天工程学科的知识供给能力。

此外,BSAE 的不少模块的设置和课程要求也独具特色,值得一探究竟。

2.1　重视数理基础课程

表 2 展示了航空航天工程专业选修课和数学选修课。AE 的本科课程本就包括五门数学课,还需从表 2 中选择第六门。具体说来,首先,AE 专业的学生一般会在第一学年开始前完成微分学的学习,这也是后续许多课程的修课要求;其次,AE 专业培养计划对数学和物理类课程的划分更细化,例如纯数学类课程便包括微分学、积分学、微分方程、线性代数、多元微积分等多门课程,与国内多数工科专业的所设的高等数学课程相比,学习的针对性更强、难度更大、时间更长;最后,培养计划对数学物理知识的把握更强调专业相关性,比如从图 3 可发现 AE 专业在数学方面注重微积分的学习,而不是数学分析,在物理方面则侧重力学,符合该学科"落实到工"的实际情况。

表 2　航空航天工程专业和数学选修课[7]

航空航天工程专业选修课(选 8 学分)			
编　号	课程名称	编　号	课程名称
AE4040	计算流体力学	AE4552	人工与自动化
AE4071	旋翼飞行器气体动力学	AE4580	航空电子集成导论
AE4080	气体热力学	AE4701	风力工程
AE4132	有限元分析	AE4760	声学与噪声控制
AE4220	结构动力学和气弹力学	AE/ME4793	复合材料与工艺
AE4361	太空飞行操作	AE/ME4791	复合材料的机械性能
AE4376	事故因果关系和系统安全		
	AE 特殊主题课程		
AE4802	空气动力学与飞行性能		
AE4803	安全设计导论		行星航天器开发
	小组设计		机器人与自动驾驶
	数值分析和算法		先进飞行器推进

续表 2

编　号	课程名称	编　号	课程名称
（Aerospace Engineering，简称 AE）			
数学选修课（下列任选一门）			
MATH3215	概率论与统计导论	MATH4640	数值分析 I
MATH3670	概率统计与应用	MATH4347	偏微分方程 I
MATH4305	线性代数中的主题	MATH4541	动力学与分岔 I
MATH4317	数学分析	MATH4581	工程中的经典数学方法
MATH4320	复变函数分析	（数学类课程，简称 MATH）	

此外，AE 专业对数学和物理课程的高要求，还体现在对修课成绩要求较高上。如，第一、二学年的数学类和物理类课程需要达到 C 或以上等级，成绩为 D 或 F 的需要在下一学期重修，而其他课程达到等次 D 或以上就能通过；第二学年的所有 AE 专业核心课成绩均需达到 C 或者以上等等。

2.2　重视学生的全面发展

BSAE 课程体系注重对学生素质的全面培养。除专业课外，学生还需选修共 24 学分的人文社科类课程，占总学分的 18.2%。社会科学类课程的选择范围如表 3 所列，课程围绕历史、法律、形势政策、经济学等领域精心打造，特别是在第二学年要求选修一门经济学类课程，这在国内高校的工科专业中比较少见。事实上，对于 AE 专业的本科生，了解经济学原理有助于扩大视野，更好地理解科学技术与经济社会发展之间的联系，从而更好地认识自我、发展自我。根据培养计划，学生可以使用自由选修课的 9 个学分选修自己感兴趣的其他任何课程，这也体现了学校对个性与自主性的充分尊重。

此外，学校还积极鼓励本科生跳出本专业，以辅修、双学位、预备役军官训练（ROTC）等形式进行跨学科学习[5]，获得本专业以外的技能和经验，在职业发展和个人发展的过程更具竞争力。

表 3　社会科学公共课[7]

编　号	课程名称	编　号	课程名称
历史公共课（选一门 3 学分）			
HIST2111	美国历史：1877 年前	POL1101	美国政府
HIST2112	美国历史：1877 年后	PUBP3000	美国宪法问题
INTA1200	比较视角下的美国政府		
经济学公共课（选一门 3 学分）			
ECON2100	经济分析和政策问题	ECON2105	宏观经济学原理
ECON2101	全球经济	ECON2106	微观经济学原理
任意社会科学课程（6 学分）			

2.3　重视工程实践的课程布局

课程内容上,如图 3 所示,BSAE 安排了约 40 学分的实践课程,其设置充分体现了专业人才的培育特色,即注重培养学生解决复杂实际问题的能力,包括动手能力、团队协作及沟通能力。此外,Georgia Tech 也为 AE 专业的学生提供培育结构化的工作经验的教育模式。美国的各大高校都有部门负责就业辅导,Georgia Tech 的 Co‑Op 项目便是其一。Co‑Op 项目,全称 Cooperative Education,又称"合作教育",是指校企联合提供的带薪实习项目。本科学生最早可以从大一的夏季学期开始,通过申请进入与校方有合作的企业或研究机构带薪实习,比自行找实习的成功几率要更大,同时也可以选择合作课题研究,同样计入学时。从 1921 年开始,已经有超过 41000 名学生参与 Co‑Op 项目,并获得相应得工程实践能力。与 Georgia Tech 有合作关系的企业包括达美航空、可口可乐公司等,通过 Co‑Op 项目,学生可以更好地将课堂知识应用于工作中,并为未来的职业提前规划[8]。

2.4　重视课程目标与专业人才培养目标的紧密结合

Georgia Tech 的人才培育特色是旨在培养拥有高道德标准与职业操守的世界一流技术人才与工程人员,他们具备全球化思维、想象力与原创精神、实际问题处理能力等,能够革新各领域理念与技术、创造社会和环境利益。航空航天工程学士(BSAE)的培养目标主要包括以下四点:① 毕业生成为精通技术的企业家或领导者,在航空航天相关领域包括工业、学术界和政府中展示其专业水平和影响力;② 毕业生不断创新实践,开发具有全球影响力的产品和服务,致力于国际合作;③ 毕业生成为终生学习者,不断发展他们的领导力、批判性思维和解决问题的能力;④ 毕业生从航空航天工程学位中获得的知识迁移到交叉领域,并继续深造。

正因如此,该校的 BSAE 课程体系设置围绕人才培养目标、紧扣人才培养特色,打造了上下一贯的人才培养路径。如,大二修习的 AE 专业的必修课中 AE2611 航空航天工程师技术交流,虽然只有一个学分,教学大纲中也规定了用每周一学时帮助学生发展航空航天工程师所需的技术和沟通技巧,包括书面、口头和图像视觉交流手段。可见,这门课程的目标紧扣 AE 专业人才和学校人才培养特色,注重实践动手能力、解决实际问题的能力、合作能力,为培养"精通技术的领导者和企业家"做准备。

3　美国佐治亚理工学院航空航天课程体系对我们的启示

能够成为全美第一的本科专业,佐治亚理工学院的航空航天工程专业势必依靠大学在其组织层面的先进经验和制度支撑,实现了内部知识生产力和生产关系的需求。本文没有系统讨论佐治亚理工学院航空航天工程成为世界一流学科的形成动因,但根据文献[6],如按照韦伯提出的理想类型方法,在知识生产和制度环境之间建立学科体系,自上而下分为学科组织、知识网络、学科群落和课程结构。其中,课程体系结构通过课程内容组合方式反映大学的人才培养理念,以及不同学科的知识体系对所在专业人才培养的支撑作用。通过分析 Georgia Tech 的 BSAE 专业课程体系,我们可以得到三条启示。

3.1　坚持注重理工文的融合式培养

不仅在佐治亚理工学院,通过统计麻省理工航空航天专业的全校统一要求课程,其人文社科艺术课程就高达 17 门,表明世界一流航空航天类高校对学生的人文综合素质培养不约而同地都十分重视。其实,早在 1991 年 6 月钱老给著名核物理学家朱光亚的信中就提到:高等教育不仅要理、工结合,还要理、工、文结合[9]。现在国内"双一流"高校的理工科专业都更加重视人文社科课程的育人作用,以塑造学生的世界观、人生观和价值观。另一方面,教育部特别明确,工学类专业课程,要注重强化学生工程伦理教育,培养学生精益求精的大国工匠精神,激发学生科技报国的家国情怀和使命担当[10]。我们也可以从佐治亚理工的航空航天工程专业课程体系的设计思路中发现,其不仅重逻辑知识,也重人文思想,富含人文关怀。这也与我国在专业课中同样融入工程伦理和职业操守方面的内容,积极探索课程思政的课堂实践,使融合式培育服务于本科人才培养目标不谋而合。

3.2　坚持加强知行合一的实践式培育

专业课程设置的综合性和实践性,在较大程度上强调了学生的动手和实践能力。实践的过程中,学生的知识、理论和思想得以加强深化,对知识进行再创造。AE 专业的课程学习本质很大程度上仍然属于工程教育,不能仅仅是应用科学理论,而应是以解决真实问题为导向的创造过程。作为研究型大学,Georgia Tech 遵循"技术引领"的办学理念,以学校强大的科研基础满足教学和工程任务的需求,在课程体系建设中,是实用主义的高等教育范式的具体化,是基础科学与应用科学的辩证统一,是培养目标中的"解决实际工程问题"的显式表达。只有坚定以工程实践为导向,才能形成满足学校培养目标、符合市场和政府人才需求的课程体系,形成稳定的三方合作结构。

3.3　坚持贯彻人才培养的全面性目标

当前国内高校的课程培养目标设置相对刻板、模糊,专业人才的培养目标不够显著、培养特色不够突出。应根据社会需求、生源特点和人才培养方案以及办学特色来设置专业课程体系。Georgia Tech 的办学特色鲜明、人才培养目标鲜明,各类课程目标均紧扣人才培养目标与课程教育价值观。获取这些信息也十分便捷,学生通过官网在线课程表定制,以及能力路线图,学生能够在修课之前就能了解课程大纲,以及课程在专业知识体系中的位置,以及如何支撑自己的职业目标,一目了然地规划修课计划。只有经过精心的顶层设计,才能将学校的人才培养目标、专业人才培养目标、AE 专业课程结构和 AE 专业教学课程内容层层分解,同向同行,彼此呼应,形成世界一流的课程体系。

4　结　论

佐治亚理工学院官网上的主题标语显示为"Creating the Next…",寓意"创造未来",既是流行校园的主流文化,也是指导办学、培养人才的重要思想。未来是什么,值得我们所有教育工作者时刻思考。一个"先天下忧而忧"的学校,依托先进的教育理念、教育方法和教育内容,才能培养出引领世界进步和发展的人才,构建出世界一流学科,取得卓越的办学成绩,影响并塑造世界。

顶级的航空航天工程专业的培养方案和课程体系设置必须能着眼于未来 40 年,并规划通往未来的发展之路。四十多年前,钱学森指导改建国防科学技术大学时,提出试点培育科技帅才的目标模式："有必要考虑在 MIT（美国麻省理工学院）的时代及 CIT（美国加州理工学院）的时代之后，再创造一个高等教育的新时代：培养科学技术帅才的时代"[9]。应考虑在全球视野下，大学定位独特：拥有丰富资源，能启发学生了解航空航天产业，向学生展示如何通过航空航天技术让梦想照进现实。Georgia Tech 的 BSAE 专业课程体系富有特色，在目标引领、结构设置和培养模式上均有值得学习之处，在我国加快培养帅才型科学家为重要组成的战略科技人才的探索实践中，作为他山之石，具有一定借鉴意义。

致　谢

感谢国防科技大学图书馆流通部的吕欣同志为本文撰写提供的素材与建议。

参 考 文 献

[1] 2022-2023 Best Undergraduate Aerospace Engineering Programs [EB/OL]. (2022-10-12). https://www. usnews. com/best-colleges/rankings/engineering-doctorate-aerospace-aeronautical-astronautical? _ sort = rank&._sortDirection＝asc.

[2] Aerospace Engineering School Ranked ♯1 in the Nation｜Aerospace Engineering｜Georgia Institute of Technology｜Atlanta，GA[EB/OL]. [2022-10-12]. https://ae. gatech. edu/news/2022/09/aerospace-engineering-school-ranked-1-nation.

[3] Aerospace Engineer Education Requirements：Degrees，Majors，Colleges - Zippia[EB/OL]. (2020-10-02) [2022-10-12]. https://www. zippia. com/aerospace-engineer-jobs/education/.

[4] Bachelor of Science in Aerospace Engineering ＜ Georgia Tech[EB/OL]. [2022-10-12]. https://catalog. gatech. edu/programs/aerospace-engineering-bs/♯requirementstext.

[5] The Undergraduate Curriculum｜Aerospace Engineering｜Georgia Institute of Technology｜Atlanta，GA [EB/OL]. [2022-10-16]. https://ae. gatech. edu/undergraduate-curriculum.

[6] 武建鑫，胡德鑫. 理工科大学世界一流学科成长机理的多维透视——以佐治亚理工学院航空航天工程学科为例[J]. 学位与研究生教育，2020(10)：9.

[7] Options Courses｜Aerospace Engineering｜Georgia Institute of Technology｜Atlanta，GA[EB/OL]. [2022-10-13]. https://ae. gatech. edu/options-courses.

[8] 李正，唐飞燕. 美国佐治亚理工学院实践课程设置及对我国的启示[J]. 高等工程教育研究，2017(1)：8.

[9] 钱学森："要创办我们国家和世界从来没有办过的大学" - 国防科技大学[EB/OL]. [2022-10-14]. https://www. nudt. edu. cn/zjkd/kdgs/47f645e92cef4977a03688bc18c20b3c. htm.

[10] 中华人民共和国教育部. 教育部关于印发《高等学校课程思政建设指导纲要》的通知[EB/OL]//教育部关于印发《高等学校课程思政建设指导纲要》的通知. (2020-06-01)[2021-10-20]. http://www. moe. gov. cn/srcsite/A08/s7056/202006/t20200603_462437. html.

多元融合式人才培养模式下军校教学改革研究

王少平　董受全　张林　胡海

（海军大连舰艇学院 导弹与舰炮系，大连　116018）

摘　要：深入推进教学改革、全面提升人才培养质量，是新时代军队院校教育教学方法模式创新的必然要求。当前，围绕实战搞教学、着眼打赢育人才的军校教学总目标，对创新人才培养模式提出了新要求，即迫切需要进一步深化改革传统本科教育与首次任职专业相融合的人才培养模式，大力提高新型军事人才培养质量。结合军校人才培养特点，提出以本科教育与首次任职专业相融合、多个任职专业自身相融合的多元融合式人才培养模式，分析基于该人才培养模式下的改革需求及难点，对指导教学改革深入推进具有重要作用。

关键词：军队院校；教学改革；人才培养；师资队伍；课程体系

当前，世界各国的军队依据未来信息化条件下作战需求，都在积极推进军队建设和军事转型，高素质军事人才培养是实现这一转变的重要环节。未来军事领域的竞争越来越聚焦于人才竞争，世界各国军队普遍高度重视新型军事指挥人才培养的研究和实践，大力开展军事人才培养需求与模式研究，并用于指导推进训练教育一体化的培养机制改革。

我军历来十分重视军事指挥人才的培养和研究工作。新时代围绕强军目标统领[1]，军校针对未来信息化条件下高素质指挥人才队伍建设开展了大量的研究和改革实践[2-7]，并形成了诸多成果，为军队院校瞄准实战需要，推动办学育人向部队靠拢、向实战聚焦，提高院校人才和部队需求衔接提供了有力的支撑。自 20 世纪八十年代以来，我军队院校探索实践了基于本科教育和首次任职培训的多种人才培养模式，积累了丰富的经验，但经院校改革调整后的人才培养模式是按本科教育和首次任职培训融合式培养的新模式进行设计，因此需在总结以往的人才培养模式的优点和不足的基础上，加大力度进行深化教学改革研究，探索新的人才培养模式。

按照现代战争对军队人才的需求，军人须具备作战指挥、组织训练、管理教育等多方面能力素质。同时着眼军校学员毕业任职岗位能力需求，提出基于本科教育与首次任职专业相融合、多个任职专业自身相融合的多元融合式人才培养模式。系统分析该人才培养模式需求，对深入推进教学改革，提升人才培养质量具有重要意义。

1　多元融合式培养对师资队伍建设新需求

充足和优质的师资队伍是达成多元融合式培养模式总体专业人才培养目标的基本保障，同时，不同专业背景、不同教学实体之间的协同培养贴合度也是影响多元融合式培养模式实施效果的重要因素。

1.1　教员应具备"大专业"的视野和格局

以往学员仅学习本任职专业内的相关内容，任职专业教员也仅关注本专业的相关教学内容,对其他专业相关知识了解较少,甚至对一些常识性知识点存在"不知道"等问题,另外部分教员存在"不是我的专业、与我无关"等思想,这极大地阻碍了任职专业教员深入了解和掌握部队实际武器装备技战术性能和作战使用方法,从而对任职专业教学、人才培养质量带来了诸多不利影响,进而影响到未来学员在部队的任职实践能力。而多元融合式培养模式正是试图通过多阶段融合培养和多专业融合培养两种路径,从根本上解决以往任职专业人才培养模式中存在的"坐井观天"等问题,这就要求任职专业教员具备"大专业"的视野和格局,从思想上认识到多专业融合培养的重要意义,同时具备较宽泛的覆盖多专业的知识面,也要具备较深的理论知识基础和较强的实践指导能力。

1.2　教员应具有"擅教学"的觉悟和技能

多元融合式培养模式对任职专业教员提出了掌握"跨专业"知识和技能的要求,这无疑加重了教员的教学负担,同时增大了教学难度。为了能够切实有效地推进多元融合式培养模式的开展,以及提高任职专业人才培养质量,任职专业教员就要具有良好的师德师风,以及过硬的职业素养。教员要能够充分掌握当前各种先进的教学理念和教学方法,并且结合具体教学内容,能够做到按需使用和灵活运用。同时,教员要能够切实掌握部队使用武器实际,以及武器使用中的关键问题,真正做到"教为战"。

1.3　教员应具备"追前沿"的视野和认识

近年来,各种新型武器装备发展迅猛,作战使用方法层出不穷。为适应未来作战需求,多元融合式培养模式不仅要求任职专业教员对现役武器装备及成熟作战使用方法有全面深入的了解和掌握,而且也要求教员瞄准未来作战对手武器装备发展、瞄准未来战场形势变化、瞄准作战使用方法更迭等前沿理论问题。从适应未来作战、打赢未来战争的角度去思考、筹划和组织任职专业教学,不断拓宽学员视野,强化学员了解前沿武器装备及相关技术,引导学员思考打赢未来战争的方法理论。

1.4　教员应具备"研为战"的能力和素质

军校教员的中心工作是教学,而专业科研学术活动是深化教员对专业问题的理解、提高教员教学能力水平的重要支撑,尤其是可促进教员对某一专业问题或多专业间交叉问题的系统性学习、研究和理解,这也正是多元融合式培养模式对教员的潜在要求。因此,任职专业教员要具备较强的科研学术能力,从科研服务教学、服务人才培养的角度出发,开展相关武器装备及作战使用问题的研究。通过专业科研学术活动,不断提高教员研为教、研为战的能力和素质。

2　多元融合式培养对课程体系构建新需求

多元融合式培养不仅对师资队伍建设提出了新要求,同时也对围绕达成人才培养目标的课程体系提出了新的改革需求。

2.1 进一步优化完善"条修叶贯"的多元融合式培养模式课程体系

系统科学的课程体系是达成多元融合式培养模式预期目标的根本保障,而目前现有的课程体系还主要是基于单个任职专业而确定的。因此,为了实现对现有课程体系的优化和完善,适应多元融合式培养模式,以及未来学员岗位任职需求,就需要不同专业和不同教研室之间强化协作,根据总体人才培养目标,系统梳理共同基础课、专业背景课、首次任职课等课程之间的相互衔接关系,明确各个课程模块以及各个课程的培养目标。

2.2 进一步梳理细化"首尾相继"的多元融合式培养模式课程内容

系统科学的课程体系可为多元融合式培养模式提供重要的架构基础,但要实现具体的教学目标,还需要进一步梳理和细化整个课程体系中各门课程的具体教学内容,防止出现部分教学内容重复出现,部分教学内容缺项,以及前序课程教学内容无法满足后续课程教学需求等问题。因此,多元融合式培养模式要求对具体课程的内容结构,以及具体教学内容等进行系统设计和完善。

2.3 进一步构建完善"允理惬情"的多元融合式培养模式评价方法

多元融合式培养模式顺利推行并且能够取得预期人才培养目标的基础应是以系统性教学评价为导向。应在以往单门课程评价的基础上,以多元融合式培养模式覆盖的课程以及教学单位为评价对象,强化对各教研室协同培养效果和学员系统性培养效果的评价考核,从而发现多元融合式培养模式在具体实施过程中存在的协作性问题。

3 多元融合式培养中课程教学实施新难点

多元融合式培养模式下,课程教学实施将因课程体系的改变而难度有所增加,这将为达成人才培养目标制造诸多新难题。

3.1 课程教学周期长,多元融合式培养模式的开展持续用力难度大

多元融合式培养模式是基于本科教育与首次任职专业相融合、多个任职专业自身相融合的多元复合的融合式培养模式,其覆盖了本课教育与任职专业教育两个阶段。从教学周期来看持续时间长,如何确保在多元融合式培养模式下,整个课程体系相关教学活动运行良好,人才培养保质保量,将是多元融合式培养模式持续开展、有效运行面临的一个重要难题。

3.2 课程教学内容多,多元融合式培养模式的开展合理统筹难度大

多元融合式培养模式覆盖了本课教育和任职专业教育两个阶段,以及多个专业方形,涉及的课程门类多、教学内容多。在这一现实情况下,如何能够合理统筹安排各专业与各课程的教学内容是实现多元融合式培养模式预期目标的一大难题。

3.3 课程教学教员多,多元融合式培养模式的开展良莠把控难度大

多元融合式培养模式涉及课程多,教学周期长,参与课程基础教育、专业理论教学和实践

教学的教员数量多,教员所属单位覆盖多个教研室,因此,从教员授课准备、教学质量把控等方面存在一定难度。

4　结　论

军校学员作为未来战场上掌握进攻或防御主动权的军队指挥人才,其在院校阶段的培养质量对其毕业后的岗位任职能力、履行使命任务能力都有重大影响。作为推进军校教学改革、提升人才培养质量的重要举措,在立足本科教育专业与首次任职专业一次融合的基础上,结合军校学员首次任职的岗位能力需求,形成本科教育与首次任职专业相融合、多个任职专业自身相融合的多元融合式生长军官培养模式,对深入推进军校教学改革,全面提高人才培养质量,达成"保打赢"目标具有重要的理论和实践指导意义。

参 考 文 献

[1] 马小淑.新时代强军目标的内在逻辑[J].南方论刊,2020(08):20-22,42.

[2] 张宇.军事人才培养模式改革及其前景分析[J].法制博览,2016(08):296.

[3] 孙渝红,陈熙.国民教育体系下中美军事人才培养模式之比较[J].重庆师范大学学报(哲学社会科学版),2016(01):95-100.

[4] 王印来,陈松辉,李泽恩.树立科学理念 创新军事指挥人才培养模式[J].继续教育,2014,28(06):74-76.

[5] 杜晓雯,何毅.基于信息化背景的军事人才培养模式转变问题研究[J].西安政治学院学报,2011,24(05):53-55,65.

[6] 郭艺夺,宫健,胡晓伟.军校指技融合型人才培养的几种新型教学模式探讨[J].教育现代化,2019,6(06):17-19.

[7] 王艳军,王守权,王媛媛.军民融合培养生长军官模式改革重塑思考[J].继续教育,2018,32(06):73-75.

四川大学航空航天类生源质量分析及对策建议

马亚静[1]　梅兰菊[1]　周广武[2]　黄崇湘[2]

（1. 四川大学 教务处（招生办公室），成都　610065

2. 四川大学 空天科学与工程学院，成都　610065）

摘　要："为党育人、为国育才"，高校肩负着为祖国培养拔尖创新人才，培养担当民族复兴大任的时代新人的重任。高校招生生源质量应以人才培养为导向，聚集力量提升生源质量，培养德智体美劳全面发展的社会主义建设者和接班人。随着新高考改革的不断推进，高校的本科招生工作和专业发展都面临着新的机遇。本文以四川大学航空航天类本科 2020—2022 年录取的普通类新生为研究对象，分析软科中国最好学科排名的航空宇航科学与技术相关教育部主管高校院校和专业在大类招生下的生源质量，提出了新高考改革背景下从学科交叉融合、稳步推进跨学科大类招生、精准招生宣传三个方面提出提高生源质量的应对策略。

关键词：新高考改革；航空航天类；生源质量；对策建议

引　言

随着新高考改革的不断推进，第四批七省区（吉林、黑龙江、安徽、江西、广西、贵州、甘肃）的新高考将于 2024 年落地，全国 2/3 的省份迈入新高考时代。面对新高考改革带来的新机遇，高校招生工作提出了新要求和新挑战[1-3]。目前各大学专业被推到招生一线，学院面临更大的竞争压力[4-5]。别敦荣等论证了"985 工程"大学生源质量的差异，表面上是录取分数和录取人数的差异，实际上却是各省经济、文化、人口、教育发展不均衡等因素相互作用结果的反映[6]。朱宪伟等研究了国际一流大学航空航天类专业的设置，研究表明多学科交叉专业越来越受重视，以国防工业需求为基础针对性培养，在前沿领域开设新专业，培养全面复合型人才尤为重要[7]。武志文等总结了北京理工大学航空航天类的人才培养模式和改革，提到北京理工大学宇航学院从六个专业合并到航空航天类进行大类招生，实施书院制培养，联合成立"精工书院"，并统一按"航空航天与武器类"专业招生[8]。加强航空航天专业教育，培养创新能力的航空航天类专业人才，对满足我国长期战略发展具有重要意义。

作为我国较早开始从事"航空宇航科学与技术"学科人才培养和科学研究的高等院校之一，四川大学在 1944 年即创办了航空系，参与组建了新中国第一所航空航天科技大学——北京航空学院即现在的北京航空航天大学，为我国航空航天事业输送了一大批优秀人才。针对国家战略需求和学科发展前沿，结合区域优势和相关研究基础，2011 年 11 月四川大学成立空天科学与工程学院，2016 年开始第一年本科招生，招生专业为航空航天类，大二进行专业分流到飞行器控制与信息工程和航空航天工程两个专业方向。飞行器控制与信息工程和航空航天工程分别于 2020 年和 2022 年获评国家级一流本科专业建设点。人才培养是高校极为重要的职能之一,而生源质量在一定程度上决定人才培养质量[9-10]。本文将分析近年来四川大学航空航天类生源质量,提出新高考改革背景下高生源质量的应对策略。

1　航空航天类的招生高校分布

1.1　软科航空宇航科学与技术院校基本情况

在软科 2020—2022 年的中国最好学科排名中(见表1),航空宇航科学与技术学科排名前50％的高校由 12 所增至 18 所,中中央军委训练管理部主管院校 3 所,教育部主管院校 8 所,工业与信息化部 6 所,山西省教育厅主管 1 所。"双一流"建设高校占比约 89％,北京和陕西最多且分别为 3 所,江苏 2 所,其余省份各 1 所。厦门大学、四川大学于 2021 年跻身至前50％,太原理工大学、中山大学于 2022 年跻身至前 50％。稳居前三甲的是北京航空航天大学、西北工业大学、南京航空航天大学。浙江大学、西安交通大学、厦门大学、四川大学、中山大学等形成较强的学科竞争态势,排名波动明显。

表 1　软科中国最好学科排名——0825 航空宇航科学与技术 2020—2022 年排名情况

排名层次	2022 排名	2021 排名	2020 排名	学校名称	2022 总分	2021 总分
前 2 名	1	1	1	北京航空航天大学	1258	1248
	2	2	2	西北工业大学	1188	1042
前 10％	3	3	3	南京航空航天大学	837	850
前 20％	4	4	4	哈尔滨工业大学	727	669
	5	5	5	国防科技大学	513	576
	6	7	6	清华大学	443	435
	7	6	7	北京理工大学	440	449
前 30％	8	8	8	上海交通大学	254	276
	9	9	9	空军工程大学	194	174
	10	10	10	大连理工大学	100	106
	11	12	12	浙江大学	77	71
前 40％	12	11	11	西安交通大学	57	72
	13	14	14	厦门大学	51	55
	14	14	13	海军航空大学	46	55
前 50％	15	13		四川大学	45	—
	16	16	15	南京理工大学	39	31
	17	—	—	太原理工大学	38	
	18	—	—	中山大学	28	

表 2　软科中国最好学科排名航空宇航科学与技术排名前 50% 的教育部主管院校招生专业

院校名称	大类招生	专业方向
清华大学	机械、航空与动力类	机械工程、机械工程(实验班)、测控技术与仪器、能源与动力工程、车辆工程、车辆工程(电子信息方向)、车辆工程(车身方向)、工业工程、航空航天类(含工程力学、航空航天工程、能源与动力工程)、航空航天工程(飞行学员班)
上海交通大学	工科试验班(机电类)	机械类(含机械工程、能源与动力工程)、工业工程、航空航天工程、智慧能源工程
大连理工大学	工程力学	工程力学、飞行器设计与工程
浙江大学	工科试验班	车辆工程、能源与环境系统工程、机械工程、电气工程及其自动化、电子信息工程、工程力学、飞行器设计与工程、过程装备与控制工程
西安交通大学	工科试验班(智慧能源与智能制造类)	材料科学与工程、飞行器设计与工程、工程力学、飞行器动力工程、化学工程与工艺、过程装备与控制工程、机械工程、智能制造工程、机械工程(3D打印国际班)、工业设计、车辆工程、测控技术与仪器(机类)、测控技术与仪器(食品仪器)、能源与动力工程、能源与动力工程(热流国际班)、新能源科学与工程、核工程与核技术、环境工程、人居环境与技术
厦门大学	工科试验班	机械设计制造及其自动化、测控技术与仪器、电气工程及其自动化、自动化、飞行器设计与工程、飞行器动力工程
四川大学	航空航天类	飞行器控制与信息工程、航空航天工程
中山大学	航空航天类	航空航天工程、理论与应用力学

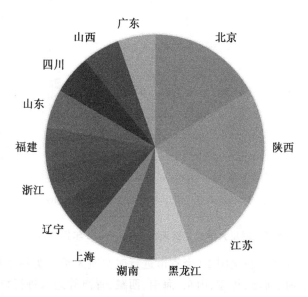

图 1　软科中国最好学科排名中航空宇航科学与技术 2022 年前 50% 院校所在地分布情况

1.2　教育部主管部分院校招生专业情况

如表 2 所列,航空宇航科学与技术排名前 50% 的院校中,北京航空航天大学的开设的专业涵盖了航空航天类的 9 个专业,开设院校最多的三个专业分别是飞行器设计与工程、航空航天工程、飞行器动力工程,最少的两个专业是在北京航空航天大学的飞行器质量与可靠性和无人驾驶航空器系统工程。教育部主管的 8 所院校主要分为跨学科交叉大类、专业大类招生两种形式。清华大学按机械、航空与动力类进行跨学科交叉大类招生,上海交通大学、浙江大学、西安交通大学、厦门大学以工科试验班的形式跨学科交叉大类招生,四川大学、中山大学、大连理工大学按专业大类招生。大类招生的方式不同,对学生的专业吸引不同,学生的报考意愿也存在差异。

2　四川大学航空航天类生源质量现状

2.1　四川大学航空航天类生源基本情况

生源质量影响高校教育质量和人才培养的质量。通过对四川大学空天科学与工程学院航空航天类的 2020—2022 年的新生录取数据进行整理分析,航空宇航科学与技术相关院校和专业在大类招生下的生源质量结果如图 2 所示,可以看出,航空航天类招生人数稳步增加,由 2016 年招生 60 人招生增加至 2022 年的 135 人。

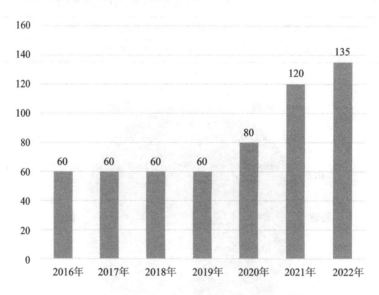

图 2　四川大学航空航天类 2016—2022 年招生情况

四川大学 2020—2022 年在全国 19 个省市进行航空航天类大类招生见图 3,而在内蒙古、辽宁、吉林、黑龙江、上海、浙江、福建、山东、海南、西藏、青海等地未进行招生,与航空宇航科学与技术排名前 50% 院校所在省市进行了差异化布局。2020—2022 年三年的招生计划总和投放最多的省份依次是四川、重庆、河北、山西、江苏。

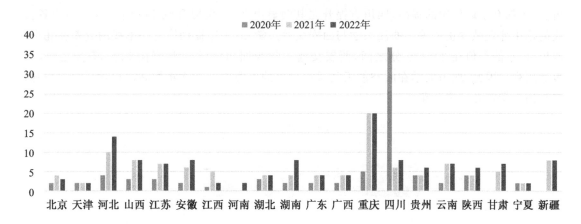

图 3　四川大学航空航天类 2020—2022 年在全国招生数量分布图

2.2　四川大学航空航天类生源特点

　　四川大学航空航天类 2020—2022 年的录取新生所在中学分布四川、重庆、河北、山西、江苏、云南、贵州、广西，与招生计划投放较多的省份相一致。录取人数最多的是河北省衡水至臻实验中学(4 人)。在录取人数为 3 人的学校中，重庆市有 2 所，即重庆市第八中学和重庆市第十一中学校；河北省也有 2 所，邯郸市第一中学和石家庄第二中学。

　　如图 4 所示，四川大学航空航天类 2020—2022 年的录取新生第一志愿报考航空航天类专业的学生有 37.42%，第二志愿报考占 11.64%，第三志愿报考的占 13.84%，第四志愿报考占 14.78%。无论是老高考的省份还是新高考的省份，将航空航天类专业放在较前志愿的新生录取希望更大。

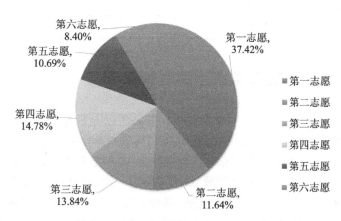

图 4　四川大学航空航天类 2020—2022 年志愿率

2.3　浙江大学、西安交通大学和四川大学生源对比

　　因四川大学航空航天类采用了差异化布局，浙江大学、西安交通大学和四川大学在北京、四川、广东三个省市有生源吸引交叉，因此本次研究只采用了以上三所学校的招生录取数据进行对比分析。与自身比较，如图 5 所示，四川大学 2020—2022 年航空航天类专业在北京、四

川、广东都有录取位次的提高,四川省提升尤其明显由 8166 位提升到 5123 位,这与四川省投放的招生计划减少正相关。浙江大学与西安交通大学 2021 年提档线与一本线的分差在北京、四川、广东的差值在 20～30 分之间,西安交通大学与四川大学的差值在 14～17 分之间,如表 3 所列。因此,四川大学在航空航天类录取学生的生源质量正逐年提高,但与浙江大学和西安交通大学存在一定差距。

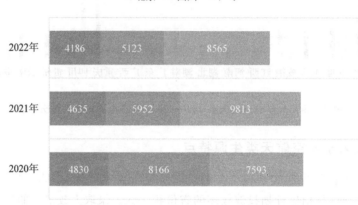

图 5　2020—2022 年四川大学录取位次

表 3　2021 年提档线与一本线的分差对比

2021 年提档线与一本线的分差	北京	四川	广东
浙江大学	270	160	241
西安交通大学	240	134	221
四川大学	226	117	194

3　四川大学航空航天类招生的对策建议

1) 深入推进学科交叉融合和学科优势建设。新高考以专业为核心的录取制度,强化了专业的地位,学生由之前的"选大学"变为了"选专业",刺激并激励高校不断优化专业布局,更加注重内涵建设而不是盲目进行专业扩张[5]。深度挖掘、凝练学科专业内涵,积极推进新工科专业优化整合。结合航天＋信息—材料领域、航天＋物理—化学领域、结合航空航天＋数学—信息领域、航天＋生物—医学领域等多学科优势,联合国家重点实验室、科研机构等优势,加强飞行器控制与信息工程和航空航天工程的专业建设,凸显学科优势和亮点,强化专业优势对报考学生的吸引力。

2) 稳步推进跨学科大类招生。上海交通大学、浙江大学、西安交通大学、厦门大学都采用跨学科大类招生。航空航天类与机械、化工、能源、力学、环境等学科形成工科试验班招生。积极思考大类招生对航空航天类学科发展的利弊,以学校的交叉学科专业建设发展为契机,努力探索创新招生专业结构优化,持续推进跨学科大类招生。

3) 积极推进精准招生宣传服务链建设。高校招生宣传定位是否准确会引发高校之间的生源的波动[3]。充分利用招生专业宣讲会＋高招咨询会＋教授科普讲座＋大学体验日＋校友资源的全方位招生宣传服务链,重点围绕共创中学—大学衔接式创新人才培养新模式,依托在空天信息处理与应用、航空航天装备设计与制造、智能无人机及空管系统等方向的专业优势,助力培养青少年的创新精神、科学素养和综合实践能力。

参 考 文 献

[1] 董秀华,王洁,王薇,等.新高考改革的政策初衷与实践挑战:由高校人才培养视角反观[J].复旦教育论坛,2020,18(2):72-78.

[2] 阎琨,吴菡.新高考改革的现实困境与突破策略[J].中国高教研究,2022,(2):13-20.

[3] 戚茜,潘光,曾向阳.新高考改革背景下高校招生宣传工作研究与探索[J].教育教学论坛,2022,(26):5-8.

[4] 李佩,杨益新,万方义.新高考下影响西北工业大学航空航天类生源质量因素及策略[J].航空工程进展,2020,11(6):866-872.

[5] 展卫军.新高考改革背景下高校招生工作的问题与对策[J].甘肃教育研究,2022,(9):136-138.

[6] 别敦荣,叶本刚.2005 年-2010 年"985 工程"大学本科生源质量统计分析[J].清华大学教育研究,2012,33(04):1-10.

[7] 朱宪伟,杨夏.国际一流航空航天类专业人才培养体系特点分析[J].高等教育研究学报,2011,34(1):43-50.

[8] 武志文,孙国瑞,李航.国际一流大学航空航天类专业人才培养体系分析启示[J].教育教学论坛,2020,(15):1-3.

[9] 赵良君,申静.高校生源质量影响因素分析及对策研究[J].继续教育研究,2009,(7):127-128.

[10] 邵风侠.影响高校生源质量提高的因素分析及对策建议[J].北京教育(高教),2019,(12):65-67.

对一流专业建设与认证的一点思考

袁国青 李军 沈海军 朱延娟

(同济大学 航空航天与力学学院,上海　200092)

摘　要: "双万计划"出台 3 年间,已确认了 10000 余国家级一流本科专业建设点和 10000 余省级一流本科专业建设点。凡获批建设点的专业,当是同行对该专业点以往建设成果的认可,也是对其未来建设抱有信心的表达。但获批并不意味着未来一定一流,还必须抓好未来建设的质量,唯如此,才能真正实现推行"双万计划"的初心,要有成为"一流"的目标设定,有为实现"一流"而精心设计的培养方案,还要有与之匹配的"一流"培养过程和"一流"人才的输出。在一个建设周期后主动申请专业认证,是各专业建设点应有的自觉,也是各级教育主管部门督促、评价专业建设质量的重要抓手。本文结合同济大学飞行器制造工程专业的建设,对获批国家一流本科专业以后的后续建设和认证工作进行了一些思考。

关键词: 一流专业;专业建设;专业认证;飞行器制造工程

引　言

2019 年 4 月 2 日,教育部办公厅发布《教育部办公厅关于实施一流本科专业建设"双万计划"的通知》[1]。在建设原则中明确:采用"两步走"实施,第一步,报送的专业由教指委确认是否可列为一流本科专业建设点;第二步,被确定为一流本科专业建设点的专业教育部将适时组织开展专业认证,通过认证的专业将确定为国家级一流本科专业。

2016 年,我国正式加入国际工程教育《华盛顿协议》组织[2],标志着我国工程教育质量得到了国际认可。通过认证的专业,毕业生取得的学位在国际上得到互认,相当于有了国际统一的"通行证",标志着这些专业的质量实现了国际实质等效。从这个意义上讲,须建立国际同行认可的"专业标准",并在专业建设中要贯彻好这一标准方才具备开展认证的前提。对于那些暂没有专业认证标准的专业,严格讲是不具备开展上述含义的"专业认证"条件的。但鉴于教育部高等学校教学指导委员会研制并于 2018 年颁布了《普通高等学校本科专业类教学质量国家标准》[3](以下简称《国标》),完全可依此进行专业认证工作。教育部高教司吴岩司长曾明确指出,可依此《国标》开展"兜住底线、保障合格、追求卓越"的三级专业认证工作,第一级定位于监测是否满足专业建设的基本要求,即是否"兜住了底线";第二级定位于监测专业建设对照标准是否合格;第三级定位于监测专业建设质量是否卓越[4]。作为国家级一流专业建设点,自应通过卓越专业质量标准认证。

1　"一流专业"建设什么? 如何建?

一流专业是一流人才培养的基本单元。建设一流专业,首要的是研究制订一流的培养方案。其阐明的培养目标应符合国家和人类当前和未来相当长时间内的需求,且应有前沿性和引领性特征;其提出的专业培养标准应体现普遍共识,又应具有鲜明特色;规划开设的课程应能有效支撑培养目标的实现,与之配套的应有一流的办学体制机制、一流的人才培养模式、一流的课程建设水平、一流的师资队伍、一流的教学条件、一流的国际交流与合作、一流的教学管理与质量保证体系。

那么如何理解上述系列的"一流"呢? 只有在对上述系列的一流取得共识的基础上,才能进一步根据目标导向和问题导向的原则,找准问题和差距所在,进而再研究补短板强弱项的办法,明确要开展建设的工作。

1.1 建设一流培养方案

双一流建设高校的一流专业建设点应定位为国内一流国际知名、国际特色一流或国际一流。对应培养方案应能与此定位相呼应。

同济大学总的人才培养的定位是:要培养具备"通专基础、学术素养、创新思维、实践能力、全球视野、社会责任"综合素质、能担当民族复兴大任、引领未来发展的社会栋梁与专业精英。结合我校飞行器制造工程专业的发展沿革和学科基础,我们的专业发展定位是成为国际特色一流的专业[5]。

根据"本科基础宽、硕士专业深、博士学术精"的人才培养新理念结合欧美多以航空航天工程本科专业进行人才培养而较少细分专业,飞机制造厂保有对本科制造类专业人才的需求,同济大学航空航天与力学学院力学和复合材料学科强而航宇学科新,学生深造率高且对设计感兴趣的人多等情况,我们确立的人才培养特色是"设计制造一体化、(航空)复合材料结构设计与制造一体化"。

基于目标导向的原则,瞄准全球排名前列的同类专业,持续开展对标研究是必要的,撰写年度研究报告,并结合自身实际,提出与时俱进的一流的专业标准,同时做好宣贯。现在,在培养方案里常常只能看到课程名称,这是不够的,还必须把课程大纲附上。最好把分析各门课与培养目标、毕业要求关系的报告也附上,这需要所有老师都积极参与,其中专业负责人/专业责任教授、教学团队负责人、课程责任教授等需发挥好组织、指导之责。

1.2 建设一流办学体制机制[5,6]

办学体制主要指办学的机构体系和办学的规范体系,涉及办学主体的组成、被赋予的权利和义务、应遵守的规章制度等;办学的机制是指办学活动中各部门、各相关方之间的相互关系及其运行方式。

一流的办学体制,应可使办学资源得到优化配置,资源利用率得到持续提高,人才培养模式持续优化,内部治理结构日臻完善,校地、校企、中外合作办学规范、成效显著,教师管理制度健全,办学投入机制完善,综合保障水平高、能力强。这需要中央政府、地方政府和各高校的顶层设计。

一流的办学机制,则更多的是指一个学校内部的办学行为方式科学、合理,建立的制度一流。一所大学内的办学主体,主要是各学院、各职能部处,所有教职员工可通过参加学院和各职能部处的办学活动体现自己参与办学的主体性。一流的机制应能激发各学院、各职能部处的活力,应能最大限度地调动广大教职员工的积极性和创造性,且学院和各部门间应能密切协同。

1.3　建设一流人才培养模式

"人才培养模式"是指在一定的现代教育理论和教育思想的指导下,按照特定的培养目标和人才规格,以相对稳定的教学内容和课程体系,管理制度和评估方式,实施人才教育的过程的总和。"人才培养模式"包括四层涵义:① 培养目标和规格;② 为实现一定的培养目标和规格的整个教育过程;③ 为实现这一过程的一整套管理和评估制度;④ 与之相匹配的科学的教学方式、方法和手段。可见其涵盖了育人单位在培养人才中方方面面的具体做法。因此人才培养模式实际非常丰富,但能够培养出特别杰出人才、在输入相当的情况下产出却明显高出一截的人才培养模式一定有其独特的地方、有其成功的奥秘,属于好的甚至是一流的人才培养模式。

1.4　建设一流课程和课堂教学

一流课程和课堂教学建设是一流专业建设的重点。

一门课要建设成为支撑某一流专业建设的一流课程,首先其课程目标应符合该专业的培养目标,课程内容要呼应课程目标,且应有一定挑战度,注意将学科前沿知识、行业最新成果引入课程,使课程内容具有与学程相适应的深度和广度。教学中要以提升学生能力为导向,在传授相关知识点的同时,应着力提升学生分析、解决问题的能力,注重培育学生批判性思维、团队合作、解决复杂问题的能力。授课教师应想办法吸引学生积极主动地学习,使学生能在课外也肯花时间进行自主学习,为此需开展有针对性的教学研究,学习、研究并熟练运用先进的教学方法和技术,如开展小班讨论式教学、混合式教学、翻转课堂、智慧课堂等,精心进行教学设计,合理配置课内学时与课外学时。对需要建设的课程教学条件,如实验、图书资料,要积极主动地建言献策,学校则应在必要论证基础上开展积极的建设。教师还应注意充分运用专业领域内科学史、行业史等蕴含的思政素材,对学生进行价值引领和品格塑造;基础理论课程要加强科学精神、科学思维、科学方法、科学伦理与学术道德培养,应用课程还要再增加中国行业发展、职业精神、职业伦理与职业道德等的教育,开展"润物细无声"的课程思政,培养学生的家国情怀、人文底蕴、社会责任、科学精神、职业素养,大力弘扬社会主义核心价值观。课程团队还应重视对教材的调研、论证,努力做到优中选优,必要时还可补充一些特色学习资料;把握教材建设规律,秉持传承与创新要求,积极自编优质教材,重视将最新科技成果转化为课程、教材等教学内容,开展与理论教学相配合的实践教学环节教材建设,增强教材适用性和多样性,推进融合现代信息技术和丰富数字资源、符合新时代教学模式的新形态教材建设。课程目标的达成还有赖于科学、合理的考核方法,在厘清本门课程必知必会知识点的基础上,要设计合适的考核方式,以识别学生的掌握程度;同时要重视加强过程考核,制订过程性考核评价标准,以及时发现学生在学习中存在的问题,积极引导学生自我管理、主动学习,提高学习效率。

一流课程的建设,不是一件轻轻松松的事,而是一个有强烈使命感的教师/课程团队全身心投入方可能成就的事。因此,学校、学院应制定相应的激励机制,以奖励这些辛勤付出的老师。

1.5　建设一流师资队伍

师资队伍的数量、结构、水平和能力是专业建设最重要的支撑。教师数量的合格标准在《国标》中有明确规定。当前双一流高校在招聘教师时特别关注教师学术水平和研究能力以及科教协同育人能力,但如何根据学科专业特点兼顾好学术能力、教学能力和工程能力,以很好满足一流专业建设所需要的高水平师资要求是一个需要破解的难题。在一流专业建设过程中必须突出政策引导,吸引教师将更多的时间和精力投入到本科教学研究、教学建设和教学工作中来。同时,对于工科专业,建设好本、研、师一体化的工程实践中心,让青年骨干教师带学生到行业领军企事业单位实习的同时增进其与行业专家的对接,让学术研究在工程实践中落地。解决好"立地"的问题,并认真地参加教研和教学工作,当是培育合格一流师资的重要途径之一,值得积极推进。

在青年教师成长的过程中,应重视发挥基层教学组织的作用。基层教学组织则应自主地、积极地开展高质量的教研活动。教师个人也需不断增强立德树人的使命意识和育人能力,自觉修身,潜心育人。

1.6　建设一流教学条件

建设一流办学条件是培养一流人才的重要基础。除了学校的公共办学条件必须满足人才高端培养的基本需求外,专业还必须建立符合人才培养定位和特色培养要求的师资队伍、教室和实验室、仪器设备、图书资料、课程教学资源、信息化条件和资源、实习实践基地和创新创业条件等硬件条件,特别地,一流课程和一流教材建设也包含在一流条件建设之中;另外,还需要建立适应一流人才培养的文化氛围、教学学风、管理规章制度、实验室和科研平台开放与管理、协同育人机制和国际化教学等软条件,并保证必要的经费投入。

1.7　建设一流国际交流与合作

围绕学生、教师、人才培养体系、育人生态和氛围四大核心领域全面推进国际合作育人。通过组织学生寒暑假短期访学、参加国际性学科类竞赛、与国外高校开展 PBL 竞赛活动、机制化与国外高水平大学专业开展 1～2 个学期的学分互认的交流访问学习活动、开设中外双学位班、本硕连读班等,引进高水平外教上课、开设全英文课、在校举办国际学术会议或专题研讨会、论坛,邀请一流外国专家到校做报告等,并采取有效的措施吸引广大学生踊跃参加,持续提升学生的国际视野,推进出国交流和在地国际化相结合的育人计划稳步实施。开设国际理解教育相关平台课程,使学生在专业学习的同时还熟知国际规则,提升其全球胜任力。

1.8　建设一流的教学管理与质量保证体系

一流的教学管理和质量保障机制建设是推进专业治理体系和治理能力现代化的关键,也是建好一流专业的根本保障。一流专业必须建立符合自身培养需要的规章制度,主要包括学生选拔与综合评价、学生学业指导、学生管理、学生助学机制、导师制管理、基层教学组织建设与运行、教学质量评价与反馈改进、毕业生及用人单位调研、培养方案评价与修订、教学管理和教师教学激励等。一流的教学管理还需关注本科教育发展战略、领导和教师的精力投入、教学资源配置和教学条件建设等。

建立学校、学院、专业三级教学监督体系，变"以督为主"为"以导为主"，从关注教师"教"向关注学生"学"的转变。突出督导对教师改进课堂教学效果及能力提升的指导作用，强化学生评价预警机制。

质量保障机制和持续改进机制往往是当前专业建设的最大短板，特别是对如何有效开展外部评价，如毕业生评价、校友评价、用人单位评价、第三方评价和国家专业认证等，还需做深入的研究。要建立内部定期评价机制，要研究科学的评价指标，要建立一套以产出为目标的调研和分析机制，不仅仅关注就业率、就业对口率、考研率，还要关注就业质量、考研质量及毕业五年或更长时间的校友表现等。在调研、评价的基础上，还需建立一套整改机制，形成质量文化。

2　谁来建一流专业？

我们要培养的是中国特色社会主义事业的建设者和接班人，因此从根上讲一流专业是由国家来建，实际执行层面则是我国的各级各类高等学校按照国家发展战略和社会主义市场经济发展的需要，由各高校本科生院、研究生院、各相关职能部处，以及二级学院/系级教学管理队伍、全体专业教师、学校通识课和公共基础课老师等为主来建设。当然，更主要的是由有使命感的专业教师团队来具体负责策划并推动、实施建设的。

专业建设是一个系统工程，不是一朝一夕的事。在培养方案制定出来之后，要通过课程建设、教材建设、实践环节建设、师资队伍建设、实践基地和实验平台建设等去贯彻落实，而且要不断总结，开展内部质量评估，找出需要改进的地方，做好持续改进的工作。要把课程质量标准、优秀教材标准、卓越教师标准制定好，把奖惩制度立起来，把风气引领好，把管理工作做精做细，做好招生、培养、深造、就业、校友全链条数据库建设，用好数据，提高评估、认证质量和水平，持之以恒、久久为功。

3　重视对卓越认证标准的研究

专业认证的基本质量标准是底线标准，专业认证的国家标准整体是合格标准，一流专业的认证依据的是卓越标准，也是特色标准，一流专业建设点应自觉开展卓越标准的研究。

有相当数量的专业目前还只有《普通高等学校本科专业类教学质量国家标准》（以下简称《国标》）可以遵循，尚没有专业认证的"补充标准"。一般认为满足《国标》所规定的基本办学条件，则可认为达到了一级认证标准，《国标》的整体可以作为二级认证标准。

一般认为通过了专业认证，则该办学单位就拿到了继续进行该专业人才培养的许可证，表明其办学质量是合格的"合格证"，也是该专业人才跨国流动的"通行证"。

鉴于国际上并无"一流专业"标准，且某些专业的人才在国际上的流动性是受限的，如航空航天领域的专业人才，因此开展相关认证工作，重在进行国家内部的专业质量内控，当然，"许可证""合格证"的作用仍是可以发挥的。

一流专业当是"定位明确、管理规范、师资力量雄厚、改革成效突出、培养质量一流"。其中"定位明确、管理规范"当是合格标准就应达到的要求，因此卓越标准的核心是"师资力量雄厚、改革成效突出、培养质量一流"；师资力量雄厚要求专业教学队伍数量适宜，结构合理，广泛开展教育教学研究,整体教学水平高;改革成效突出则强调以先进的教育理念,持续深化教育教学改革,不断创新教学内容和教学方法手段,取得显著成绩;培养质量一流要求体现以学生成长为中心,促进学生全面发展,学生就业发展符合预期,得到毕业生和用人单位的普遍认可。

飞行器制造工程专业作为一个工科专业,不仅仅要求师资队伍的专业背景应能满足教学要求,而且要求 20% 以上的教师具有企业或社会工程实践经验,30% 以上的教师从事的科研具有工程设计背景。

4　行动计划

4.1　自评估

入选一流专业建设点不是专业建设的终点,而是在新目标、新要求、新平台上开展专业建设的起点。各入选一流专业,应根据过往进行认证的情况适时启动基于新标准的自评估工作。

自评估工作是一项需要持续开展的工作,是一项培养方案内涵确认和落实情况的求证工作,涉及面很广。尤其是首次评估,可能需要在认证过程中开展再建设、再完善的地方会比较多,可能原先有些工作有做但不系统、没形成制度、没机制化。

自评估的基本内容,大的方面主要是以下几项:① 学生;② 培养目标;③ 毕业要求;④ 持续改进;⑤ 课程体系;⑥ 师资队伍;⑦ 支持条件。每一项都有若干分项和细分项。对照《通用标准》《国标》《补充标准》(若暂无,可以《国标》为准)、自研的卓越标准等,逐一进行分析,并提出必要的举证材料,原先不具备的,要立即着手整改。

4.2　持续改进

在初步完成自评估的基础上,应系统梳理出需要改进的各项工作,并研讨制定改进措施,制定整改计划,明确整改负责人,限期完成整改。属于长周期整改的事项,也要制定推进整改的时间节点。

4.3　适时提出申请第三方评估

在内部评估达标的情况下,可以启动申请第三方评估工作。之前,也可事先请有关专业认证专家进行预评估,帮助完善评估报告。

5　结　论

在 2022 年 10 月 16 日召开的二十大上,习近平总书记指出"教育、科技和人才是全面建设社会主义现代化国家的基础性、战略性支撑"。可见以培养一流人才为根本追求的一流专业建设具有十分重大的意义。我们各位获批一流专业建设点的专业教师们,都应当有只争朝夕的紧迫感和舍我其谁的使命感,认真思考"一流专业"的建设规律,准确把握"一流专业"的本质要求,躬身开展一项项具体的建设任务,适时启动专业自评估、持续改进和第三方评估的工作,努力实现既定的一流专业建设目标。

2021 年申请并最终获批一流专业的同济大学飞行器制造工程专业,现在迎来了一个重大战略机遇,今年我们正式获批了航空宇航一级学科博士点,飞行器力学与控制学科获批上海市Ⅳ类高峰学科、民航航空器结构智能辅助适航重点实验室。我们一定要更加奋发地努力,乘势而上,为我国空天强国梦更快更好的全面实现培养更多卓越的社会栋梁和专业精英,不负韶华,不负时代。

参 考 文 献

[1] 中华人民共和国教育部. 教育部办公厅关于实施一流本科专业建设"双万计划"的通知[R|OL]. (2019-04-11) [2022-10-21]. https://jwc.ujs.edu.cn/info/1026/3529.htm.

[2] 中国工程教育正式加入《华盛顿协议》[EB|OL]. (2016-09-29) [2022-10-21]. https://dpd.bzu.edu.cn/2016/0929/ c12825a114735/page.htm.

[3] 教育部高等教学指导委员会. 普通高等学校本科专业类教学质量国家标准(上,下)[M]. 北京:高等教育出版社,2018.

[4] 中华人民共和国教育部介绍《普通高等学校本科专业类教学质量国家标准》有关情况[R|OL]. (2018-1-30) [2022-10-21]. http://www.ghx.gov.cn/content/2018/2818.html.

[5] 校长办公室. 新思考、新探索、新作为,同济大学全面提升人才培养质量[EB|OL]. (2022-10-12) [2022-10-21]. https:// deanoffi.tongji.edu.cn/46/e7/c5233a280295 /page.htm.

[6] 陈波,王媛媛,田阳. 打造"四高"机制,培养一流人才[J]. 大学化学,2021,36 (5),2009068 (1 of 6).

新时代军事课堂教育的实践与思考

臧传蕾[1]　黄子革[1]　田沿平[1]　于军强[2]

（1. 海军航空大学青岛校区，青岛　266041

2. 32090 部队，秦皇岛　066000）

摘　要：文章从军事课堂的定义、基本要素、实践要求、新时代背景下军事教育课堂，以及拓展与优化五个方面进行论述。分析内容主要来源于学习体会、基层实践工作以及教学思考等途径，以受众与听众、社会与部队、历史与现实、国内与国外、思想与实践等几个角度切入，结合新时代背景下军事课堂的实践要求与任务目标，提出了"教什么？怎样教？怎样行？"的实践理论，实现培养三种认知，打通三条渠道的最终教育目标。

关键词：新时代背景；军事人才；军事课堂

2021 年 9 月，习近平在中央人才工作会议上强调"深入实施新时代人才强国战略"，重点强调了重视人才的培养与人才的使用。军事人才作为我国人才队伍重要组成之一，是党在新时代背景下的强军目标，也是国家战斗力的重要体现。军事院校作为培养军事人才的关键主导之一，军事课堂又是实施军事教育的重要场所，如何在军事课堂教育中培养"召之即来、来之能战、战之必胜"的高素质、专业化新型军事人才成为军校教员必须要探究和思考的问题。

1　新时代背景下的军事课堂

军事课堂是以教育、教学、学习和研究等为基本方法，开展军事学科相关专业人才的培养和相关内容的研究，实施军事学所属各专业（各科目）教学的场所（或方法、途径）。教学任务主要涉及军事知识学习、军事能力实践、军事人才培养等。新时代背景下的军事课堂就是在传统军事课堂前面加上新时代背景这个限定条件，限定的条件没有缩小军事课堂的定义，反而扩大其定义范围，具体从以下几点考虑。

1.1　新时代背景下军事课堂定义的扩大

新时代背景下军事课堂的定义除了包含"实施军事学所属分支专业（或科目）教学的场所（或方法、途径）"这一内容，还加入了时代元素。从时间轴讲，它是综合了历史演进特别是战争军事史学的经验成果而逐渐成熟的一个研究内容；从认识讲，它超越了其名词本身的定义，不在是简单的教学场所，而是研究军事教育、军事人才培养、军事理论创新和战争研究等多个内容的学科，由传统的简单认识论逐渐向科学的方法论转变。

1.2　新时代背景下军事课堂要素的变化

一个新概念的提出和研究，应当综合时代特点和社会环境。新时代背景下军事课堂在引进来和走出去结合发展的过程中,不断改进和优化,逐渐形成相对成熟的体系性研究学科,了解和认识新时代背景下军事课堂,乃至运用好这个概念,需要关注以下两个关键要素的特点。

(1)课堂关键节点的变化

一是受众性格特征的急速转变。新时代背景下的受众(学员)全部都是改革开放以后成长起来的,没有经历过贫穷、饥饿和恶劣环境的考验。相对和平的环境给青年一代造成一定模糊认识,认为相对安逸的环境是本应该存在的,对战乱和敌人没有直观的印象。从军事人才需求上来看,他们的性格弱点在于抗压能力弱、逃避和拒绝的态度明显;性格优点在于相对乐观、善于沟通。施教者(教员)站在台上讲基层,受众认识上呈现两极分化,一种是乐天派,一种是悲观派,教育引导对症下药的处方不易开出。

二是军事理论高频创新。当前以美国为首的西方军事强国非常注重军事理论创新,与其相比,我们更多的是吸收借鉴和被动应付,抓住不放的还是抗日战争、解放战争以及抗美援朝战争以来总结的军事理论。施教者引导受众站在更高的舞台看待世界、看待战争,首先要有先进的军事理论和军事思想作为支撑,而这些往往是国内军事课堂极度欠缺的。

三是战争样式的复杂变化。阿富汗局势的变化给了世界当头一棒,塔利班武装夺得政权后进行了一些列动作,释放政治犯、鼓舞民众、放宽政策、善意外交,仿佛让我们看到了以人为本、人民战争在这块土地上的新生,但实际上在同一个时间和空间里完全存在着两种不对等的军事力量。美军小队式击毙本拉登和礼拜攻陷伊拉克,先进的运输机从阿富汗上空掠过与地面塔利班武装手持火箭筒形成鲜明对比,这种不对称的战争如何认识,结果为什么出乎意料,背后又有多少原因和军事事实,新时代背景下军事课堂能否给出一个科学的阐述,对于战争话题能不能在教育中引领军事人才的诞生,这又是一个极其重要的问题。

四是军事改革的推进与梗阻。新时代背景下的军事改革重塑即将完成,军事课堂教育的新理念尚未完全形成,与基层结合、与战场结合、与理论结合还没有到位。限制改革推进的是军事人才队伍的思想滞后、素质滞后和能力滞后。军事课堂在培养新一代军事人才方面,是否把当前面临的问题解释清楚、是否把方法实招放到课堂当中,这些还需要论证。

(2)影响课堂因子的变化

一是社会环境的影响。受市场经济的冲击,特别是网络平台给资本披上了光鲜、靓丽的外衣,爆炸的信息量和难以辨别的信息性质又给资本丑陋的运营提供了温床,功利主义盛行,受众在军事课堂中不自觉地会把知识放大到社会利益、生活基础等现实方面,削弱内容本身所应该提升的领域。

二是科学的渗透。具体指科技创新日新月异,军事课堂在相对固定的环境和模式下,如何做好与高科技知识的结合,如何运用好新技术,如何教育受众合理使用新技术,如何引导受众关注战争中的新技术应用,这也是一个重要问题。

三是思政的引入和强化。军事是为政治服务的,军事课堂是为培养政治合格的军队指挥人才服务的。思想政治工作在军事课堂中的地位凸显,但思政教育的实效还有待检验。课堂思政的引入是在积极贯彻教育部《新时代高校思想政治理论课教学工作基本要求》和《高等学校课程思政建设指导纲要》的要求[1]。同时德育以激发受众内心修养的觉醒,政育以培育受众坚定的政治品格,这两方面并不是单一存在。如何互相结合,如何与实践结合,如何与施教者的能力结合,如何与军事课堂的全要素结合,这些都需要在完善中不断发展。

2　新时代背景下军事课堂的实践要求与任务目标

认识新时代背景下军事课堂的关键变化、新时代背景下的军事课堂如何实施,或者说新时代背景下军事课堂的要求是什么,根本表现在实践要求和任务目标上。

2.1　实践要求

教育实践是教育理论展现成果的必经之路,也是提升施教者自身教育经验与教育能力的试金石[2]。新时代背景下军事课堂的教育实践也需要有一定要求。

(1) 平台可视化

课堂首先是一个交流的平台。军事课堂的受众首先是身体健全的青年,在教学中,应包括声音元素、图像元素、肢体语言元素和想象元素等。传统的课堂,施教者应该可以被看见、被听见,能进行正常的提问与回答。网络的课堂,受众需要至少掌握一种信息获取渠道,可以是纯声音、纯文字、影音,也可以是其中的组合。

平台可视化是为了满足由眼及心、由声及思、由疑入知的过程需要,施教者将知识转变为感官上的传递,受众将感官的获得在大脑中形成信息流,然后解码成知识,进而刻印这些知识。军事课堂可视化尤其重要,还因为军事职业包含的一个重要对象,敌人和战争都是具体的,凭空想象的课堂会产生赵括纸上谈兵一样的悲剧。

(2) 形式多样化

课堂的形式经历了岁月的调整和时间的优化,到现代已经衍生出很多可供选择的形式。以中国的历史进程为例,秦汉之前,主要以思想大家对门生讲学为主;唐至近代以来,慢慢演化出学堂、科举、讲学、留学、学徒等概念,形成了以传统学堂为主的讲习形式;进入新时代,中国的教育以学校为主,以课堂为核心的教学方式固定下来。

当前条件下,军事课堂对形式的要求具有更加的广泛性。首先是传统的你讲我听,就是教师课堂上讲述,受众边听边学边记。另一种是你讲我导,主要是讲述与引导的结合,我军在解放战争时期开展的"诉苦三查"属于这种形式。第三种是情景模拟,这种形式包含的范畴比较广,像影音教育、讨论辨析、竞技比赛、虚拟现实等形式多样化,以满足当代受众对于知识的快速吸收需求。

(3) 内容差异化

课堂内容核心是本门课程的专业知识,想要把基础的知识尽数传授并消化吸收,需要引入很多不同的内容辅助教学。好比做一碗红烧牛肉面,制作的方法是最关键的内容,但是如何选料、如何把握火候、如何调味这些又涉及不同的学科。

军事课堂的内容往往是以"1+N"的形式呈现的,"1"就是专业课,"N"包括与之相关的历史、地理、科学常识、文化、战争经验和哲学等等内容。

(4) 理论现实化

军事课堂所有的理论内容必须由现实实践支持,孤立的纯军事理论是没有意义的。而且应用最广泛的仍然是基础专业学科,例如,战术计算仍然是以加减乘除等简便运算的大量运用为实战服务,而新兴的复杂网络和战争科学论引入的概率论多用于分析战后结果,在真正实行指挥决策时,则以准确的兵力和实力为基本依据。

从实战出发,是军事课堂理论教学最根本的要求,这就要求授课人要有丰富的实战概念,最好是有丰富的实战经验。因为我国国防的现实形势,可能实战经验的获得很困难,所以对战争的学习就显得尤为重要。

(5) 效果可评估

军事课堂的效果检验可以从时间的维度考虑。短期看受众的课堂反应和测试成绩,更深层次看受众质疑的问题和后续的研究层次;长期看受众入职后从事相关专业运用的效果,这一层面需要收集大量的基层数据来实现。

2.2　任务目标

军事课堂的任务是军事职业教育任务的组成部分,都是为培养作战指挥人才、专业军事人才和军事科技人才服务的。具体包含以下四部分主要内容。

(1) 提高知识的转化率

通过循序渐进的方式,让受众从未知到已知,从已知到工作运用,从工作运用到实战锻炼。同时还可以采用虚拟现实、互联网＋等信息化手段[3]。教授的内容既包括专业知识,又包括知识运用的方法和使用条件,提倡克服绝对教条的活的转化率。

(2) 提高人才的认知水平

扩开受众的视野,仅仅讲授课本上或者教案上存在的知识是远远不够的,施教者局限在本领域也是不够的。军事课堂提倡多提"还有什么"而不拘泥于"就是这些"。跳开众所周知的传统论,引入正在萌芽走在时代前列的新科技新理论,引导受众在掌握基础知识的基础上走上更高的思维平台,应对未来更广阔的挑战和可能出现的问题。

(3) 提高团队的协作水平

军事课堂应该以提高团队的协作水平为基本目标,主要是为了应对联合作战对军事人才的需求。高科技条件下的战争不只是单一指挥、单一层次、单一维度,更多的是多力量、多维度、多要素的复杂整合,如何协作一致发挥最大效能,首先是思想上的融合。军事课堂在这一方面应当担负起启蒙受众的作用。

(4) 提高个体的独立实践能力

《孙子兵法》中指出:将者,智、信、仁、勇、严也。这五种品质都体现了独立实践的能力,包括计谋、指挥、管理、性格等内容。军事课堂除了基本的传授之外,更多的是培养受众独立自主的品格,通过课堂言传身教和课外实践,引导青年修正教养,培塑修养,成就独立的人格和高超的实践能力。

(5) 提高军事职业的贡献率

教育的根本在运用。读书是学习,实践也是学习,而且是更重要的学习。军事课堂的吸收可以看作是表面的知识吸收,它不需要太复杂的环境和太难的过渡条件,但是实践运用却有很复杂的环境。方法论的基础是实事求是。军事职业教育如何满足军事职业需求,走出课堂是完成率,走上战场是参战率,打赢战争是贡献率。军事课堂提供的就是能打、会打、怎样打的贡献率基础要素。

3　新时代背景下军事课堂的拓展与优化

"当今世界正处于百年未有之变局,世界高等教育也正处于深刻的根本性变革之中。提高质量、推进公平是 21 世纪世界高等教育的时代命题"[1]。新时代是变革的时代。传统思路的课堂教学也要趁着时代的东风积极的应变。新时代背景下的军事课堂应该教什么、怎样教、怎样行、来实现适应新时代的发展需求？

3.1　教什么,培养唯物论认知,打通需求到供应的渠道

首先是教基础知识。当前生长军官与军士职业教育有比较明显的区别。生长军官在学习新知识的主动性、兴趣和接受能力上,都有很强的自主性。军士学员在专业知识的学习上则效果不佳,有不会、不懂、不想等负面情况,一个根本点在于军士学员的学习基础达不到,自学能力不够,比如,他们很多数理化基础不够,就给他们讲信号变化的流程、设备组成的数学公式等,这样的课堂当然就变成了施教者天花乱坠,受众昏昏欲睡。其次是教思维认知。基层当前正在努力缩减事务性工作,军事课堂就不能保留照本宣科的做法,要把基层现状、学习方法、未来挑战在课堂讲清楚,甚至是把世界格局、中外局势讲清楚,把受众的思维层次提升到看长远的平台上来。

3.2　怎样教,培养辩证法认知,打通质疑到通达的渠道

第一种是古今对比法。这一条遵循的是历史唯物主义的道路,要在课堂上讲清楚为什么历史是这样发展的,如何看待存在即合理与优胜劣汰的关系,如何看待历史长径与单一节点。要特别讲清楚我国历史是如何发展的,讲清楚步入新时代的历史定位和社会定位,在一定条件下展望未来的场景,让受众看得见远方,找的准方向。第二种是现实与理想对比法。军事课堂应该教育受众认识现实,不是简单的接受现实、妥协于现实。失败不是成功之母,从失败中积累的经验和收获的信心才是成功之母;成功是一种能力而不仅仅是一种状态,鼓吹理想没有任何意义。军事课堂应该把重点放在结果为什么会这样,它可以怎样这类问题的回答上。不是简简单单地描绘种种美好情景,应创造一种条件,一种让受众在小实践中不断成功集聚信心的条件,让每一个结果变得较好的实践。第三种是中外对比法。当前来说,主要是与以美国为首的西方对比,认准博弈的现实,探讨制度的因素、历史背景的因素、地域的因素、价值观念的因素等等,通过对问题的辩论和探讨增进民族意识和责任意识。

3.3　怎样行,培养实践论认知,打通理想到实现的渠道

前面分析了新时代背景下军事课堂的概念,探讨了它所包含的几点要素,通过前阶段的培训学习,吸收借鉴专家学者和优秀教师的经验,本文认为新时代背景下军事课堂需要完善优化。第一出发点是从施教者的改变。施教者是课堂的思想引导员、节奏带动人、合奏指挥官,其本身所呈现的一切外在的和内在的素质、能力是军事课堂最有价值的元素,对于受众来说,专业知识在任何时间都有机会接触和学习到,但是对于特定老师的思维理念、认知方法一生可能只有一次机会,遇到一个好老师是不容易的,成为一个好的施教者更是难上加难。

4　小　结

新时代背景下军事课堂的施教者要想成功,重点是思想的正念、思维的创新和行动的坚决。一要讲道理,讲大道理、正确道理、身边小道理,站在受众的角度讲道理,错误的认识不要

急着纠正,让受众去感受、去发现,还原现场让受众集体评判,在批评与自我批评中掌握它。二要重品行,谦虚谨慎、不骄不躁,不是站在理论的高台颐指气使地传授,而是站在共同学习、共同提高的角度指导交流。"弟子不必不如师,师不必贤于弟子",不随意评价某件事情,只说存在的、客观的,重视家教、德育和交往礼仪,把高尚之风由内而外在课堂表现出来。三要重躬行,组织实践活动是最重要的学习,施教者需要精通示范、精通技能,需要现场手把手教学,不放弃任何一名后进,不逃避任何一份质疑,及时帮助受众出现的生活困难、学习困难和其他心理困难,既做学术导师,又做生活导师、工作导师、心灵导师和理想导师,为新时代背景下的军事课堂创造精品,为基层部队输送人格健全、专业精干、英勇无畏的军事人才。

参 考 文 献

[1] 李如占,张冬冬.课程思政:各类课程与思想政治理论课协同育人的有效路径[J].高教论坛,2018(06):14-16,26.
[2] 杨春英.教育理论向教育实践理性转化的研究 [D].西南大学.2011.
[3] 孙灏.定量遥感课程有效教学方法探索与实践 [J].测绘通报.2020.
[4] 国务院.关于积极推进"互联网+"行动的指导意见[Z].国发[2015]40 号.